特高压交流输电技术

研究成果专辑

(2008年)

主　编　刘振亚
副主编　舒印彪

中国电力出版社
www.cepp.com.cn

内 容 提 要

2008 年，1000kV 晋东南－南阳－荆门特高压交流试验示范工程成功建成投运，标志着我国在特高压输电核心技术和设备国产化方面取得全面突破；同时，也全面检验了特高压交流输电关键技术研究取得的成果。本书是继《特高压交流输电技术研究成果专辑》2005 年版、2006 年版和 2007 年版之后，对 2008 年特高压交流输电技术研究成果的全面回顾和总结。

全书系统介绍了 2008 年度完成的 39 项特高压交流输电关键技术课题和单项专题的研究成果，主要内容包含特高压交流试验示范工程试验技术研究、调试技术研究，以及特高压交流同塔双回系统技术研究、线路技术研究。本书可帮助读者全面了解 2008 年度特高压交流输电技术研究取得的成果和工程进展情况。

图书在版编目（CIP）数据

特高压交流输电技术研究成果专辑. 2008 年 / 刘振亚主编. —北京：中国电力出版社，2009

ISBN 978-7-5083-9308-7

Ⅰ. 特…　Ⅱ. 刘…　Ⅲ. 高电压–交流–输电技术–研究　Ⅳ. TM726.1

中国版本图书馆 CIP 数据核字（2009）第 142697 号

中国电力出版社出版、发行

（北京三里河路 6 号　100044　http://www.cepp.com.cn）

北京丰源印刷厂印刷

各地新华书店经售

*

2009 年 9 月第一版　　2009 年 9 月北京第一次印刷

880 毫米×1230 毫米　16 开本　24.625 印张　474 千字　3 插页

印数 0001—2000 册　　定价 **160.00** 元

编写人员名单

主　　编	刘振亚
副 主 编	舒印彪
编委会成员	孙　昕　郭剑波　陈维江　刘泽洪　韩先才　于　刚 张文亮　肖世杰　张运洲　张建坤
编写组组长	孙　昕　陈维江　韩先才　刘泽洪
编写组副组长	王绍武　王怡萍　袁　骏　孙　岗
编写组成员	陈海波　刘洪涛　邱　宁　王晓宁　陈国强　吕　铎 王晓刚　王　艳　李奇峰　刘雪丽　万　鹏　陈英华 胡晓岑　连建华　聂德鑫　陈江波　李金忠　李　博 沈　煜　林志伟　刘遵义　寇晓适　李庆峰　丁玉剑 卢　明　吕中宾　刘玉民　慎　政　周泽昕　周春霞 张文朝　叶　俭　张　健　易　俊　刘金波　石俊杰 葛　栋　殷　禹　吴桂芳　赵录兴　陆家榆　薛辰东 张广洲　张业茂　谢晖春　林集明　班连庚　戴　敏

李振强　张志强　申　洪　周勤勇　尚慧玉　宋　杲

和彦淼　顾霓鸿　韩　彬　周沛洪　娄　颖　郭　剑

鞠　勇　万保权　李志军　何慧雯　陈　勇　霍　锋

胡　毅　王力农　刘兴发　张小武　蔡　炜　胡　伟

杨靖波　韩军科　董建尧　肖立群　李茂华　吴　静

吴国强　邢海军　万建成　季世泽　樊宝珍　周立宪

徐德录　杨建平　郑怀清　侯　镭　伍志荣　李光范

齐月文　金　涛　赵红光　李同生　邬　雄　印永华

谷定燮　李　正　李喜来　张翠霞　杜澍春

前　言

特高压输电是世界电网技术的重要发展方向，具有输送容量大、送电距离长、线路损耗低、节约土地资源等突出优点。发展特高压输电，有利于充分发挥电网的电力输送和网络市场功能，满足经济社会发展对能源的需求；有利于促进大煤电、大水电、大核电及大型可再生能源基地的集约化开发，优化配置和高效利用能源资源；有利于提升我国电工装备制造业的自主创新能力，增强民族工业在国际、国内市场的核心竞争力；有利于提升我国电网的整体技术水平，保障电网的安全运行和可持续发展。发展特高压输电，符合建设资源节约型、环境友好型社会及创新型国家的要求，是国家电网公司实践落实科学发展观、保证电力可靠供应和国家能源安全的重大战略举措。

2004 年以来，国家电网公司在国家统一领导和社会各界的支持下，组织科研、设计、制造、建设和运行等单位，全力推进特高压输电技术研究和工程建设。2008 年 12 月 30 日，我国自主研发、设计和建设的 1000kV 晋东南—南阳—荆门特高压交流试验示范工程成功建成投运，这是中国乃至世界电力发展史上的重要里程碑，标志着我国在特高压输电核心技术和设备国产化方面取得全面突破；是我国能源基础研究和建设领域取得的重大创新成果，推动了电网的技术水平进步，提升了电力科技领域的自主创新能力，实现了国内电工装备制造的产业升级，验证了特高压交流输电技术可行性、设备可靠性、系统安全性、经济合理性和环境友好性。

特高压交流试验示范工程的成功投运，全面检验了特高压交流输电关键技术研究取得的成果。国家电网公司坚持科研为先导，四年来先后下达特高压交流研究课题180项，覆盖规划、设计、设备、试验、施工及运行等全部领域，课题的研究结论和成果均直接在工程中得到应用，确定了工程所有关键技术参数和要求，为试验示范工程建设发挥了关键支撑作用。

为进一步发挥特高压输电节省占地的优势，今后的特高压交流工程将采用同塔并架双回路方案。特高压同塔双回线路输送功率大、故障类型复杂、机械负荷大，在系统控制技术、线路防雷、杆塔结构设计等方面提出了新的要求。国家电网公司针对上述问题下达了 30 余项关键技术研究课题，2008 年已完成主要课题的研究和验收。以试验示范工程技术成果和同塔双回研究成果为依托，我国第一条特高压同塔双回工程——1000kV 淮南一上海（皖电东送）输变电工程前期工作顺利推进。截至 2008 年底，杆塔空气间隙、绝缘配合及绝缘子型式、防雷设计等同塔双回关键技术问题得到解决，工程可行性研究和线路初步设计通过评审，工程主要设计原则已经审定。皖电东送钢管塔应用工作取得阶段性成果，初步完成了标准化设计和生产企业扩能工作，为工程全线应用钢管塔奠定了基础。

国家电网公司注重科研成果的总结和完善，组织相关科研、设计、咨询和高等院校等单位，按年度编写出版《特高压交流输电技术研究成果专辑》和《特高压直流输电技术研究成果专辑》。本书是继《特高压交流输电技术研究成果专辑》2005 年版、2006 年版和 2007 年版之后，对 2008 年特高压交流输电技术研究成果的全面回顾和总结，是全体参与特高压输电技术研究和工程建设人员智慧和心血的结晶。本书系统介绍了 2008 年度完成的 39 项特高压交流输电关键技术课题和单项专题的研究成果，主要内容包含特高压交流试验示范工程试验技术研究、调试技术研究，以及特高压交流同塔双回系统技术研究、线路技术研究。本书可帮助读者全面了解 2008 年度特高压交流输电技术研究取得的成果和工程进展情况。

一年来，特高压输电技术研究的参与者付出了辛勤劳动，换来了累累硕果，承担研究任务的单位全力以赴，克服重重困难，圆满完成了既定的研究任务，在此表示衷心感谢，并藉此向为本书编辑出版提供支持和帮助的单位和个人致谢！

国家电网公司

2009 年 9 月

目　录

2008

特高压交流输电技术研究成果专辑

第1章 概论

第1节　2008年特高压交流输电建设工作回顾

2008年是特高压交流试验示范工程取得决定性成果的一年，又是承上启下、攻坚克难建设特高压电网的关键一年。1000kV晋东南—南阳—荆门特高压交流试验示范工程成功建成投运，1000kV淮南—上海（皖电东送）输变电工程（简称皖电东送）可行性研究和线路初步设计通过评审。

一年来，各参建单位在国家电网公司党组的正确领导下，牢记使命光荣、任务艰巨、责任重大，始终坚持"科研为先导、设计为龙头、设备为关键、建设为基础"的方针，科学策划、精心组织、全力以赴、勇于创新，抓好特高压工程科研、设计、设备、运输、建设、调试等全过程，取得了全面突破和重大成果，胜利建成具有完全自主知识产权的特高压交流试验示范工程，2008年12月30日完成系统调试开始试运行，2009年1月6日投入商业运行。皖电东送工程关键技术问题实现重大突破，前期工作和建设准备工作加快推进，取得重要阶段性成果。

一、关键技术研究和知识产权保护

2008年，根据特高压工程建设需要，国家电网公司下达了50项工程单项研究专题，将技术创新贯穿于工程建设的全过程。四年来，针对特高压交流试验示范工程建设，国家电网公司下达关键技术课题、工程单项专题共180项，所有课题的研究结论和成果都在工程中得到应用，为试验示范工程建设的顺利推进发挥了重要支撑作用。

2007年2月特高压交流试验基地带电投运后，2008年相继建成特高压交流电晕笼、车载式移动电磁兼容现场测试系统、7500kV户外冲击试验场等，并投入使用，为特高压交流试验示范工程现场测试和后续特高压工程关键技术研究创造了更加有利的条件。

国家电网公司注重科研成果总结和知识产权保护。2008年9月正式出版了《特高压交流输电技术研究成果专辑（2006年）》，包含30项研究成果。12月正式出版《特高压交流输电技术研究成果专辑（2007年）》，包含58项研究成果。特高压交流输电标准化工作成效显著，至2008年底发布了特高压交流企业标准33项，组织编写了47项国家标准（送审稿），已初步形成了特高压交流输电技术标准和规范体系，为特高压输电的规模应用创造了条件，提高了我国在国际高压标准制定领域的话语权，我国确定的特高压标准电压已成为国际标准电压。同时，通过科研和工程实践，产生了一大批技术专利，已申报特高压交流相关专利200余项，其中发明专利100

余项。

二、工程设计

充分考虑特高压技术复杂、难度大的特点，重点依托工程可研、前期科研与专题研究成果，全面推进设计专题研究和工程科研，深化、固化科研成果在工程中的应用，大力开展设计优化和设计创新，确定了一系列重要设计原则和工程实施方案。

结合 2008 年电网冰灾情况，组织设计单位对试验示范工程进行了全面的设计校核，4 月 25 日委托顾问集团公司进行了补充评审。校核表明，线路及变电站按原冰区条件设计是合适的，符合现场实际情况并留有一定裕度。为进一步强化安全防范措施，在部分重要地段安装在线监测装置加强预警。同时，采用自查互查、严格会审交底等多种措施强化过程控制，确保了施工图设计有序向前推进。2008 年 6 月施工图全部交付现场，工程设计顺利完成。

三、特高压设备研制和交付

始终坚持安全可靠第一的基本原则和从设计源头抓质量的工作思路，充分利用一切可以利用的资源和技术，打破常规，全力推动设备研制全过程，设备研制取得了全面突破。所有特高压设备均研制成功并通过了型式试验，所有运行相设备均通过了出厂试验并成功运至现场。

1. 专家设计校核

针对设备研制过程中出现的问题深入开展了设计校核。3～4 月，组织国内资深专家和俄罗斯 VEI、乌克兰 VIT、瑞士魏德曼、日本东芝对特变沈变和天威保变首台特高压变压器试验故障进行了深入分析，先后召开 80 多次工作例会、15 次中外技术研讨会和 2 次国家电网公司级专家论证会，彻底查清了原因，制定了整改措施。

2. 全过程监造

强化人员培训，1 月开始陆续举办多期监造培训班，提高了一线监造人员的技术水平。完善国内监造与国外监造相结合、驻厂监造与专家检查相结合、全程监造与关键点监督见证相结合的“三结合”机制，全面加强驻厂监造，延伸监造至电磁线、套管等关键原材料和配套件厂商。

3. 关键环节管控

加大套管、绝缘成型件、电磁线等关键部件和材料供货的协调力度，统筹安排落实设备型式试验，解决了影响工期的主要困难。2 月开始多次邀请 ABB、阿海珐、魏德曼公司来华召开工作会议，协调落实关键部件供货工期。

4. 带电考核

2007 年 12 月 20 日，工程用避雷器、CVT、支柱绝缘子和特殊金具等相继在特高压交流试验基地进行全电压下长时间带电考核，2008 年 5 月 21 日通过专家审查，9

月带电考核工作顺利结束。

5. 设备型式试验

特高压避雷器、电压互感器、支柱绝缘子、接地开关等设备于2008年初先后通过型式试验，研制成功。特高压主设备完成型式试验时间如下。

（1）2月13日，南阳站240Mvar高压电抗器一次通过型式试验，首台特高压主设备研制成功。3月9日，晋东南站320Mvar高压电抗器研制成功，创造了世界纪录。5月18日荆门站200Mvar高压电抗器研制成功。

（2）7月16日和7月19日，荆门站和晋东南站特高压变压器分别研制成功。单柱电压1000kV，单相容量1000MVA，创造了世界纪录。

（3）4月和6月，南阳站HGIS和晋东南站GIS 分别通过全部型式试验。8月30日，荆门站HGIS通过全部型式试验，标志着特高压设备全部研制成功。

6. 大件运输和设备交付

2月26日，国家电网公司成立了特高压交流大型设备运输协调工作组，审查大件运输方案，协调交通主管部门办理通行手续，沿线开展道路勘测，全面加强变压器和高抗运输的监督、协调工作。7月18日，特高压交流设备工作会议召开，对设备研制取得全面突破后的交付运输进行了安排部署。晋东南站4台主变压器和4台高压电抗器11月全部运抵站内，9月开关全部运抵现场；南阳站开关和高压电抗器于9月初全部运抵站内；荆门站运行相3台主变压器、4台高压电抗器和开关11月初全部运抵站内。

四、工程建设

紧密围绕工程里程碑计划，试验示范工程建设按期完成。

1. 变电站设备安装和试验

晋东南、南阳、荆门三站4月开始电气设备安装。南阳站9月完成全部安装及试验工作。晋东南站和荆门站11月完成全部运行相设备安装，12月初完成全部运行相设备交接试验。

2. 线路工程建设

5月线路组塔完成，9月初线路工程全线架通。9月16～18日，线路参数测试完成。

3. 单项工程竣工验收

11月6日、7日和10日，山西省、河南省、湖北省境内线路工程竣工验收分别完成。11月18日、26日和28日，南阳站、晋东南站、荆门站变电工程竣工验收分别完成。

4. 配套工程和系统通信工程

晋东南站、荆门站500kV配套工程8月全部完成，系统通信工程9月20日业务开通，10 月 12 日完成竣工验收。

五、系统调试

1. 系统调试准备

2008 年 5 月，成立了特高压交流试验示范工程启委会，5 月、7 月、10 月先后召开三次工作会议，研究部署了工程启动验收的重大问题，审定了系统调试方案。11 月 13 日，试验示范工程启动及竣工验收规程审议通过。

2. 500kV 系统启动调试

10 月 20 日，荆门站 500kV 设备一次送电成功，25 日完成试运行。10 月 23 日和 11 月 11 日，晋东南站 500kV 接入工程分两个阶段完成启动调试。

3. 1000kV 系统启动调试

12 月 3 日，启委会竣工验收组工作会议召开，工程竣工验收完成。12 月 5 日，召开启委会第四次会议，部署启动调试工作。12 月 8 日开始 1000kV 系统调试，12 月 30 日完成了系统调试，投入试运行。

六、皖电东送工程建设准备工作

1. 关键技术研究和技术交流

2 月，完成第二阶段对日交流，在特高压同塔双回谐振过电压、潜供电弧、高速接地开关等方面与日方进行了深入交流。8 月，完成同塔双回系统关键技术、过电压和绝缘配合技术、雷电性能等主要课题的研究与验收，并对 23 项线路设计专题进行了评审。杆塔空气间隙、绝缘配合及绝缘子型式、防雷设计等特高压交流同塔双回关键技术问题得到解决。

2. 设计工作

5 月 12 日召开工程设计工作启动会，启动皖电东送工程初步设计工作。6 月，编制印发初步设计工作大纲。7 月 15 日，线路大跨越工程初步设计通过评审。8 月 6 日，线路初步设计路径通过评审。9 月 11～12 日，进行初步设计评审，线路工程主要设计原则审定。

3. 钢管塔应用工作

皖电东送工程全线采用钢管塔，2008 年初启动皖电东送钢管塔应用工作，组织开展了产能和原材料调研，确立了提高钢管塔产能和加工质量的工作思路。6 月，皖电东送工程钢管塔应用工作会议召开。截至 2008 年底，已完成钢管塔塔型和钢管规格的标准化设计，统一了结构设计原则；推进了技术培训工作，已完成第一阶段骨干焊工培训；扩能工作取得阶段性进展，由年初 16 万 t 的年产能提高至 28 万 t，预计 2009 年上半年可达 40 万 t；施工技术研究全面开展，钢管塔组塔工艺、验评规程、山区运输方案已形成初稿。

第2节　2008年特高压交流输电技术主要研究成果概要

特高压交流试验示范工程是全面创新的开拓工程，代表了国际高压输电的最高水平，在各方面均没有可直接应用的成熟经验和标准。国家电网公司始终坚持科研为先导，在前期论证、系统研究、设计技术研究、设备研制、施工和运行维护技术研究等方面已取得重大突破的基础上，2008年根据试验示范工程建设需要，继续深入开展交接试验、系统调试、工程参数测试等关键技术研究，取得了重要成果。以关键技术成果为支撑，试验示范工程于2008年12月30日顺利完成系统调试进入试运行。

1000kV淮南—上海（皖电东送）输变电工程是我国第一个同塔双回路特高压交流工程，也是我国后续特高压交流的示范工程，建好皖电东送工程，意义重大，示范效果更加显著。针对系统控制、潜供电流控制、绝缘配合、导线排列、线路防雷、钢管塔应用等特高压同塔双回关键技术，国家电网公司开展了全面攻关，掌握了核心技术，科研成果为皖电东送工程初步设计工作的顺利开展奠定了坚实基础。

一、特高压交流试验示范工程试验技术

1. 关键设备试验及特殊措施研究

开展特高压交流变压器传递过电压研究，计算变压器各线端允许传递比，对单相特高压变压器进行了低电压传递过电压特性试验研究，给出了各线端的传递特性，为特高压交流变压器试验及运行提供依据。开展特高压交流变压器及套管特殊试验措施研究，提出了局部放电试验的试验特殊措施，包括试验方案要求、测量设备要求、抗干扰要求，解决了特高压交流变压器及套管试验中存在的环境要求高、局部放电识别及干扰排除难度大等问题。研制了目前世界最高电压的SF_6气体绝缘标准电容器，具备特高压套管1100kV电压下的电容、介质损耗等关键试验能力。

2. 设备现场交接试验技术研究

开展特高压设备交接试验技术研究，制定了特高压电气设备现场交接试验标准，研制了中频发电机组、串联谐振装置、补偿电抗器、大型均压环等专用试验设备，掌握了采用单边加压方式对变压器进行现场感应电压（ACLD）连同局部放电测量技术，以及开关设备现场耐压试验技术。通过有效的抗干扰、均压措施，采用超声局部放电测试定位系统和紫外成像仪检测等手段，解决了现场环境复杂，试验设备电压高、容量大、试验回路及设备尺寸大、本体局部放电水平要求低等难题，保障了特高压交流试验示范工程电气设备现场交接试验的成功实施。

3. 线路参数测试技术研究

对特高压线路参数模型进行分析计算，研发了特高压线路参数测量试验装置，采用工频变相量法和异频法对特高压交流试验示范工程线路工频参数进行了实测。研究了并联补偿加压技术，提出了一种综合抗干扰电压的线路参数测试新方法，并成功应用于实际测量。

4. 设备机械性能研究

开展特高压交流设备抗震性能研究，通过精确的有限元仿真建模对特高压变压器、GIS 开关进行抗震分析与校核，提出特高压设备设计改进建议，提高了设备抗震能力和安全裕度。同时开展了特高压交流支柱绝缘子机械性能真型试验研究，成功完成了工程用 1100kV/16kN 支柱瓷绝缘子弯曲破坏试验，验证了产品机械性能。

5. 保护与控制设备动模试验研究

开展保护与控制设备动模试验研究，建立了特高压交流动态模拟系统，对试验方案和检测方法进行了研究，完成了特高压交流试验示范工程继电保护装置和控制设备的动模试验验证。

二、特高压交流试验示范工程调试技术

1. 调试技术研究

开展特高压交流试验示范工程运行控制特性研究，掌握了电压无功控制、运行方式安排、安全控制策略、联络线功率波动分析与控制等试验示范工程运行控制策略。针对试验示范工程的稳态过电压问题，开展了稳态过电压控制措施研究，分析提出了抑制稳态电压升高的措施和策略，并成功应用于工程实践。根据试验示范工程启动调试以及调度运行的特点，开展启动调试自动化监视系统方案研究与建设，研发的特高压调度自动化监视系统集成了能量管理、广域相量测量、跨区电网动态稳定监测与预警等系统功能，实现信息集中展示和综合应用，在试验示范工程的调试试验和调度运行中发挥了重要作用。

经过详细论证和精心组织，特高压交流试验示范工程系统调试工作顺利完成，共完成了零起升压、投切特高压变压器和空载线路以及低压无功补偿设备、联网运行等三大类十五个试验项目，在世界上首次实现总容量超过 3 亿 kW 两大同步电网通过特高压线路的互联。

2. 过电压及电磁环境实测研究

在试验示范工程系统调试过程中开展过电压实测研究，得到了工程在各种操作或故障下的暂态电压或暂态电流的波形和幅值。测试结果表明，三个变电站(开关站)暂态过电压、暂态电流最大值均未超过设计和规程允许值。

在试验示范工程系统调试和运行期间开展了电磁环境实测研究。对变电站（开关站）围墙内外，对线路邻近民房区域、猕猴保护区、跨越公路处以及转角塔附近等环境敏感点，进行了电磁环境测量（其中线路电磁环境测量由中国电科院、国网电科院两家单位分别独立开展）。测试结果表明，特高压交流试验示范工程变电站及线路的工频电场、工频磁场、可听噪声和无线电干扰水平与我国500kV交流输电工程相当，各项指标满足有关标准、设计要求和国家环保部门批复要求。

三、特高压交流同塔双回路系统研究

根据1000kV淮南—上海（皖电东送）输变电工程线路长度、系统接入方式、变电站布置方式等情况，对特高压同塔双回路过电压和绝缘配合、无功配置、安全稳定性、潜供电弧和断路器瞬态特性等课题进行了深入计算研究。其中“特高压交流同塔双回线路过电压和绝缘配合技术研究”、“特高压交流同塔双回路系统断路器瞬态特性研究”等关键研究课题由中国电科院、国网电科院平行开展研究。

1. 过电压和绝缘配合研究

通过过电压和绝缘配合研究，对皖电东送工程的工频过电压、操作过电压和变电站雷电过电压进行了分析，校核了限制过电压的措施和过电压水平，提出了限制潜供电流和恢复电压的措施，优化了变电站避雷器布置方案，确定了变电站和输电线路的绝缘水平。

2. 无功补偿和系统稳定控制研究

通过无功补偿和电压控制研究，确定了皖电东送工程低压侧无功补偿设备配置方案。对系统安全稳定性进行了校核计算，研究了系统承受严重故障的能力，提出了需要采取的控制措施。

3. 潜供电弧及断路器瞬态特性研究

根据特高压同塔双回输电线路的参数和预期补偿方案，通过大量的模拟试验，对线路在无补偿、正常补偿和过补偿状态下潜供电弧特性进行了研究，确定了不同恢复电压和潜供电弧条件下的自灭特性及补偿措施。结合皖电东送工程及我国特高压电网结构，研究了特高压交流同塔双回线路断路器瞬态问题中的短路电流直流分量衰减的时间常数及交流电流过零点的漂移现象，在此基础上对我国特高压交流同塔双回线路断路器的工作条件提出了建议。

四、特高压交流同塔双回路线路技术研究

根据皖电东送工程线路设计与建设的需要，对特高压同塔双回路导线排列、雷电性能、外绝缘特性、钢管塔应用等课题进行了深入研究。其中“特高压交流同塔双回输电线路导线排列方式优化研究”、“特高压交流同塔双回输电线路雷电性能计算研究”等关键研究课题由中国电科院、国网电科院平行开展研究。

1. 导线排列方式研究

开展特高压交流同塔双回输电线路导线排列方式优化研究，提出了皖电东送工程输电线路导线型号和分裂形式、导线布置形式，掌握了电磁环境指标随导线布置方式变化的规律，确定了塔型和导线相间距离、对地距离。

2. 雷电性能研究

通过特高压交流同塔双回输电线路雷电性能的研究，计算了线路的绕击屏蔽性能和反击耐雷水平，分析了特高压交流同塔双回线路的预期雷击跳闸率，考虑地形因素得到了皖电东送工程全线加权平均雷击跳闸率，提出了一般线路和大跨越工程防雷保护方案。

3. 外绝缘特性研究

开展特高压交流同塔双回输电线路真型塔外绝缘特性试验研究，获得了杆塔放电特性曲线及长串绝缘子污耐压曲线，提出了特高压同塔双回线路杆塔空气间隙建议值，推荐了线路绝缘子配置方案。

4. 带电作业研究

通过对皖电东送工程输电线路带电作业的计算及试验研究，得出了典型直线塔带电作业最小安全距离和最小组合间隙，提出了带电作业时的防护措施和双回线路一回带电一回停电时的检修方式，编制了带电作业技术导则和作业指导书。

5. 线路与无线电台间防护距离研究

通过特高压交流同塔双回线路与无线电台间防护距离的研究，建立了无源干扰三维仿真模型，在仿真分析和试验的基础上提出了防护距离的建议值。

6. 导线脱冰跳跃研究

开展特高压交流同塔双回输电线路导线脱冰跳跃研究，通过模拟试验和仿真计算研究各种不同工况下导线脱冰跳跃水平，提出了特高压交流同塔双回线路相间导线水平偏移距离。

7. 杆塔方案与钢管塔设计研究

开展特高压交流同塔双回输电线路杆塔研究，提出了杆塔结构目标可靠度指标及荷载设计标准，推荐了合理的塔型结构和构件材质。开展杆塔风振及控制研究，提出了整塔和局部杆件的风振特性及振动抑制措施，推荐了微风振动起振临界风速的合理计算方法。开展钢管塔结构试验研究，推荐了皖电东送工程法兰及插板连接型式，明确了设计计算方法及构造措施，为钢管塔结构设计提供了依据。通过钢管塔标准化设计研究，形成了标准化钢管系列规格表、标准化节点插板图库和锻造法兰配置表，实现了钢管塔设计标准化，为钢管塔加工效率提高创造了重要的条件。

8. 扩径导线及线路金具研究

开展特高压交流同塔双回扩径导线及跳线研究，完成了特高压线路扩径导线研制及其相应金具、机具、施工技术的开发，编制了相关技术标准，为后续特高压工程导线方案选择及应用提供了技术支撑。开展同塔双回线路配套金具研究，完成了八分裂阻尼间隔棒、均压环、屏蔽环、跳线和防振锤的研制，完成了绝缘子串型设计及串内金具的研制。

9. 钢管塔加工及施工技术研究

开展钢管塔加工技术研究，编制了带颈法兰、直缝焊管及配套 8.8 级高强螺栓的加工、采购、验收技术条件，编制了钢管塔加工技术规范和有关检验标准。开展钢管塔组立施工技术研究，落实了钢管塔组立、运输具体方案，完成炮车运输、索道运输机具的研制，编制了组塔施工导则、施工及验收规范、质量检验与评定规程等标准。

2008

特高压交流输电技术研究成果专辑

第 2 章 特高压交流试验示范工程试验技术

1 特高压交流变压器传递过电压试验研究

1 引言

我国自主研发的世界上电压等级最高、单体容量最大的1000MVA/1000kV特高压变压器是1000kV晋东南—南阳—荆门特高压交流试验示范工程的关键设备。特高压变压器的传递过电压特性是影响特高压变压器安全运行的关键性问题之一，因此，需要开展传递过电压特性及防护措施的建模计算和试验研究。

当雷电波从变压器高压侧或中压侧侵入时，由于绕组之间，绕组与地之间存在等效电容，入侵波将在变压器低压侧分压产生电压，如果该电压超过低压绕组的设计承受能力，将损坏绕组绝缘，危及变压器的运行安全。特高压变压器结构复杂、入口电容大，因此在绝缘设计时更要重点关注和分析这种过电压传递现象对变压器绝缘产生的不利影响。

特高压变压器为单相自耦无励磁调压变压器，采用主体变压器和调压补偿变压器分箱布置方式，后者内置调压变和电压补偿器，以补偿中性点变磁通调压带来的第三绕组电压波动。根据系统设计，特高压变压器低压侧没有负荷，全部为无功补偿设备。一方面在运行过程中，低压侧无功补偿设备的投切经常发生。这样，就存在低压侧两端全部悬空等多种复杂运行工况的可能。这些工况与出厂雷电冲击试验情况大不相同。另一方面，传递过电压难以准确计算，并受冲击波形参数和变压器结构等的影响，在本体中性点和调压变中性点连接处，极端工况下的传递过电压水平有可能超过其设计绝缘水平。

本篇介绍了电力变压器的传递过电压形成原因；计算了特高压变压器各线端允许传递比；在不同入波方式、不同波形以及不同入波线端等不同工况下，对单相特高压变压器进行了100V、10%雷电冲击电压和50%雷电冲击电压下的低电压传递过电压特性的试验研究。

2 特高压变压器

2.1 特高压变压器结构

特高压变压器由主体变压器和调压补偿变压器（简称调压变压器）两部分组成。主体变压器—调压变压器联合后（简称整体变压器）的原理图如图1所示，绕组排列如图2所示，三维效果图如图3所示。其中A为高压绕组首端；Am为中压绕组首端；1X为主体变压器中性点；2X和3X为调压变压器与本体变压器中性点连接处；a（1a）、1x为主体变压器低压绕组线端；2x、2a为调压变压器与主体变压器低压绕组线端连接端；x 为整体变压器的低压末端。

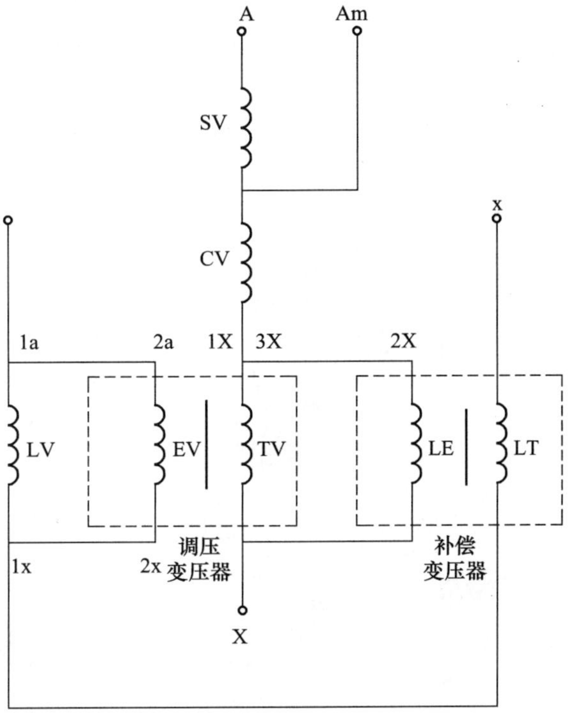

图 1　特高压变压器原理图

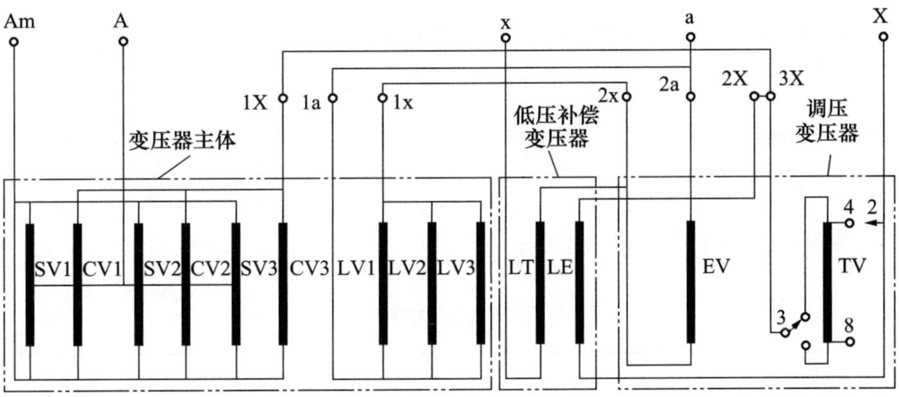

图 2　特高压变压器绕组排列示意图

SV—高压绕组；CV—中压绕组；LV—低压绕组；EV—励磁绕组；TV—调压绕组；

LT—低压补偿绕组；LE—低压励磁绕组

特高压变压器为三绕组单相自耦无载调压变压器，主要参数如下：

产品型号：ODFPS—1000000/1000

额定容量：1000/1000/334MVA

额定电压：$1050/\sqrt{3}/525/\sqrt{3}/110$kV

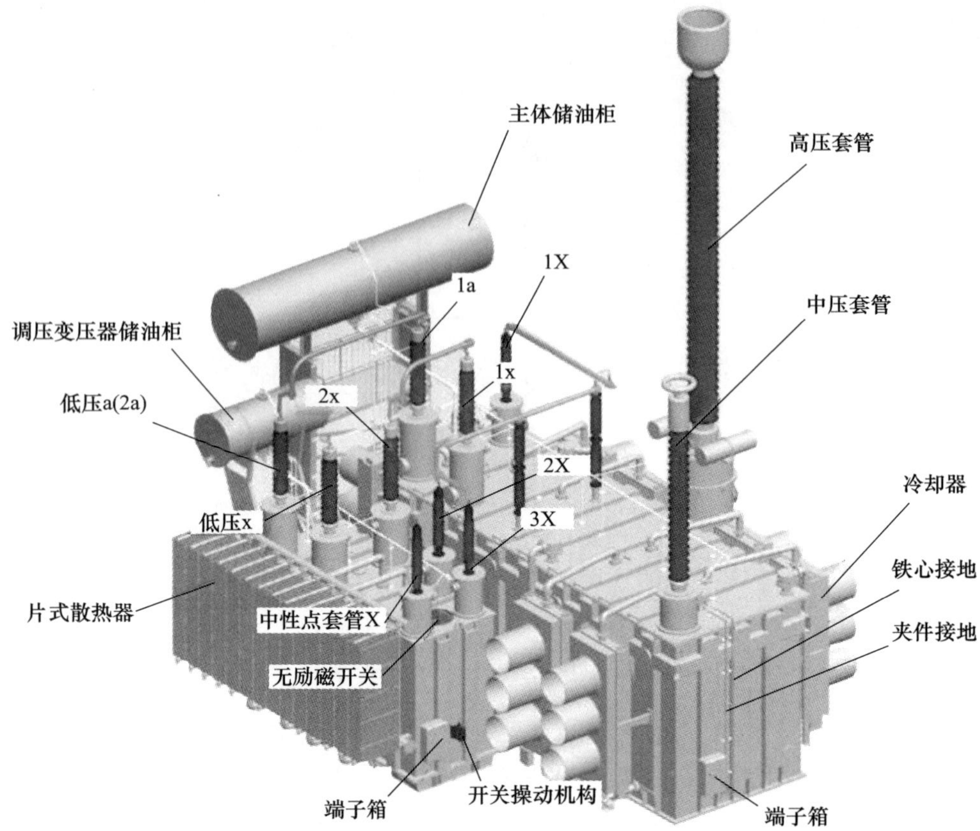

图3 特高压变压器三维效果图

额定电流：1649.6/3299.1/3036.3A

冷却方式：OFAF（主体变压器）/ONAN（调压变压器）

调压方式：中性点调压

联结组别：Ia0i0

2.2 特高压变压器绝缘水平

（1）各线端额定绝缘水平见表1。

表1 特高压变压器各线端额定绝缘水平

各线端绝缘水平		工频耐受电压（kV）	雷电冲击电压（kV）	操作冲击电压（kV）
主体变压器	高压线路端子 A	1100（5min）	2250	1800
	中压线路端子 Am	630（1min）	550	1175
	中性点 1X	140（200）	325（460）	
	低压线路端子 a/x	275	650	
调压变压器绝缘水平	调压端子 3X	140（200）	325（460）	
	调压励磁端子 2x/2a	275	650	
低压补偿变压器	低压励磁端子 2X	140（200）	325（460）	
	低压补偿端子 x	275	650	

其中需要特别指出的是，中性点 1X、2X、3X 的标称绝缘水平是 LI325AC140，但特高压变压器制造厂承诺其设计水平达到 LI460AC200。计算承诺传递比时，应取其耐雷水平为 460kV。

（2）允许传递比。根据各个线端的绝缘水平，可计算各线端允许传递比，即雷电冲击绝缘水平与入波线端雷电冲击绝缘水平的比值。其中，计算中性点 1X、2X、3X 的允许传递比时，应取其耐雷水平为 460kV。表 2 为计算得到的各线端允许传递比。

表 2　计算得到的各线端允许传递比

入波线端 / 允许传递比 / 测量线端	高压入波	中压入波	低压入波
2X 点（主体变压器中性点与调压变压器连接处）	460kV/2250kV×100%=20.4%	460kV/1550kV×100%=29.7%	—
a/x（低压线端） 1x–2x（主体变压器低压末端 1x 与调压变压器调压励磁末端 2x 的连接点）	650kV/2250kV×100%=28.9%	650kV/1550kV×100%=41.9%	100%

3　特高压变压器工况分析

3.1　特高压变压器试验工况

在特高压变压器的型式试验和出厂试验项目中，有雷电冲击试验和暂态电压传输特性测定两项与传递过电压相关的试验项目。

3.1.1　特高压变压器雷电全波冲击试验

雷电全波冲击试验是特高压变压器的出厂试验，其中，高压、中压和中性点线端雷电冲击试验在主体变压器和调压补偿变压器连接的状态下进行。主体变压器和调压变压器低压线端的雷电冲击试验分别对主体变压器和调压补偿变压器单独进行。

高压线端雷电冲击试验时，变压器外壳、铁心均接地，中压线端通过 400Ω电阻接地，其他非被试线端接地。

中压线端雷电冲击试验时，变压器外壳、铁心均接地，中性点线端及低压线端通过不大于 400 Ω的电阻接地，其余非被试端子直接接地。

中性点线端雷电冲击试验时，变压器外壳、铁心均接地，其余非被试端子直接接地。

因此，在特高压变压器的雷电全波冲击试验时，非被试端子均直接接地或通过小电阻接地。而测试时，并不研究非被试线端的传递过电压情况，而主要是考察被试绕组的纵绝缘。

3.1.2 特高压变压器暂态电压传输特性试验

暂态电压传输特性试验是特高压变压器的特殊试验项目，为低电压雷电冲击测试项目。其试验内容为：主体变压器和调压补偿变压器连接，在额定分接下，低压首末端 a、x 悬空，进行以下峰值为 100V 的雷电冲击试验：

（1）高压首端入波，其余线端接地，测量低压首末端对地电位；

（2）中压首端入波，其余线端接地，测量低压首末端对地电位。

只考察了非常简单的两种工况下的特高压变压器的低压线端与高、中压线端间的传递过电压，且试验电压为峰值 100V 的雷电冲击。

3.2 特高压变压器运行工况分析

3.2.1 特高压变电站的主接线图

1000kV 晋东南—南阳—荆门特高压交流试验示范工程包含晋东南（长治）和荆门两座变电站。其特高压变压器 110kV 侧部分主接线图分别如图 4 和图 5 所示。

其中，长治和荆门变电站特高压变压器的 110kV 侧各有两组无功补偿装置，每组无功补偿装置包含 4 组低压电容器组（4×20Mvar）和 2 台低压电抗器（2×240Mvar）。

3.2.2 特高压变压器的运行工况下低压侧等值波阻抗模拟计算

特高压变压器运行时，110kV 侧的低压无功补偿电容器和电抗器需根据线路潮流情况进行投切，因此 110kV 侧等值波阻抗将根据无功补偿装置的投切情况有所改变，从而影响雷电入波时的传递过电压分配。可使用 EMTP 软件对特高压变压器 110kV 侧等值波阻抗进行计算。

根据计算模型进行计算的结果见表 3 和表 4。

表 3　长治变电站特高压变压器 110kV 侧等值波阻抗计算结果　Ω

<table>
<tr><td colspan="3" rowspan="3">电容器、电抗器投切情况</td><td colspan="5">第 1 组</td></tr>
<tr><td rowspan="2">断开</td><td colspan="4">闭　合</td></tr>
<tr><td>2 台电容器</td><td>1 台电容器</td><td>2 台电抗器</td><td>1 台电抗器</td></tr>
<tr><td rowspan="5">第 2 组</td><td colspan="2">断开</td><td>5.8G</td><td>51k</td><td>100k</td><td>1.0k</td><td>1.2k</td></tr>
<tr><td rowspan="4">闭合</td><td>2 台电容器</td><td>51k</td><td>26k</td><td>35k</td><td>—</td><td>—</td></tr>
<tr><td>1 台电容器</td><td>100k</td><td>35k</td><td>50k</td><td>—</td><td>—</td></tr>
<tr><td>2 台电抗器</td><td>1.0k</td><td>—</td><td>—</td><td>522</td><td>563</td></tr>
<tr><td>1 台电抗器</td><td>1.2k</td><td>—</td><td>—</td><td>563</td><td>610</td></tr>
</table>

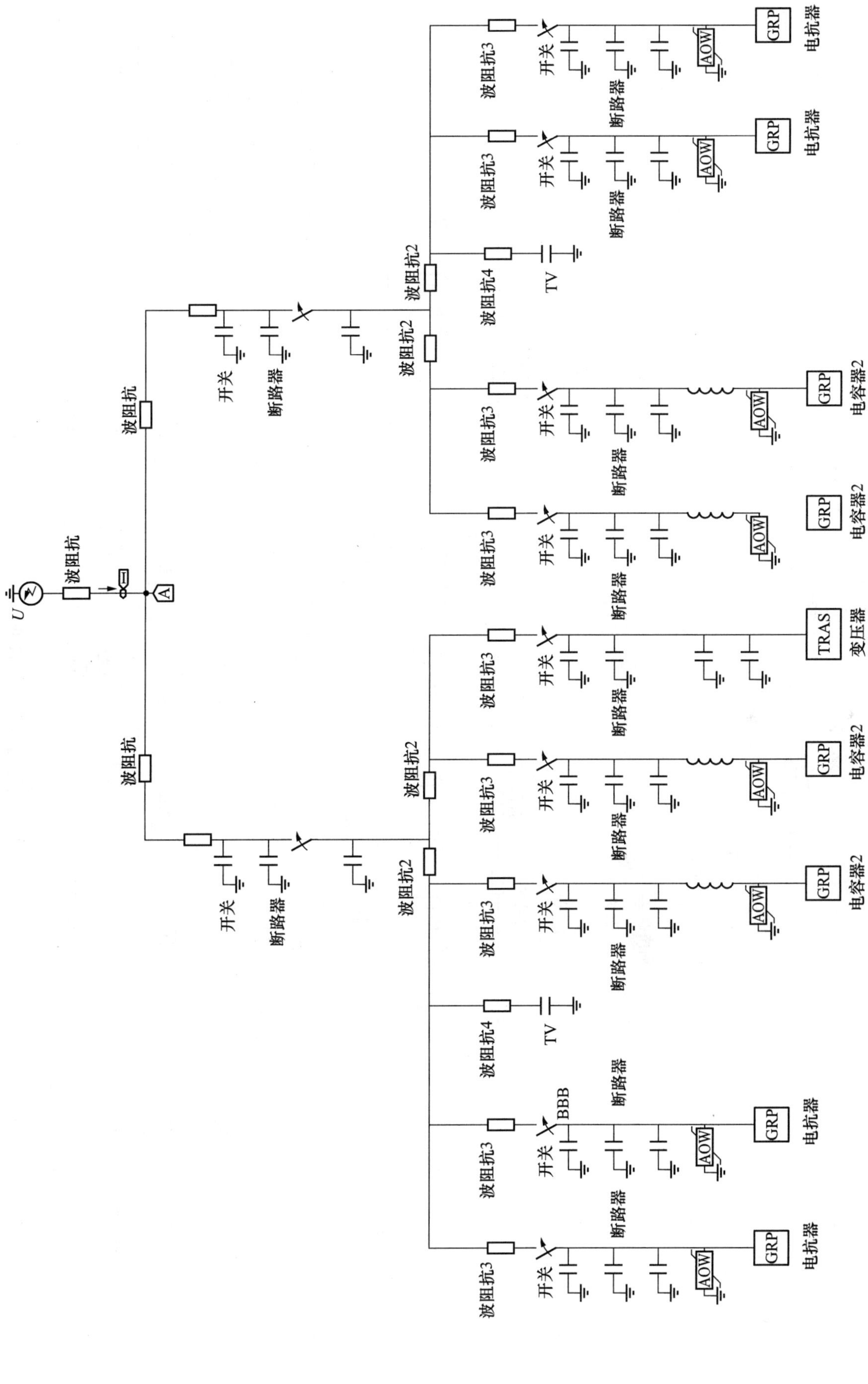

图 4　长治变电站特高压变压器110kV侧等值波阻抗计算模型

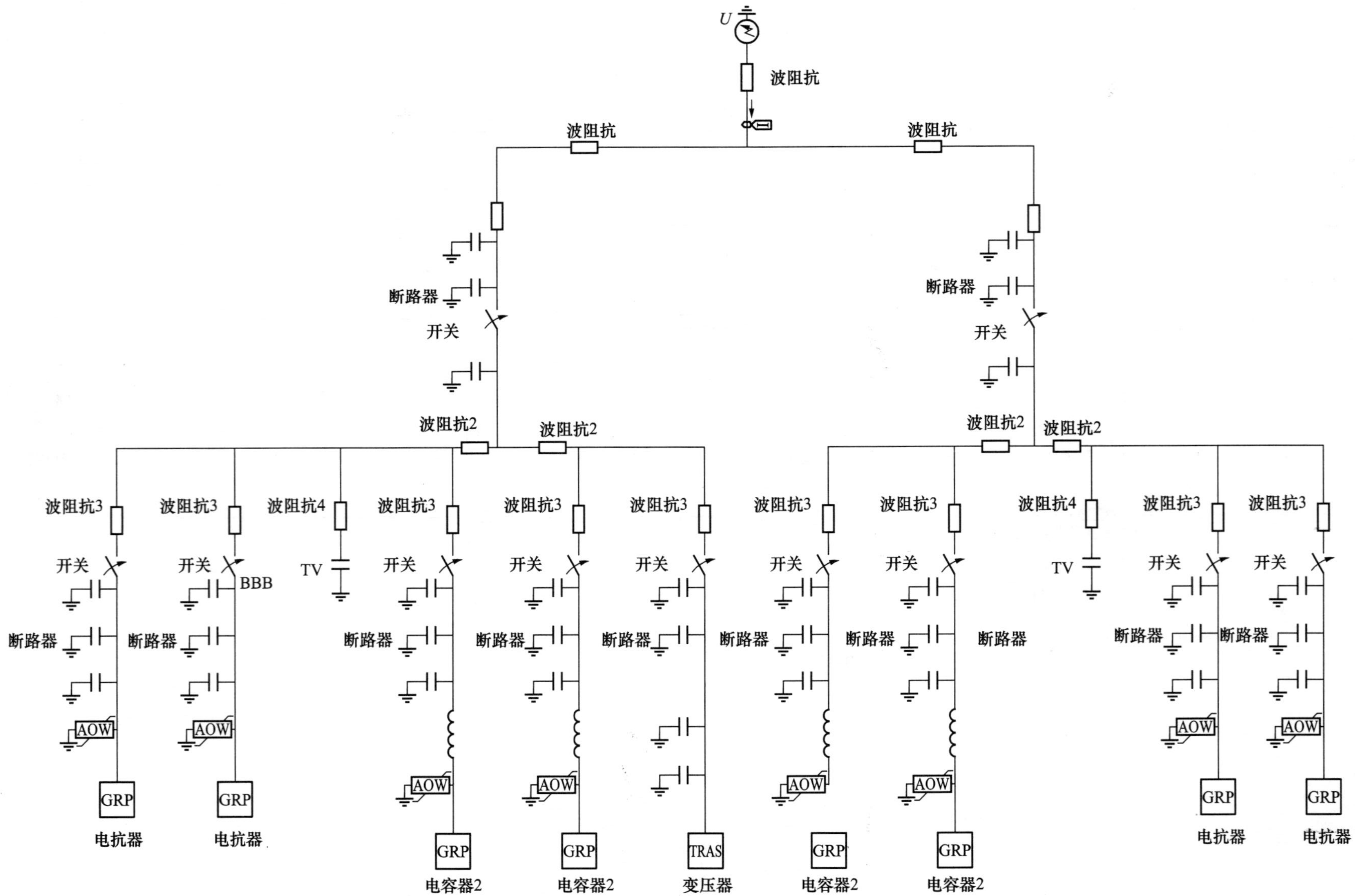

图 5　荆门变电站特高压变压器110kV侧等值波阻抗计算模型

表 4　　荆门变电站特高压变压器 110kV 侧等值波阻抗计算结果　　Ω

<table>
<tr><td colspan="3" rowspan="3">电容器、电抗器投切情况</td><td colspan="5">第 1 组</td></tr>
<tr><td rowspan="2">断开</td><td colspan="4">闭　合</td></tr>
<tr><td>2 台电容器组</td><td>1 台电容器组</td><td>2 台电抗器组</td><td>1 台电抗器组</td></tr>
<tr><td rowspan="5">第 2 组</td><td colspan="2">断开</td><td>2.8G</td><td>53k</td><td>100k</td><td>1.2k</td><td>1.3k</td></tr>
<tr><td rowspan="4">闭合</td><td>2 台电容器</td><td>53k</td><td>26k</td><td>35k</td><td>—</td><td>—</td></tr>
<tr><td>1 台电容器</td><td>100k</td><td>35k</td><td>52k</td><td>—</td><td>—</td></tr>
<tr><td>2 台电抗器</td><td>1.3k</td><td>—</td><td>—</td><td>583</td><td>623</td></tr>
<tr><td>1 台电抗器</td><td>1.3k</td><td>—</td><td>—</td><td>623</td><td>668</td></tr>
</table>

由上述计算结果可知，当投切 110kV 侧低压电容器、低压电抗器时，等值波阻抗会发生很大的变化，当两组电容器和电抗器均断开时，等值波阻抗很大，相当于悬空；但当投入电抗器和电容器后，等值波阻抗有很大的下降，特别是投入电抗器时阻抗仅有 600Ω左右，对这一工况，在传递过电压试验中可用更加极端的直接接地来进行考察。

4　特高压变压器传递过电压试验方案

4.1　试验原理

在特高压变压器的传递过电压试验前，不能确定在 100%雷电冲击试验中各线端的传递过电压水平是否超过其绝缘水平；同时特高压变压器尺寸庞大，侵入波入口等效电容量较大，100%雷电冲击试验调波难度很大，且试验时间长、高压测量复杂。因此，特高压变压器的传递过电压应采取低电压的试验方法，即在 100V、10%和 50%雷电冲击试验电压下，在多种工况下，对不同线端入波时其他线端上的传递过电压进行测量，从而获得传递比。理论上，在同样的工况下，用低电压试验得出的各线端传递比与高电压条件下的结果是相同的，将试验结果与允许传递比进行比较，即可知各个线端的传递过电压水平是否在允许范围内。

4.2　试品

试品是 1000kV 晋东南—南阳—荆门特高压交流试验示范工程用特高压变压器，包括由保定天威保变电气股份有限公司（简称天威保变）生产的长治站主变压器和由特变电工沈阳变压器集团有限公司（简称特变沈变）生产荆门站主变压器。

4.3　试验电压

采用了 100V、10%和 50%雷电冲击电压试验相结合的方式。选择了多种不同的雷电冲击波形进行试验研究。

4.4 试验工况

试验工况主要包括低压绕组两端接地、低压绕组一端接地一端悬空、低压绕组两端悬空。具体如下：

（1）天威保变产品100V雷电冲击传递过电压试验，入波为100V雷电全波和截波冲击。试验在不同分接下进行，如表5所示。

表5　天威保变产品100V传递过电压试验

入波线端	波形（T_1/T_2，μs）	接 地 线 端	悬空（测量）线端
高压	2/50；5/50；2.5/200	X，Am，x，a	2X，1x–2x
		X，Am，a	2X，1x–2x，x
		X，Am，x	2X，1x–2x，a
		X，Am	2X，1x–2x，x，a
中压	1.5/50；2.5/50；5/50；2.5/100；2.5/200	X，A，x，a	2X，1x–2x
		X，A，a	2X，1x–2x，x
		X，A，x	2X，1x–2x，a
		X，A	2X，1x–2x，x，a
低压a	2.5/200；5/50；1.5/50	X，A，Am，x，2X	1x–2x
低压x	2.5/200；5/50；1.5/50	X，A，Am，a，2X	1x–2x

（2）天威保变产品10%雷电冲击传递过电压试验，入波幅值为变压器全波雷电冲击试验电压的10%。试验在不同分接下进行。除全波雷电冲击外，还进行了少量截波雷电冲击作为对比，如表6所示。

表6　保变10%传递过电压试验

入波线端	波形（T_1/T_2，μs）	接 地 线 端	悬空（测量）线端
高压	1.5/50	X，Am，x，a	2X，1x–2x
		X，Am，a	2X，1x–2x，x
		X，Am，x	2X，1x–2x，a
		X，Am	2X，1x–2x，x，a
中压	1.7/50；5/50；1.7/100	X，A，x，a	2X，1x–2x
		X，A，a	2X，1x–2x，x
		X，A，x	2X，1x–2x，a
		X，A	2X，1x–2x，x，a

（3）天威保变产品 50%全波及截波雷电冲击传递过电压试验。试验在最大分接下进行。仅在 X、Am、x、a 都接地的工况下进行。波形为 2.5/50μs。

（4）特变沈变产品 100V 雷电冲击传递过电压试验，入波为 100V 雷电全波和截波冲击。试验在不同分接下进行，如表 7 所示。

表 7　特变沈变产品 100V 传递过电压试验

入波线端	波形（T_1/T_2，μs）	接地线端	悬空（测量）线端
高压	1.5/50；2.0/50；2.5/50；2.5/100；2.5/200；5.0/50	X，Am，x，a	2X，1x–2x
		X，Am，a	2X，1x–2x，x
		X，Am，x	2X，1x–2x，a
		X，Am	2X，1x–2x，x，a
中压	1.5/50；2.0/50；2.5/50；2.5/100；2.5/200；5.0/50	X，A，x，a	2X，1x–2x
		X，A，a	2X，1x–2x，x
		X，A，x	2X，1x–2x，a
		X，A	2X，1x–2x，x，a

5　特高压变压器传递过电压试验研究与分析

5.1　特高压变压器传递过电压试验结果及分析

通过对试验研究结果进行统计、比较和分析，汇总超标情况如表 8 所示，其中忽略了分接和波形影响，只要有超标情况即列出。

表 8　传递过电压试验超标情况汇总

入波线端	接地线端	悬空（测量）线端	天威保变 100V 试验	天威保变 10% 试验	天威保变 50% 试验	特变沈变 100V 试验
高压	X，Am，x，a	2X，1x–2x	无超标	无超标	无超标	无超标
	X，Am，a	2X，1x–2x，x	无超标	无超标	—	无超标
	X，Am，x	2X，1x–2x，a	无超标	无超标	—	无超标
	X，Am	2X，1x–2x，x，a	无超标	无超标	—	无超标
中压	X，A，x，a	2X，1x–2x	2X 超标	无超标	无超标	无超标
	X，A，a	2X，1x–2x，x	2X、1x–2x、x 超标	2X、1x–2x、x 超标	—	2X、1x–2x 超标
	X，A，x	2X，1x–2x，a	无超标	a 超标	—	a 超标
	X，A	2X，1x–2x，x，a	无超标	无超标	—	2X、a 超标

续表

入波线端	接地线端	悬空（测量）线端	天威保变 100V 试验	天威保变 10% 试验	天威保变 50% 试验	特变沈变 100V 试验
低压 a	X，A，Am，x，2X	1x–2x	无超标	—	—	—
低压 x	X，A，Am，a，2X	1x–2x	1x–2x 超标	—	—	—

由于 100V 试验的试验电压低，存在一定的误差，因此，主要以天威保变 10%试验和 50%试验为准，辅以 100V 试验。

试验结果分析如下。

5.1.1 2X 线端

2X 线端为主体变压器高、中压绕组末端 1X 与调压补偿变压器的调压端子 3X 和低压励磁端子 2X 的联结点。中压入波时 2X 端允许传递比为 30%。

天威保变 10%雷电传递过电压试验以及天威保变和特变沈变两厂的 100V 试验均发现，在最大分接、低压首端接地、低压末端悬空的工况下，中压全波入波时 2X 端传递比可达 33.27%（波形 1.7/50μs）和 38.13%（波形 1.7/110μs）。

5.1.2 低压 a 和 x 线端

中压入波时，低压首端 a 和末端 x 线端允许传递比是 41.9%。

天威保变 10%雷电冲击试验以及 100V 试验均发现，在低压首端 a 接地、低压末端 x 悬空的工况下，中压全波入波时 x 线端传递比在各种波形和分接下都可能超标。传递比最高在额定分接和波形 1.7/100μs 情况下可达 72.4%。

天威保变 10%雷电冲击试验以及特变沈变 100V 试验均发现，在低压末端 x 接地、低压首端 a 悬空的工况下，中压全波入波时 a 线端传递比可能超标，传递比最高可达 51.2%。

5.1.3 1x–2x 线端

1x–2x 线端为主体变压器低压末端与调压变压器调压励磁末端的联结点。

中压入波时，1x–2x 线端允许传递比为 41.9%。天威保变 10%雷电冲击试验以及天威保变和特变沈变两厂的 100V 试验均发现，在低压首端接地、低压末端悬空的工况下，中压全波入波时 1x–2x 端传递比在各种波形和分接下都可能超标。传递比最高在额定分接和波形 1.7/100μs 情况下，可达 72%。

低压入波时，1x–2x 线端允许传递比为 100%。天威保变 100V 试验发现，在 X、A、Am、a 和 2X 均接地的工况下，低压 x 全波入波时，1x–2x 线端传递比可达 124%；低压 x 截波入波时，1x–2x 线端传递比可达 114%。

结论如下：

（1）高压入波时，各线端传递比均不超过允许值。

（2）在 X、A、a 接地且 x 悬空的工况，即低压首端接地、末端悬空的工况下，中压全波入波可能导致 2X、1x–2x 和 x 端传递比超过允许值。

（3）在 X、A、x 接地且 a 悬空的工况，即低压末端接地、首端悬空的工况下，中压全波入波可能导致 a 端传递比超过允许值。

（4）在 X、A、Am、a、2X 接地的工况，即低压首端接地，末端全波入波的工况下，可能导致 1x–2x 端传递比超过允许值。

（5）截波入波时，除低压首端接地、末端截波入波时，1x–2x 线端可能出现传递比超过允许值的情况外，各种工况各线端传递比均不超过允许值。

另一方面，由不同波形的雷电冲击传递过电压试验结果可知，长波头和长波尾的雷电冲击波形，特别是长波尾的雷电冲击波形，将导致较高的传递过电压水平，这应引起设计和试验部门的重视。

5.2　防护分析及建议

根据传递过电压试验结论，在某些工况下，2X、1x–2x、x 和 a 端都有可能出现传递过电压超过线端绝缘水平的情况。对于是否加装避雷器，给出如下建议：

（1）低压线端 a 和 x 无需装设避雷器。

（2）2X 线端仅在试验极端工况下传递过电压水平超出允许水平，且只是略超出允许水平，这种工况在运行中出现可能性极小，且低压侧△接后传递过电压可得到一定程度的抑制，因此建议在 2X 线端可不装设避雷器。

（3）1x–2x 线端仅在试验极端工况下传递过电压水平超出允许水平，这种工况在运行中出现可能性极小，且低压侧△接后传递过电压可得到一定程度的抑制，因此建议在 1x–2x 线端可不装设避雷器。

6　结论

本课题针对不同入波方式、不同波形以及不同入波线端等不同复杂工况，对单相特高压变压器进行了 100V、10%雷电冲击和 50%雷电冲击下的低电压传递过电压试验研究，给出了各线端的传递特性，为特高压交流变压器试验及运行提供依据。

研究结果表明：

（1）各线端的传递波形为近似雷电冲击的波形，传递波形极性与低压首末端接地方式有关。

（2）除低压侧首端接地、末端悬空的极端工况下单相特高压变压器主体变压器和调压补偿变压器的联结点以及主体变压器的低压首端可存在超过允许值的传递过电压外，其余运行工况下各线端传递过电压在设备承受范围内。

在100V、10%雷电冲击和50%雷电冲击下的低电压传递过电压试验数据均可以正确反映特高压变压器传递过电压特性。

针对特高压变压器有传递过电压超标可能的各线端的具体情况进行了讨论，重点分析了低压侧母线避雷器、中压侧避雷器、低压线端△接的影响以及超标试验工况的极端性，给出建议如下：低压线端无需装设避雷器，主体变压器和调压变压器联结点建议可不安装避雷器。

2 特高压交流变压器及套管特殊试验措施研究

1 引言

在特高压交流试验示范工程中，1000kV特高压变压器是关键的设备，而特高压交流变压器和套管的绝缘考核试验已达到国内试验能力的极限，并且在试验过程中，其要求的试验场地布置、试验环境条件都较苛刻，对出现的问题查找难度大，分析与处理周期长。这些特点对特高压变压器、套管的试验及故障分析、修复造成了很大困难。

根据在特高压产品的试验中出现的问题和已取得的经验，为了确保后续特高压交流变压器出厂试验的顺利进行，有必要在现有试验条件、试验方法的基础上，针对特高压交流变压器、套管的局部放电、介质损耗、1.1倍额定电流等特殊试验，进行更深入分析研究。本节是在对已进行的特高压交流变压器出厂试验所总结经验的基础上，首次对特高压交流变压器和套管中的重点、难点试验项目进行了建模、统计与分析。并在理论分析、专家研讨以及实际试验的基础上，提出了特高压交流变压器和套管局部放电试验的试验特殊措施，包括试验方案要求、测量设备要求、抗干扰要求。该试验特殊措施在特高压变压器、电抗器及套管的出厂试验和交接试验中得到验证。

2 特高压交流变压器试验的特点

2.1 特高压交流变压器主要参数

1000kV特高压变压器分为主体变压器和调压补偿变压器两部分，主体变压器为单相1000kV/1000MVA变压器，调压补偿变压器为调压变压器和补偿变压器双器身结构，采用中性点变磁通无励磁调压和低压电压补偿技术。1000kV特高压交流变压器的产品规格为：

产品型号：ODFPS-1000000/1000；

电压组合：$1050/\sqrt{3}/(525/\sqrt{3}\pm4\times1.25\%)/110$kV；

额定电流：1649.5/3299.0/3036.4A；

冷却方式：主体变压器 OFAF，调压变压器 ONAN；

额定频率：50Hz；

联结组标号：Ia0i0；

绝缘水平：	1000kV 侧	SI1800/LI2250/LIC2400/AC1100（5min），
	500kV 侧	SI1175/LI1550/LIC1675/AC630，
	中性点侧	LI325/AC140，
	低压侧	LI650/LIC750/AC275。

特高压交流变压器主体变压器和调压补偿变压器绕组连接图见图 1。

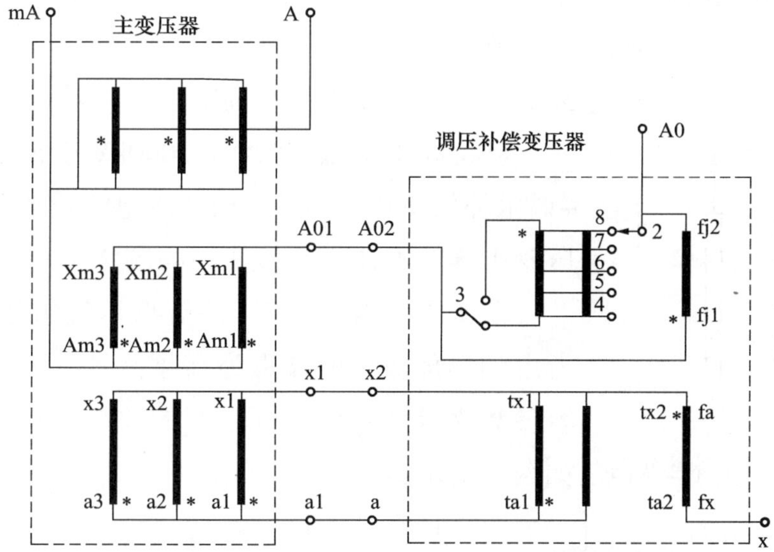

图 1　主体变压器和调压补偿变压器绕组连接图

2.2　特高压交流变压器试验难点

通过分析特高压交流变压器出厂试验过程中的问题，总结出特高压交流变压器试验有如下特点：

（1）试验项目多，涉及本体试验、调压补偿变压器试验、本体与调压补偿变压器联合试验；

（2）本体变压器的绝缘试验试验参数高，试验难度大；

（3）特高压变压器的绝缘水平、试验电压与通常的变压器不同，变压器的试验要求高；

（4）特高压变压器局部放电试验作为绝缘考核的重要试验，其局部放电起始电压低、出现时间短、局部放电量不大、发展速度快等特征，给试验分析、决策造成困难；

（5）特高压交流变压器体积大，其内部所采用的屏蔽部件多，使得对其内部局部放电定位困难。

考虑到特高压交流变压器的试验具有以上特点，常规的试验手段已经很难满足试验要求，当变压器试验发生异常或故障时，很难有效监测、及时记录试验数据和波形，造成事后分析、诊断困难。因此，有必要研究特高压交流变压器试验特殊措施，确保试验顺利完成。

3 特高压交流变压器局部放电试验的特殊措施

3.1 试验模型与分析

针对特高压交流变压器内部结构的特点，结合特高压变压器在局部放电试验中所出现的问题，为准确测量和分析其内部发生放电的部位，对特高压变压器的内部可能发生放电的两种模型进行了研究。

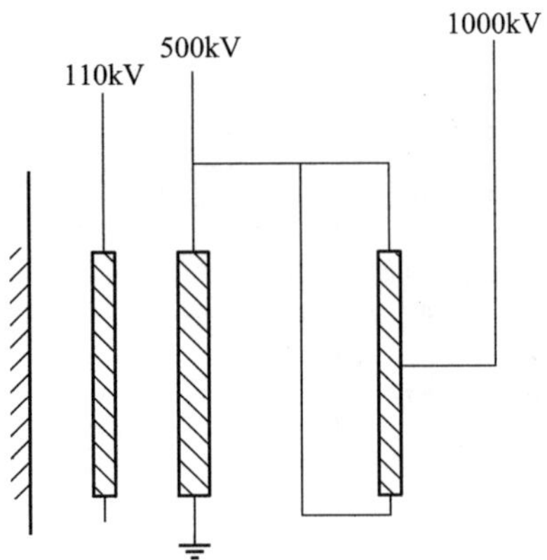

图2 特高压变压器本体接线图

3.1.1 变压器高压绕组局部放电测量模型分析

以特高压变压器为例，1000kV 变压器的结构为本体+调压补偿变压器方式，局部放电测量的重点集中在特高压变压器的本体，其接线图如图 2 所示。

在变压器内部，高、中、低压绕组是三柱并联结构，考虑到局部放电的波形为高频信号，因此可以用集中电容参数来等效它们相互之间的关系。局部放电分析模型如图 3 所示。

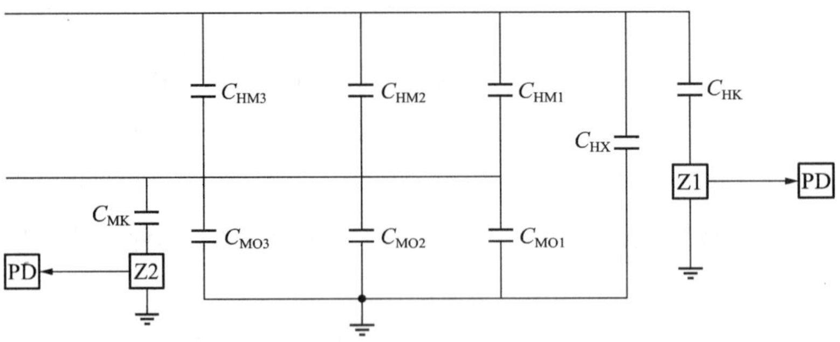

图3 各部分集中电容等效的特高压交流变压器局部放电分析模型

C_{HM} —高压绕组对中压绕组的电容；C_{MO} —中压绕组对地的电容；

C_{HK}—1000kV 套管电容；C_{MK}—500kV 套管电容；C_{HX}—高压绕组对地电容；

Z1、Z2—局部放电测量阻抗；PD—局部放电测量仪

在进行局部放电试验时，变压器的局部放电量是在 1000、500、110kV 侧同时进行测量。从图 3 中可以看到，在不同绕组及其端部有放电产生时，通过 C_{HK}、C_{MK} 和

C_{LK}套管电容耦合，在局部放电检测阻抗 Z1 和 Z2 上所反映的灵敏度是不同的，当高压绕组及其绝缘产生局部放电时，Z1 的信号较 Z2 大，反之，当中压绕组及绝缘产生放电时，Z2 信号较 Z1 大。但是，在变压器不同柱上绕组所产生的放电不能通过 Z1 和 Z2 获得的信号进行分辨。

3.1.2　变压器内部高压绕组对地绝缘中油隙放电模型分析

特高压变压器绕组的端部场强较高，其高压绕组和油箱之间是由多层绝缘纸板构成的油隙绝缘结构，来降低电场的分布梯度。但是当局部的绝缘层由于其材质、形状、工艺等原因而改变电场分布时，就有可能在此局部区域发生放电现象，此时的局部放电集中电容分析模型如图 4 所示。

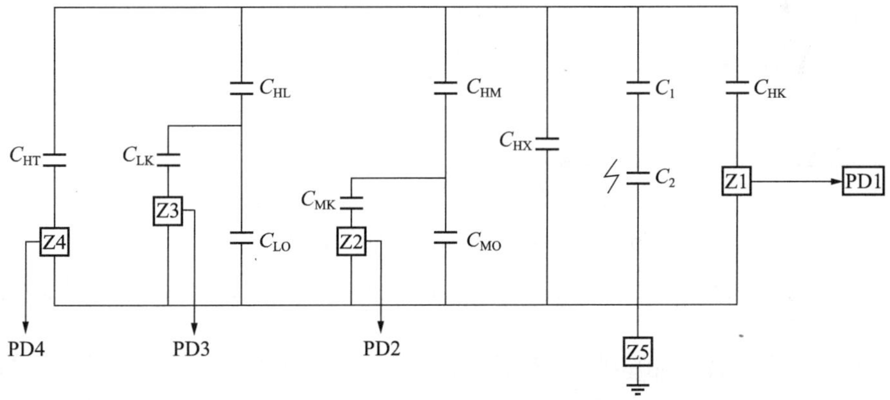

图 4　局部放电集中电容分析模型

C_{HM}—高压绕组对中压绕组的电容；C_{HL}—高压绕组对低压绕组的电容；C_{HT}—高压绕组对铁心的电容；

C_{HK}—1000kV 套管电容；C_{MK}—500kV 套管电容；C_{LK}—110kV 套管电容；

C_{HX}—高压绕组对地电容；C_1、C_2—高压绕组放电支路电容

当油隙发生局部放电时（如 C_2 处），由于变压器本身高中绕组对地电容达到 nF 级（约 20nF），而 1000kV 套管电容 $C_{HK}\approx$700pF。因此，放电脉冲电流在 Z1 支路上约为主电容回路的 1/30，同时，对于 Z2、Z3 支路来讲，同样由于 C_{MO}、C_{LO} 的分流作用，放电脉冲电流在其支路上都反映较小的灵敏度，即不能充分反映由于小油隙放电所产生的真实放电量情况。但相对于 C_{HT} 支路而言，高、中、低压套管电容小于铁心和夹件电容，即 $C_{HT}\gg C_{HK}$、C_{MK}、C_{LK}，因此在 Z4（铁心和夹件）上所反映的脉冲电流情况要优于 Z1、Z2、Z3 支路。由此可见，当变压器内部主绝缘（即油箱、铁心、夹件部位）发生局部放电时，在铁心和夹件处的局部放电测量阻抗能接收到相对较强的局部放电信号，具有较好的监测作用。

3.1.3　局部放电测量中干扰的识别及处理

在变压器局部放电试验过程中，随着电压的增加，在测量中还会引入各种干扰的

影响，主要集中在以下几个方面：

（1）局部放电测量阻抗带来的干扰。在局部放电测量电压下，由于施加在特高压变压器套管上的电压较高，此时流经局部放电测量阻抗的电流可能会超过其本身的额定值，这将引起测量阻抗的磁饱和。在测量电压下，测量阻抗内的磁饱和会产生谐波的影响，在JFD–4000局部放电检测系统显示的图形如图5所示。

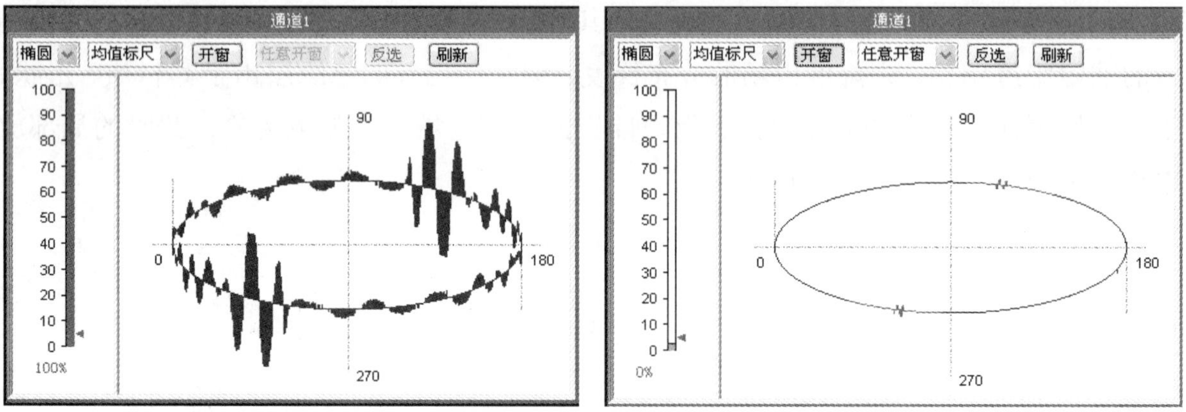

（a）　　　　　　　　（b）

图5　测量阻抗内磁饱和产生的谐波

（a）测量阻抗内磁饱和产生的谐波波形；（b）40kHz滤波处理后测量阻抗磁饱和产生的谐波波形

试验证明，这种谐波的幅值与选用的测量阻抗通流能力有关，选用测量阻抗的调谐上限越大，即通过大电流能力越强，产生谐波的幅值越低。但此时局部放电测量回路的可测灵敏度会有所降低，因此应根据局部放电试验的具体情况而作调整。

（2）局部放电试验过程中加压回路产生的干扰。特高压变压器、电抗器的局部放电试验，一般都是在倍频电压下进行。局部放电的试验电源（如中频发电机组）的晶闸管励磁调压设备所产生的干扰，在局部放电测量系统的显示屏上会出现4个脉冲，如图6所示。

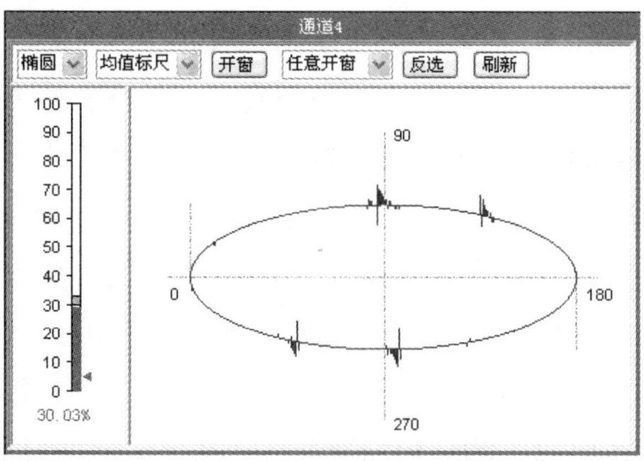

图6　局部放电加压过程中出现的脉冲干扰

这四个脉冲幅值不随电压的升高而变化，但其有大约10°左右的摆动，同时，它们出现在中频电源正弦波的二、四象限内。这种干扰会在变压器的高、中、低压侧出现，但低压侧幅值较大。根据局部放电测量试验前的方波传递比关系（低压侧向高压侧传递比约为1/35），在试验中可以判断出，高压侧显示的脉冲为低压侧传递过来的干扰。

（3）试品外部放电干扰。特高压变压器、电抗器的出厂局部放电试验，都是在

$1.5U_m/\sqrt{3}$ 的电压下进行测量，因此，套管、均压环表面电晕放电，其他设备和装置悬浮放电，金属屏蔽设施在低电压下的高电场区域放电都会严重影响对局部放电测量、分析和判断。

3.2 局部放电试验的特殊措施

通过对特高压交流变压器放电模型以及试验回路等分析，可以看出现有局部放电试验方法难以满足特高压交流变压器局部放电试验监测、分析的要求，有必要从试验方案、测量设备、抗干扰三个方面提出特殊措施，以满足特高压交流变压器局部放电试验测量、分析、定位的需要。

3.2.1 局部放电试验方案的要求

从特高压变压器内部绝缘结构上看，变压器端部的场强较高，绝缘结构较为复杂，内部可能产生放电的隐患部位较多。根据变压器内部放电回路模型的分析，对变压器内部不同区域可能发生局部放电情况，应同时采用脉冲电流法多测点和局部放电超声监测的方法进行分析和判断。

（1）脉冲电流法的监测及测量要求。在局部放电测量过程中，除较关注 1000kV 侧和 500kV 侧进行局部放电量的测量外，还要通过测量设备准确测量出放电量的大小，准确分析产生放电的部位及可能性。根据以上变压器内部放电模型分析，在变压器内部不同区域的放电，在变压器不同测点所反映变压器内部放电情况是不同的，因此，在特高压变压器进行局部放电测量及监测时，需满足如下几点要求：

1）在特高压变压器上尽可多设置局部放电测量及监测点，包括变压器高压 1000kV 套管末屏端、变压器中压 500kV 套管末屏端、变压器低压 110kV 套管末屏端（如有可能在每支套管都安排监测点）、变压器的铁心、夹件引出线端。

2）在变压器局部放电测量前，要在各局部放电测量端正确进行脉冲校准，并记录相互间的传递比关系。

3）在变压器、电抗器出厂局部放电测量时，应安排两套局部放电测量装置，分别用于局部放电量观测读数和全过程的局部放电信号监视和录波。

4）在局部放电测量程序完成后，应重新对所有测量端子进行局部放电方波的复校工作，确保测量的准确性。

（2）超声波监测要求。由于特高压变压器内部是三柱并联结构，而各局部放电监测点是所有放电综合的结果，因此，在进行局部放电的加压过程中，应采用局部放电超声监测系统进行跟踪监测，配合局部放电测量，对有可能发生局部放电的区域进行佐证分析和判断。

3.2.2 局部放电测量设备的要求

对局部放电测量系统的要求应根据特高压变压器的特殊性，及现场对局部放电分析、判断的需求所决定。测量设备的性能和参数上应具备以下几个特点：

（1）局部放电仪应具备同时监测多个测量端局部放电信号的能力。

（2）用于监测和录波的局部放电仪应具有长时四通道局部放电信号记录功能，以及实时三维图形分析功能，如JFD–4000局部放电检测系统等。

（3）局部放电仪的高通滤波器应具有40kHz或80kHz的截止频率，以消除低频干扰信号的影响。

（4）1000kV套管末屏端与电压抽头端短接后连接到局部放电测量阻抗，应在保证足够灵敏度的基础上，同时还具有交流200～250Hz、1A的长时通流且不饱和的能力。

（5）局部放电超声监测系统应具有6个以上的通道，或由多台测量系统同时监测；应具有电信号触发和声信号触发功能以及长时记录和局部放电定位功能。

（6）测量仪器电源应采用双级隔离变压器。

3.2.3 局部放电试验的抗干扰要求

3.2.3.1 局部放电测量阻抗的抗干扰要求

（1）应依据试验回路的等效调谐电容选择测量阻抗，以提高局部放电信号的信噪比，降低背景干扰水平。

（2）应改善测量阻抗的结构，加大通流能力，防止大电流产生的磁饱和现象。

（3）选择调谐电容合理（低电感、大电流）的测量阻抗，加强局部放电测量系统的滤波器能力，可采用两级截止频率为40kHz的高通滤波器降低谐波干扰。

（4）应将1000kV套管的末屏与电压抽头短接后接测量阻抗，以降低干扰影响。

3.2.3.2 局部放电试验加压回路的抗干扰要求

（1）应尽可能使局部放电试验回路的接地与试验电源励磁控制回路的地隔离，切断干扰窜入的途径。

（2）在进行局部放电测量时，应对试品各测量端同时进行监测。如果出现干扰，应根据传递比关系判断干扰的来源和传播方向。

（3）当某些脉冲已确定为干扰脉冲时，可采用开窗或反开窗技术剔出加压回路所产生的脉冲干扰，但开窗的范围应尽可能小。

（4）应根据局部放电实测灵敏度与背景噪声影响，设置局部放电仪的测量频带。测量带宽不宜过窄，一般应不小于100kHz以上。

3.2.3.3 试品外部放电识别与抗干扰的要求

（1）在局部放电试验时，应采用紫外光成像检测仪进行监测，如有条件也可采用录像监测。当发现试品外部（套管、均压环、金属屏蔽设施等）有放电现象时，应及时排查。

（2）在局部放电试验时，应安排人员在试品安全距离外，进行超声或人工监听，有异常现象应及时暂停试验。

（3）改善试验现场的环境条件，力争使现场的空气湿度达到 60%及以下。

（4）应对高压端的所有均压环进行必要的抛光处理与清洁，防止电晕产生。

（5）应合理进行试品的布置，试品与试验室墙壁距离尽可能大于 12m，防止高电压对周围设施的放电。

（6）应检查地线连接，局部放电试验测试回路一点接地可防止地线环流产生干扰。

（7）当电压在 $1.7U_m/\sqrt{3}$（1100kV）时，均压环出现电晕可坚持不降电压并持续 5min，如果套管出现表面电晕放电（见文末彩图 1），可适当降电压使其熄灭后，再升至 1100kV。但 1100kV 电压的持续时间之和应不小于 5min。

（8）应检查地线连接，局部放电试验测试回路一点接地可防止地线环流产生干扰。

4　特高压交流变压器其他试验的特殊措施

4.1　特高压变压器的 ACLD 和 ACSD 试验

由于特高压变压器的高压端绝缘水平为 AC 1100kV/5min，型式试验时不作频率换算，例行试验时作频率换算，以对绝缘进行严格考核，也对试验设备提出更高的要求。中压端绝缘水平为 AC 630kV，并以短时感应耐压试验（ACSD），同时代替中压端的操作波试验，以达到对绝缘的考核目的。

因特高压变压器中高、中压线圈是自耦连接方式，在进行 ACSD 试验时，又要符合高压端绝缘水平的规定（不大于 1100kV），这样就要求采用特殊的试验接线方式。即将变压器的低压端连接到高压的中性点 X 端，如图 7 所示，支撑变压器中压端电位。

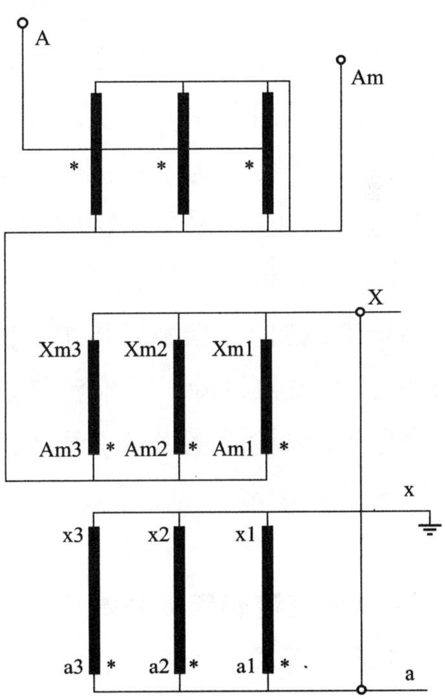

图 7　特高压变压器 ACSD 试验的接线图

在图 7 中，此时的电压感应倍数 K=1.525，那么，变压器各端的电压为：

低压线端电压：$U_a=110\times1.525=167.75$（kV）

中压线端电压：$U_{Am}=(525/\sqrt{3})\times1.525+167.75=630$（kV）

高压线端电压：$U_A=(1050/\sqrt{3})\times1.525+167.75=1092$（kV）

从计算可以看出，采用支撑的变压器 ACSD 试验中，各绕组的电压均满足要求。

ACSD 的试验程序按图 8 进行。在试验过程中，局部放电测量需采取的措施同前面的要求。

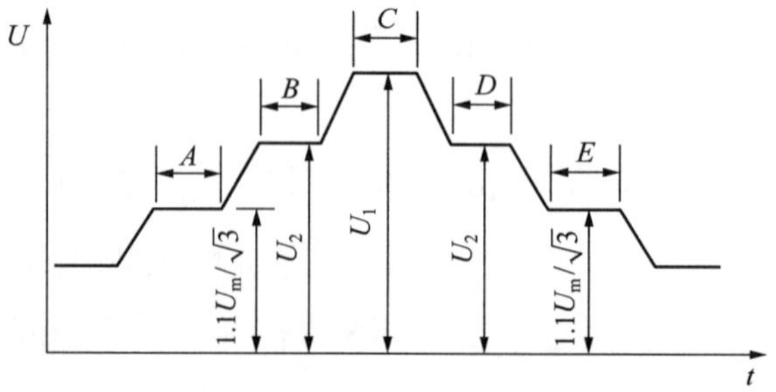

图 8　特高压变压器 500kV 侧 ACSD 试验程序

注：A=5min；B=5min；C=30s；D≥5min；E=5min；

$U_2=1.5U_m/\sqrt{3}$ =476.3kV；U_1=630kV。

4.2　特高压变压器的 1.1 倍额定电流试验

变压器在运行时的发热会直接影响其运行寿命，特高压变压器在型式试验时，只对其中一台变压器进行温升试验考核。但为了保证所有特高压变压器的质量，采取了特殊的考核措施，即对其他不进行温升试验的变压器采用施加 1.1 倍额定电流，持续 4h 的短时发热试验，并取油样进行色谱分析，以检验绕组及引线等的发热情况是否正常。

5　特高压交流套管的基本情况和特殊试验要求

5.1　特高压交流套管的基本情况

特高压交流套管是特高压交流变压器的关键部件，以 P&V 产品为例，其基本结构如图 9 所示。表 1 是该套管的主要技术参数。

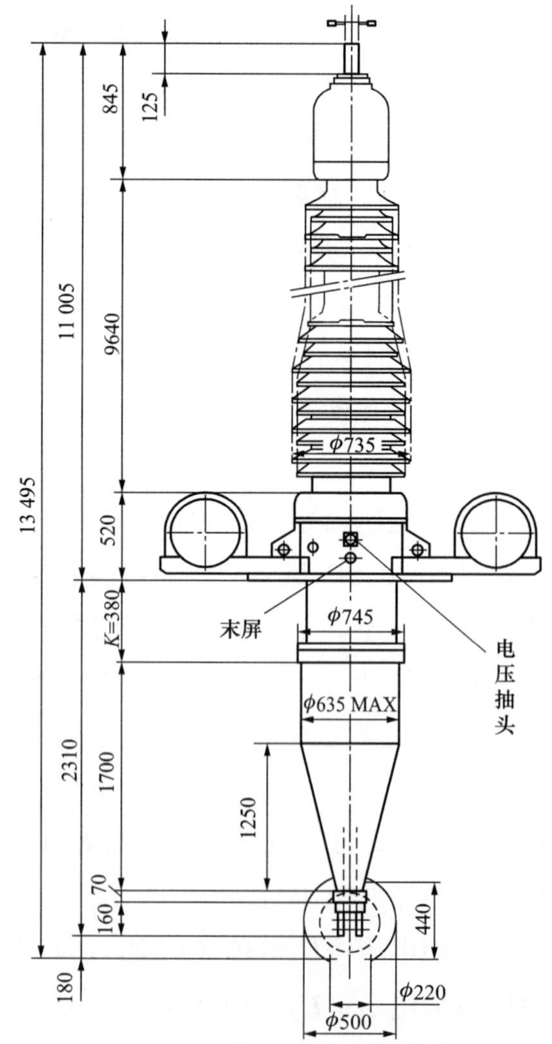

图 9　P&V 特高压交流套管基本结构图

表 1　特高压变压器套管主要技术参数

套　管　种　类	油浸纸套管（OIP）；户外浸入式套管
产品型号	PNO.1100.2400.2500
设备最高电压	1100kV
额定相对地电压	635kV
绝缘水平（U_N/AC/SIL/BIL）	1100/1200/1950/2400kV
额定电流（I_N）	2500A
额定频率	50～60Hz

5.2　特高压交流套管的试验特殊要求

5.2.1　特高压交流套管局部放电试验要求

根据特高压交流套管的型式试验的要求，套管的局部放电试验应是在带有局部放电测量的长时工频耐压试验（ACLD）中进行，整个加压过程如图 10 加压曲线所示。

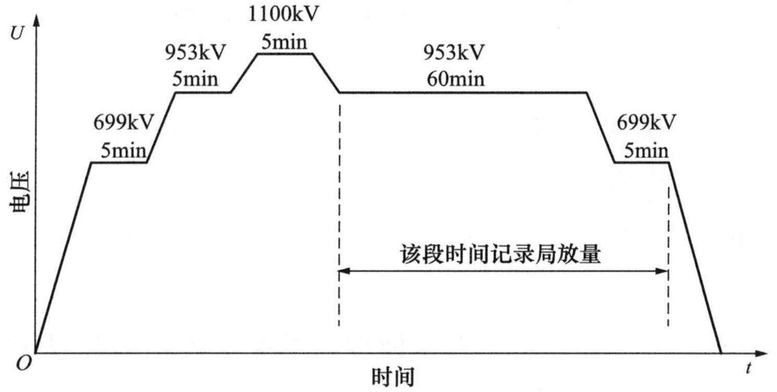

图 10　局部放电试验加压曲线

对于该项试验要求如下：

（1）在 $U_2=1.5U_N/\sqrt{3}=953$kV 电压下，套管的视在局部放电量≤10pC；

（2）在 $U_3=1.1U_N/\sqrt{3}=699$kV 电压下，套管的视在局部放电量≤5pC。

5.2.2　特高压交流套管的介质损耗因数（tanδ）测量要求

套管的介质损耗因数（tanδ）及电容量测量是对其绝缘性能考核的重要手段。其试验要求如下：

（1）试验电压：10kV–667kV–953kV–1100kV；

（2）在 $1.05U_m/\sqrt{3}=667$kV 电压下，介质损耗因数（tanδ）≤0.4%；

（3）从 $1.05U_m/\sqrt{3}\sim U_m=1100$kV 电压之间，介质损耗因数（tan$\delta$）变化量≤0.1%。

6 特高压交流套管试验中对环境特殊控制措施

1000kV 特高压交流套管试验技术参数要求高，试验设备能力及环境条件要求均达到极限状态。根据特高压交流变压器、电抗器制造厂出厂试验的试验情况及经验，如环境条件较为恶劣、且在均压装置选择不当时，施加较高试验电压时套管外瓷套表面可能会出现不可见电晕情况（使用紫外放电成像仪可观测到）。但是该情况可以通过改善试验场地的环境条件得到有效解决。因此在对特高压套管进行试验时，提出了严格的环境控制要求，即对试验场地的温度控制在+10～+40℃之间，湿度控制在 70%以下，确保套管的瓷瓶表面不凝露，同时也降低了其他电气设备对空气放电的影响。

例如在国网电科院试验大厅（长 50m×宽 40m×高 30m）对 P&V 套管进行型式试验时，一方面试验大厅内部是一个相对密闭的环境，对于如此大空间内的环境控制存在很大困难；另一方面试验期间正值夏天雨季，室内的湿度经常达到 90%以上，增加了环境控制的难度。为了能够满足试验对环境条件的要求，采取增加空调去湿和加温交替进行环境温湿度控制，以改善试验场地的环境；同时，使用工业风扇强制大厅内上下层空气对流。最终试验大厅在套管试验期间成功改善了环境条件，将试验场地的湿度控制在 70%以内，为套管的型式试验创造了有利条件。

7 特高压交流套管局部放电试验

7.1 局部放电试验抗干扰措施

针对特高压交流套管的高电压试验特点，总结以往局部放电试验的经验，提出了以下抗干扰措施：

（1）改善试验现场的环境条件，力争使现场的空气相对湿度达到 70%以下，这样有利于降低高场强区的电晕放电。

（2）安装较大直径（例如ϕ2.6m）的均压环，采用较大直径（例如ϕ500mm）的金属波纹管作为高压连线；对高压端的所有均压环进行必要的抛光处理，减少毛刺和造成局部场强畸变的因素，防止电晕产生。

（3）合理进行试品在现场的布置，试验回路高压端与墙壁及现场放置的其他未使用的试验设备距离大于 12m，防止高电压对周围设施的放电及悬浮放电。

（4）在局部放电加压过程中，采用紫外成像仪进行监测，及时排查外部放电影响。

7.2 不完全平衡法的局部放电测量回路

在套管的局部放电测量时，由于测量电压较高（953kV），试验场地的金属悬浮放电和试验回路连接导线的电晕都会严重影响对试品的局部放电测量。而采用平衡测量方式是有效剔除这类干扰的方法。

使用平衡法测量时一般要求使用相同电容量的试品（即 $C_x=C_k$），以使外部回路传过来的干扰脉冲信号能够在平衡回路中完全抵消。但是在图 11 所示的试验回路中，耦合电容器的电容量 C_k=1000pF，而套管的电容量 C_x=685.5pF，因此，在 C_k 与 C_x 的参数并不能调节到完全一致情况下，用耦合电容器和试品电容组成的平衡回路只能起到部分抗干扰能力，这种不完全平衡效果可以通过下面的计算给出。

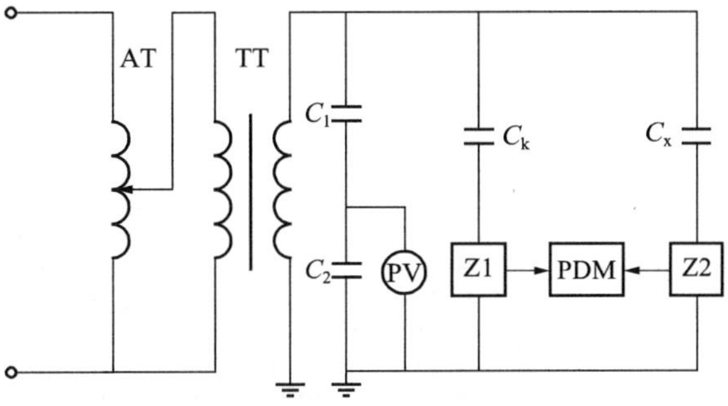

图 11　局部放电试验线路图

AT—试验调压器；TT—试验变压器 1400kV；C_1、C_2—分压器 1500kV；PV—交流电压表；C_x—1000kV 套管；C_k—耦合电容器 1200kV；Z1、Z2—测量阻抗；PDM—局部放电仪

$\frac{C_k - C_x}{C_k}$ 即为不平衡率，$1-\frac{C_k - C_x}{C_k}$ 为干扰抑制比。对于本次试验，非平衡方式测量的不平衡率为 31.5%，干扰抑制比为 1−31.5%=68.5% 。即当局部放电测量回路外部及引线有 31pC 的放电时，可以保证试验回路内的干扰控制在 10pC 范围内。

8　特高压变压器套管介损试验

为了在 1100kV 电压下介损测量能够满足套管技术规范和相关试验标准的要求，研制了目前世界最高电压的 SC1600 标准电容器，该标准电容器采用 SF_6 气体为主绝缘介质，可满足 1600kV 电压等级的高压电容、介质损耗测量要求。其主要参数见表 2。

表 2　SC1600 标准电容器主要技术参数

项　　目	参　　数
额定电压 U_N（kV）	1600
额定电容 C_N（pF）	20
额定频率（Hz）	50
耐受电压水平（kV）	$1.10U_N$
额定电压下的局部放电量（pC）	10
电压系数	优于 1×10^{-5}
损耗角正切值 $\tan\delta$	优于 5×10^{-5}
电容偏差	电容器的高、低电压端子间测得的电容与其额定值之差不大于额定值的±3%，其实测值的测量误差不超过±0.05%
SF_6 年漏气率	≤0.5%

特高压变压器套管型式试验中的电容和介损测量结果见表3。

表3　特高压变压器套管介损试验结果

<table>
<tr><th>检测项目</th><th>施加工频电压
（kV）</th><th>介质损耗因数
tanδ
（%）</th><th>电容量
C_x
（pF）</th><th>试验要求</th></tr>
<tr><td rowspan="5">电容和介质损耗因数tanδ测量</td><td>120</td><td>0.33</td><td>687.6</td><td rowspan="5">（1）对套管施加工频电压120、300、667、953kV时，tanδ≤0.4%。
（2）工频电压从667kV升高到1100kV时，Δtanδ≤0.1%</td></tr>
<tr><td>300</td><td>0.33</td><td>687.6</td></tr>
<tr><td>667</td><td>0.33</td><td>687.6</td></tr>
<tr><td>953</td><td>0.32</td><td>687.7</td></tr>
<tr><td>1100</td><td>0.33</td><td>687.4</td></tr>
<tr><td colspan="5">环境温度：23℃；相对湿度：70%</td></tr>
</table>

从表3的测量结果可以看到，在不同电压下对本次试验的特高压套管所测量的电容和介质损耗因数（tanδ）均小于0.4%，其相对变化量≤0.1%，套管的性能指标达到设计要求。

9　结论

为了解决特高压交流变压器试验中存在的困难，确保后续特高压交流变压器出厂试验顺利进行，通过分析特高压交流变压器局部放电试验的模型特高压变压器、套管的试验参数，提出了特高压交流变压器特殊试验措施，并在特高压变压器、电抗器出厂试验中验证了该特殊试验措施的可行性。通过以上研究工作，可以得到以下结论：

（1）建立了特高压交流变压器局部放电测量模型并进行了分析，分析认为现有测量方法不能判断不同柱上绕组的局部放电；当变压器内部主绝缘发生局部放电时，铁心处能收到相对最强的局部放电信号；加压回路、阻抗饱和、外部电晕等均会给局部放电带来干扰。

（2）在模型分析的基础上，提出了特高压交流变压器局部放电试验的特殊试验措施：特高压交流局部放电试验方案应同时采用脉冲电流法多测点和局部放电超声监测的方法；特高压交流局部放电测量设备应能同时监测、记录多个测量端的信号；同时，局部放电测量阻抗应具有交流200～250Hz、1A的长时通流不饱和的能力等；还应从加压回路、阻抗、外部电晕三个方面进行抗干扰。

（3）在进行特高压变压器、电抗器局部放电出厂试验时，试验方案采用脉冲电流法、超声波监测以及紫外成像监测相结合的方案，成功地对试验电源系统、地网回路、屏蔽接触不良和套管、均压环表面电晕等干扰进行识别，将局部放电测量背景控制在100pC以内。试验证明了特高压交流变压器局部放电试验特殊试验措施能够有效地识别、排除局部放电干扰。

（4）分析了特高压变压器 ACLD 和 ACSD 试验的考核要求，通过采取变压器中性点支撑的加压方法，既达到了对变压器中压端的考核目的，又满足了变压器高压端的绝缘要求。

（5）研制了目前世界最高电压的 SC1600 标准电容器。该标准电容器采用 SF_6 气体为主绝缘介质，可满足 1600kV 电压等级的高压电容、介质损耗测量要求。对特高压套管在 1100kV 电压下的电容、介质损耗的测试结果表明，特高压套管满足设计要求。

（6）通过采用有效的环境控制措施，以及采用不完全平衡方式的局部放电测量回路，在特高压套管的型式试验中，成功地控制了特高压套管的表面电晕现象，解决了外界干扰对局部放电测量的影响。在 953kV 局部放电测量电压下，套管的局部放电量在 3pC 以内。

3　特高压交流变压器交接试验技术

1　引言

特高压变压器受电压高、容量大以及运输重量限制等因素的影响，设计和制造难度大，现场安装工艺要求高。现场交接试验是验证特高压变压器长途运输及现场安装质量、判断被试设备能否投入运行的重要技术手段，也是设备投运前质量检查的最后一关。目前，特高压变压器交接试验在国内外均没有成熟的经验可以利用，必须依托 1000kV 晋东南—南阳—荆门特高压交流试验示范工程特高压变压器的技术规范及交接试验标准开展相关交接试验技术的研究，满足工程试验的要求，并为特高压设备现场交接试验积累经验和提供有价值的参考。

2　变压器交接试验综合分析

2.1　变压器主要技术特性

由于容量大、电压等级高，根据系统和运输条件，试验示范工程特高压变压器为单相、油浸式、无励磁调压自耦变压器，采用主体变和调压变分箱布置结构。调压补偿变内置调压变压器采用中性点变磁通方式进行调压，以及电压补偿器补偿第三绕组电压波动。主体变采用三主柱线圈并联结构，单柱容量 334MVA，单体容量 1000MVA；额定电压 $1050/\sqrt{3}/525/\sqrt{3}/110$kV；主体变绝缘水平为：高压线路端子 SI 1800/LI 2250/ AC 1100（5min）kV，中压线路端子 SI 1175/LI1550/AC630kV，中性点

LI 325/ AC140，低压线路端子 LI 655/AC 275。

2.2 试验项目评价分类

国家电网公司《1000kV 晋东南—南阳—荆门特高压交流试验示范工程电气设备交接试验标准》中对 1000kV 变压器的交接试验项目规定见表 1。

表 1　　特高压变压器交接试验项目

序号	项目名称	序号	项目名称
1	整体密封性能检查	11	绝缘油性能试验
2	绕组连同套管的直流电阻测量	12	油中溶解气体色谱分析
3	绕组变比测量	13	变压器空载试验
4	检查变压器引出线极性	14	绕组连同套管的外施交流耐压试验
5	测量绕组连同套管的绝缘电阻吸收比和极化指数	15	绕组连同套管的长时感应电压带局部放电测量试验（简称 ACLD）
6	测量绕组连同套管的介质损耗正切值和电容量	16	变压器绕组频率相应特性试验
7	测量绕组连同套管的直流泄漏电流	17	测量变压器的额定电压下的短路阻抗
8	测量铁心与夹件的绝缘电阻	18	额定电压的冲击合闸试验
9	套管性能试验	19	检查变压器相位
10	套管电流互感器的试验	20	测量变压器噪声

综合分析被试变压器技术特性、试验项目具体要求、当前试验技术水平等因素，可以将所有交接试验项目分为 A 和 B 两大类。A 类是现有试验技术条件可以满足交接试验要求的项目；B 类是现有技术水平难以满足交接试验的要求，需进一步研究攻关的项目。

所有交接试验项目中，主体变压器绕组连同套管的 ACLD 试验具有较大的特殊性。首先其低压侧额定电压为 110kV，而常规的 500、220kV 变压器低压侧电压通常为 35kV；其次，特高压变压器损耗及低压端电容电流都较大，现有的局部放电试验电源设备无法满足试验要求。另外，试验过程中变压器高、中、低压侧电压均很高（高压端最高电压达到 952.6kV），并且标准对局部放电量指标的要求较常规产品更为严格（高压端不大于 100pC），从而对试验系统抗干扰措施设计要求很高，否则较大的背景干扰将阻碍试验工作的完成。因此，该试验需要重新研制试验设备并且制订周密的试验方案，应归入 B 类项目，需要进行攻关研究。

其余的试验，与已经成熟的 500kV 变压器的试验设备、方法、条件等没有太大差别，经过详细比较分析研究，现有试验技术水平完全可以满足交接试验的要求。因此，这些试验项目可归入 A 类项目，可以直接应用现有试验技术和现有设备开展试验。

3 主体变压器绕组连同套管的 ACLD 试验研究

3.1 试验程序及要求

根据国家电网公司《1000kV 晋东南—南阳—荆门特高压交流试验示范工程电气设备交接试验标准》和变压器生产厂特高压变压器有关技术参数，主体变压器 ACLD 试验中绕组对地的试验电压及其加压程序如图 1 所示。

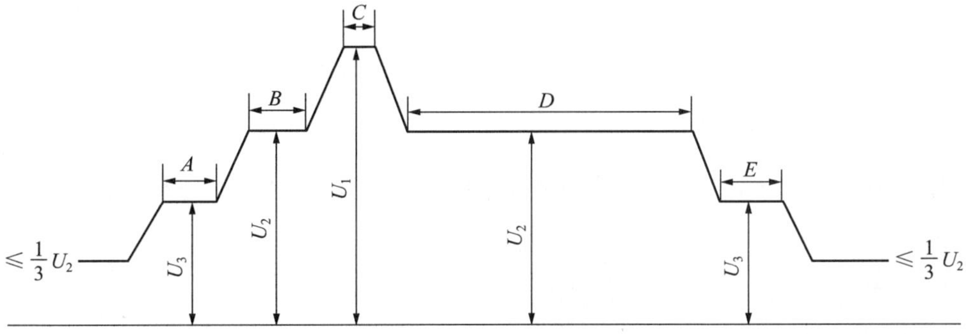

图 1 1000kV 特高压变压器主体变压器 ACLD 试验带局部放电试验电压施加程序

注：高压绕组 U_m=1100kV，中压绕组 U_m=550kV，低压绕组 U_m=126kV

$U_1=1.5U_m/\sqrt{3}$ 时，U_A=952.6kV，U_{Am}=476.3kV，U_a=172.9kV

$U_2=1.3U_m/\sqrt{3}$ 时，U_A=825.5kV，U_{Am}=412.8kV，U_a =149.9kV

$U_3=1.1U_m/\sqrt{3}$ 时，U_A=698.6kV，U_{Am}=349.3kV，U_a=126.8kV

加压时间：A=5min；B=5min；D=60min；E=5min

U_A 为高压端电压，U_m 为中压端电压，U_a 为低压端电压

C=试验时间{当试验频率为非额定频率时，$t=\left[120\times(\text{额定频率/试验频率})\right]$ s，但不少于 15s}。

标准要求在规定的试验电压和程序条件下，特高压变压器主体变高压绕组的局部放电量不应大于 100pC，中压绕组的局部放电量不应大于 200pC，低压绕组的局部放电量不应大于 300pC。试验后的绝缘油色谱分析结果合格，试验前后的油色谱试验结果无明显差异。

3.2 试验回路

3.2.1 加压方式

特高压变压器 ACLD 试验采用单边加压方式，加压端子为 1a–1x，其中高压端子为 1a，与变压器出厂试验加压方式相同，便于现场试验结果与出厂试验结果相比较。单边加压方式的优点是回路简单，电压电流测量方便，接收空间干扰小。但是中间变压器容量大、电压等级高，对自身局部放电水平的控制难度增加，并且导致体积重量增加，对变压器的设计和运输提出了更高的要求。

使用单边加压方式对1000kV特高压变压器进行ACLD试验的试验系统原理接线见图2。

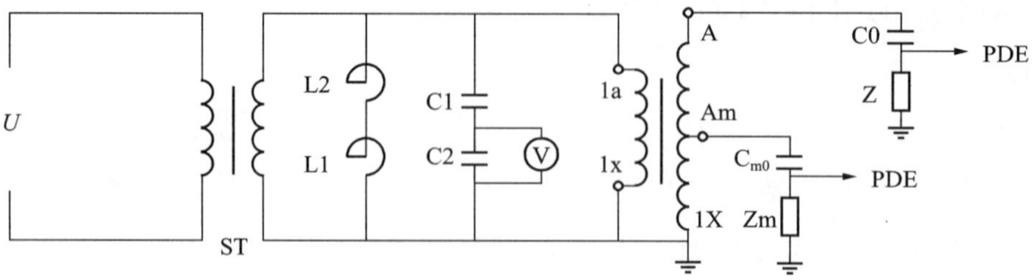

图2　1000kV变压器主体变压器ACLD试验带局部放电试验单边加压系统原理接线图

U—电源；L1、L2—补偿电抗器；C1、C2—分压器；ST—加压的中间变压器

3.2.2　试验电源频率的选择

特高压变压器ACLD试验时施加的电压很高，最高达到$1.5U_m/\sqrt{3}$，由于变压器在额定电压下，铁心的磁化曲线已经接近拐点。在额定频率下，当电压大于110%额定电压时，铁心趋于饱和，励磁电流急剧上升。

根据电磁感应原理，感应电动势为

$$E = 4.44 fN\Phi_m$$

所以感应电动势E增加1倍时，欲保持磁通密度不变，必须相应地将频率提高1倍。但是频率太高将引起电容电流的成倍增加，反而会给试验的实施带来不便。研究表明，变压器感应电压试验的频率一般为100～300Hz为宜。

3.2.3　电源形式

变压器ACLD试验电源装置的主要作用是提供满足试验要求的100～300Hz电源。通常在现场交接试验系统中试验电源的方式有变频电源和电动发电机组两种方式。

（1）变频电源方式：采用电力半导体变频电路将50Hz工频变换成中频交变电源，经适当的电感电容滤波，然后将其输入升压变压器提升电压。这种方式的突出优点是输出频率可连续调节，可使试验在接近回路谐振频率下进行，在大多数情况下可以较好地补偿试验电流中的容性成分，因而对电源的容量要求较小。其缺点是带无功负载能力较差，元件较易损坏，难以长时连续工作，过载、过压、抗短路能力较差；同时电路较为复杂，对元件参数要求苛刻，对滤波电路性能要求较高。

（2）电动机发电机组方式：其输出电压稳定、波形好，过载能力强，耐用、维护方便，安全性好，可靠性高。同时由于电网电源仅作用于电动机拖动及励磁系统，实现了试验电源和50Hz电源隔离，基本消除了电源干扰。其缺点是：体积大，重量相对较重，不宜运输和安装，在被试品为容性时，由于发电机定子容性电流的助磁作用，可能引起自激现象。在现场应用中其体积大和重量较重的缺点可通过对无功的补偿大大减小；发电机带容性试品的自激问题，一方面通过调整补偿电抗值改变负载特性，保证发电机带弱感性负载，另一方面通过完善的二次保护电路，确保发生自激时能迅速切断试验回路。

3.2.4 电压测量系统

因试验电压的频率较高，现场试验一般应使用电容分压器进行电压测量，也可使用中间变压器的测量绕组测量试验电压，但必须进行电压校正。常规变压器 ACLD 试验中电压按试验电压值的 100%进行校正，但在特高压变压器 ACLD 试验中最高试验电压接近破坏性电压，且绝缘属于非自恢复性绝缘，可对其进行不低于被试变压器额定电压下的校正，然后使用外推法确定试验电压的测量值。电压测量值以峰值/$\sqrt{2}$ 的示值为准。

3.3 试验设备研究

3.3.1 电源设备参数选择

作为现场试验使用的设备，试验电源系统应综合考虑现场试验容量、组装（组合）和运输等因素的影响。整套试验电源系统功能完备，性能稳定，输出波形为正弦波，自身局部放电量应控制在试验标准允许的范围内。

发电机组应具备起动控制、励磁控制、输出控制等功能。变频电源可采用单台或多台并联，多台并联时须保证多台输出电压和频率之间的同步。

电源的控制应具备远方和就地两种控制方式。应具备电源、电流、电压、功角等参数的监视功能。为防止试验系统故障损坏被试变压器，还必须具备完善的过电流保护、过电压保护及报警功能。远方和就地均应设有紧急停止按钮，具备紧急停止功能。

电源选择首先要满足试验容量对有功的要求，且留有一定裕度。在满足试验容量要求的前提下，尽量选择尺寸小，重量轻，移动方便，波形畸变率小，局部放电量小的电源设备。

3.3.2 中间变压器参数选择

为了充分利用电源的容量和获得较好的电压波形，理想的情况是使中间变压器的一次侧电压等于电源的额定输出电压，二次侧电压等于被试品的试验电压，中间变压器的空载损耗应尽量小，减小电源的负载。为了满足局部放电测量的要求，中间变压器应为无局部放电变压器。

中间变压器可采用单台或串级式。采用串级式结构时，阻抗电压可适当加大，但不应超过 15%。中间变压器波形畸变率应不大于 3%；总损耗不应超过 50kW；应带有测量绕组。在额定容量下，允许连续运行 120min，绕组温升不超过 65K。

与发电机组配套的中间变压器，其额定工作频率应与发电机组的频率相同。与变频电源配套的中间变压器，其工作频率应保证在变频电源的频率范围内提供试验所需的全部有功功率。

3.3.3 补偿电抗器参数选择

电力变压器以频率 100Hz 以上电源进行感应耐压试验时，一般呈容性。对于1000kV 特高压变压器，入口电容更大，试验电压下容性电流更大。采用与试品并联补偿电抗器的方法可以补偿试品的容性无功电流，从而大大减小试验电源容量。

补偿电抗器可采用单台或多台串、并联方式；补偿电抗器波形畸变率应不大于 3%；补偿电抗器组总的有功损耗不应超过 10kW；绝缘水平为 1.2 倍额定电压下耐压 1min 无损坏；额定输出电流下连续工作不小于 120min，绕组温升限值不超过 65K；额定电压下自身局部放电量控制在 50pC 以下。

与发电机组配套的补偿电抗器，其额定工作频率应与发电机组的频率相同。

与变频电源配套的补偿电抗器，应保证在变频电源的频率范围内都能够提供全部额定补偿容量。

3.3.4 局部放电测量设备

常用的局部放电测量仪器的频带可分为宽频带和窄频带两种。现场试验一般采用通用性较强的宽频带测量仪器。其技术指标及要求应符合 GB/T 7354—2003《局部放电测量》中有关要求。

现场试验时，可利用变压器的套管电容作为耦合电容器。通常的方法是：将套管的末屏接地点打开，串联测量阻抗后再接地。要特别注意测量阻抗接入时的可靠连接和试验后的恢复。

测量阻抗的选取原则为：在试验电压下，耦合电容器的电容电流不得超出测量阻抗的允许值；试品等效电容（C_x）与耦合电容（C_k）串联后的等效电容值应在测量阻抗所要求的调谐电容范围内。

视在放电量的校准采用校正脉冲发生器产生标准方波进行。校正脉冲发生器的技术指标及校准应满足 GB/T 7354—2003《局部放电测量》中的有关要求。

3.4 抗干扰措施研究

3.4.1 电源干扰的抑制

电源干扰主要来自电源网络、发电机组或变频电源。可选择下列措施进行抑制：

（1）采用单台站用变压器为试验系统单独供电、供电电源电缆应尽量避免交叉缠绕并独立排列、在工频电源入口设置低通滤波器等措施，可抑制供电网络的干扰。

（2）在发电机组或变频电源出口设置宽带滤波器，在试品入口设置阻波器，可抑制试验电源系统的传递干扰。

（3）在工频电源系统与试验电源系统之间采用隔离或屏蔽措施，可抑制工频与中频之间的相互干扰。

（4）在测量仪器电源入口设置屏蔽型隔离变压器、采用专用独立电源等措施，可抑制测量仪器电源回路干扰。

（5）发电机组或变频电源远离中间变压器、补偿电抗器和测量仪器，可抑制发电机组或变频电源空间传递干扰。

3.4.2 来自接地回路的干扰抑制

整个试验回路原则上应一点接地。采用带有绝缘护套的接地线、放射性连接、缩短接地线长度等措施，可抑制来自接地回路的干扰。

在站内选择其他独立接地点作为测量回路的接地，可抑制测量回路的干扰。

3.4.3 空间电磁干扰的抑制

（1）选通元件（窗口）躲避法。测量仪器使用同步扫描电源，结合选通元件开窗，使测量元件只对选通区（窗口内）的扫描信号产生响应，可有效分隔相位固定、幅值较高的干扰。

（2）窄带测量法。如果一些频率固定、相位变化、幅值较高的脉冲信号属于明确的干扰，可通过适当调整测量仪器的上下限频率，并可在测量仪器输入端前设置特别制作的带通滤波器，隔离这些特定频率的干扰。

3.4.4 电晕放电的抑制

（1）在所有可能产生电晕的高压端头选用适当的屏蔽罩进行屏蔽。其中，高、中压套管端部场强最强，对这里的电晕控制尤为重要，因此高、中压套管端部屏蔽罩尤为重要。若要保证屏蔽罩不发生电晕，需要合理设计屏蔽罩，使屏蔽罩表面的最大场强小于 1.5kV/mm。

（2）高压试验引线采用屏蔽导线内穿绝缘导线作为导流体，并与屏蔽层一点连接。

（3）试品表面的地电位部分尖端或悬浮部位加装屏蔽层并可靠接地。

（4）对试品周围的导体和悬浮体，如影响局部放电测量，应采取加装屏蔽、接地、拆除等措施。

3.4.5 背景噪声监测

在试验前监测每日不同时段的干扰情况，掌握干扰规律，找到干扰较小的时间窗口。尽量安排在干扰较小的时段进行试验。

监测结果表明，在长治变电站 500kV 侧设备带电后，其对特高压变压器局部放电背景并无明显的不利影响，但 1000kV 设备带电后对局部放电测量的影响仍需要检测研究。

4 1000kV 长治变电站主变压器现场试验情况

在特高压长治变电站特高压主体变压器现场 ACLD 试验中选择了电动发电机组作

为试验电源。在前期研究成果的基础上，结合长治变电站主体变压器的特点，制订了科学详尽的试验方案，并研制了相应的试验系统，具体情况如下。

现场 ACLD 试验时采用与出厂试验相同的单边加压方式。试验回路如图 3 所示。

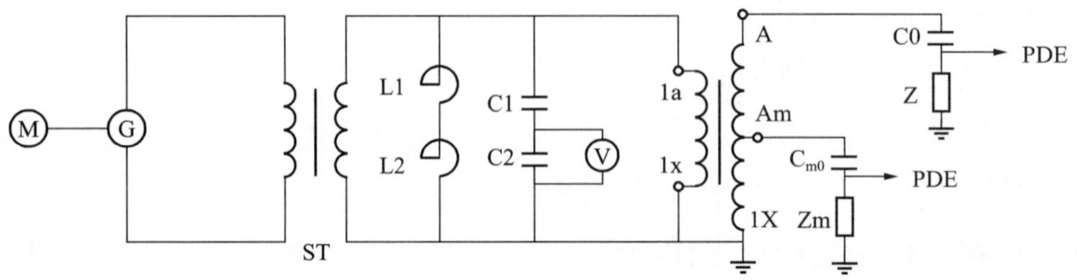

图 3　1000kV 变压器主体变压器 ACLD 试验带局部放电试验现场试验系统原理接线图

M–G—200Hz 中频电动机–发电机组；L1、L2—低压补偿电抗器；

ST—单边加压的中间变压器；Z、Zm—测量阻抗；PDE—局部放电测试仪

试验电源选择 200Hz 电动机发电机组（与该变压器出厂试验频率相同），被试变压器的有功损耗约为 295kW，试验回路的损耗约为 60kW，总的有功损耗为 355kW，考虑足够的裕度，发电机组选择 400kW 绕线式电动机。为保证波形良好以及带一定的无功负荷，电动发电机组的容量选为 1000kVA。

中间变压器参数如下：

结构型式：户外、油浸、单相、铁壳式、单套管引出；

冷却方式：ONAN；

额定容量：2000kVA/2000kVA；

额定电压：200/1–1kV；

额定频率：200Hz；

短路阻抗：＜5%；

输出电压波形：正弦波，波形畸变率≤3%；

局部放电水平：在 120%额定电压下，局部放电量≤50pC，在 100%额定电压下，其局部放电量≤10pC；

允许运行时间：在额定容量下，允许连续运行 120min。

选择 2 台 4500kvar/100kV 补偿电抗器进行容性电流的补偿，两台 100kV 电抗器串联接线。

综合采取了抗干扰技术措施，局部放电试验背景干扰水平控制在规程允许的范围内。

经过现场精心试验，验证了所有设备完全满足试验要求，电源、升压及补偿设备可以轻松完成对被试设备加压，整个试验回路的干扰水平低压侧控制在 150pC 以下、

中压侧控制在 100pC 以下、高压侧控制在 50PC 以下。

最后，利用本试验系统圆满完成了长治变电站三台主体变压器长时感应电压局部放电 ACLD 试验，确保了试验示范工程的顺利投运。

5　结论

（1）特高压变压器所有交接试验可分为两类：一类是现有试验技术条件可以满足交接试验要求的项目；另一类是现有技术水平难以满足交接试验的要求，需进一步研究攻关的项目，即主体变压器绕组连同套管 ACLD 试验。

（2）主体变压器绕组连同套管 ACLD 试验设备设计要根据被试设备的具体情况，全面考虑设备的技术参数以及体积、重量等，以保证安全可靠、运输安装方便为原则，统筹安排、合理布局。

（3）主体变压器绕组连同套管 ACLD 试验回路应简洁清晰，综合采取多种抗干扰措施，保证整个试验回路的干扰水平满足试验要求。

（4）1000kV 晋东南—南阳—荆门特高压交流试验示范工程变压器交接试验顺利完成，确保了工程的按期投运，为后续特高压工程的现场交接试验提供了可供借鉴的经验。

4　特高压电抗器及其他设备交接试验技术

1　引言

1000kV 晋东南—南阳—荆门特高压交流试验示范工程，是我国首个 1000kV 特高压交流输变电工程。特高压设备的现场交接试验，不仅是保证特高压工程安全稳定运行的关键环节，也是对我国高电压设备现场试验技术的重要考验。本课题对特高压荆门变电站特高压电抗器、避雷器、接地网的现场交接试验技术进行了研究。

2　特高压电抗器试验

依据《1000kV 晋东南—南阳—荆门特高压交流试验示范工程电气设备交接试验标准》规定，特高压电抗器的现场特殊试验项目主要包括绕组连同套管的直流泄漏电流测量、绕组连同套管的外施交流耐压试验、噪声振动测量和红外测温等。

2.1　绕组连同套管的泄漏电流测量

2.1.1　试验目的和方法

试验旨在检查电抗器绕组主绝缘状况，能有效检查出电抗器绝缘整体受潮、部件

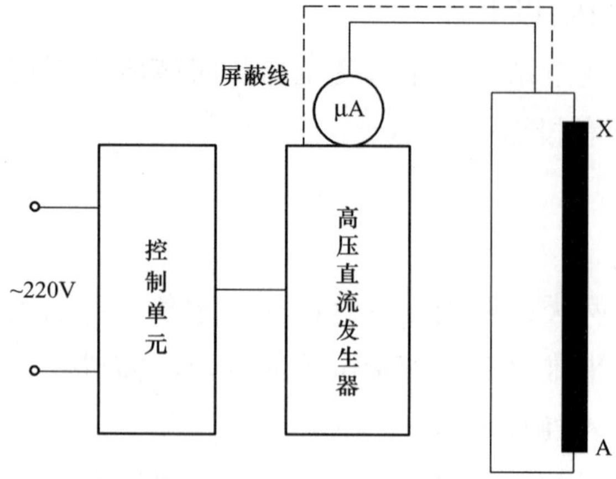

图1　1000kV电抗器绕组连同套管直流泄漏电流试验原理接线（以A相为例）

表面受潮或脏污以及贯穿性的集中缺陷。

以A相电抗器为例，试验时，电抗器绕组A和X端短接，从X端加压，外壳接地。当施加直流试验电压达1min时，读取泄漏电流。试验原理接线见图1。

根据《1000kV晋东南—南阳—荆门特高压交流试验示范工程电气设备交接试验标准》要求，不同温度下直流泄漏电流不应超过表1的规定值。

表1　1000kV电抗器不同温度下直流泄漏电流参考值

顶层油温（℃）	10	20	30	40	50	60	70	80
泄漏电流（μA）	20	30	45	67	100	150	235	330

2.1.2　试验过程和结果

现场使用200kV/3mA成套中频电源及脉宽调制的直流发生器，测量结果见表2。

表2　特高压荆门站1000kV电抗器泄漏电流测量结果

A相电抗器			环境温度	30℃	空气湿度	50%
电压（kV）	10	20	30	40	50	60
电流（μA）	0	0	1	4	5	7
B相电抗器			环境温度	31℃	空气湿度	52%
电压（kV）	10	20	30	40	50	60
电流（μA）	0	0	1	2	4	4
C相电抗器			环境温度	25℃	空气湿度	52%
电压（kV）	10	20	30	40	50	60
电流（μA）	0	0	1	3	5	6

2.1.3　数据分析和总结

（1）从本试验可知，对于油纸绝缘类设备而言，现场直流泄漏电流测量结合绝缘电阻测量能有效判断设备的绝缘状况。与绝缘电阻测量相比，泄漏电流测量试验电压高，更有利于发现设备绝缘缺陷。

（2）特高压电抗器绕组连同套管的泄漏电流测量在国内尚属首次，套管长度较高，器身体积较大，现场试验时，为避免外界环境干扰，应采取下列措施：

1）尽量缩短加压线长度，充分考虑试验回路中绝缘带、绝缘绳、绝缘杆等部件自身的泄漏电流。必要时，可将试验设备移至电抗器器身，在保证安全距离、做好安全措施的情况下开展测量，力求将试验回路自身的泄漏电流降至最低。

2）试验回路搭建完毕后，对电抗器开展试验前，应不带试品空升试验回路，测得试验回路在各级试验电压下的泄漏电流 I_0，将试验测量值与 I_0 相减，方为特高压电抗器的实际泄漏电流值。

（3）特高压荆门站 1000kV 电抗器 A、B、C 三相绕组连同套管的现场泄漏电流测量值均符合标准要求，绝缘情况良好，体现了较高的工艺水平。

2.2　绕组连同套管的交流外施耐压试验

2.2.1　试验目的和方法

试验旨在考核电抗器的主绝缘强度、检查局部缺陷，有效发现电抗器绕组主绝缘受潮、干裂或在运输过程中由于振动引起的线圈松动、位移而造成的引线绝缘距离不够，以及绕组绝缘上附着污物等情况，以保证其绝缘水平，判断其是否能投入运行。

根据标准《1000kV 晋东南—南阳—荆门特高压交流试验示范工程电气设备交接试验标准》和 GB 50150—2006 规定，外施交流试验电压频率应为 45～65Hz。为保证试验频率在此范围内，采用电抗器、电容器补偿的方法。

根据厂家提供的设计值，荆门站电抗器绕组对地电容为 6.562nF，8 节电容分压器并联后的总电容为 22nF，因此，系统总电容为 28.562nF，补偿电抗器为 340H，由此估算试验频率为 51Hz。

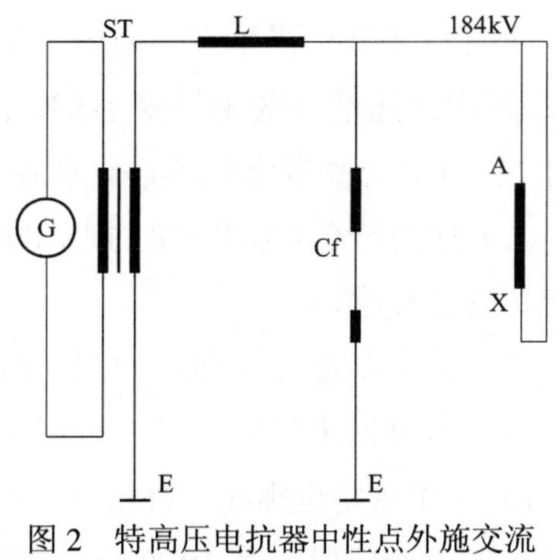

图 2　特高压电抗器中性点外施交流耐压试验接线（A 相为例）

G—变频电源柜，300kW、0～365V；ST—中间变压器，300kVA、8/0.4kV；L—补偿电抗器，2 台 170H/300kV；Cf—电容分压器，8 节，（4 节 3000pF，4 节 2500pF）；
注：中性点对地电压为 184kV。

2.2.2　试验过程和结果

试验采用 300kW 变频电源柜作为试验电源，单相输出电压，供给中间变压器升压。试验电压为出厂试验值的 80%（230kV×80%=184kV）。

以 A 相为例，中性点外施交流耐压试验接线如图 2 所示，在高压侧 A 和中性点 X 短接后施加规定的试验电压。

现场交流耐压试验结果见表 3。

表 3　　特高压荆门站电抗器交流耐压试验结果

试验端子	试验电压（kV）	试验频率（Hz）	试验时间（s）	试验结果
A–X	184	50	60	通过
B–Y	184	50	60	通过
C–Z	184	50	60	通过

2.2.3　数据分析和总结

（1）试验前应对试验回路参数进行估算，选择合适的补偿电抗器，以提高试验效率和准确性。

（2）特高压电抗器采用双铁心柱加两旁轭的铁心结构，内部绝缘结构较为复杂，其现场交接试验项目中，交流外施耐压试验是对其绝缘考核最为严格。在试验过程中，特高压电抗器没有发生绝缘击穿、外表闪络、试验电压突然下降等现象，且试验前后油色谱分析结果无明显差别，顺利通过该项试验。

2.3　噪声测量

2.3.1　试验目的和方法

现场噪声测量能从某种程度上考核电抗器铁心的叠片和绑扎工艺以及设计是否合理。

2.3.2　试验过程和结果

依据《1000kV 晋东南—南阳—荆门特高压交流试验示范工程电气设备交接试验标准》，采用声压法，选用丹麦 B&K 公司生产的 2250 型手持式声级分析仪，按下列步骤对 1000kV 特高压电抗器进行现场声级测定：

（1）使用符合 GB/T 3785 规定的 I 型声级计，试验前按 GB/T 3768 对测试仪器（声级计）进行校准。

（2）确定基准发射面，如图 3 所示。

（3）电抗器未带电情况下，测量背景噪声的 A 计权声压级：

1）画出规定轮廓线，背景噪声测定时距基准发射面为 0.3m（依据 GB/T 1094.10—2003《电力变压器　第 10 部分：声级测定》）；

2）在规定轮廓线上均匀分布 10 个背景噪声检测点；

3）在每个点测量背景噪声时，传声器应处于电抗器箱体高度（h）的 $h/3$ 和 $2h/3$ 处水平面上。

（4）电抗器稳定运行状态下，对其进行声级测定：

1）画出规定轮廓线，轮廓线距基准发射面为 2m；

2）在规定轮廓线上确定 N 个检测点，相邻两个检测点之间的距离不大于 1m；

3）由于被测电抗器箱体高度（h）超过 2.5m，因此应在电抗器箱体高度的 $h/3$ 和 $2h/3$ 处水平面上分别测量。

4）记录每一测点的 A 计权声压级，使用仪器的快速响应指示，以避免暂态背景噪声。

（5）测量完毕且在切除被测电抗器电源后，应立即重复测量背景噪声。

（6）测量结束后再次对测量设备进行校准，校准变化不应超过 0.3dB，否则测量结果无效，应重新进行测量。

1000kV 电抗器噪声现场测量示意图如图 3 所示。

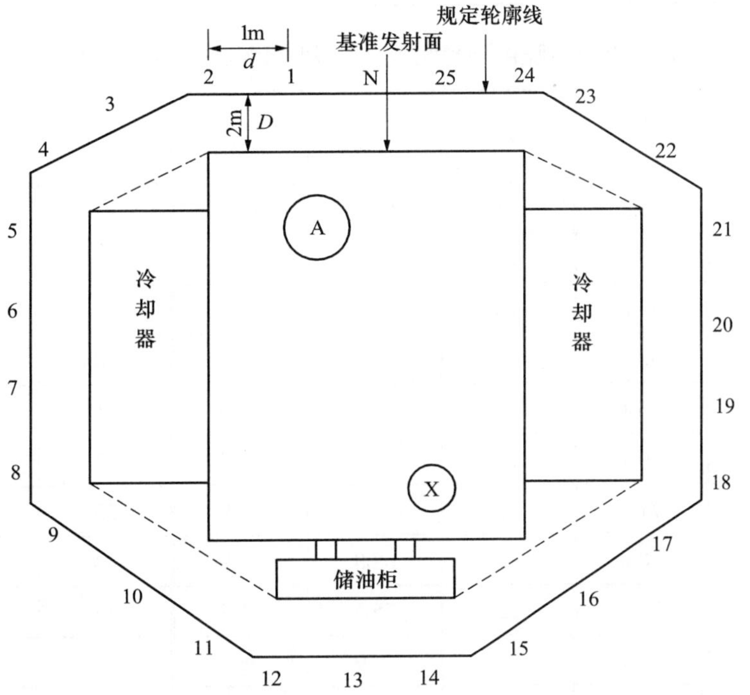

图 3 1000kV 电抗器噪声现场测量示意图

特高压荆门站 1000kV 电抗器噪声现场测量结果见表 4～表 6。

表 4 A 相电抗器噪声测量结果（在 1070kV 运行电压下） dB

测点	$h/3$ 测量值	$2h/3$ 测量值	测点	$h/3$ 测量值	$2h/3$ 测量值	测点	$h/3$ 测量值	$2h/3$ 测量值
1	77.1	77.3	7	64.5	69.8	13	67.2	71.6
2	71.2	75.4	8	68.6	72.1	14	72.6	70.0
3	72.7	72.9	9	63.2	74.4	15	66.1	73.8
4	63.8	68.5	10	66.1	70.3	16	66.5	79.4
5	63.8	71.9	11	74.8	70.2	17	74.8	78.7
6	71.6	73.2	12	64.9	70.2	18	68.5	74.3

续表

测点	h/3 测量值	2h/3 测量值	测点	h/3 测量值	2h/3 测量值	测点	h/3 测量值	2h/3 测量值
19	75.2	63.2	26	70.4	69.3	33	74.8	76.1
20	67.9	73.1	27	66.2	70.0	34	70.5	74.2
21	67.1	62.5	28	68.7	65.2	35	70.8	74.6
22	70.6	64.1	29	68.8	63.7	36	75.8	74.4
23	70.3	65.1	30	70.7	64.2	$\overline{L}_{PA}$（A）：69.3dB		
24	67.1	70.1	31	69.3	62.1			
25	69.1	72.8	32	72.5	63.5	试验后背景噪声：41.9dB		

表5　　B相电抗器噪声测量结果（在1079kV运行电压下）　　dB

测点	h/3 测量值	2h/3 测量值	测点	h/3 测量值	2h/3 测量值	测点	h/3 测量值	2h/3 测量值
1	70.4	65.5	14	66.0	72.0	27	60.5	64.0
2	69.6	65.4	15	66.0	70.7	28	72.3	68.4
3	71.5	74.6	16	62.8	68.9	29	65.7	73.4
4	70.9	62.0	17	68.0	64.2	30	67.9	71.8
5	70.2	66.1	18	75.1	74.6	31	72.3	56.1
6	62.6	66.1	19	65.2	76.4	32	66.7	60.6
7	68.1	71.9	20	67.1	75.9	33	62.2	66.2
8	65.8	70.6	21	68.8	71.9	34	68.2	67.6
9	66.9	72.2	22	75.5	63.7	35	74.7	73.6
10	65.9	65.9	23	70.9	68.8	36	65.9	72.0
11	65.7	73.6	24	69.7	71.7	$\overline{L}_{PA}$（A）：69.0dB		
12	67.2	73.0	25	60.3	74.7			
13	72.6	76.3	26	73.5	73.9	试验后背景噪声：43.9dB		

表6　　C相电抗器噪声测量结果（在1080kV运行电压下）　　dB

测点	h/3 测量值	2h/3 测量值	测点	h/3 测量值	2h/3 测量值	测点	h/3 测量值	2h/3 测量值
1	73.3	71.7	6	64.4	65.2	11	71.7	70.0
2	67.2	75.1	7	61.5	58.0	12	72.8	72.5
3	66.7	70.9	8	60.8	61.3	13	52.5	70.5
4	72.3	69.1	9	65.4	69.5	14	67.5	70.0
5	60.2	65.0	10	68.0	74.1	15	63.5	64.8

续表

测点	$h/3$ 测量值	$2h/3$ 测量值	测点	$h/3$ 测量值	$2h/3$ 测量值	测点	$h/3$ 测量值	$2h/3$ 测量值
16	72.1	67.6	24	72.3	71.8	32	61.0	59.9
17	70.3	75.2	25	70.5	68.2	33	58.5	61.9
18	70.8	76.5	26	74.0	70.1	34	72.3	68.8
19	73.5	74.4	27	70.9	71.7	35	65.8	71.5
20	60.9	74.0	28	72.4	68.8	36	61.3	71.5
21	72.3	65.2	29	67.1	58.0	$\overline{L}_{PA}$（A）：66.3dB		
22	66.0	69.1	30	51.2	61.8			
23	57.2	67.2	31	61.4	63.6	试验后背景噪声：43.7dB		

2.3.3 数据分析和总结

（1）特高压荆门站 1000kV 电抗器在 1080kV 运行电压下，现场实测综合声级计算值 A 相为 69.3dB，B 相为 69.0dB，C 相 为 66.3dB，均满足《1000kV 晋东南—南阳—荆门特高压交流试验示范工程电气设备交接试验标准》中的相关要求。

（2）由于现场测量时，电抗器周围存在消防水管及防火墙，存在声波的折反射现象，对测量结果有一定程度的影响，A、B、C 三相检测结果均比出厂值偏大。

（3）500kV 电抗器现场声级水平为 73～82dB（A），相比 500kV 电抗器，国产 1000kV 电抗器在电压、容量大幅上升的情况下，现场声级在一个合理的范围内，这得益于在设计、生产和制造环节的工艺控制。特高压电抗器内部由双器身构成，与常规 500kV 电抗器有较大不同，漏磁影响较大。为减小振动和噪声，特高压电抗器在铁心压紧装置中采用了特制的碟形弹簧，同时，采取了多项屏蔽措施。

2.4 振动测量

2.4.1 试验目的和方法

对电抗器油箱振动情况进行监测，根据振动测量结果，分析判断电抗器运行的优劣程度。

2.4.2 试验过程和结果

现场振动测量选用丹麦 B&K 公司生产的 2250 型手持式分析仪（振动仪）。测点分布如图 4 所示。

在额定工况下，按照电抗器箱壳展开平面示意图的测点依次进行振动振幅双峰值（μm）检测。

特高压荆门站电抗器现场振动测量结果见表 7～表 9。

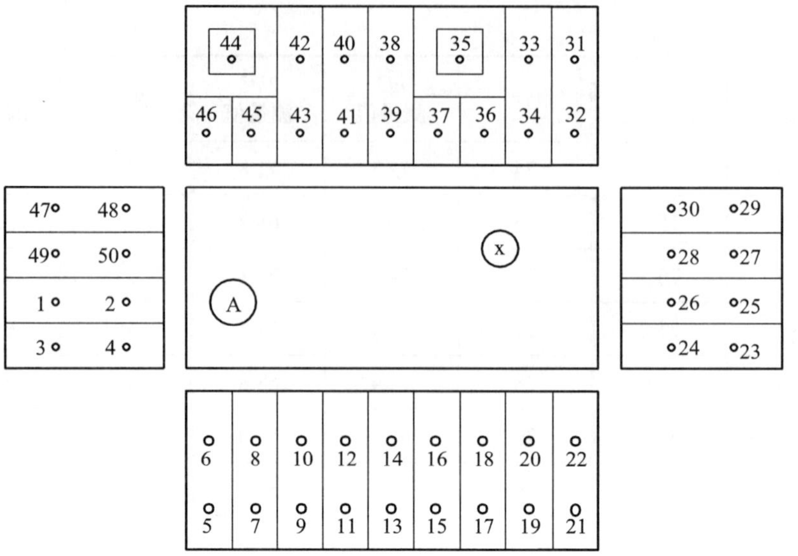

图4 电抗器箱壳展开平面示意图（测点与厂家相同）

表7 **A相电抗器振动测量结果** μm

测点	测量值	测点	测量值	测点	测量值	测点	测量值
1	4.0	15	3.0	29	2.0	43	38.0
2	18.0	16	10.0	30	6.0	44	28.0
3	13.0	17	9.0	31	4.0	45	16.0
4	7.0	18	6.0	32	20.0	46	20.0
5	10.0	19	9.5	33	22.0	47	18.0
6	10.0	20	10.0	34	24.0	48	18.0
7	16.0	21	14.0	35	7.0	49	18.0
8	12.0	22	4.0	36	5.0	50	17.0
9	8.5	23	22.0	37	13.0	实测平均值：12.9	
10	5.0	24	12.0	38	14.0		
11	7.0	25	15.0	39	6.0	最大值：38	
12	9.0	26	6.0	40	10.0		
13	9.0	27	2.0	41	26.0		
14	2.0	28	2.0	42	22.0		

表8 **B相电抗器振动测量结果** μm

测点	测量值	测点	测量值	测点	测量值	测点	测量值
1	7.5	4	6.0	7	3.0	10	4.0
2	10.0	5	9.0	8	9.0	11	4.0
3	12.0	6	3.0	9	8.0	12	9，0

续表

测点	测量值	测点	测量值	测点	测量值	测点	测量值
13	8.0	24	14.0	35	10.0	46	15.0
14	7.5	25	7.0	36	8.0	47	12.0
15	8.5	26	9.0	37	9.0	48	14.0
16	3.0	27	9.0	38	5.0	49	2.0
17	9.5	28	20.0	39	12.0	50	8.0
18	7.0	29	22.0	40	5.0	实测平均值：10.6	
19	9.0	30	6.0	41	10.0		
20	10.0	31	5.0	42	15.0	最大值：26	
21	18.0	32	5.0	43	20.0		
22	4.0	33	17.0	44	26.0		
23	14.0	34	20.0	45	24.0		

表 9　　C 相电抗器振动测量结果　　μm

测点	测量值	测点	测量值	测点	测量值	测点	测量值
1	8.5	15	10.0	29	13.0	43	17.0
2	20.0	16	9.0	30	7.0	44	15.0
3	7.0	17	8.0	31	4.0	45	7.0
4	4.5	18	7.0	32	4.0	46	12.0
5	10.0	19	10.0	33	13.0	47	17.0
6	2.0	20	8.0	34	13.0	48	3.0
7	10.5	21	6.0	35	9.0	49	5.0
8	10.0	22	5.0	36	5.0	50	4.2
9	2.6	23	6.0	37	7.0	实测平均值：8.2	
10	1.0	24	14.0	38	4.0		
11	1.0	25	13.0	39	9.0	最大值：20	
12	6.5	26	2.0	40	7.0		
13	2.5	27	2.0	41	5.0		
14	9.5	28	16.0	42	7.0		

2.4.3　数据分析和总结

（1）根据供货协议，电抗器箱壁振动（峰到峰的位移）必须在系统最高电压的情况下测量，测量的结果用振动波主波峰的高度来表示，最大值不超过 90μm，平均值不超过 50μm，底部不超过 20μm。根据《1000kV 晋东南—南阳—荆门特高压交流试验示范工程电气设备交接试验标准》要求，在系统最高电压下或电抗器额定电压下，油箱壁振动波峰双峰值的最大值应不超过 100μm。特高压荆门变电站电抗器在 1080kV 运行电压及额定频率下，现场实测振动平均值（峰—峰）A 相为 12.9μm、最大值为 38μm，B 相为 10.6μm、最大值为 26μm，C 相为 8.2μm、最大值为 20μm，均满足上述标准或文件中的要求。

（2）近年来湖北地区 500kV 电抗器现场振动测量结果为 5～14μm。与 500kV 电抗器相比，通过在铁心压紧装置中采用特制的碟形弹簧，对铁心采取多处压紧，在器身与油箱之间设置减小振动、阻尼振动传播的减振系统，铁心饼真空压力浇铸等特殊工艺处理，国产 1000kV 电抗器的振动水平被控制在一个理想的范围内。

3 特高压其他设备

3.1 避雷器现场带电试验

3.1.1 试验目的

对避雷器在运行电压下的全电流和阻性分量进行检测，由此检查和判断避雷器内部受潮、阀片劣化及电容杆损伤的程度。

3.1.2 测试方法和结果

使用 LCD–4 型漏电流测试仪，接入 1000kV 线路 CVT 电压信号，分别测试了线路避雷器、母线避雷器和主变压器避雷器；用 1000kV 主变压器 CVT 电压信号，分别测试了主变压器避雷器、母线避雷器和线路避雷器；对线路避雷器的电压、全电流、阻性电流和功耗进行了稳态录波。测试结果见表 10。

表 10　荆门站 1000kV 避雷器第一次带电测试结果

项目	相位	U（kV）	I_x（mA）	I_{rp-}（mA）	I_{rp+}（mA）	P_x（W）	监测器电流（mA）	备注
南荆 I 线	A	620	10.8	2.04	2.00	800	12.0	采用线路 CVT 信号
	B	620	10.4	1.24	1.20	440	11.5	
	C	620	11.6	0.84	0.80	280	12.5	
母线	A	620	11.6	3.52	3.52	1440	12.5	
	B	620	10.8	2.12	2.08	840	11.5	
	C	620	10.8	2.08	2.12	840	12.0	
主变压器	A	620	13.2	3.52	3.48	1400	13.0	
	B	620	11.6	2.24	2.24	920	11.5	
	C	620	11.6	2.44	2.40	960	13.0	

续表

项目	相位	U (kV)	I_x (mA)	I_{rp-} (mA)	I_{rp+} (mA)	P_x (W)	监测器电流 (mA)	备注
南荆Ⅱ线	A	620	10.8	2.16	2.12	840	11.5	
	B	620	10.8	1.28	1.24	440	11.5	
	C	620	11.6	1.00	0.96	320	12.5	
母线	A	620	12.0	3.52	3.52	1440	12.5	
	B	620	10.8	2.56	2.52	1040	11.5	采用主变压器 CVT 信号
	C	620	10.8	1.72	1.68	640	11.5	
主变压器	A	620	11.6	3.16	3.08	1240	12.5	
	B	620	10.4	2.60	2.56	960	11.5	
	C	620	11.2	2.56	2.52	1000	13.0	

3.1.3　数据分析和总结

特高压避雷器阻性电流及功耗的相位特性明显，A 相大，C 相小；线路避雷器附近没有其他同电压等级的电气设备，没有出现负功耗现象；这与 1000kV 避雷器 4 柱并联有关。虽然荆门站 1000kV 避雷器比 500kV 避雷器多出两节，但总体电容量要大近 3 倍，而相间空气距离又增大 1 倍，相间杂散电容的影响较弱，所以对 1000kV 避雷器而言，相间杂散电容的影响小，不会出现负功耗。经 LCD–4 处理的信号录波见图 5，以电压信号 U 作比较的全电流 I_x、阻性电流 I_r 及功率 P_x 的李沙育图形见图 6。

图 5 中来自 1000kV 线路 C 相 CVT 的二次电压信号有明显的谐波影响；全电流几乎是纯容性；阻性电流峰值很小，约为全电流峰值的 1/10；基波分量更小，相位与电压相同，可见工频波动；功率与电压全电流乘积一致。

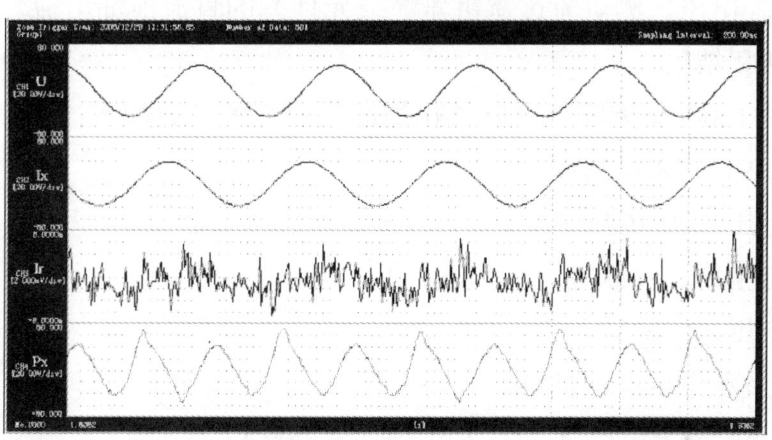

图 5　经 LCD–4 处理的 1000kV 避雷器典型信号录波图

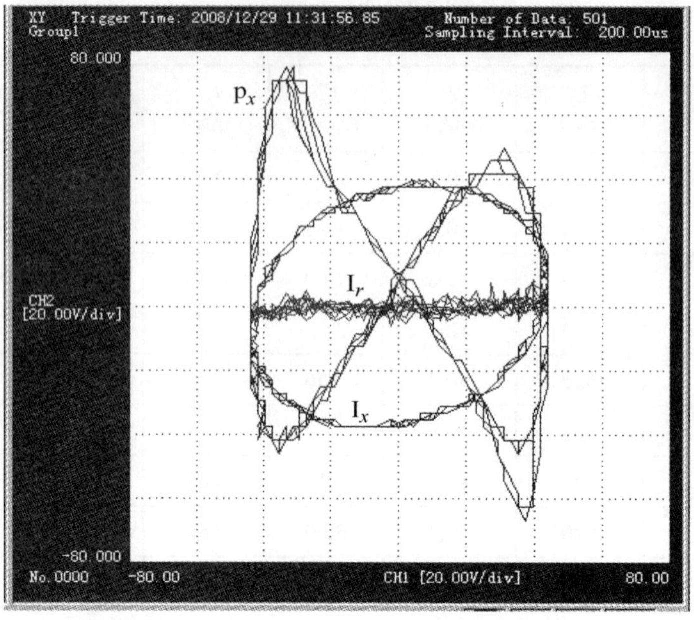

图 6 以 U 作比较的 I_x、I_r 及 P_x 的李沙育图形

图 6 中全电流并非正圆，长轴与水平线呈 45° 角，阻性电流的频率特性很不显著，功率的倍频特性及幅度特性十分突出，呈明显的倒 8 字形。

表 10 数据表明，使用同一厂家不同地点的 CVT 进行测量，对阻性电流测量的影响不大，两组不同 CVT 下所测阻性电流的偏差≤20%，不影响性能判断。

3.2 避雷器直流参考电压和泄漏电流测量

3.2.1 试验目的

按照相关标准要求，对 1000kV 避雷器直流 8mA 参考电压及 0.75 倍直流 8mA 参考电压下的泄漏电流进行测试，以检查避雷器阀片是否受潮或是否劣化。

试验内容包括直流 8mA 参考电压测量，即 1000kV 金属氧化物避雷器通过 8mA 直流电流时，测量被试品两端的电压 U_{8mA}。0.75 倍 U_{8mA} 泄漏电流测量，即被试品两端加 75%的 U_{8mA} 电压，测量流过避雷器（或元件）的直流泄漏电流。

3.2.2 试验方法和结果

荆门变电站 1000kV 无间隙金属氧化物避雷器有关参数如下：

型号：Y20W1–828/1620W；

系统标称电压：1000kV；

避雷器额定电压：828kV；

持续运行电压：638kV；

直流 8mA 参考电压：≥1114kV；

75%直流 8mA 参考电压下的泄漏电流：≤200μA；

工频参考电流（峰值）：24mA；

工频参考电压（峰值/$\sqrt{2}$）：≥828kV；

阻性电流（基波峰值）：≤4mA；

全电流（有效值）：≤20mA。

现场试验是在避雷器安装之后，采取分节试验的方式。试验时，与避雷器相连的高压线与避雷器未连接，若高压线另一端已连接，将高压线拉开距均压环 800mm 以上。试验接线如图 7 所示。

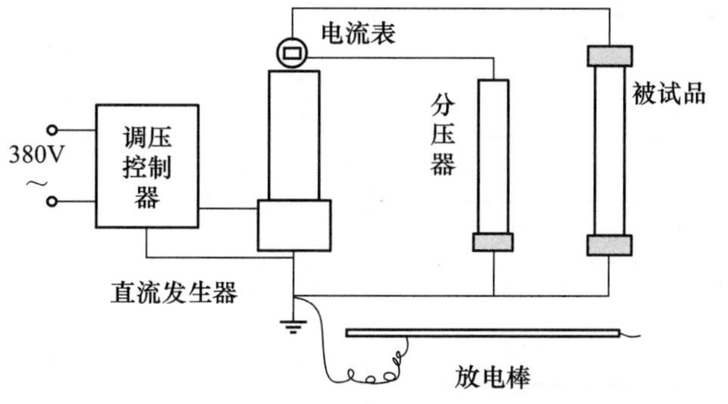

图 7　避雷器直流参考电压和泄漏电流测量接线

测量电流的导线使用屏蔽线。天气潮湿时，可用加屏蔽环的方法防止瓷套表面受潮影响测量结果。

直流发生器主要技术参数如下：

直流输出电压：0～300kV 连续可调；

额定输出电流：20mA；

交流输入电压：AC 380V，50Hz；

纹波系数：≤1%；

电压测量误差：≤0.2%；

电流测量误差：≤0.5%。

避雷器直流 8mA 参考电压及 0.75 倍 U_{8mA} 下泄漏电流测试数据见表 11。

表 11　避雷器直流 8mA 参考电压及 0.75 倍 U_{8mA} 下泄漏电流测试数据

设备编号	安装位置（从下至上）	出厂值		测量值		4mA 下电压值（kV）
		U_{8mA}（kV）	0.75 U_{8mA} 下泄漏电抗（nA）	U_{8mA}（kV）	0.75 U_{8mA} 下泄漏电抗（nA）	
80093	1	225	136	224.67	184	218.55
	2	225	134	223.92	189	217.77
	3	230	120	231.12	146	225.40
	4	221	134	220.13	187	214.19
	5	226	138	225.09	194	218.86
		Σ=1127		Σ=1124.93		

续表

设备编号	安装位置（从下至上）	出厂值		测量值		4mA 下电压值（kV）
		U_{8mA}（kV）	0.75 U_{8mA} 下泄漏电抗（nA）	U_{8mA}（kV）	0.75 U_{8mA} 下泄漏电抗（nA）	
80083	1	226	91	225.8	151	220.16
	2	225	107	226.94	181	223.84
	3	230	81	229.96	152	224.87
	4	222	120	222.58	137	217.34
	5	224	113	224.06	149	219.05
		Σ=1127		Σ=1129.74		
80119	1	225	92	223.5	144	217.98
	2	229	102	228.96	135	223.16
	3	224	124	223.27	170	217.6
	4	224	124	222.58	189	216.73
	5	225	105	224.3	143	219.24
		Σ=1127		Σ=1122.6		
80427	1	227	81	227.08	92	222.09
	2	229	103	228.96	133	223.57
	3	226	80	225.85	102	220.78
	4	221	70	220.56	108	215.87
	5	224	74	223.87	97	219.02
		Σ=1127		Σ=1126.27		
80255	1	228	92	227.08	146	221.3
	2	225	105	223.89	153	218.18
	3	228	118	227.68	154	221.85
	4	222	113	221.06	175	216.06
	5	225	98	224.39	136	219.06
		Σ=1128		Σ=1124.5		
80234	1	230	125	230.32	136	225.15
	2	227	85	226.52	135	221.7
	3	222	139	221.09	129	214.7
	4	221	116	221.52	151	216.45
	5	227	128	227.07	159	221.18
		Σ=1127		Σ=1126.52		

3.2.3 数据分析和总结

特高压荆门变电站 1000kV 避雷器直流 8mA 参考电压及 0.75 倍 U_{8mA} 下泄漏电流测试符合《1000kV 晋东南—南阳—荆门特高压交流试验示范工程电气设备交接试验标准》的要求。通过本次试验，得出以下几点结论：

（1）为提高测量的准确度，测量时，与避雷器相连的高压线应解开，且距均压环 800mm 以上。此时，杂散电流对测量的影响微乎其微，电流表测量的均是单独的避雷器元件流过的电流，因此测量数据是可靠、准确的。

（2）若与避雷器相连的高压线不易解开时，采取不解高压线测量，此时必须有读差电流的微安表，以提高测量的准确度。

（3）在湿度小于 80%、瓷套表面干净的情况下，可以不采取屏蔽措施。若湿度大于 80%，可以考虑加屏蔽措施。

（4）要控制好升压速度。升压速度由电流的增长速率决定，一般正常情况下，可按 200μA/s 速度的升压至电流达 8000μA 止。

3.3 荆门站接地网交接试验技术

3.3.1 试验目的和原理

接地网交接试验的目的是检查接地网能否满足接地故障时设备及人身安全要求，测试内容主要有工频接地电阻、接触电位差和跨步电位差，其中难点在接地电阻测量。测试原理为在接地网中注入似工频电流，在变电站外引入参考零电位，测量接地网的电位升高值。目前规程推荐采用似工频变频电源、三极法布线测试。通常接地网的接地电阻≤0.1Ω时，测试难度大；而特高压荆门变电站的接地电阻很小（≤0.06Ω），因此必须注重测试细节，除了电源必须采用高质量设备外，还应精心勘测细心布线，消除互感影响；采用分点接地消除入地电流处接点的接触电位影响。主要的测试装置为红相 8000 接地网测试系统，能满足 1000kV 荆门变电站的接地电阻测试的苛刻要求。

3.3.2 试验过程和结果

特高压荆门变电站接地网平面布置成 Γ 形，采用 70mm×10mm 扁钢，15m ×15m 网格，面积约 400m×400m，设计最大入地电流值为 23.4kA，土壤电阻率＜20Ω · m。设计要求接触电位差（U_j）和跨步电位差（U_k）分别小于 296V 和 280V。计算结果表明 U_k 能满足要求，但边缘地带的 U_j 最大值可达 360V。为减低 U_j，施工设计在 1000kV 设备附近增设 5m×5m 的铜网（见图 8）。

2008 年 9 月在荆门站进行了接触电位差、跨步电位差和接地电阻测试。测量接线由主变压器保护室向大门外沿进站马路两侧放线至公路，然后电压线向北（P1），电流线向南（C1）。试验布线示意图见图 9。

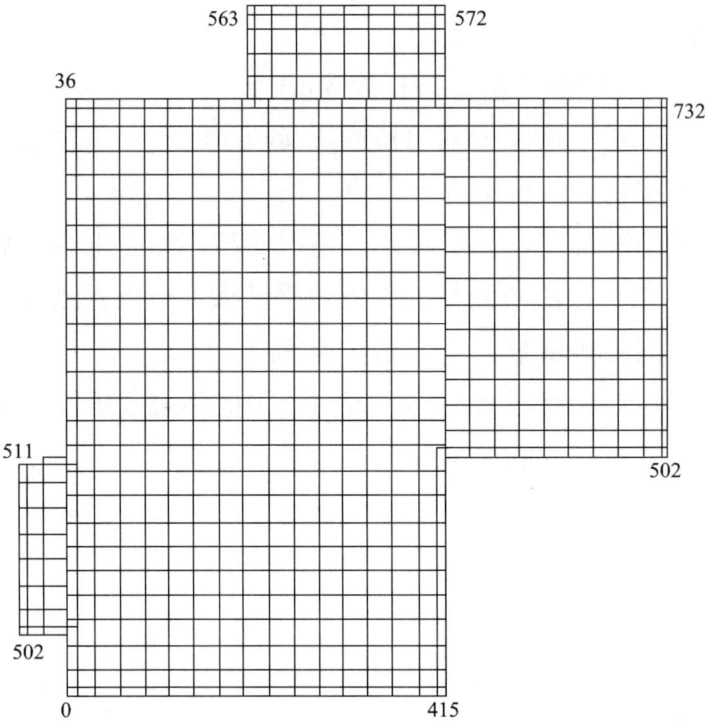

图 8　特高压荆门站接地电网结构图

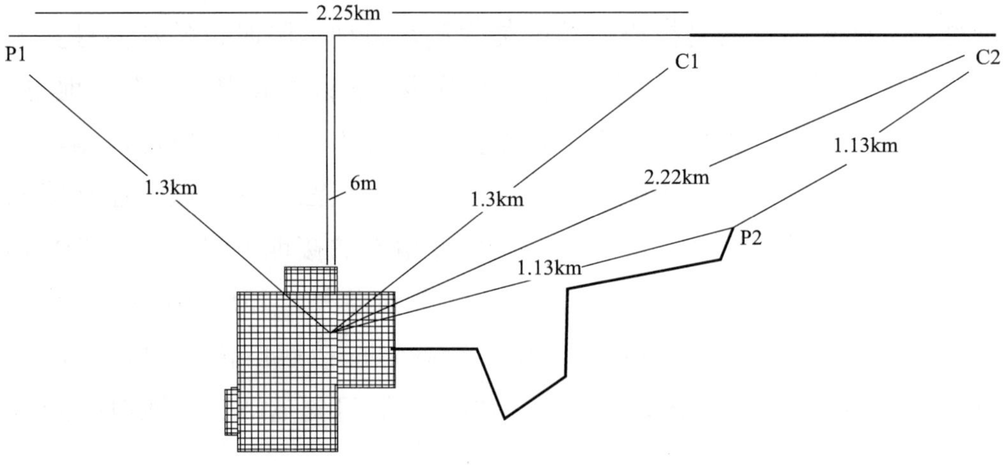

图 9　1000kV 荆门站接地网两次试验布线示意图

测试结果表明：不经处理（含互感阻抗）的接地阻抗为 0.31Ω；第一次测试时，接地阻抗中互感影响特别明显，频差 6Hz 时影响结果 10%，互电抗接近 90%，略去互感影响，接地电阻小于 0.06Ω。为确认测试线间互感影响，同月在荆门站再次进行了接地电阻测试：电流线放线方式基本不变，沿公路增加 1km 多（C2），电压线改由 1000kV 保护小室向站外放线。测量仪器仍然采用红相 8000。测试结果表明：互感影响很小，接地阻抗为 0.041Ω，最大接触电位差 140.3V，最大跨步电位差 175.3V，均满足设计要求。

两次测量期间，分别在站内和站外进行了土壤电阻率测量。站内有 2 组共 7 个数据，站外四面共 6 个数据，全部数据都表明 5m 以上的表层土壤 $\rho<10\Omega \cdot m$，低于实际计算取用值。

3.3.3 数据分析和总结

第一次测试前刚下过雨，第二次测试时土壤比第一次测试时要干燥，但从两次表层土壤电阻率测量结果看，影响不大，其原因可能是草皮养护需要，站内经常在大面积浇水。第二次测试的互感影响小，很明显现象是改变频率，等量电流幅值下接地网电位升高的数值不变（见表 12）。

表 12　　1000kV 荆门变接地网第二次测试的 U 及 R（I=5.0A）

测　点　位　置	U（V，47Hz）	U（V，53Hz）	R（kΩ）
1 号主变压器 A 相	0.076	0.072	0.026
500kV 构架东头	0.098	0.100	0.034
1000kV 构架西南	0.135	0.136	0.047
备件备品库	0.170	0.172	0.059
2 号主变压器 A 相	0.113	0.113	0.039
全站平均	0.118	0.119	0.041

注　修正系数 $k=1/(1-\Sigma If_i/I)\times 1/(1+\delta)\times K_t=1.731$。

综合分析得到以下结论：

（1）特高压荆门变电站接地网测试结果正常；

（2）接地网的接地电阻≤0.1Ω，试验接线互感影响大；

（3）合理布线可以大幅减小互感影响。

3.4 红外测温

3.4.1 试验目的

为确保特高压设备的长期安全稳定运行，有必要在设备带电调试及投运后对变电设备进行测温，以便及时发现过热点，并分析原因进行处理。

3.4.2 试验过程和结果

1000kV 荆门特高压变电站红外成像测温采用了瑞典 FLIR 公司的最新型号 S65 红外热像仪。现场测试注意要与带电设备保持安全距离。在测温过程中应测量环境温度，温度计避免阳光直射。避免在阳光直射和大风大雨的情况下进行红外测温。

现场试验时，环境温度 8℃，相对湿度 69%，变电站以大负荷方式运行，选择该站内的 1000kV 高压并联电抗器、避雷器和电容式电压互感器为主要被测温设备。

3.4.2.1 高压并联电抗器测量结果及分析

在电抗器额定电压和额定频率下测量油箱表面的温度分布及引线接头的温度。三相油箱高压电抗器最高温度及温升见表13。

表13 荆门特高压站高压电抗器最高温度及温升

相　　别	油箱最高温度（℃）	温升（K）	备注
A相高压电抗器	26.2	18.2	彩图2
B相高压电抗器	23.2	15.2	彩图3
C相高压电抗器	23.0	15.0	彩图4

从文末彩图2～彩图4的高压并联电抗器油箱表面红外热像图可以看出，高压电抗器的温度为从上部到下部逐渐递减，高压套管升高座温度最高，为正常温度分布，且三相并联电抗器的红外热像图相似。

3.4.2.2 特高压避雷器和电容式电压互感器红外测温结果

特高压避雷器和电容式电压互感器的红外热像图见文末彩图5和彩图6。

文末彩图5的特高压避雷器的红外热像图为正常热像图，三相无明显差异。

文末彩图6的电容式电压互感器的红外热像图也是正常热像图，接头无过热点。

3.4.3 数据分析和总结

特高压荆门变电站在大负荷调试期间全站设备红外测温结果均为正常，全站引线接头无过热点。通过1000kV特高压荆门变电站红外测温，确认了该变电站在建设和运行维护中完全满足设计要求，并且为日后运行巡检测温提供了原始数据。

4 结论

（1）特高压荆门变电站1000kV电抗器及其他设备顺利通过各项现场试验，体现了良好的制造技术和工艺水平。

（2）本课题对相关设备所研究和使用的现场特殊试验方法，为我国电力设备的现场试验提供了可借鉴的经验。

5 特高压交流开关交接试验技术

1 引言

1100kV开关设备是特高压交流试验示范工程的重要设备，对其进行交接试验是为了检验开关设备现场的安装质量，考核产品性能，以确保设备能正常投入运行。1100kV交流开关设备结构复杂，研究其交接试验技术，准确开展特高压交流开关设备交接试验，不仅可以检验设备制造及安装质量，为试验示范工程安全运行提供有力支撑，而且可以对后续工程现场交接试验提供借鉴经验，意义重大。

2　特高压交流开关设备交接试验要求

2.1　开关设备主要技术特征

特高压交流试验示范工程 1100kV 开关设备采用 GIS 及 HGIS 两种形式（长治变电站为 GIS，南阳开关站和荆门变电站为 HGIS），包含设备多，结构复杂。以特高压南阳站为例，南阳站 1100kV HGIS 型号为 ZF6–1100（L）/Y8000–50，由断路器、隔离开关、接地开关、内装式电流互感器、母线、出线套管、伸缩节等主要元件以及支架、汇控柜等组成。额定电压为 1100kV，额定电流为 6300A，额定短路开断电流为 50kA，额定短路持续时间为 2s，峰值耐受电流为 135kA，额定绝缘水平见表 1。

表 1　南阳站 1100kV HGIS 额定绝缘水平　kV

	相对地	断口间
额定雷电冲击耐受电压（峰值）	2400	2400+900
额定操作冲击耐受电压（峰值）	1800	1675+900
1min 工频耐受电压	1100	1100+635

2.2　试验项目分类

按照《1000kV 晋东南—南阳—荆门特高压交流试验示范工程电气设备交接试验标准》规定，1100kV 开关设备（GIS、HGIS）现场交接试验项目见表 2。

表 2　1100kV 开关设备（GIS、HGIS）现场交接试验项目

序号	项目名称	序号	项目名称
1	核查与核实	7	SF_6 气体密度继电器及压力表校验
2	控制与辅助回路绝缘试验	8	断路器试验
3	SF_6 气体验收	9	隔离开关、接地开关试验
4	SF_6 气体密封试验	10	内部配套设备的试验
5	主回路电阻测量	11	主回路绝缘试验
6	SF_6 气体含水量测量		

综合分析被试 GIS/HGIS 技术特性、试验项目具体要求、当前试验技术水平等因素，可以将所有交接试验项目分为两大类。一类是现有试验技术条件可以满足交接试验要求的项目；另一类是现有技术水平难以满足交接试验的要求，需进一步研究攻关

的项目。

所有交接试验项目中，除主回路绝缘试验外，其余项目与已经成熟的500kV及以下开关设备的试验设备、方法、条件等没有太大差别，经过详细比较分析研究，现有试验技术水平完全可以满足交接试验的要求。因此，可以直接应用现有试验技术和现有设备开展试验。

开关设备主回路绝缘试验具有较大的特殊性。首先其试验电压值为880kV，回路电流为5A左右（根据试品对地电容不同略有差异），这对试验系统提出了较高的要求。其次，由于试验电压较高，试验过程中易出现电晕放电，造成电压稳定性较差，电晕损耗对于试验系统的效率也有很大影响。另外，现场需进行局部放电量测量，为了提高局部放电量检测的效果，需要尽量减少电源和环境干扰，避免高压引线电晕的发生。基于以上因素，该试验需要重新研制试验设备并且制订周密的试验方案，需要进行攻关研究。

3 特高压交流开关主回路绝缘试验研究

在1000kV晋东南－南阳－荆门特高压交流试验示范工程南阳开关站HGIS设备交接试验中，尤其是交流耐压试验过程中，为了保证试验的安全顺利进行，进行了一些关键技术研究。

3.1 试验方案的确定

交流耐压试验对检查介质污染（例如自由导电微粒）是相当敏感的，且对检查异常的电场情况（如电极表面有缺陷）具有足够的灵敏度，因此进行开关设备整体交流耐压试验是现场交接试验必须的。

如怀疑断路器和隔离开关的断口在运输、安装过程中受损，或经过解体，应做断口的耐压试验。对于特高压南阳站HGIS设备，其部分部件（如隔离开关等）需在现场进行内装工作，现场试验应增加断口间耐压试验，以考核安装质量。

通过局部放电测量，可以预先诊断到GIS/HGIS内部绝缘存在的缺陷；交接试验进行的局部放电试验数据也可以为运行后的局部放电试验提供基础数据。根据《1000kV晋东南—南阳—荆门特高压交流试验示范工程电气设备交接试验标准》规定，在特高压南阳站HGIS现场进行交流耐压时，开展局部放电测量。

根据IEC的建议和实际使用经验，按照DL/T 555—2004《气体绝缘金属封闭开关设备现场耐压及绝缘试验导则》推荐，现场适用的方法为：电荷法测量局部放电（由于试验条件限制，在现场很难实现电荷法测量局部放电量）、UHF（甚高频法）、VHF（超高频）法、振动法及声测法等。根据特高压南阳站设备情况，现场采用超声法检测局部放电量。

经过分析，结合特高压南阳站 HGIS 设备特点，现场的试验方案为整体交流耐压、隔离开关的断口耐压，试验电压值为出厂值的 80%，时间为 60s。在交流耐压前应进行老练试验，加压程序为：0→最高运行相电压（$U_N/\sqrt{3}$）持续 10min→1.2 倍最高运行相电压（$1.2U_N/\sqrt{3}$）持续 5min→0，见图 1。耐压程序为：0→试验电压值（U_{ds}）持续 1min。结束后降至 1.1 倍最高运行相电压（$1.1U_N/\sqrt{3}$），进行局部放电测量，见图 2。断口耐压程序为：0→试验电压值（U_{ds}）持续 1min→0。具体加压程序见图 3。

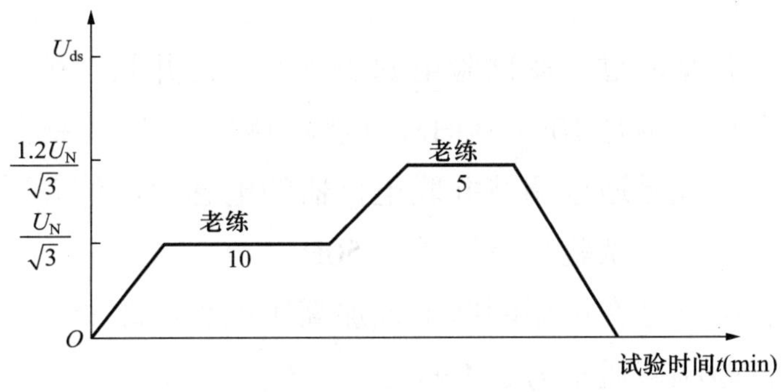

图 1　主回路老练试验加压程序示意图

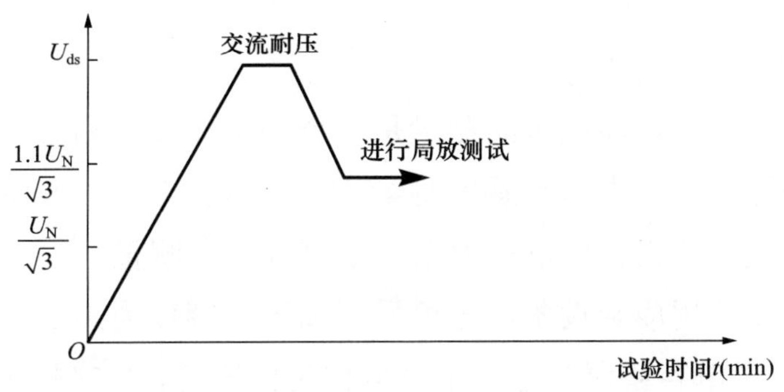

图 2　主回路耐压试验加压程序示意图

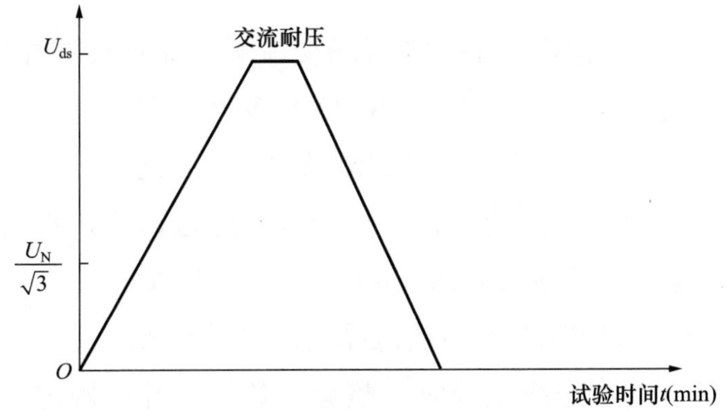

图 3　隔离开关断口耐压试验加压程序示意图

3.2　加压方式的选择

常规的交流耐压试验是选择试验变压器直接进行加压。由于1100kV GIS/HGIS试验电压高、入口电容量大，所需现场试验变压器容量很大，电压很高，很难满足现场试验的需要。目前广泛采用的是用电抗器进行补偿的串联谐振装置。该装置体积小、重量轻、所需试验电源容量小。加压试验时，试品一旦闪络，谐振就会消失，对被试品绝缘损伤小。

串联谐振装置目前分为：变频串联谐振装置、调感式串联谐振装置和调容式串联谐振装置三种。

变频串联谐振装置是通过改变试验电源的频率，使并联电抗器与被试品电容达到谐振条件。该频率允许范围是10～300Hz，试验中频率一般控制在30～200Hz之间。

调感式串联谐振装置是通过调节并联电抗器的电感值，使并联电抗器的电感与试品电容达到谐振条件。此时试验频率通常为50Hz。

调容式串联谐振装置是在谐振回路上外加高压电容，改变试验回路的电容量来达到谐振条件，此时试验频率通常为50Hz。

根据特高压南阳站HGIS现场条件，现场交流耐压试验采用变频串联谐振的方法进行。

3.3　试验电压的测量

在交流耐压试验中，试验电压的测量是一个关键环节。测量交流高压的方法有在试验变压器低压侧测量、用电压互感器测量、用高压静电电压表测量及用电容分压器测量等，特高压交流开关设备现场试验采用电容分压器测量。

电容分压器可以使用成套设备，也可采用高压电容作为高压臂（电容量先进行标定），用低压电容或者电容箱调节适当电容值作为低压臂，外接峰值电压表读数。需要注意的是，整个电容分压器系统应在具有资质的校验单位进行精度及频率系数校验。

3.4　试验系统接线

根据试验方案，特高压南阳站HGIS现场交流耐压原理接线见图4。试验电源采用300kV变频电源；电抗器采用4节150H/8A/270kV电抗器串联组成；高压电容器为4节2500pF/300kV电容器串联组成。在确定测试系统后，进行了空载升压试验，并用红外热像仪和紫外电晕摄像仪对试验设备进行测试。经过试验，设备的升压能力、温升指标及起晕电压均能满足南阳站HGIS交流耐压试验要求。

3.5　谐振电抗器、分压器顶罩均压环及试品均压环的研制

在对试验设备进行首次空载试验时，整套设备可以升至规定试验电压880kV，但是电压稳定性较差，且在谐振电抗器和分压器顶罩均压环处伴随有少量电晕。分析原因为谐振电抗器、高压电容器均压环尺寸偏小。

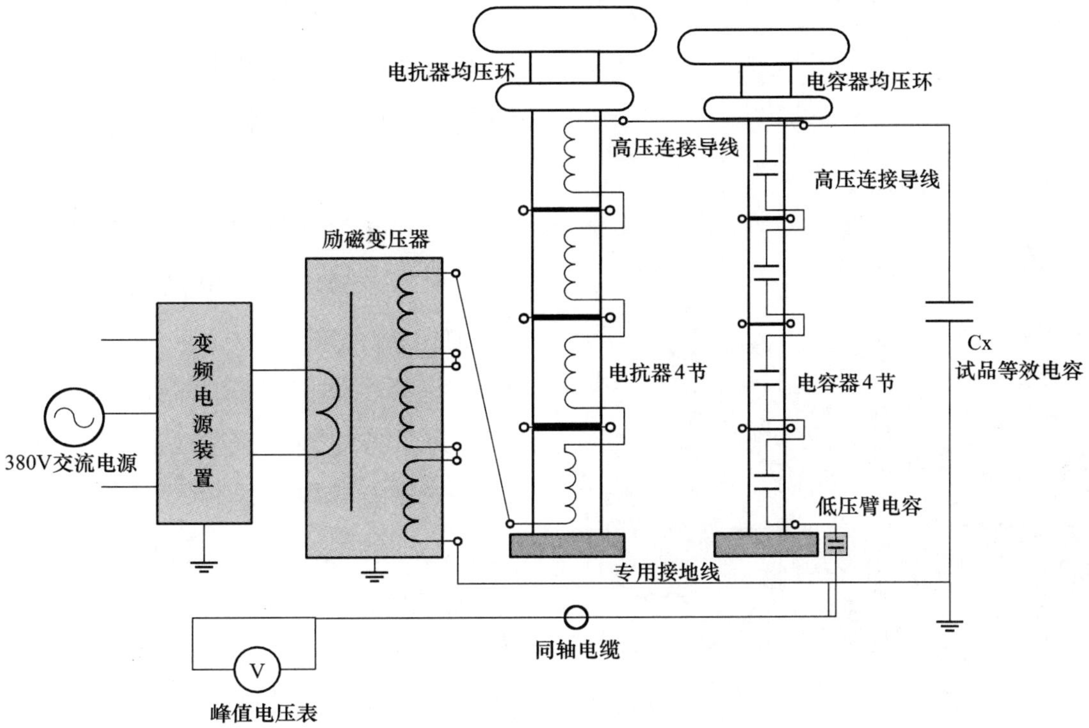

图 4　特高压南阳站 HGIS 主回路耐压试验接线

针对以上情况，利用专业电场分析软件 ANSYS 对谐振电抗器、高压电容器均压环在试验电压下的电场分布进行了模拟计算，电场分布仿真结果见文末彩图 7 和彩图 8。

根据计算结果，谐振电抗器、高压电容器均压环在 880kV 时周边电场强度大于 1500V/mm，起晕电压偏低。根据试验电压、电抗器及电容器尺寸及实际经验，结合 ANSYS 仿真计算结果，对顶罩均压环进行优化改进。经过改进后均压环样式如图 5 所示。均压环电场分布仿真计算结果见文末彩图 9 和彩图 10。

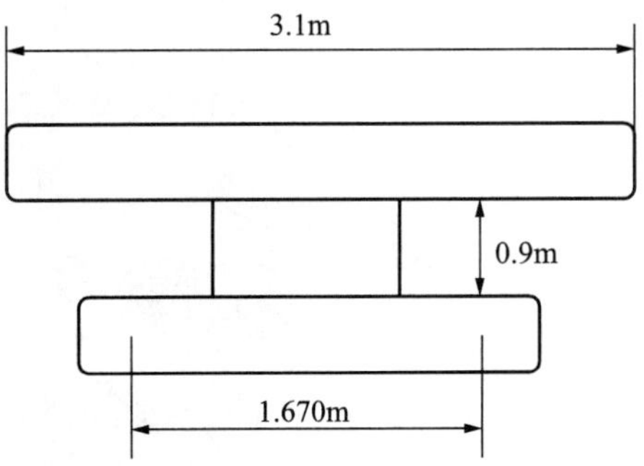

图 5　改造后的均压环

电场仿真计算结果证明：在升压至 900kV 左右时，顶罩均压环周边最大电场强度为约 1000V/mm，能够满足不使空气电离的要求。

另外，根据特高压南阳站 HGIS 设备的结构特点及试验设备空载试验的经验，考虑到设备自带均压环尺寸过小，如果采用设备自带均压环进行试验，则试验过程中必然会产生明显的电晕放电，给试验工作带来了很大困难。为了保证试验的安全顺利进行，在现场试验中，参照试验系统中谐振电抗器用均压环尺寸为 HGIS 设计了试验专用均压环，具体见图 6。

图6　为HGIS设备定做的试验用均压环

空载试验表明，整个变频谐振系统的均压效果良好。在特高压南阳站HGIS现场交流耐压试验过程中，整个试验系统基本无电晕放电。一方面保证了试验的顺利进行，同时为现场局部放电的准确测试提供了基础；另一方面也验证了理论分析的正确性。

3.6　选择合适的试验用高压引线

为了方便现场试验，提高工作效率，需要一种能导电、重量小、外径大、表面光滑、抗拉、能自由伸缩和弯折的“导线”。在ANSYS软件计算分析的基础上，经过考察确定暖通工程中使用的铝箔通风筒可以满足要求。图7所示为特高压南阳站HGIS现场交流耐压试验定制的ϕ50cm的铝箔筒高压引线。在特高压南阳站HGIS现场交流耐压试验也验证了该铝箔筒作为高压引线的独特优点。

图7　ϕ50cm的铝箔筒高压引线

3.7　试验系统参数估算

3.7.1　对HGIS一相进行整相耐压试验时参数：

试品电容及引线杂散电容量范围：$C_x \approx 8000 \sim 15\,000$pF

分压器电容量约为：$C_1//C_2 \approx 625$pF

谐振电抗器电感量：$L=150\times4=600$（H）

取 $C_x \approx 8000\text{pF}$ 时

谐振频率 $$f=\frac{1}{2\pi\sqrt{LC}}=\frac{1}{2\pi\sqrt{L\times[C_x+(C_1//C_2)]}}\approx\frac{1}{2\times3.14\sqrt{600\times(8000+625)\times10^{-12}}}$$
$$=70.0\,(\text{Hz})$$

试验回路电流 $$I=\frac{U_{ds}}{1/\omega C}=\frac{U_{ds}}{\omega L}=\frac{U_{ds}}{2\pi fL}\approx\frac{880\times10^3}{2\times3.14\times70\times600}=3.34\,(\text{A})$$

取 $C_x \approx 15\ 000\text{pF}$ 时

谐振频率 $$f=\frac{1}{2\pi\sqrt{LC}}=\frac{1}{2\pi\sqrt{L\times[C_x+(C_1//C_2)]}}\approx\frac{1}{2\times3.14\sqrt{600\times(15\ 000+625)\times10^{-12}}}$$
$$=52.0\,(\text{Hz})$$

试验回路电流 $$I=\frac{U_{ds}}{1/\omega C}=\frac{U_{ds}}{\omega L}=\frac{U_{ds}}{2\pi fL}\approx\frac{880\times10^3}{2\times3.14\times52.0\times600}=4.49\,(\text{A})$$

因此，频率范围 f=52.0～70.0Hz，回路电流范围 I=3.34～4.49A。

3.7.2 对 HGIS 一相进行分段耐压试验，从 HGIS 边侧出线套管加压时

试品电容及引线杂散电容量范围 C_x≈2300～4300pF；频率范围 f=92.6～120.2Hz；回路电流范围 I=1.94～2.52A。

3.7.3 对 HGIS 一相进行分段耐压试验，从 HGIS 中间出线套管加压时

试品电容及引线杂散电容量范围 C_x≈3500pF～6500pF；频率范围 f=77.0～101.2Hz；回路电流范围 I=2.31～3.03A。

特高压南阳站 HGIS 现场采用一相整体耐压，交流耐压试验谐振频率为 77.6Hz，试验系统参数与方案估算近似。HGIS 局部放电测试结果满足要求，测试系统基本无电晕放电情况。

4 结论

（1）特高压交流开关交接试验分为两类：一类是现有试验技术条件可以满足交接试验要求的项目；另一类是现有技术水平难以满足交接试验的要求，需进一步研究攻关的项目，即特高压交流开关设备（GIS/HGIS）主回路绝缘试验。

（2）顺利完成特高压交流试验示范工程南阳开关站 HGIS 设备现场交接试验项目，所有项目均满足《1000kV 晋东南—南阳—荆门特高压交流试验示范工程电气设备交接试验标准》要求，保证了特高压交流试验示范工程的顺利投运，为我国特高压交流输电系统开关设备提供了基础技术数据。

（3）针对特高压交流开关设备现场耐压试验过程，进行了试验系统搭建及空载试验、试验系统均压环外形设计（包括谐振电抗器、分压器、试品均压环），以及

高压引线选择及参数估算等多方面的研究及探索。研究成果已在现场采用，效果良好。

6 特高压交流试验示范工程线路参数测试

1 引言

特高压交流输电线路是特高压输电系统的重要组成部分，在建成投运之前，掌握线路工频参数十分重要。

交流输电线路的工频参数一般包括正序阻抗、零序阻抗、正序电容、零序电容以及多回平行线路间的耦合电容和互阻抗等。这些工频参数是特高压输电系统过电压计算、潜供电流计算、潮流与稳定计算、短路电流计算和继电保护整定计算等的基本参数，是特高压输电系统一次设备校核、继电保护动态模拟仿真与新原理继电保护装置研制、安全稳定运行控制措施制订、运行方式分析选择等的基础。

特高压交流输电线路较长，沿途地理环境复杂，受集肤效应和大地回路的影响，其工频参数难以通过理论准确算出，实测线路工频参数十分必要。

研究特高压输电线路工频参数测量技术，准确测量1000kV长治—南阳（长南Ⅰ线）和南阳—荆门（南荆Ⅰ线）特高压交流输电线路的工频参数，不仅可以对该特高压输电系统未来的安全运行提供有力支撑，而且可供其他特高压交流输电线路的工频参数测量参考。

2 现场试验的技术路线

为保证测试的准确可靠，主要采取了以下技术：

2.1 综合抗干扰电压技术

测量线路零序参数时，为了减少干扰电压的影响，在不同试验接线方式下，始终以线路首端仪用220V电源电压为参考，采用并联补偿加压技术提高试验电压，通过轮相实现工频变相量法测量。并联补偿加压技术，就是根据加压目标水平、试验电源系统的原有容量和线路参数理论概略值，选择合适的补偿电容器与试验电源并联，使得试验电压升高后试验电源系统与并联补偿电容器的总输出容量增大，以获得高电压、大电流，从而提高试验测量信号的信噪比。

2.2 单端测量π模型计算方法

正序参数的单端测量等值电路如图1所示。

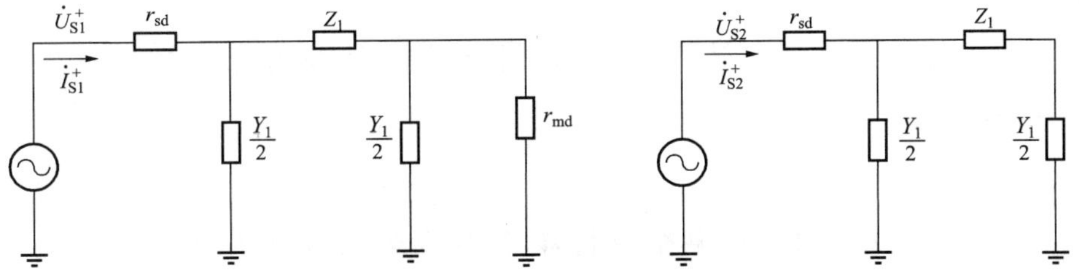

图 1　正序 π 参数测量等值电路

图 1 中：$\dot{U}_{S1}^{+}$ 和 $\dot{I}_{S1}^{+}$ 分别为末端三相短接且首端施加三相电压时，在首端测得的正序电压和电流基波相量；$\dot{U}_{S2}^{+}$ 和 $\dot{I}_{S2}^{+}$ 分别为末端三相断开且首端施加三相电压时，在首端测得的正序电压和电流基波相量；Z_1 为正序阻抗；Y_1 为正序导纳。并有

$$r_{sd} = r_{sdyx}[1+(t_{sd}-20)\beta] \tag{1}$$

$$r_{md} = r_{mdyx}[1+(t_{md}-20)\beta] \tag{2}$$

式中：r_{sdyx} 和 r_{mdyx} 分别为首端单相引线和末端导线至中性点单相引线 20℃时的电阻（Ω）；t_{sd} 和 t_{md} 分别为试验期间首端和末端的平均温度(℃)；β 为试验连接引线的电阻温升系数（1/℃）。

令 $\dfrac{\dot{U}_{S1}^{+}}{\dot{I}_{S1}^{+}} - r_{sd} = b_1$、$\dfrac{\dot{U}_{S2}^{+}}{\dot{I}_{S2}^{+}} - r_{sd} = \dfrac{1}{b_2}$、$\dfrac{2}{Y_1} = \dfrac{1}{y}$ 和 $Z_1 + \dfrac{2}{Y_1} = \dfrac{1}{x}$，则由图 1 可得

$$x + y = b_2 \tag{3}$$

$$[r_{md} - b_1(1 + r_{md}b_2)]y^2 + 2y - b_2 = 0 \tag{4}$$

用解析法求解式（3）和式（4），即可求出 Z_1 和 Y_1。

同理，用 Z_0、Y_0、$\Delta\dot{U}_{S1}$、$\Delta\dot{I}_{S1}$、$\Delta\dot{U}_{S2}$ 和 $\Delta\dot{I}_{S2}$ 分别替代图 1 中的 Z_1、Y_1、$\dot{U}_{S1}^{+}$、$\dot{I}_{S1}^{+}$、$\dot{U}_{S2}^{+}$ 和 $\dot{I}_{S2}^{+}$，即可求出零序阻抗 Z_0 和零序导纳 Y_0。其中，$\Delta\dot{U}_{S1}$ 和 $\Delta\dot{I}_{S1}$ 分别为末端三相接地且首端三相短接后轮相施加单相电压时，在首端测得的单相电压和电流基波相量变化量；$\Delta\dot{U}_{S2}$ 和 $\Delta\dot{I}_{S2}$ 分别为末端三相断开且首端三相短接后轮相施加单相电压时，在首端测得的单相电压和电流基波相量变化量。

2.3　计及分布参数特性的线路单位长度工频序参数计算方法

计及分布参数特性的被试线路序参数等值 π 模型的阻抗和导纳为

$$Z_i = Z_i' \frac{\text{sh}(l\sqrt{Z_i'Y_i'})}{\sqrt{Z_i'Y_i'}} \qquad (i=0,1) \tag{5}$$

$$Y_i = 2Y_i' \frac{\text{th}(l\sqrt{Z_i'Y_i'}/2)}{\sqrt{Z_i'Y_i'}} \qquad (i=0,1) \tag{6}$$

式中：Z_i 为实测序阻抗；Y_i 为实测序导纳；Z_i' 为单位长度序阻抗；Y_i' 为单位长度序导

纳；l 为线路全长。

用解析法联合求解式（5）和式（6），即可求出计及分布参数特性的线路单位长度序阻抗和序导纳。

2.4 变异系数

测量计算参数 X 时，如果根据不同样本求得该参数分别为 $X_i(i=1，2，\cdots，N)$，则参数 X 的变异系数为

$$\eta=\frac{1}{\overline{X}}\sqrt{\frac{\sum_{i=1}^{N}(X_i-\overline{X})^2}{N}}\times 100\% \tag{7}$$

式中：$\overline{X}$ 为参数 X 的均值。

当测量系统误差小、线路模型和算法准确时，变异系数小是测量结果可信的充要条件。

3 特高压输电线路工频参数测试主要技术应用

在 1000kV 长南Ⅰ线和南荆Ⅰ线的工频参数测试中，根据特高压线路的特征，在测试中采用了并联补偿电容技术。为了验证测量结果的正确性，在测试过程中还采用了广域双端同步测量技术。

3.1 并联补偿电容的应用

增大测试电压、电流是最早出现的抗干扰法，它是靠提高测试信号的幅值，来相应减小干扰信号在总信号中的比例，即提高信噪比的方法来提高测量精度。这种方法并不能消除干扰的影响，且所需电源的功率较大。以 1000kV 长南Ⅰ线为例来分析试验设备的选择，计算结果见表 1。在选择时，分别按正序阻抗和零序阻抗的理论概略值来计算调压器和试验变压器的容量。按照正序阻抗理论概略值进行设备容量选取时，假定给被试线路施加 30A 电流，所需设备（调压器、试验变压器）三相容量应为 143.7～153.6kVA；按照零序阻抗理论概略值进行设备容量选取时，假定给被试线路施加 30A 电流，所需设备（调压器、试验变压器）单相容量为 75.7～115.5kVA。如果考虑试验设备的通用性和裕度，应各选三台容量为 120kVA 的单相调压器和试验变压器。

表 1　1000kV 长南Ⅰ线参数试验设备选择

极值	正序阻抗测量时			零序阻抗测量时		
	X（Ω）	R（Ω）	三相容量（kVA）	X(Ω)	R(Ω)	单相容量（kVA）
极大	98.486	2.826	153.6	379.471	65.633 1	115.5
极小	92.174	2.661	143.7	247.111	51.741	75.7

测量正序阻抗及零序阻抗，对于试验电压而言均为感性负荷，功率角较大。仍以 1000kV 长南Ⅰ线为例，根据理论计算，正序阻抗角为 88.35°～88.36°，零序阻抗角为 78.17°～80.18°。正序阻抗测量时，作为负荷，对于试验电源来讲，其功率因数为 0.028 7～0.028 9；零序阻抗测量时，其功率因数为 0.170 4～0.204 9。可以看出，试验电源在测试正序阻抗及零序阻抗时，发出的主要是无功功率。因此，可以通过电容补偿大大降低调压器和试验变压器的容量，从而充分利用原有调压设备。

为了降低单只电容器容量及设备的通用性，测试 1000kV 长南Ⅰ线正序阻抗时，每相补偿电容为 2 只 10μF 和 1 只 13μF 电容并联组合；测量零序阻抗时，电源补偿电容为 2 只 10μF 和 1 只 13μF 电容并联组合。测试 1000kV 南荆Ⅰ线正序阻抗时，每相补偿电容为 3 只 10μF 和 1 只 13μF 电容并联组合；测量零序阻抗时，电源补偿电容为 3 只 10μF 和 1 只 13μF 电容并联组合。

3.2　广域双端同步测量技术的应用

由于特高压线路首端和末端相距较远，如何在线路两端获取精确的同步时间信号作为相位测量的基准，成为本测试技术研究的一个重要内容。目前，卫星全球定位系统为解决广域范围的同步时间信号的获取问题提供了很好的途径。

本课题试验将 GPS 授时技术应用于特高压线路参数测试。基于 GPS 同步时钟和录波仪，设计了分立式同步测量系统。该系统以 GPS 同步时钟产生的分脉冲作为电压、电流相位测量的时间基准，实现了同步测量功能。

在特高压线路参数测试中，同步测量的主要目的是对线路两端电压、电流的相位关系进行测量。为了实现相位的测量，必须以同步时间信号作为测量的基准。时间同步误差会导致相位测量误差，对于工频（50Hz）电气量，时间同步误差为 1μs 时，相位测量误差为 0.018°。经过比对，我们将分立式 GPS 同步信号发生装置与录波仪组合使用，实现了广域同步准确测量。

4　特高压线路工频参数实测结果

采用本课题提出的方法，对 1000kV 长南Ⅰ线(全长 358.65km)和 1000kV 南荆Ⅰ线（全长 281.28km)进行了工频参数测量，测量数据见表 2～表 5。$r_{sdyx} = r_{mdyx}$=0.108 94Ω，β= 0.003 82/℃。扣除引线电阻后的参数见表 6、表 7。表中计及分布参数特性的线路单位长度参数为折算到环境温度为 20℃、频率为 50Hz 时的值。

表2　线路末端三相短接时的测量数据（正序）

序号	长南Ⅰ线（t_{sd}=28.000℃，t_{md}=28.250℃，f=49.990Hz）		南荆Ⅰ线（t_{sd}=25.500℃，t_{md}=29.000℃，f=49.986Hz）	
	正序电流（A）	正序电压（V）	正序电流（A）	正序电压（V）
1	18.12∠−160.07°	1871∠−72.24°	17.88∠82.27°	1361∠170.07°
2	10.31∠−52.79°	1052∠34.97°	12.27∠−1.98°	933∠85.75°
3	5.27∠−43.99°	538∠43.74°	8.17∠23.15°	621∠110.82°
4	17.35∠24.79°	1767∠112.56°	18.35∠−104.41°	1416∠−16.66°
5	12.71∠149.36°	1295∠−122.92°	15.44∠111.27°	1173∠−160.95°
6	7.55∠90.65°	770∠178.23°	9.77∠−71.05°	743∠16.63°

表3　线路末端三相断开时的测量数据（正序）

序号	长南Ⅰ线（t_{sd}=28.000℃，t_{md}=28.250℃，f=49.990Hz）		南荆Ⅰ线（t_{sd}=25.500℃，t_{md}=29.000℃，f=49.986Hz）	
	正序电流（A）	正序电压（V）	正序电流（A）	正序电压（V）
7	5.45∠−90.43°	3322∠179.33°	5.27∠−23.00°	4112∠−113.34°
8	3.95∠7.85°	2408∠−82.38°	4.40∠−52.68°	3431∠−142.97°
9	2.73∠−82.21°	1667∠−172.49°	3.27∠63.88°	2549∠−26.51°
10	5.24∠−61.89°	3199∠−152.09°	5.21∠−21.74°	4057∠−112.06°
11	4.49∠70.06°	2743∠−20.21°	4.70∠−21.65°	3660∠−111.92°
12	2.96∠16.95°	1810∠−73.28°	3.21∠157.20°	2499∠66.88°

表4　线路末端三相接地时的测量数据（零序）

序号	长南Ⅰ线（t_{sd}=29.500℃，t_{md}=33.000℃，f=49.991Hz）		南荆Ⅰ线（t_{sd}=25.000℃，t_{md}=26.750℃，f=49.995Hz）	
	零序电流变化量（A）	零序电压变化量（V）	零序电流变化量（A）	零序电压变化量（V）
13	10.33∠112.53°	3269∠−172.38°	10.69∠−3.94°	2294∠74.76°
14	10.37∠−7.15°	3266∠68.82°	10.93∠−124.38°	2372∠−45.99°
15	10.40∠−127.53°	3327∠−51.74°	10.74∠114.75°	2308∠−167.31°

表 5　　线路末端三相断开时的测量数据（零序）

序号	长南 I 线 (t_{sd} = 29.500℃，t_{md} = 33.000℃，f = 49.991Hz)		南荆 I 线 (t_{sd} = 25.000℃，t_{md} = 26.750℃，f = 49.995Hz)	
	零序电流变化量（A）	零序电压变化量（V）	零序电流变化量（A）	零序电压变化量（V）
16	3.22∠−71.71°	2998∠−162.09°	3.27∠168.90°	3981∠79.08°
17	3.25∠166.45°	3022∠75.80°	3.28∠49.04°	3997∠−40.74°
18	3.14∠46.87°	2914∠−43.55°	3.28∠−71.18°	4000∠−161.03°

表 6　　正序参数计算结果

计算方法及所得参数	长南 I 线			南荆 I 线		
	正序电阻	正序电抗	正序电纳	正序电阻	正序电抗	正序电纳
本课题方法所得平均值 ［阻抗（Ω）；电纳（S）］	3.295	94.49	0.001 574	2.552	72.7	0.001 253
本课题方法所得变异系数（%）	3.32	0.45	0.08	2.25	0.55	0.05
线路单位长度参数 ［阻抗（Ω/km）；电纳（S/km）］	0.009 389	0.270 2	4.333×10^{-6}	0.009 118	0.262 5	4.423×10^{-6}
传统法所得结果 ［阻抗（Ω）；电纳（S）］	3.818	102.1	0.001 637	2.789	76.17	0.001 283

表 7　　零序参数计算结果

计算方法及所得参数	长南 I 线			南荆 I 线		
	零序电阻	零序电抗	零序电纳	零序电阻	零序电抗	零序电纳
本课题方法所得平均值 ［阻抗（Ω）；电纳（S）］	59.79	267.9	0.000 998 6	36.98	195.5	0.000 787 4
本课题方法所得变异系数（%）	2.57	0.57	0.16	2.7	0.5	0.06
线路单位长度参数 ［阻抗（Ω/km）；电纳（S/km）］	0.175 7	0.780 4	2.721×10^{-6}	0.135 6	0.712 6	2.763×10^{-6}
传统法所得结果 ［阻抗（Ω）；电纳（S）］	78.53	307.1	0.001 076	43.32	211.1	0.000 820 2

就长度较长的长南 I 线而言，由表 6 可知，由于没有考虑线路阻抗与容抗之间的相互影响，采用传统法所得线路的正序电阻比实际增大了 15.87%，正序电抗增大了 8.05%，正序电容增大了 4.0%。同理，由表 7 可知，采用传统法所得线路的零序电阻比实际增大了 31.34%，零序电抗增大了 14.63%，零序电容增大了 7.75%。这表明，传统法所得结果误差很大。表 6、表 7 中所列参数的变异系数较小，表明由单端测量 π 模型计算方法所得的结果准确可信。另外，采用广域双端同步测量技术所测得的线路参数与单端测量 π 模型计算方法所得结果一致，验证了单端测量模型计算方法的正确

性。因此，单端测量 π 模型计算方法可完全取代广域双端同步测量计算方法。

5 结论

综上所述，采用本课题所提出的测量和数据处理计算方法，测得了长南Ⅰ线和南荆Ⅰ线的工频序参数。

（1）在工频变相量法基础上，采用并联补偿加压技术，提出了一种综合抗干扰电压的线路参数测试新方法。在计及分布参数特性的基础上，提出了输电线路的单端测量 π 模型计算方法。提出了判别测量结果是否可信的变异系数。实际应用结果表明，本课题研究所提出的方法有效可行。

（2）准确测得了 1000kV 长南Ⅰ线和 1000kV 南荆Ⅰ线工频参数，为我国首个特高压交流输电系统提供了基础技术数据。

（3）在今后特高压交流输电线路工频序参数测量时，可采用单端测量 π 模型计算方法。

本课题研究具有如下技术创新：

（1）在抗干扰技术方面，首次提出了工频变相量法，在此基础上，提出了并联补偿加压技术，形成了成熟完备的线路参数测试抗干扰技术，并成功应用于实际。其中，工频变相量法用以消除固定干扰电压的影响；并联补偿加压技术用以抑制变化的干扰电压影响。采用常规的试验电源系统，就可以将上述两种技术有机结合起来，从而达到抗干扰的目的。

（2）在线路参数广域同步测量技术方面，研制了分立式 GPS 同步信号发生装置，其同步时间误差不大于 0.5μs。采用录波仪，同时录入试验测量信号和分立式 GPS 同步信号发生装置的信号，实现了广域双端同步测量。与一体化的同步测量仪器相比，分立式同步测量系统具有如下优点：

1）使用分立的 GPS 同步时钟和录波仪构成同步测量系统，增加了系统组合和使用的灵活性；

2）对于录波仪没有特殊要求，只要以合适的采样率进行采样，即可实现具有一定精度的同步测量。

（3）在线路模型和数据处理方面，在计及线路分布参数特性模型的基础上，首次提出了特高压输电线路的单端测量 π 模型计算方法。该方法所要求的试验简单，不受输电线路长度限制，仅用单端测量量即可完全考虑线路阻抗和容抗间的相互影响。

（4）首次提出了用来判别测量结果是否可信的指标参数，即变异系数。

（5）开展了测试系统的准确度控制工作。根据互感器的误差曲线，进行优化组合，提高了整个测试系统的准确度。

（6）形成了一套完善的特高压输电线路工频参数测量试验与数据处理方法，为我国后续特高压线路参数测量提供了手段。

7 特高压交流支柱绝缘子机械性能真型试验研究

1 引言

支柱绝缘子作为变电站内的绝缘部件，对保证输变电系统的安全可靠运行，具有十分重要的意义。1000kV 晋东南—南阳—荆门特高压交流试验示范工程作为我国第一个特高压输变电工程，其变电站（或开关站）所采用的支柱绝缘子由 5 节组成，高度达到了 10m，额定弯曲负荷达到了 16kN。高度如此之高，额定弯曲负荷如此之大的支柱绝缘子在世界上是首次研制开发成功。为保证工程安全，750kV 及以下电压等级的支柱绝缘子在投入运行前，均进行过整只弯曲破坏负荷试验。1000kV 特高压交流作为一个更高的电压等级，支柱绝缘子无论从高度还是从额定弯曲负荷都有了很大的提高。为了保证特高压交流输电工程安全可靠运行，其机械性能的真型试验是非常必要的。

2008 年 4 月底，国家电网公司特高压直流试验基地绝缘子试验室的 700kN·m 弯扭试验机投入运行，具备了弯曲空间最大为 14m 的试验能力。在特高压直流试验基地对抚顺电瓷制造有限公司和西安双佳高压电瓷电器有限公司生产的 1100kV/16kN 户外棒形支柱绝缘子，依据 GB/T 775.3—2006《绝缘子试验方法　第 3 部分：机械试验方法》和《晋东南—南阳—荆门 1000kV 特高压交流试验示范工程 1000kV 户外棒形支柱绝缘子技术协议》，进行了弯曲破坏负荷的试验。

2 试验设备和试验方法

2.1 试验设备

开展特高压支柱绝缘子整只弯曲负荷破坏试验的试验设备为弯扭试验机。特高压直流试验基地的 700kN·m 弯扭试验机（简称弯扭机）主要由本体、伺服液压缸、电气控制及测量单元等部分组成。

2.1.1 弯扭机本体

弯扭机本体的承载部分由 4 根立柱，上盖板，下底板，围筋，吊车，移动横梁，扭转头，X、Y 向锁紧油缸，水平加荷油缸，工作台，旋转工作盘，扭转油缸，四向旋转传动启停装置，试样工装工具等组成。在移动横梁上还安装了一个摄像头，可方便地使扭转头对准试品的最上端。

本体的主要结构及功能是：机身采用焊接框架，通过优化结构设计获得机架最大的刚性。机架装有 4 根立杆，其作用是活动横梁升降导向及弯曲扭转时承受扭矩。活动横梁上装有一个弯曲伺服液压缸，两侧装有 3 只液压缸，当进行弯曲和扭转时用来锁紧活动横梁。活动横梁的升降由装在机身上部的吊车完成。扭转部分由转盘及扭转油缸组成。弯曲和扭转分别由单独的伺服油缸完成，试样在一个工位或两个工位上完成弯曲或扭转。700kN·m 弯扭试验机如图 1 所示。

图 1　700kN·m 弯扭试验机

2.1.2　伺服液压缸

700kN·m 弯扭试验机由两套单独的伺服液压缸分别完成弯曲试验和扭转试验。

150kN 弯曲伺服液压缸采用双向作用缸，额定压力为 21MPa，工作输出推力 150kN，最大行程 1500mm。主要配置包括油缸、高压组合密封及线性轴承、光电编码器、射流管电液伺服缸。

25kN 扭转伺服液压缸采用双向作用缸，额定压力 21MPa，工作输出压力 25kN，最大行程 400mm（配 4×800mm 钢带，长 1500mm），扭转直径 800mm。主要配置包括油缸、高压组合密封及线性轴承、位移传感器、射流管伺服阀。

2.1.3　电气控制及测量单元

电气控制单元和测量单元与本体、伺服液压缸结合起来可完成电瓷弯扭的各种试验及参数测试，采用计算机、单片机两种控制，可实现等速率加载、自动保载、自动卸载等控制。自动控制时，加荷速率、保载值及保载时间可任意设定，变形载荷峰值可自动保存，力控与位控可自动切换。

2.1.4　主要技术参数

700kN·m 弯扭试验机安装在户内，其主要技术参数指标见表 1。

表 1　　700kN·m 弯扭试验机主要技术参数指标

技术指标	参　　数	技术指标	参　　数
最大抗弯负荷	50kN（14m 处），150kN（2m 以下）	弯曲试验空间	300～14 000mm
最大扭矩	25kN·m	弯曲加载 位移范围	1500mm
扭转角	90°	试验力精度	（4%～100%）±1%
位移精度	±1%	等速率控制精度	±1%设定值
升降速度	400～1200mm/min	旋转盘	ϕ1600mm×100mm
扭转盘	ϕ600mm×50mm	伺服油源	Q=14L/min；P=21MPa

700kN·m 弯扭试验机的使用功能和有效使用高度、最大弯曲负荷和扭矩以及力值精度等主要技术参数可满足特高压交、直流瓷和复合支柱绝缘子的整只机械性能试验要求。该试验机是目前国内最大的电瓷弯扭试验机，综合性能世界领先、国内第一。

2.2　试验方法

2.2.1　试验步骤

特高压支柱绝缘子整只弯曲破坏负荷试验按照 GB/T 775.3—2006《绝缘子试验方法　第 3 部分：机械试验方法》和《晋东南—南阳—荆门 1000kV 特高压交流试验示范工程 1000kV 户外棒形支柱绝缘子技术协议》进行试验。

首先将试品直立组装固定在试验机上，锁紧旋转工作盘，将活动横梁升高至对齐支柱绝缘子最上面的法兰盘，锁紧活动横梁。

试验时，在规定的弯曲破坏负荷的 50%以前，平稳而无冲击地增加负荷（8kN/min），其后以每分钟为规定破坏负荷的 85%～100%的速率（14～16kN/min）升高至试品破坏（能观察到明显破坏现象，或试验机械负荷指示值不再升高）为止。此时的负荷值为试品的弯曲破坏负荷。

2.2.2　防护措施

由于特高压交流支柱绝缘子整只高度达到了 10m，在做弯曲破坏负荷试验时，支柱绝缘子存在破坏点不固定、破坏形式不固定的特点。在进行瓷支柱绝缘子破坏试验时，还可能发生瓷片飞溅的问题。为了保证人身、设备的安全，采取以下试验防护措施：

（1）为防止瓷片飞溅，整只支柱绝缘子组装完成后，用厚帆布围裹。

（2）支柱绝缘子在中间断裂时，为防止大块试品掉落砸坏设备，在每节支柱元件上套紧 3 个钢丝绳套，并用行车在支柱绝缘子顶部吊两根主钢丝绳到支柱绝缘子底部，每节支柱绝缘子上的钢丝绳套与主钢丝绳相连接，并使行车下的主钢丝绳处于稍微松弛的状态。

（3）当支柱绝缘子在中间断裂时，下半部分有可能发生二次断裂，并倒入弯扭试验机内部，砸坏设备，因此在弯扭机本体和试品之间加装厚木板，并在旋转工作盘底部铺设厚木板，以保证设备的安全。

3 特高压交流支柱绝缘子整只弯曲破坏负荷试验

为了对特高压交流试验示范工程中所采用支柱绝缘子的整只弯曲破坏负荷进行验证，对抚顺电瓷和西安双佳生产的1100kV/16kN户外棒形支柱绝缘子，利用700kN·m弯扭试验机进行了试验，试验试品各2只。

两生产厂试品试验结果见表2。图2和图3给出了抚顺电瓷1号试品和西安双佳2号试品试验得到的弯曲破坏负荷的试验曲线。

表2 支柱绝缘子弯曲破坏负荷试验结果

生产厂	试品编号	弯曲破坏负荷规定值（kN）	弯曲破坏负荷试验值（kN）	破坏形式
抚顺电瓷	1	16	19.2	第二、四元件瓷件断裂
	2		19.2	第二、三元件连接法兰螺栓坏
西安双佳	1		19.1	第四元件上法兰处水泥松动
	2		25.6	第五元件下法兰处水泥松动

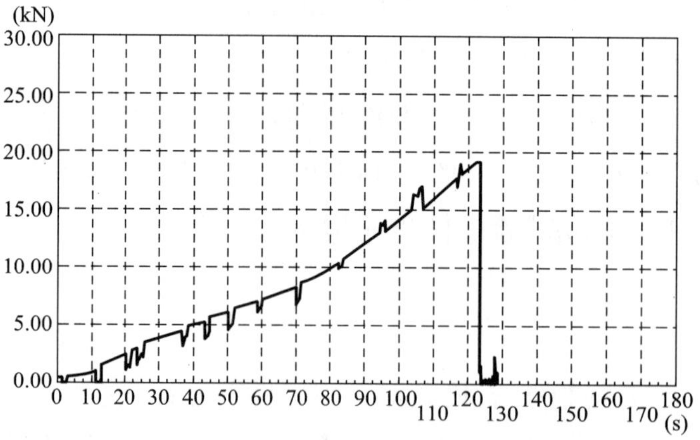

图2 抚顺电瓷1号试品弯曲负荷曲线

抚顺电瓷的2只支柱绝缘子经过试验，1号试品第二、四元件瓷件断裂破坏；2号试品第二、三元件连接法兰螺栓坏处破坏。前者反映了抚瓷特高压产品电瓷破坏的水平；后者显然是连接螺栓匹配不当（或金属疲劳所致）。两试验结果显示，抚瓷此次试品电瓷弯曲破坏负荷值不小于19.2kN，满足特高压工程建设的要求。

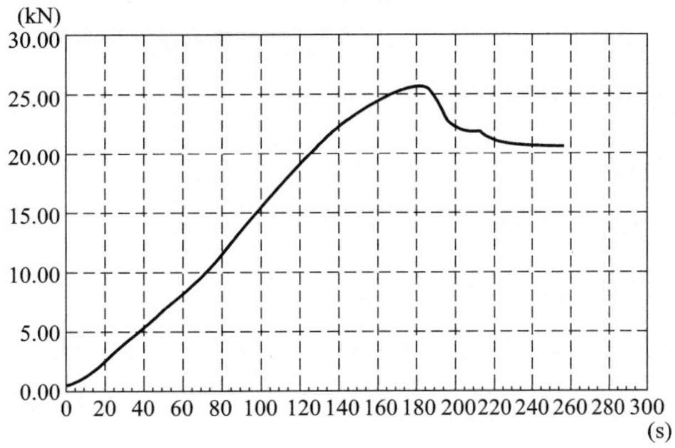

图 3　西安双佳 2 号试品弯曲负荷曲线

对于西安双佳的 2 只支柱绝缘子经过试验，1 号试品第四元件上法兰处水泥松动；2 号试品第五元件下法兰处水泥松动。试验结果显示，双佳试品电瓷弯曲破坏负荷值不小于 19.1kN。

4　结论

700kN·m 弯扭试验机安装完成后，进行了 1000kV/16kN 特高压交流支柱绝缘子整体弯曲破坏负荷试验，试品高度达 10m，属国内首次开展。试验结果表明，设备功能达到了设计预期的各项技术指标，已完全具备特高压交、直流瓷和复合支柱绝缘子、空心绝缘子的机械试验能力。

抚瓷与双佳开发的 1000kV/16kN 特高压交流支柱瓷绝缘子的弯曲破坏负荷值均超过规定值，满足特高压工程建设的要求。

8　特高压交流设备抗震性能计算研究

1　引言

1000kV 变电站中的变压器、GIS 开关等特高压交流设备，与 500kV 以下电压等级电气设备相比，主要特点是体积更大、高度更高，例如特高压套管的安装高度达 18m 左右，因此必须对特高压交流设备进行严格的抗震分析与校核。由于特高压交流设备庞大，在振动台上考核其抗震性能非常困难，只有通过有限元分析进行核算。根据计算结果，可指导改进特高压交流设备的设计，提高设备抗震能力和安全裕度，确保变电站安全运行。

特高压交流设备进行有限元抗震分析的关键点，一是计算精度问题，二是计算效率问题。有限元计算精度和效率不高主要与不同单元的连接、不同部件的不协调连接、复杂结构有限元建模、密集特征值求解以及响应谱应力计算等因素有关。

本研究根据《建筑抗震设计规范》（GB 50011—2001）和设备技术条件要求，针对河南平高电气股份有限公司、西安西开高压电气股份有限公司、新东北电气（沈阳）高压开关有限公司设计制造的1100kV GIS（HGIS）开关设备以及保定天威保变和特变电工沈阳变压器有限公司设计制造的1000kV变压器进行了有限元抗震分析与校核，根据计算结果对相关设备的设计进行了改进，有效提高了设备的抗震性能。同时改进并完善了我们的有限元抗震分析专用软件DASAPW，研究了一些新的计算方法。

2　特高压交流设备耐地震计算分析评价和设计改进

2.1　荆门站1000kV变压器抗地震评价与设计改进

通过本课题研究（见图1～图5），对特变电工沈阳变压器有限公司设计制造的荆门站1000kV变压器提出了四处设计改进：

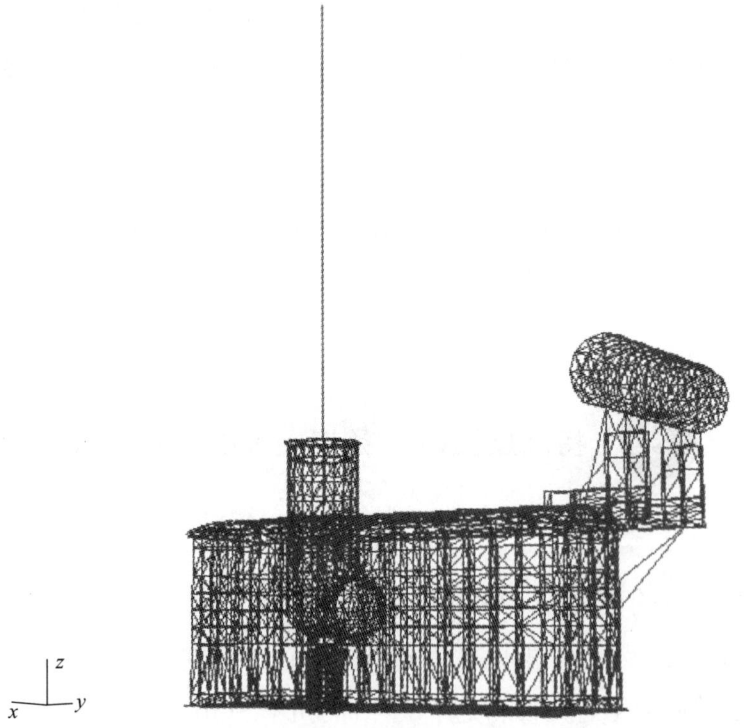

图1　荆门站1000kV变压器和高压套管组合结构的有限元网格

（1）原设计的变压器油箱和升高座连接件的刚度不够，在地震烈度为7度条件下，应力就达到 413MPa，不满足抗震规范要求。通过在连接处增加了四块钢板固定，在地震烈度为8度条件下，应力下降为160MPa，满足抗震规范的要求。

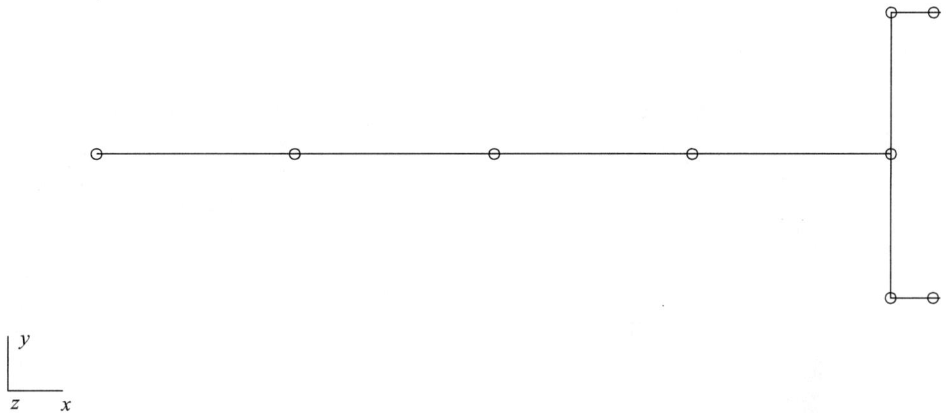

图 2　变压器前壁与高压套管的升高座原连接板的有限元网格

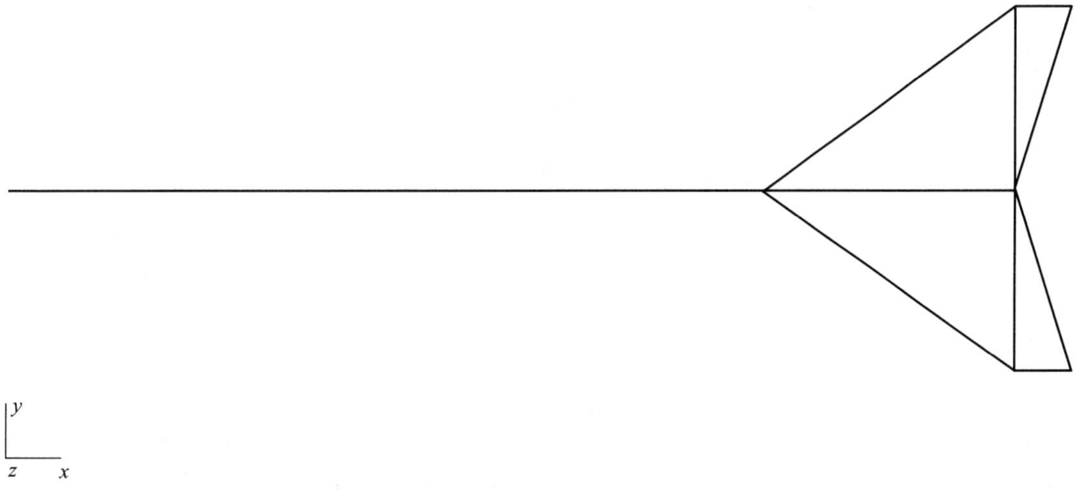

图 3　改进后的变压器前壁与高压套管的升高座连接板的有限元网格

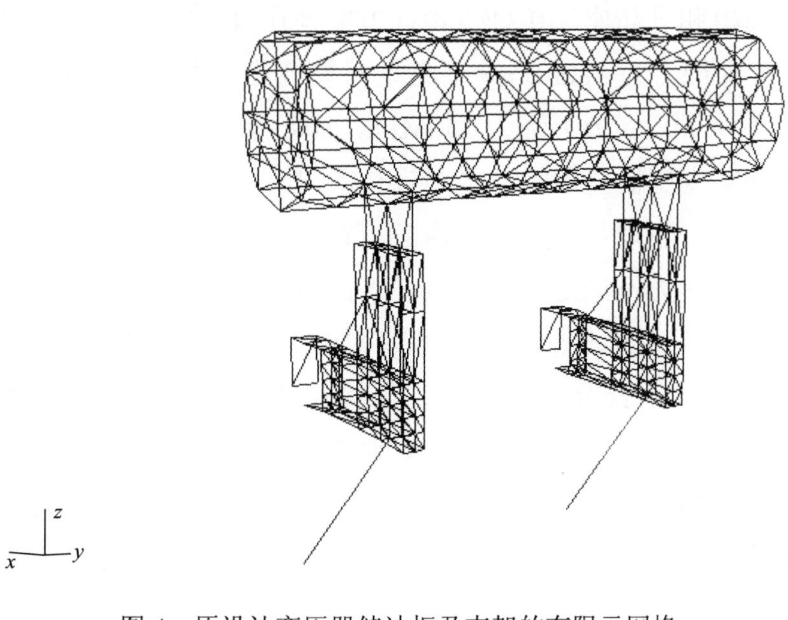

图 4　原设计变压器储油柜及支架的有限元网格

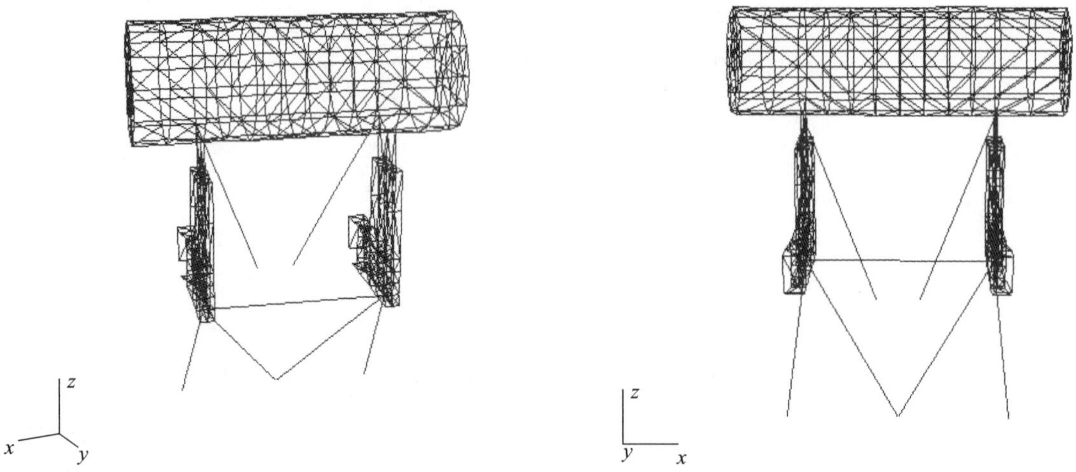

图5　改进后的变压器储油柜及支架的有限元网格

（2）原设计方案中的储油柜支架，整体属于四边形结构，稳定性差，平行于储油柜轴方向的地震发生时，变形过大。支架与储油柜连接处的应力，在地震烈度为 7 度条件下，应力就达到 460MPa，不满足抗震规范要求。经改进，支架上增加了五根钢管固定，在地震烈度为 8 度条件下，应力下降为 181.6MPa，满足了抗震规范的要求。

（3）原设计方案中，高压套管下部支架使用 8×M24 调整螺栓，在地震烈度为 7 度条件下，最大应力为 528MPa，不满足抗震规范要求。改为 8×M56 螺栓后，在地震烈度为 8 度条件下，应力下降为 166.2MPa，满足了抗震规范的要求。

（4）变压器油柜和升高座连接处原设计方案使用 4×M20 连接螺栓，在地震烈度为 7 度条件下，最大应力为 580MPa，不满足相关规范要求。改为 4×M30 螺栓后，在地震烈度为 8 度条件下，应力下降为 250MPa，满足了法国 RCC-M 标准。

2.2　长治站 1000kV 变压器抗地震评价与设计改进

通过本课题研究，发现保定天威变压器有限公司原设计的变压器油箱和升高座的连接件抗弯性能差，应力不满足地震烈度 7 度区规范要求（见图 6）。

因此，重新设计了变压器油箱和升高座连接件，与升高座连接的水平板由直线接触改为圆弧接触。由于升高座是圆管，原设计的水平板与升高座柱面基本上是点接触，应力较大。改进后，此处应力由原来地震烈度 7 度条件下的 276MPa 下降到地震烈度 8 度条件下的 84MPa。同时高压套管底部水平圆管与升高座竖直圆管连接的弯管的应力也随之下降到许用应力以下。变压器油箱和升高座连接件改进情况见图 7 和图 8。

改进后的长治站 1000kV 变压器，各种材料均满足抗震规范中地震烈度 8 度条件下的抗震要求。

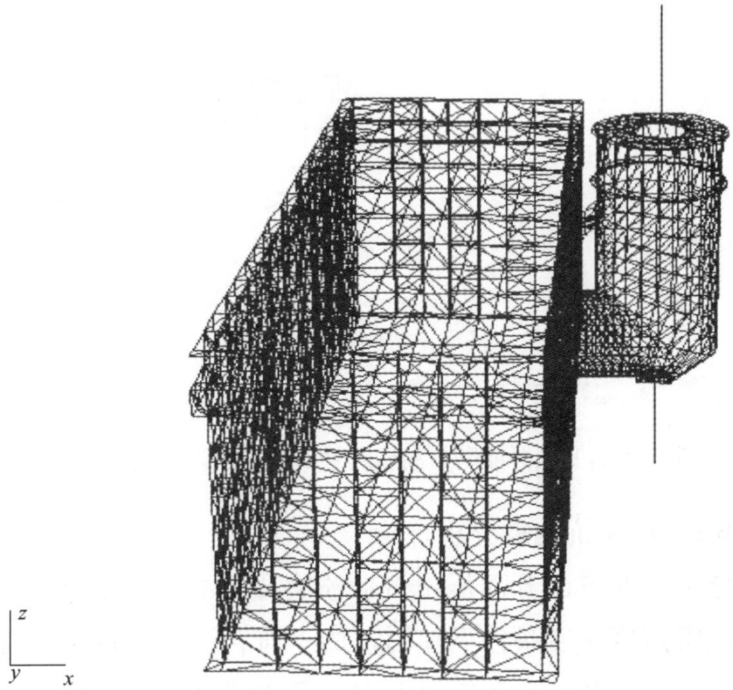

图 6　变压器前壁与高压套管组合结构的有限元网格

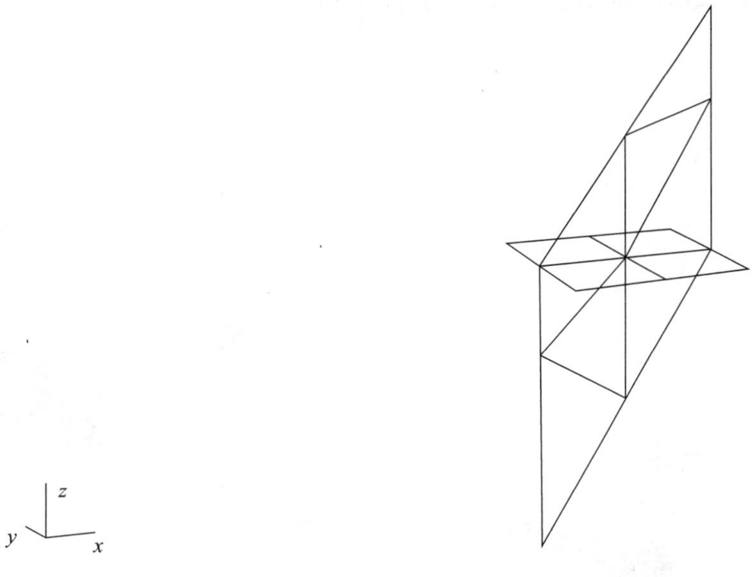

图 7　变压器前壁与高压套管的升高座原连接板的有限元网格

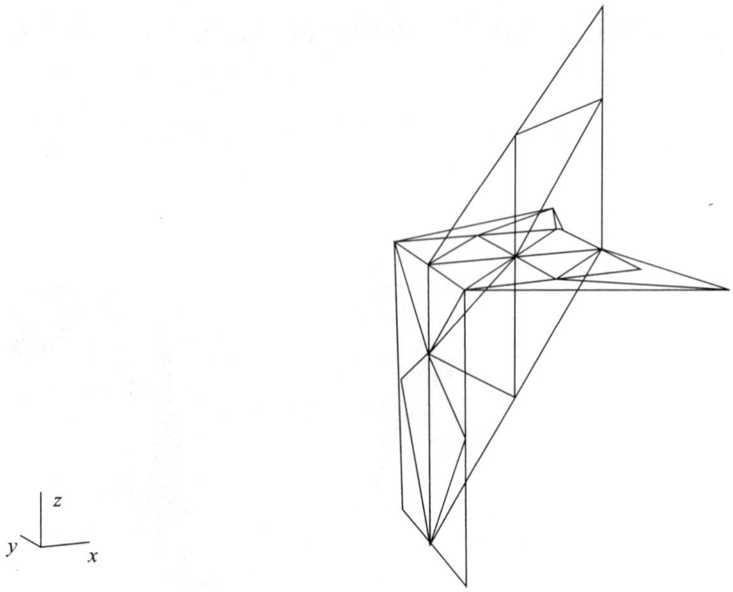

图8　改进后的变压器前壁与高压套管的升高座连接处的有限元网格

2.3　荆门站1100kV HGIS抗地震分析评价

经抗震计算分析，西安西开高压电气股份有限公司原设计支架斜角钢使用1个M20的螺栓，在地震烈度7度条件下使用，尚不符合法国RCC–M规范。重新设计使用3×M20螺栓，在地震烈度8度条件下满足了法国RCC–M规范要求。第二种支架（图9左边支架）不满足地震烈度8度条件下抗震规范要求，只能使用第一种支架（图9中间和右边支架）。

使用第一种支架、支架斜角钢采用3×M20螺栓，荆门站1100kV HGIS各种材料均满足GB 50011—2001地震烈度8度条件下抗震要求。

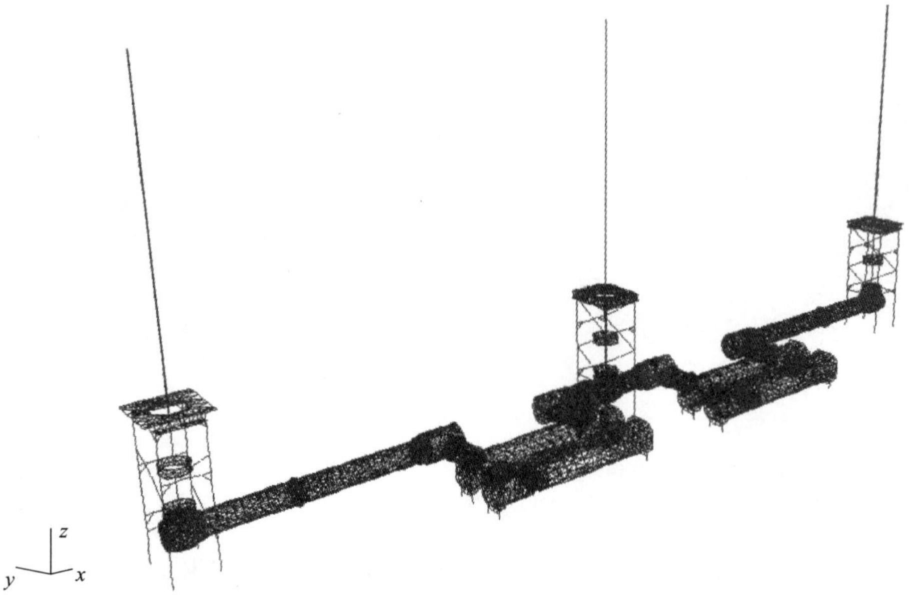

图9　西安西开高压电气股份有限公司设计的1100kV HGIS的整体有限元网格

河南平高电气股份有限公司、新东北电气（沈阳）高压开关有限公司设计制造的长治站和南阳站 1100kV HGIS 开关，原设计方案满足 GB 50011—2001 抗震规范。

3 技术创新

3.1 有限元与有限差分耦合技术

对于简单结构，用同类型的高精度等单元进行计算，每个单元的形状一般都很规则，有限元与解析解吻合得很好。对于复杂结构，使用不同类型单元进行有限元分析时，误差变大。由此可见，复杂结构有限元分析引起误差的主要原因：一是使用了不同类型的单元；二是单元的形状奇异。

实践证明，使用不同类型单元，不加处理直接用节点相连，误差能达到几十倍。

在使用梁单元和板壳元、三维单元的结构中，本课题研究出刚平面假设的位移约束方程（第一类位移约束方程）模拟梁单元与板壳元或三维单元连接，与实际物理现象相符，有效地消除不同单元连接带来的误差。

不同部件组合起来进行有限元计算时，即使用的是同种类型的单元，若部件之间形状、连接等不协调，使得划分得到的单元形状很奇异，同样也要带来很大的计算误差。

实践证明，要想得到精度满足要求的有限元分析结果，单元形状必须接近局部坐标系中单元形状。若两者相差甚多，必然会引起形状变换带来的误差。

由于传统的有限元单元之间的连接，必须靠使用公共节点才能粘在一起，使得复杂结构网格划分得到的单元形状往往很不规则。本研究将有限元技术与有限差分技术耦合起来，部件之间的连接突破了只靠单元边界共节点的限制，用有限差分的思想，将一部件不重合节点的位移，取作另一部件上离其最近的三个节点位移的加权平均值。加权系数取距离的倒数比。这样的位移约束方程，称作第二类位移约束方程。使用此方法，每个部件可以独立地划分网格，不仅每个单元都可以划得很规则，而且大大简化了网格划分工作。

本课题研究出两类位移约束方程和对应快速算法，解决了梁单元与板壳元、三维单元的连接，解决了不同部件的不协调连接，消除了单元的奇异性，提高了有限元计算精度，简化了有限元建模，得到了满意效果，为第三代有限元前处理技术（先独立地划分部件网格、后拼装成结构的前处理技术）打下了理论技术基础。

3.2 位移响应谱抗震分析新方法

过去使用的响应谱抗震分析算法多为加速度响应谱算法。这种方法的缺点是只能求出满足动力平衡的一次应力，无法得到满足变形相容的二次应力和峰值应力，因此只能用于简单结构。

本课题使用的位移响应谱方法，克服了加速度响应谱方法的不足，通过对比与实际共振地震波响应计算结果十分吻合。下面给出该算法的详细公式。

结构地震动力响应分析的有限元分析控制方程为

$$[M]\{\ddot{U}\}+[C]\{\dot{U}\}+[K]\{U\}=-[M]\{E\}\,a_{\mathrm{e}}(t) \tag{1}$$

求出无阻尼结构的固有频率及正则振型（即$\{\phi_j\}^T\cdot[M]\cdot\{\phi_j\}=1$），进行坐标变换

$$\{U\}=[\phi]\cdot\{q\} \tag{2}$$

将式（2）代入式（1）后，用振型矩阵转置 $[\phi]^T$ 前乘各项，得到一组解耦的方程

$$\ddot{q}_j+2h_j\,\omega_j\,\dot{q}_j+\omega_j^2\,q_j=-f_j\,a_{\mathrm{e}}\,(t)\,(\,j=1,2,\cdots,m\,) \tag{3}$$

忽略阻尼对固有频率的影响，用 Duhamel 积分，得到方程组（3）的解为

$$\begin{aligned}
q_j(t)&=\frac{f_j}{\omega_j}\int_0^t a(\tau)\,\mathrm{e}^{-h_j\omega_j(t-\tau)}\sin\omega_j(t-\tau)\,\mathrm{d}\tau\\
\dot{q}_j(t)&=f_j\int_0^t a(\tau)\,\mathrm{e}^{-h_j\omega_j(t-\tau)}\cos\omega_j(t-\tau)\,\mathrm{d}\tau\\
\ddot{Q}_j(t)&=\ddot{q}_j\,(t)+f_j\,a_{\mathrm{e}}=f_j\omega_j\int_0^t a(\tau)\,\mathrm{e}^{-h_j\omega_j(t-\tau)}\sin\omega_j(t-\tau)\,\mathrm{d}\tau
\end{aligned} \tag{4}$$

其中，$\ddot{Q}_j(t)$ 为第 j 阶模态绝对加速度。

由于响应谱关心的是响应最大值，所以关于时间 t 取式（4）的最大值

$$\begin{aligned}
q_{j\mathrm{MAX}}&=\frac{f_j}{\omega_j}\left|\int_0^t a(\tau)\,\mathrm{e}^{-h_j\omega_j(t-\tau)}\sin\omega_j(t-\tau)\,\mathrm{d}\tau\right|_{\mathrm{MAX}}\\
\dot{q}_{j\mathrm{MAX}}&=f_j\left|\int_0^t a(\tau)\,\mathrm{e}^{-h_j\omega_j(t-\tau)}\cos\omega_j(t-\tau)\,\mathrm{d}\tau\right|_{\mathrm{MAX}}\\
\ddot{Q}_{j\mathrm{MAX}}&=f_j\omega_j\left|\int_0^t a(\tau)\,\mathrm{e}^{-h_j\omega_j(t-\tau)}\sin\omega_j(t-\tau)\,\mathrm{d}\tau\right|_{\mathrm{MAX}}
\end{aligned} \tag{5}$$

因为只考虑最大值，就可以把式（5）中的正余弦函数等同看待，这样，它们之间存在如下的近似关系

$$\begin{aligned}
\dot{q}_{j\mathrm{MAX}}&=\omega_j\,q_{j\mathrm{MAX}}\\
\ddot{Q}_{j\mathrm{MAX}}&=\omega_j^2\,q_{j\mathrm{MAX}}
\end{aligned} \tag{6}$$

根据标准地震加速度响应谱的定义：绝对加速度响应最大值与地面加速度最大值之比，即

$$\beta_j=\frac{\ddot{Q}_{j\mathrm{MAX}}}{f_j a_{\mathrm{eMAX}}} \tag{7}$$

由式（6）和式（7）两式得到

$$q_{j\mathrm{MAX}} = a_{\mathrm{eMAX}} \beta_j f_j / \omega_j^2 \tag{8}$$

将前面式（3）中 f_j 的定义代入式（8）后，根据坐标转换式（2）便得到第 j 阶模态对 D 方向地震的位移响应贡献为

$$\{u_j\}^D = \frac{a_0 \beta_j \cdot \{\phi_j\}^T \cdot [M] \cdot \{E\}}{\omega_j^2} \cdot \{\phi_j\} \tag{9}$$

其中，a_0 为根据地震烈度区和标准规定的地面加速度值，单位为 $\mathrm{m/s^2}$ 。

将所有振形在 D 方向上的位移地震响应按下面公式叠加

$$u_i^D = \sqrt{\sum_j [(u_j^i)^D]^2} \tag{10}$$

其中，i 为结构位移矢量的第 i 个分量。

将所有方向上的位移地震响应按下面的公式叠加

$$u_i = \sqrt{\sum_D (u_i^D)^2} \tag{11}$$

将第 j 阶振形在 D 方向的地震响应位移 $\{u_j\}^D$ 作为广义位移，返回单元求出对应的应力，再进行应力磨平求出节点应力 ${}_N^K S_j^D$，其中 N 为某个节点，K 为某个应力分量。再按下面的公式将所有振形的应力叠加

$${}_N^K S^D = \sqrt{\sum_j ({}_N^K S_j^D)^2} \tag{12}$$

最后，将各个地震方向的应力按下面公式叠加求出地震总应力 ${}_N^K S$

$${}_N^K S = \sqrt{\sum_D ({}_N^K S^D)^2} \tag{13}$$

3.3　小波分析识别地震波卓越频率技术

抗震是抗实际地震波的，即使把几个地震波的最大幅值调成一样，一个具体产品对不同的地震波的响应也大相径庭。这就说明了地震波具有幅频两相性。响应大者，使用的地震波的卓越频率，肯定是接近产品的某阶固有频率。把接近产品基频的地震波称为实际共振地震波。

要找出某个产品的最危险的实际共振地震波，就必须求出实测地震波的卓越频率。

地震波是典型的非平稳信号，使用傅里叶变换求其频率，往往误差很大。只有使用小波变换求其频率，才能得到满足工程要求的精度。

目前小波分析技术，一般只做到频带分解。对实测地震波，仅仅分解到频带显然是不够的，还需进一步分析、求出频率值。

在本课题研究中，为了找到结构的实际共振地震波，人工合成共振地震波，对地震波进行频率识别，研究出快速小波分析求频谱的方法。

使用小波包对地震波信号进行分解，得到各频段的小波系数。为了求出各频段的频率，需重构出对应的时间历程。传统的滤波重构方法是：重构频段的小波系数保留不动，其余频段的小波系数置零，然后把处理后的所有频段的小波系数使用“金字塔算法”重构，得到就是保留频段小波系数对应的时间历程。用这种方法重构各频段的时间历程，要一次一次地重构，时间花费多。

为了提高重构效率，本课题研究出单频段独立重构的算法，即一个频段重构，只使用此频段的小波系数，所有计算与其余频段的小波系数无关。这种算法大幅度提高了重构速度。例如：分解得到128个频段，重构速度就提高128倍。

对实际地震波进行频谱分析后，按照需要，对每个频率对应时间历程最大幅值进行调幅处理，求出调幅比例系数，用此比例系数对小波系数作用，再进行重构，就得到需要的人工合成地震波。用这种方法，若把地震响应谱动力放大系数曲线作为调幅依据，就得到该响应谱动力放大系数的人工合成地震波。类似地，将结构基频对应的频率人为地扩大到需要的倍数，可得到人工合成共振地震波。

3.4 大型复杂结构密集特征值求解方法

特高压交流设备有限元分析的另一个难点就是大型结构的密集特征值求解问题。

本课题研究使用的“自由拘束动态子结构技术”，不在结构的物理矩阵上进行特征值求解，而是把原结构划分为若干个子结构，转化为对各子结构的特征值求解，然后通过坐标变换，得到结构的广义矩阵，最后在广义矩阵中进行结构特征值求解，使问题得到简化。为了提高综合精度，在子结构分析时，除求出低阶振型外，还要求出一些静力模态来近似高阶振型的贡献。

使用动态子结构技术求解大型结构特征值之所以特别有效，主要原因是使用子结构减小了刚度阵规模，避免了刚度阵分块和内外存交换，大大提高了求解效率。以西开 HGIS 开关为例，使用该技术，将整体求解的30h缩短到30min，效率提高60倍。

4 结论

（1）地震响应谱应作为抗震分析的主要方法。对于存在较大二次应力的结构，宜使用位移地震响应谱算法。特高压设备用响应谱合成的人工地震波求出的响应，比响应谱和实际共振地震波的响应小很多，故不宜使用。

（2）特高压变压器储油柜是抗震薄弱环节和重要部件，应特别注意地震引起特高压变压器储油柜两个水平方向的摆动。组合电器过长时，应在局部较重的地方加适当的支撑。

（3）大型设备在地震时传给基础的力，一般需要考虑高阶截尾振型的贡献。高阶振型引起的加速度可能较大，传给地基的力有时很大，不能轻易忽略。

（4）特高压电气设备多存在细高型结构，地震时在底部法兰产生很大的弯矩。校核法兰螺栓时，必须考虑弯矩的影响，计算出合适的螺栓预紧力。

（5）影响有限元计算精度的主要原因是使用不同类型的单元和单元网格划分的奇异性。在使用梁单元与实体单元连接时，梁单元的一个节点物理实际是代表了一个截面，与实体单元的节点性质不同。在单元网格划分时，应使单元的边长比尽量接近于 1。单元划分奇异得到的解往往误差很大。

（6）在使用有限元单元时，必须使用二次以上的单元，不应使用一次单元。

（7）在某些情况下，必须使用时间历程求地震响应。推荐使用实际共振地震波进行地震响应计算，因这种地震波是最危险的地震波，计算结果与响应谱接近。

（8）地震应力不仅要考虑动力平衡引起的一次应力，还要考虑整体结构不连续处为满足变形相容性产生的二次应力。局部结构不连续性引起的峰值应力可以不予考虑。

（9）地震响应与静力响应最大的区别在于，地震载荷大小与结构本身的频率有关。所以，获得高精度的地震响应的关键和前提是结构的固有频率必须准确。这就要求结构划分尽量精细。地震响应是具有蝴蝶效应的有限元三大领域之一。为了提高产品的抗震能力，常采用增加刚性和降低刚性两种措施，目的均是避开地震波的能量集中区。增加结构的刚度，固有频率增大，地震载荷可能也增大，地震响应不一定减小、有时甚至增大。相反，有时减小刚度反而是降低地震响应较好的方案。

（10）正确求解结构地震响应有限元路径是从上方趋向精确解，各种简化措施应保证得到的响应稍偏大，即找保守解并且让保守解尽量接近实际解。

9　特高压交流保护与控制设备动模试验研究

1　概述

1000kV 特高压交流输电线路具有电压等级高、输送容量大等特点，其线路参数及电气特性与超高压输电线路有较大的区别，对继电保护装置及控制设备的动作行为产生较大的影响，必须对应用于特高压交流输电系统的继电保护装置与控制设备进行试验研究，确保该装置能够适应系统特性，并满足相关标准及协议的要求。通过对 1000kV 晋东南（长治）—南阳—荆门特高压交流试验示范工程系统的动态模拟试验方案和检测方法进行研究，开展了工程用继电保护装置和控制设备的动模试验，研究及试验结论为控制保护装置在工程中的应用和安全稳定运行打下了坚实基础。

本试验主要以特高压交流试验示范工程参数、《1000kV 交流特高压试验示范工程继电保护装置动模试验方案》、《1000kV 特高压交流试验示范工程二次系统技术条件（第三版）》以及现行的国家标准、行业标准为依据。

2 保护与控制装置动模试验研究

2.1 特高压线路保护装置动模试验研究

2.1.1 试验系统

动模试验模拟系统接线图如图 1 所示，长治至南阳开关站、南阳开关站至荆门线路为 1000kV 输电线路；长治—南阳开关站线路长度为 363km，南阳开关站—荆门线路长度为 291km（可研长度），线路阻抗角为 88.35°。长治 1000kV 母线大方式短路容量为 10 500MVA，小方式短路容量为 4000MVA。用 4 台发电机模拟长治侧等值系统。

长治接有负荷变压器，负荷变压器的额定容量为 11 990MVA，所带负荷最大容量为 7995MW。荆门系统为华中网等值系统，1000kV 母线大方式短路容量为 10 750MVA，小方式短路容量为 9700MVA。南阳开关站采用双断路器接线方式。长治—南阳开关站线路及南阳开关站—荆门线路两侧均配置并联电抗器，其中性点经小电抗接地。线路保护装置分别安装在长治—南阳和南阳—荆门线路的两侧，在试验线路的两端和中间共设置了 8 个故障点，每一个故障点都可以模拟各种类型的金属性或经过渡电阻短路故障。

试验中运行方式包括线路重载、轻载运行方式，系统振荡方式，变频方式及单电源方式。

2.1.2 试验内容及结果

2.1.2.1 暂态超越试验及 70%处动作时间测试（仅对距离保护）

单电源方式下，控制荆门侧等值系统的短路容量及短路初瞬时的电压相位角，模拟线路末端 k1 点各种金属性故障，测试荆门侧装置距离元件的性能。因各厂家纵联距离和光纤差动保护装置的后备距离采用相同软件，测试过程中对 105%和 95%的整定值同时进行测试，荆门侧纵联距离保护装置只投后备距离 I 段，整定值为南阳—荆门段全长阻抗的 95%；荆门侧光纤差动保护装置只投后备距离 I 段，整定值为南阳—荆门段全长阻抗的 105%。试验中所有装置均能正确动作。

单电源方式下，模拟线路末端 k1 点各种金属性故障，测试 70%处动作时间。荆门侧距离保护装置的距离 I 段整定值为南阳—荆门段全长阻抗的 143%。被试的两套纵联距离保护的动作时间均小于 30ms，满足标准要求。

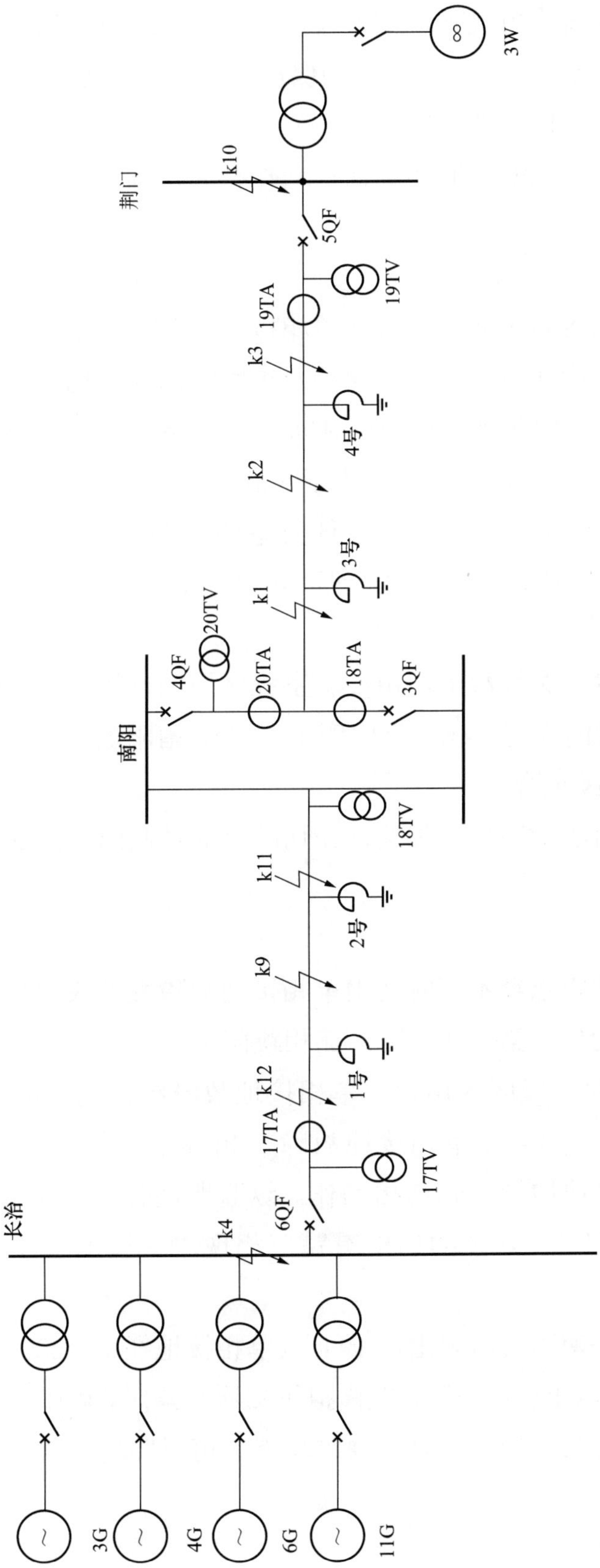

图1　长治—南阳—荆门1000kV输电系统模拟接线图

2.1.2.2 静态超越试验（仅对距离保护）

长治和荆门侧等值系统大方式下，模拟长治—南阳段线路末端k11点经小过渡电阻故障。长治侧纵联距离保护装置、光纤差动保护装置均退出主保护，仅投后备距离，距离Ⅰ段整定值为线路全长阻抗的95%。

被试的两套差动保护及两套纵联距离保护动作行为正确，未出现因静态超越而引起拒动现象。

2.1.2.3 区内、外金属性瞬时故障

模拟线路上保护区内各点金属性瞬时性单相接地、两相接地、两相短路、三相接地及三相短路故障。试验中所有光纤差动保护及纵联距离保护均正确动作，动作时间满足标准要求。光纤差动保护两侧装置动作时间小于30ms。纵联距离保护装置近故障侧动作时间小于20ms，远故障侧动作时间小于40ms。

模拟被保护线路区外母线上金属性各种类型的短路故障时，故障持续时间为120ms，试验中所有被试的光纤差动保护及纵联距离保护装置均未发生误动作。

2.1.2.4 线路永久性故障

模拟保护区内金属性永久性故障，由实验室程序控制仪控制重合闸过程，重合方式为单相重合闸，重合时间为荆南线的荆门侧1s重合，南阳侧1.1s重合；长南线的南阳侧1s重合，长治侧1.1s重合。

所有装置均能在重合于故障后，加速动作切除永久性故障，后加速动作时间小于40ms。

2.1.2.5 发展性故障

模拟保护区内同一故障点经不同时间由单相接地故障发展成为另一相单相接地故障。所有装置均能正确动作，第二次故障后三相跳闸。

模拟区外母线（被保护线区内出口）单相接地故障经不同时间发展成被保护线路区内出口（区外母线）异名相单相接地故障，相继发生故障的时间间隔为0～200ms。所有光纤差动保护均能正确选相动作。纵联距离保护中RCS–902能正确选相动作，只跳开区内故障相。CSC–101S有跳三相现象（技术条件对此项目未作选相要求）。

南阳开关站侧长治—南阳段南阳出口k11点单相接地经0～200ms发展为南阳—荆门段南阳出口k1点异名相接地故障，在模拟第二次故障时，南阳开关站断路器跳开三相，保护装置的动作行为正确，并具有联跳功能，可以实现联跳两段线路的对侧线路断路器。

2.1.2.6 经过渡电阻故障

模拟经300～600Ω过渡电阻的区内单相接地故障；区外三相经1～25Ω过渡电阻相

间短路故障。

光纤差动保护，在差流大于 800A 时能正确切除故障，并选相动作。纵联距离保护在两侧零序电流均大于 300A 时，均能选相正确动作。模拟区外经小过渡电阻故障时，装置未发生误动作。

2.1.2.7　系统稳定破坏

模拟系统静稳破坏引起的全相振荡（振荡周期为 300ms～1.5s）；在全相振荡过程中再模拟发生区内、外金属性短路故障。所有装置动作行为均正确，全相振荡过程中区内故障，各装置的动作时间受振荡影响的程度不同。故障发生在电压振荡波谷时，保护动作时间长；故障发生在电压振荡波峰时，保护动作时间短。

模拟因 k7 点 A 相故障，保护动作，线路断路器 A 相跳开引起的非全相振荡和模拟因南阳侧断路器 A 相偷跳引起的非全相振荡。模拟非全相振荡过程中发生区内故障，各装置均能够正确动作，各装置动作时间受振荡影响的程度不同。

2.1.2.8　系统频率偏移、系统操作、单侧电源方式

模拟系统频率偏移±2Hz 时区内外各种金属性短路，所有装置正确动作。

通过操作电源侧开关，手合空载线路，所有保护装置均未发生误动作；手合故障线路时，所有装置正确动作，切除故障线路。

电源接于荆门侧，在单电源方式下，模拟区内外故障，区内故障所有装置均正确动作切除故障，区外故障不误动作。

2.1.2.9　TV 断线及 TA 断线

模拟长治侧 CVT 的 A 相断线和三相断线，所有保护装置均发告警信号；模拟长治侧 CVT A 相闪络性断线，所有装置均未发生误动；模拟长治侧 CVT 的 A 相断线后的区内外故障，所有装置的动作行为均与整定一致。RCS–902 均跳三相，不闭锁工频变化量阻抗保护；CSC–101S 装置闭锁保护，区内外故障均不动作。

在线路带不同功率的情况下，分别模拟荆门侧 19TA 的 A 相断线以及断线后的区内外故障。当装置设定为允许式时，模拟 TA 二次断线，装置均告警，试验中 TA 断线后受差流影响四方 CSC–103 动作两次，其他装置未动作；当装置设定为闭锁式时，模拟 TA 二次断线，装置均告警，并根据各厂家设定情况闭锁保护。

2.1.3　试验结论

试验结果表明：由四方公司和南瑞继保公司生产的纵联差动保护和纵联距离保护装置在所有试验项目中动作正确，无误动和拒动现象，所有性能指标均满足相关标准和设计规范要求。

2.2　特高压电抗器保护装置动模试验研究

2.2.1　试验系统

试验系统的接线图同线路保护一致，见图 1。电抗器保护试验分别在不同容量的 2 号电抗器和 4 号电抗器上进行。

2.2.2 试验内容及结果

2.2.2.1 瞬时性金属区内、外故障

模拟电抗器保护区内各种类型的瞬时性故障，两套保护装置均能正确动作；当电抗器内部接地短路范围大于等于 8%时，动作时间均小于 30ms。

在被试电抗器上模拟保护区外各种类型的金属性瞬时性及永久性故障、单相和两相断线故障及操作线路各侧断路器试验，各套电抗器保护装置均未发生误动作。

2.2.2.2 电抗器内部匝间短路故障

模拟电抗器内部匝间短路故障，匝间短路范围为 3%～6%。装置均正确动作。

模拟线路非全相运行（跳开线路单侧断路器或双侧断路器），电抗器发生区内匝间故障，匝间短路范围为 3%～6%。装置动作正确，未见异常情况。

2.2.2.3 过渡电阻故障

模拟电抗器高压侧区内经 100Ω电阻的单相接地故障。装置均正确动作。

模拟电抗器区内距中性点 3%～9%处经 100Ω电阻的接地故障；电抗器内部距中性点大于等于 9%处经 100Ω电阻的接地故障。装置均能动作。

在被试电抗器所在模拟线路上不同故障点经 200～600Ω电阻的单相接地故障，保护装置均未发生误动。

2.2.2.4 投入无故障及带故障电抗器

模拟空投线路，分相合拉线路断路器，各保护装置均未误动。

线路上被试电抗器带有各种故障的情况下，分别合于长治侧系统和荆门侧系统。电抗器内部故障类型分别为高压侧故障、电抗器内部距中性点 5%、9%和 15%接地故障、电抗器内部 3%～6%匝间短路故障；手合内部对地及匝间不小于 3%故障时，装置均能动作。

2.2.2.5 发展性故障

模拟电抗器出口线路上 k11（k3）点单相接地故障经不同时间（20～200ms）发展为电抗器内部 k4 点不同相别的接地故障，以及 k5 点不同相别电抗器内部距中性点 3%和 8%接地故障。保护装置均能正确动作，未见异常情况。

模拟电抗器出口线路上 k11（k3）点单相接地故障经不同时间（20～200ms）发展为电抗器内部匝间 5%短路故障。保护装置能够正确动作，切除故障。

2.2.2.6 模拟线路振荡及振荡中电抗器内部故障

模拟系统振荡及振荡中区外线路上各点各种类型的金属性故障，保护装置均未发生误动；模拟系统振荡中电抗器区内 k4 点接地故障，装置均动作正确，未见异常

情况。

模拟系统振荡中电抗器内部 k5 点距中性点 5%～15%处接地故障，距中性点大于等于 9%处接地故障，装置能动作。保护装置动作速度与故障发生时刻有关，故障发生在波谷动作时间较长。

模拟系统振荡电抗器内部 3%～6%匝间短路故障。保护装置均正确动作。

2.2.2.7　TA 断线

各保护装置 TA 断线定值分别设置为断线闭锁式和允许式，模拟高压侧 TA 二次的 A 相断线。

当装置设定为允许式时，模拟 TA 二次断线，装置均发断线信号并动作；当装置设定为闭锁式时，模拟 TA 二次断线，装置均发断线信号，并闭锁保护。此时模拟区内、外故障，保护装置动作情况符合厂家设定，未见异常情况。

2.2.2.8　TV 断线

试验在 2 号电抗器上进行，模拟线路 TV 单相和三相断线，装置均能发 TV 断线告警信号。此时模拟区外线路上各点故障和电抗器内部匝间 3%～6%短路，装置的动作行为均与整定一致。

2.2.3　试验结论

试验结果表明：许继电气生产的 WKB–801A 和深圳南瑞生产的 PRS–747 电抗器保护装置在所有试验项目的动作行为正确，性能指标满足相关标准要求。

2.3　特高压变压器保护装置动模试验研究

2.3.1　试验系统

变压器保护动模试验系统接线如图 2 所示，模拟系统中发电机组为送电端（长治），通过一条总长为 654km 的 1000kV 线路送至荆门母线。荆门母线接入 1000kV 等值系统 3W，其短路容量为 92 000MVA；1W 为 500kV 等值系统，其短路容量大方式为 31 000MVA，小方式为 23 000MVA。试验中除振荡中 1W 短路容量为小方式外，其他情况下 1W 均为大方式。110kV 的母线上接有电容和电抗补偿，其中电抗补偿容量为 240MVA；电容补偿电容量为 240MVA。故障点 k5、k4、k2 分别为高、中、低压侧内部故障点；k12、k11、k9 分别为高、中、低压侧外部故障点；k6 为高压绕组匝间短路故障点。

2.3.2　试验内容及结果

2.3.2.1　金属性瞬时故障

模拟变压器区内故障，保护装置正确动作，动作时间小于 30ms。模拟变压器区外母线及线路上各种类型短路故障，变压器保护装置未发生误动作。

2.3.2.2　大电流短路故障

变压器高压侧直接以无穷大电源供电，模拟变压器高压侧区内及中压侧区外三相短路故障。试验中控制故障合闸角，确保故障电流中非周期分量为最大。区内故障时，变压器差动速断保护动作，动作时间小于20ms；区外故障时，非周期分量较大的情况下，保护均未发生误动作。

2.3.2.3 经过渡电阻故障

在变压器重载及轻载的情况下，模拟变压器高、中压侧保护区内经100Ω过渡电阻的瞬时性单相接地故障。模拟变压器高、中压侧保护区内经25Ω的相间短路故障。各保护装置均正确动作。

2.3.2.4 变压器匝间短路故障

分别在变压器重载及空载的情况下（见图 2）模拟变压器公共绕组上匝间短路，匝间短路范围为1.5%～3.0%。匝间短路范围为3%时，两套保护均正确动作，满足相关标准要求。

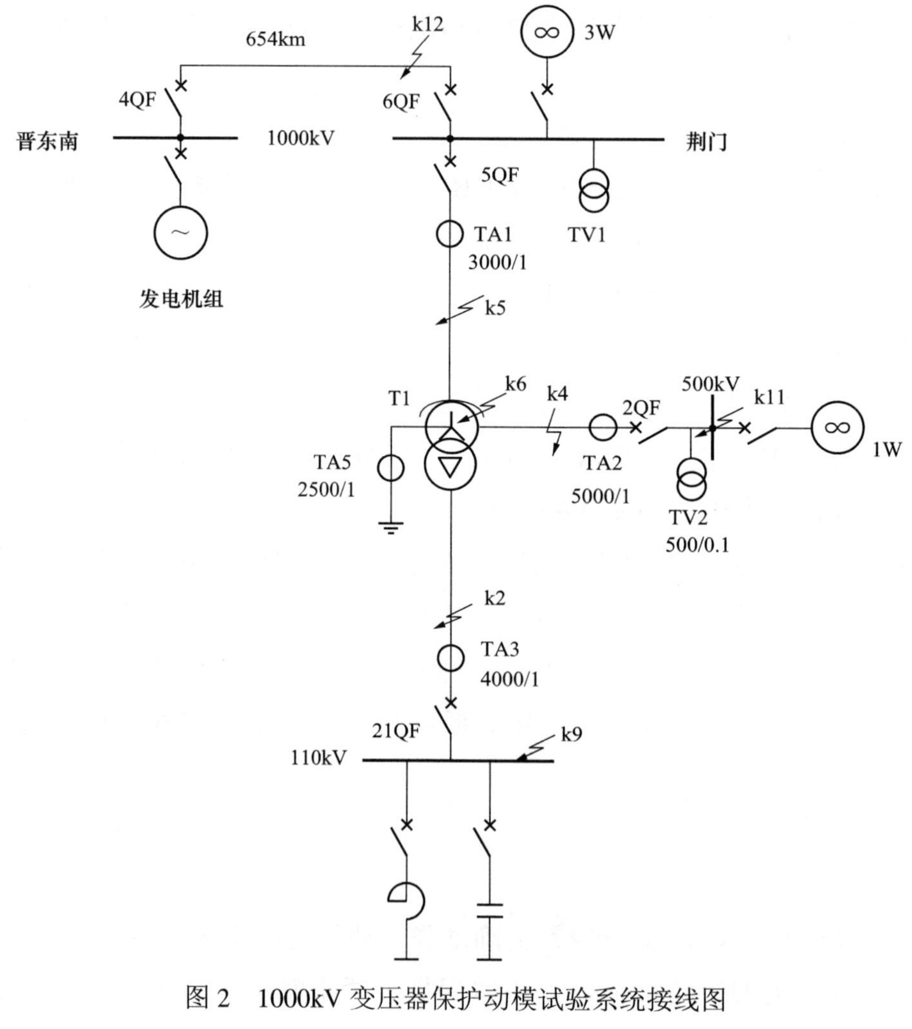

图2　1000kV 变压器保护动模试验系统接线图

2.3.2.5 励磁涌流试验

在励磁涌流试验中，将变压器空载合闸于高压侧及中压侧无穷大系统，产生不同水平的励磁涌流，变压器差动保护未发生误动作。

2.3.2.6 手合断路器于故障变压器

各保护装置在手合故障时均能正确动作，动作时间受涌流影响。当涌流较大，衰减时间较长的情况下，保护装置的速动性会受影响，在涌流衰减后可以动作。

2.3.2.7 发展性故障

模拟变压器保护区外故障转区内故障，及区外故障转匝间短路故障。在区外故障发展为区内及匝间短路故障后，保护装置均能正确动作，三侧跳闸切除故障。

2.3.2.8 投切 110kV 侧电容、电抗器

投切低压侧电容器、低压侧电抗器的过程中保护未发生误动作。

2.3.2.9 系统振荡及振荡中再发生故障

模拟振荡及振荡中基本故障。保护能正确动作，装置无异常。振荡中模拟匝间短路故障，受振荡影响较大，动作时间较长（大于 50ms）。

2.3.2.10 TA 断线

整定为不闭锁保护时，两套保护装置均发出 TA 断线告警信号；TA 断线后差动保护动作的情况与各厂家的具体设计有关，灵敏度有所不同。

在整定为闭锁保护时，南瑞保护负荷电流较小时，报 TA 异常，不进入 TA 断线闭锁逻辑，中压侧区外模拟含断线相故障时保护动作；加大负荷电流后，报 TA 断线，进入 TA 断线闭锁逻辑，中压侧区外故障保护不动作。在整定为闭锁保护时，两套保护均在差流大于 $1.2I_N$ 时开放差动保护，高压侧区外含断线相故障时均动作。

2.3.2.11 TA 饱和

区内故障导致 TA 饱和时，保护装置正确动作；区外故障导致饱和时，当正常波形持续时间大于 3.4ms 时，变压器保护装置不动作。

2.3.2.12 TV 断线

模拟高压侧 TV 的 A 相断线、三相断线、A 相闪落性断线，所有保护装置均发 TV 断线告警信号。模拟高压侧 TV A 相断线后的区内外故障，所有保护装置的后备距离保护均闭锁，未发生误动作。

2.3.2.13 后备保护功能

模拟高、中压侧后备保护区内、区外的各种短路故障。高中压侧的相间阻抗、过电流保护均能按照整定值的设置正确动作，未发生拒动及误动情况，装置无异常。

模拟 110kV 侧区内外各种故障。限时电流速断保护、过电流保护能按整定值正确动作，未发生拒动及误动情况，装置无异常。

2.3.2.14 调压变压器及补偿变压器匝间短路故障

调压变压器高压绕组匝间短路时，主变压器差动保护在大于10%以后才会动作，且各保护装置灵敏度不同。调压变压器高压绕组匝间短路时，调压变压器差动保护均正确动作。调压变压器低压绕组匝间短路时，主变压器差动保护在短路匝数大于35%以后才会动作，且各保护装置灵敏度不同。调压变压器低压绕组匝间短路时，调压变压器差动保护在匝间短路范围大于10%时动作。

补偿变压器高压侧匝间短路时，短路范围20%以下主变压器差动保护均未动作。补偿变压器高压侧匝间短路时，所有保护的补偿变压器差动保护均正确动作。

2.3.2.15 调节调压抽头后重复区内外金属性故障

将调压变压器抽头由抬高5%调整为额定抽头，在主变压器保护定值保持不变，修改相应的调压变压器和补偿变压器的保护定值，重新进行区内外各种金属性故障。所有保护装置均正确动作，未发生误动及拒动的情况，装置无异常。

2.3.3 试验结论

所有试验结果表明，国电南自和南瑞继保的变压器主保护、调压补偿变压器保护在所有试验项目中的动作行为正确，在调压补偿变压器发生匝间短路时，调压补偿变压器差动保护可靠正确动作。装置的性能指标满足相关标准和设计规范的要求。

2.4 特高压断路器保护装置动模试验研究

2.4.1 试验系统

动模试验模拟系统接线图参见线路保护试验系统图（见图1），试验系统主要参数同线路保护试验系统参数。分别针对南阳站4SK断路器和5SK断路器保护进行试验。

2.4.2 试验内容及结果

2.4.2.1 区内金属性故障试验

模拟保护区内各种类型的金属性瞬时性故障，保护装置动作正确。

2.4.2.2 失灵保护

模拟线路上经过渡电阻短路故障，试验中模拟断路器5SK失灵，失灵保护正确动作。

2.4.2.3 死区故障

模拟线路断路器与TA之间发生各种金属性瞬时单相接地、两相短路、两相短路接地、三相短路故障。断路器死区保护正确动作。

2.4.2.4 发展性故障

同名相故障及异名相发展性故障情况下，保护装置均能正确跟跳。

2.4.2.5 非全相试验

分别在轻载及空载下模拟单相断路器偷跳，设为断路器跳闸位置启动重合闸，重合闸时间为 0.6s，非全相时间为 0.5s。非全相保护正确动作。

2.4.2.6　系统操作

通过操作电源侧断路器分相合拉 5QF，手合空载线路 5 次。保护装置均正确动作。

2.4.3　试验结论

试验结果表明：RCS–921 断路器保护装置的动作行为正确，性能指标满足相关标准要求。

2.5　特高压过电压保护装置动模试验研究

2.5.1　试验系统

系统等值图参见线路保护试验系统接线图（见图 1）。过电压保护装置分别安装在长治—南阳和南阳—荆门线路两侧，在试验线路的两端和中间共设置了 6 个故障点，每一个故障点都可以模拟各种类型的金属性或经过渡电阻短路故障。

2.5.2　试验内容及结果

2.5.2.1　区内、外瞬时性金属故障

模拟区内单相故障，稳态过电压控制装置不误动；区内多相故障时，稳态过电压控制装置可靠动作。

模拟区外瞬时性金属性故障时，稳态过电压控制装置不误动。

2.5.2.2　系统稳定破坏

全相振荡及非全相振荡过程中，稳态过电压控制装置不误动。全相振荡过程中区内故障，稳态过电压控制装置可靠动作；全相振荡过程中区外故障，稳态过电压控制装置不误动。非全相振荡过程中发生各种区外故障，稳态过电压控制装置不误动。

2.5.2.3　系统频率偏移

当系统频率偏移±2Hz 时，模拟区内相间故障，稳态过电压控制装置可靠动作；区内单相故障单跳重合，稳态过电压控制装置不误动。

模拟区外故障，稳态过电压控制装置不误动。

2.5.2.4　系统操作试验

单端充电手动分闸 3QF、4QF、6QF 时，稳态过电压控制装置不误动。并网后确认二次电流大于 0.2A 时，投入远方联跳连接片，手分南阳断路器时，长治、荆门稳态过电压控制装置可靠动作；退出远方联跳连接片，手分南阳断路器时，长治、荆门稳态过电压控制装置不误动；手分长治断路器时，长治、荆门稳态过电压控制装置动作。说明退出远方联跳连接片后，即使具备无流条件，南阳站装置不主动发联跳令，但会无条件转发联跳令。

2.5.2.5　TV 断线、TA 断线、KTW 异常试验

TV 断线、TA 断线、KTW（跳闸位置继电器）异常时发出告警信号，不闭锁稳态

过电压控制装置。

2.5.3 试验结论

南瑞继保和北京四方生产的稳态过电压控制装置逻辑略有不同，但不影响装置的动作特性。试验结果表明：两套稳态过电压控制装置性能均满足《特高压交流试验示范工程稳态过电压控制装置方案研讨会纪要》的要求。

2.6 特高压安全稳定控制装置动模试验研究

2.6.1 试验系统

系统等值图参见线路保护试验系统接线图（见图 1）。试验中将 PAC–1000 两套电力系统失步快速解列装置分别安装在长治—南阳和南阳—荆门线路南阳开关站的两侧，长南线的南阳侧定义为南阳 1，南荆线的南阳侧定义为南阳 2。将 4 套 UFV–200F 失步解列装置分别安装在长治—南阳和南阳—荆门线路两侧，依次定义为长治、南阳 1、南阳 2、荆门。

2.6.2 试验内容及结果

2.6.2.1 金属性故障

模拟线路各故障点金属性瞬时单相接地、两相接地、两相短路、三相接地及三相短路故障，永久性单相接地故障。模拟各种故障时考虑故障线路两侧保护的动作情况，进行断路器的分合模拟，两套失步解列装置均不误动作。

2.6.2.2 系统频率偏移

在系统频率偏移±2Hz 的运行条件下，模拟区内外各种金属性短路，两套失步解列装置均不误动作。

2.6.2.3 系统同步振荡及同步振荡中再故障

模拟系统静稳破坏及动稳破坏引起的全相同步振荡，线路断路器单相跳开引起的非全相同步振荡，全相同步振荡过程中金属性短路故障，系统同步振荡到失稳边界再拉回同步。

在以上试验工况下，被试两套失步解列装置均不误动作。

2.6.2.4 系统同步振荡发展为异步振荡

PAC–1000 电力系统失步快速解列装置动作情况与整定和设计原理一致，均按设计和整定动作。若振荡中心在整定值的一区范围内，装置均能在失步前动作。振荡中心判别范围较小，试验中均在 10km 之内。

UFV–200F 失步解列装置动作情况与整定和设计原理一致，均按设计和整定动作。系统失步运行，当装置安装处电压低于 20%额定电压时，均判为振荡中心在装置安装处附近，此时装置无法正确判出振荡中心的方向。振荡中心判别范围较大。

2.6.2.5 TV 断线

模拟系统南阳 1 侧 TV 单相及三相断线，PAC–1000 失步快速解列装置发 TV 告警信号并闭锁装置。TV 单相断线后，模拟系统失步，判为 TV 断线的装置均不动作。

UFV–200F 装置发 TV 告警信号并闭锁装置。模拟 TV 三相断线，负荷电流低于 10%额定电流，装置不判 TV 断线，当负荷电流大于 10%额定电流时，装置告警并闭锁装置。TV 单相断线后，模拟系统失步，断线 TV 涉及的保护装置均不动作。

2.6.2.6　TA 断线

模拟装置的 TA 断线时，PAC–1000 失步快速解列装置发出告警信号，不闭锁装置。TA 断线后模拟系统失步，振荡中心在南荆线，南阳 1 的反方向装置不误动作，南阳 2 的正方向装置正确动作。UFV–200F 装置发出告警信号，并闭锁断线装置。TA 断线后模拟系统失步，断线 TA 涉及的保护装置均不动作。

2.6.2.7　模拟系统低频、低压

将系统频率缓慢降至 48.5Hz（低于整定值），4 套装置低频动作；当频率陡然下降至低于动作值，UFV–200F 失步解列装置不动作，与设计和整定一致。

将系统电压缓慢降至 49V（低于整定值），4 套装置低压动作；当电压陡然下降至低于动作值，UFV–200F 失步解列装置不动作，与设计和整定一致。

2.6.2.8　手合空载线路及手合故障线路

在线路停电的情况下，分别将线路出口及末端三相接地后，再合线路于地区等值系统，两套失步解列装置均不误动作。

投切空载线路及线路合环时，两套失步解列装置均不误动作。

2.6.3　试验结论

试验结果表明：由中国电力科学研究院生产的 PAC–1000 失步快速解列装置和南京南瑞集团公司生产的 UFV–200F 失步解列装置在系统发生故障、系统操作以及同步振荡中均不误动；在系统失步后，PAC–1000 装置在第一个失步周期发跳闸信号，UFV–200F 装置能按整定的失步周期动作发跳闸信号。装置的动作范围性能指标均满足整定和标准要求。

3　结论

在建立的 1000kV 特高压交流动态模拟系统上，对在特高压交流试验示范工程中采用的继电保护装置及控制设备进行了动态模拟试验，研究及试验结论为保护装置在工程中的应用和安全稳定运行打下了坚实基础。

2008

特高压交流输电技术研究成果专辑

第3章 特高压交流试验示范工程调试技术

1 特高压交流试验示范工程运行控制特性研究

1 引言

1000kV 晋东南（长治）—南阳—荆门特高压交流试验示范工程投产后，华北与华中电网通过特高压交流联网，这将对电网的安全稳定水平产生影响。目前国内外尚无特高压输电系统运行的成熟经验，有必要开展特高压输电系统运行控制相关技术的研究，如电压无功控制、运行方式、安全控制措施、联络线功率波动分析与控制等，保证电网的安全稳定运行。

2 特高压投产后互联电网运行特性分析

2.1 特高压线路投产后华北、华中联网方式的确定

建议特高压试验示范工程投产后宜采用与辛洹线解环运行方式，原因在于：

（1）特高压线路与 500kV 辛安—洹安线路合环后，与山西、京津唐、河北南网以及河南、湖北电网构成了电磁环网，电气距离远，输电功率大，故障后事故处理过程复杂，运行中存在较大安全隐患。

（2）试验示范工程投产初期，电气联系较为薄弱，而电源和负荷均在 500kV 系统，特高压线路分配功率偏低，不利于体现特高压线路的送电优势。

（3）电磁环网运行时加重了 500kV 系统潮流水平，分布不合理，存在 *N*–1 故障后线路过载问题。

为了更好地发挥特高压工程的示范作用，减轻 500kV 系统潮流压力，降低电网运行风险，确定联网方式为华北、华中电网通过特高压单回线路联系。

2.2 特高压设备通流能力

特高压长治站和荆门站主变压器额定容量均为 3000MVA。特高压线路输送 2800MW 时通过主变压器吸收大量无功，单侧约为 1050Mvar，变压器达到满载，因此，特高压交流试验示范工程输送的最大有功功率不能超过 2800MW。

2.3 特高压不同输送水平下华北、华中电网潮流分布特点分析

根据华北、华中电网电源结构、潮流分布的特点和水火互济的需要，丰水期特高压宜采用华中水电北送方式，枯水期时，宜组织华北火电南送华中。

丰水期时，华中电网四川和三峡水电大发，送往鄂东、湖南、江西等负荷中心，三峡出口的斗笠—江陵大母线上汇集了四川和三峡水电，其出线潮流较重，单回线输电潮流接近或者高于 1000MW。若丰水期安排特高压线路潮流为华中送华北，可分流四川和三峡的水电，有效缓解鄂西送鄂东断面斗笠—孝感，兴隆—咸宁 500kV 线路压

力，潮流分布较为合理。枯水期时，若安排特高压线路潮流华北送华中，华北火电通过斗笠向龙泉、江陵侧分别向川渝、湖南分流，河南火电向南部三省送电，华中主网架潮流分布合理，满足 N–1 静态安全的要求。

2.4 特高压交流试验示范工程静稳水平分析

特高压交流试验示范工程由长治和荆门两台变压器以及长治—南阳—荆门特高压输电线路构成，其近似标幺电抗为 X_Σ（基于 100MVA）。

考虑特高压线路两侧变压器阻抗后，特高压线路联网方式下华、北华中电网间实际电抗（标幺值）为

$$2X_t+X_{l\,长南}+X_{l\,南荆}=0.028\,5\text{p.u.}$$

此值是目前 500kV 辛洹线电抗值 0.006p.u.的 4 倍多，等效于 4 倍多距离的辛洹线联网。

试验示范工程最大传输功率为

$$P_{MAX}=\frac{U_1U_2}{X_\Sigma+X_{S1}+X_{S2}}$$

式中 X_{S1}、X_{S2}——长治和荆门侧的系统等值电抗；

U_1、U_2——长治和荆门侧的 500kV 母线电压。

假设 X_{S1}、X_{S2} 为零，U_1、U_2 均为 1.0p.u.，则

$$P_{MAX}=\frac{1}{X_\Sigma}=35.08\text{p.u.}$$

即仅考虑试验示范工程的电抗，则其静稳极限为 3508MW。

采用工程实用算法，在特高压落点电压在 510kV 附近时，特高压静稳极限在 3050MW 左右，如荆门、长治落点电压提高至 540kV，特高压静稳极限可提高至 3400MW。如特高压近区电网线路检修、机组投停，均对特高压静稳极限有一定影响。

3 特高压交流试验示范工程安全稳定控制策略研究

对华北和华中电网 N–2 故障中，为保证局部电网对主网的稳定，某些事故后需要大量切机（受端电网超过 1200MW），这样的故障将导致特高压系统稳定破坏，从而导致华北与华中电网间失步，振荡中心在特高压南阳站。

从故障校核结果可以看出，由于特高压交流试验示范工程投产初期，华北—华中电网联系较弱，华北和华中网内发生部分 N–2 故障并采取大量切机措施后，潮流转移可能会超过特高压静稳极限，从而导致华北—华中电网失步。虽然解列措施一般用于第三道防线，但考虑到特高压联网初期联系较弱，无法完全避免 N–2 故障后大量切机时特高压解列装置动作，因此建议在方式安排或安全控制配置上确实无法避免解列的 N–2 故障，可以采取特高压解列的措施。

特高压试验示范工程投产初期，华北—华中电网失步后振荡中心一般在特高压南阳站附近，特高压三站中南阳站电压最低，见图 1。

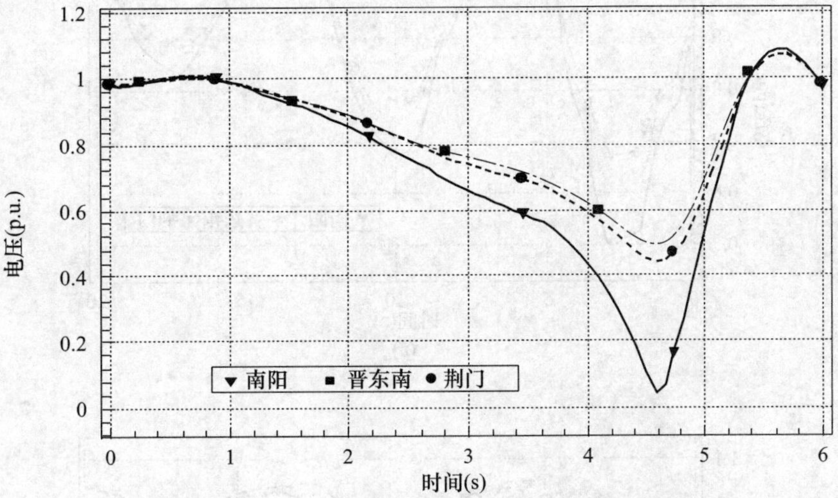

图 1　华北—华中电网失步时特高压母线电压稳定计算结果曲线

在计算过程中发现，特高压母线在扰动过程中经常出现持续较长时间的低电压（低于 0.75p.u.超过 1s），但华北—华中互联电网仍能维持同步，并且特高压近区 500kV 变电站电压仍能维持较高水平，如图 2 所示。

从故障校核结果可以看出，特高压试验示范工程投产初期，华北—华中电网失步后振荡中心一般在特高压南阳站附近，特高压 3 个厂站中南阳站电压最低。

建议特高压联络线在荆门、南阳、长治分别配置具有低压、失步功能的解列装置。

4　特高压交流试验示范工程电压无功控制方案研究

4.1　特高压解并列操作时 500kV 系统电压控制方案分析

4.1.1　采用特高压变压器 525kV 侧分接头进行解环电压控制

特高压解环时，特高压输送功率应该降至零功率附近，从而避免特高压解列后有功对两侧电网产生冲击。电压控制策略如下：

特高压变压器在额定抽头 525kV 时，如果在长治侧解环操作，电压控制条件为荆门侧投入两组低压电抗器，荆门侧电压控制在 510kV 以下；如果在荆门侧解环操作，电压控制条件为长治侧投入两组低压电抗器，长治侧电压控制在 501kV 以下。由于额定分接头 525kV 下，如果解环后沿线电压要控制在 1100kV 以下，在长治或荆门侧解环操作电压控制条件十分苛刻，因此不适宜在这两点解环操作。

在额定分接头 525kV 下，应该选择在南阳站解环操作。解环时控制特高压输送功率至零功率附近，电压控制条件为两侧各投一组低压电抗器，荆门侧电压控制在 533kV

以下，长治侧电压控制在 522kV 以下。

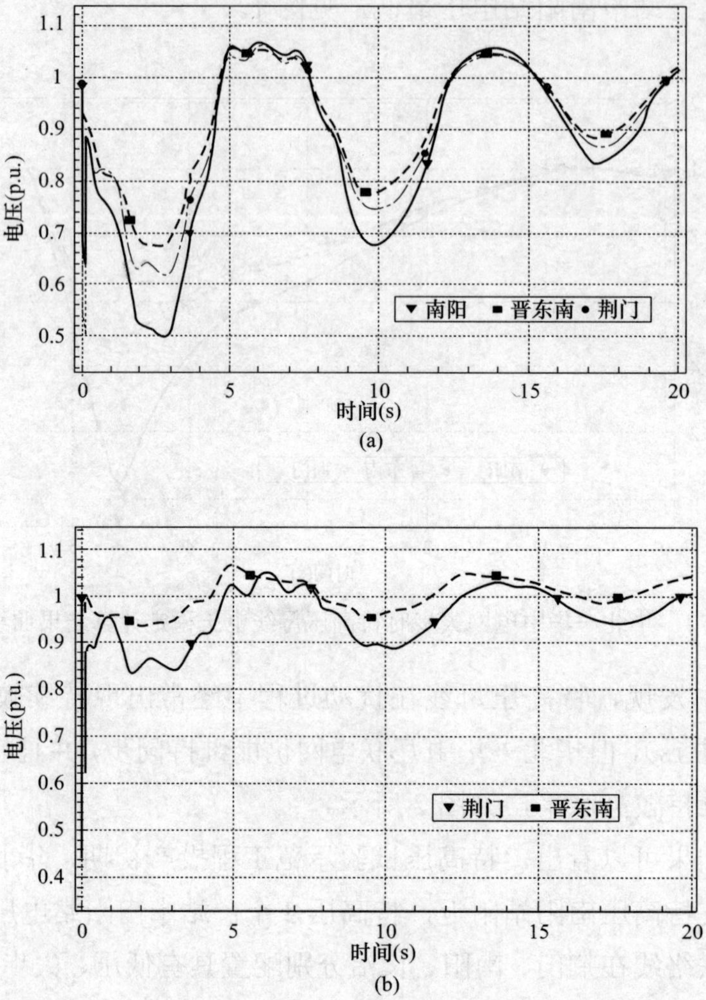

图 2　华北—华中电网维持同步时特高压及近区 500kV 电压曲线

（a）特高压母线电压曲线；（b）长治和荆门 500kV 母线电压曲线

4.1.2　538kV 抽头下解环电压控制

在特高压变压器分接头 538kV 挡位下，应选择在南阳开关站解列。解列时控制特高压输送功率至零功率附近，电压控制条件为两侧各投一组低压电抗器，荆门侧电压控制在 542kV 以下，长治侧电压控制在 532kV 以下。

如果保证长治解列后特高压母线电压不超 1100kV，正常运行时荆门初始电压应控制在 523kV 以下；如果保证荆门解列后特高压母线电压不超 1100kV，正常运行时长治初始电压应控制在 512kV 以下。

4.1.3　特高压主变压器抽头选择建议

根据运行数据统计，2007～2008 年，荆门侧近区斗笠站 500kV 母线全年平均电压水平为 537.8kV。其中，一、四季度平均电压水平为 539.5kV，最高达到 547kV。根据

500kV 实际电压运行水平，如果选择大变比，在特高压线路充电及低功率运行时，特高压电压将超过上限；如果选择小变比，在特高压线路输送大功率时，特高压电压难以维持 1000kV，且稳定水平降低。

因此，根据目前电网实际运行水平，华中荆门侧长期维持 538kV 及以上，建议在运行初期，1000kV 特高压变压器分接头选择 1050/538/110kV 挡位，在此分接头下，可以满足特高压线路空载线路充电、并解列操作及正常运行功率调整控制要求，防止特高压设备电压频繁越上限，保证 500kV 系统留有必要的调压灵活性。根据系统调试和实际运行情况，对特高压变压器分接头选择再进行适当调整。

4.2　特高压无功平衡及低压电容器投切方案分析

特高压交流试验示范工程两侧 500kV 母线电压控制策略对特高压变电站低压无功补偿容量的依赖性不大，低压无功补偿的投入容量与特高压输送功率水平关系更为密切。因此，特高压交流试验示范工程低压无功补偿装置的投切控制原则确定为：按照无功分层分区平衡的原则，随着特高压输送功率的变化，无功补偿容量使特高压系统与华中和华北电网的无功交换功率最小。特高压交流试验示范工程无功补偿控制及与系统无功交换情况见表 1 和表 2。

表 1　特高压南送方式低压无功补偿投切与系统无功交换

（特高压主变压器 538kV 挡位）

特高压功率（MW）	长治侧补偿	荆门侧补偿	长治侧无功交换（Mvar）	荆门侧无功交换（Mvar）
0	1 组低压电抗器	1 组低压电抗器	17.9	−102.7
600	1 组低压电抗器	1 组低压电抗器	−42	−140
	1 组低压电抗器	0	−52	121
900	1 组低压电抗器	0	−122	64
1000	0	0	96	28
1400	0	0	−52	−104
1600	1 组低压电容器	1 组低压电容器	5.8	30.5
1800	2 组低压电容器	2 组低压电容器	50	32
2100	3 组低压电容器	3 组低压电容器	17	15
2300	4 组低压电容器	4 组低压电容器	27	46

表 2　特高压北送方式低压无功补偿投切与系统无功交换

（特高压主变压器 538kV 挡位）

特高压功率（MW）	长治侧补偿	荆门侧补偿	长治侧无功交换（Mvar）	荆门侧无功交换（Mvar）
0	1 组低压电抗器	1 组低压电抗器	17	−102

续表

特高压功率（MW）	长治侧补偿	荆门侧补偿	长治侧无功交换（Mvar）	荆门侧无功交换（Mvar）
600	1组低压电抗器	1组低压电抗器	−22.8	−162.3
	1组低压电抗器	0	−31	96
800	1组低压电抗器	0	−66.8	56.6
1000	0	0	130	−9
1400	0	1组低压电容器	−9.4	8.9
1600	0	1组低压电容器	−96.8	−84.6
	1组低压电容器	1组低压电容器	60.6	−92.6
1800	1组低压电容器	2组低压电容器	−48.7	−28.8
1900	2组低压电容器	2组低压电容器	56.5	−96.5
2000	2组低压电容器	3组低压电容器	−14	17
2100	3组低压电容器	3组低压电容器	88.5	−62.6
2300	4组低压电容器	4组低压电容器	105	−41

5 特高压联络线功率波动对电压无功控制影响分析

华北、华中两个总容量均超过3亿kW的两大同步电网通过交流线路互联，特高压线路上将长期存在一定幅值的功率波动。经过对辛洹线潮流数据分析，波动范围超出±400MW的时间占总运行时间的5%，最大偏差达到700MW。两网联络线的功率波动和运行电压、送电潮流以及送电方向没有直接关系，主要决定于两端电网规模、负荷特性等因素。特高压交流试验示范工程投运后，其波动情况与辛洹线相似。

5.1 联络线有功波动对系统电压影响分析

为深入分析潮流波动对电压的影响，采用利用静态潮流、故障冲击（掉机和切负荷）、负荷扰动等多种形式模拟联络线功率波动对特高压联络线两端中枢点电压的影响，以找出同样潮流波动引起最大电压波动的扰动源。对特高压输送不同功率时，潮流波动引起的电压波动计算结果及结论如下：

（1）在相同扰动情况下，随着特高压输送功率的上升，1000kV及相关500kV中枢点电压波动幅值呈递增变化。

（2）在相同扰动情况下，距离特高压联络线落点越远，母线电压波动幅度越小。

（3）特高压联络线在相同输送功率水平下，联络线功率波动幅度越大，1000kV及相关500kV中枢点电压波动幅度越大。

（4）高输送功率水平下，如特高压联络线潮流波动，特高压联络线与两侧500kV电网无功交换较大。

5.2　特高压电压无功控制策略

特高压系统长期运行电压存在 1000～1100kV 的限制，如果不对电压进行控制，实际运行中存在电压超出上述范围的可能。由于 1000kV 设备不宜长期在高于 1100kV 的电压下运行，因此需要对特高压系统电压进行控制。特高压系统自身的电压调节手段不足，需要通过控制两侧 500kV 系统电压达到控制 1000kV 系统电压的目的。

为保证正常运行时特高压系统电压运行在 1000～1100kV 之间，需要计算荆门和长治 500kV 母线电压的控制范围。根据目前电网实际运行情况，长治和荆门 500kV 母线电压的运行范围为：长治 500kV 母线电压 515～540kV；荆门 500kV 母线电压 520～540kV。特高压输送不同功率时低压无功补偿方案和长治、荆门 500kV 侧电压控制范围详见表 3，从表中可见：

（1）受特高压运行电压 1100kV 的限制，晋东南和荆门 500kV 电压存在一个电压控制范围，它实际上是变量空间上的一个区域。随着特高压输送功率的增加，该区域不断向高电压方向移动。受 500kV 设备正常运行电压范围和两侧 500kV 系统调压能力等因素的约束，两侧 500kV 系统电压一般也有一个运行区域。晋东南和荆门 500kV 电压控制区域实际上是上述两个区域的交集。

（2）特高压输送低功率时，长治、荆门 500kV 母线电压控制范围主要受特高压电压不超过 1100kV 限制；特高压输送高功率时，长治、荆门 500kV 母线电压控制范围主要受特高压线路沿线电压不低于 1000kV 限制。

（3）不考虑功率波动时，特高压静态输送功率在 1600MW 以下不受 1000kV 限制，功率在 2100MW 以上不受 1100kV 限制。

表 3　特高压不同输送功率水平下电压控制要求（特高压主变压器分接头 538kV 挡位）

<table>
<tr><th rowspan="2">特高压联络线输电计划（MW）</th><th colspan="4">控　制　要　求</th></tr>
<tr><th>荆门站 500kV 母线电压（kV）</th><th>荆门站 110kV 无功补偿设备标准配置</th><th>长治站 500kV 母线电压（kV）</th><th>长治站 110kV 无功补偿设备标准配置</th></tr>
<tr><td>2000≤P≤2200</td><td rowspan="4">525～540</td><td rowspan="2">3 组低压电容器</td><td rowspan="4">520～540</td><td>3 组低压电容器</td></tr>
<tr><td>1900≤P<2000</td><td rowspan="2">2 组低压电容器</td></tr>
<tr><td>1800≤P<1900</td><td>2 组低压电容器</td></tr>
<tr><td>1600≤P<1800</td><td rowspan="2">1 组低压电容器</td><td>1 组低压电容器</td></tr>
<tr><td>1400≤P<1600</td><td rowspan="7">520～538</td><td rowspan="7">515～528</td><td rowspan="2">无</td></tr>
<tr><td>800≤P<1400</td><td rowspan="2">无</td></tr>
<tr><td>600≤P<800</td><td rowspan="3">1 组低压电抗器</td></tr>
<tr><td>-600<P<600</td><td>1 组低压电抗器</td></tr>
<tr><td>-600≥P>-1000</td><td rowspan="2">无</td></tr>
<tr><td>-1000≥P>-1400</td><td rowspan="2">无</td></tr>
<tr><td>-1400≥P>-1600</td><td rowspan="2">1 组低压电容器</td></tr>
<tr><td>-1600≥P>-1700</td><td rowspan="2">525～540</td><td rowspan="2">520～540</td><td>1 组低压电容器</td></tr>
<tr><td>-1700≥P≥-1800</td><td>2 组低压电容器</td><td>2 组低压电容器</td></tr>
</table>

6 结论

特高压作为更高一级电压，在运行初期，特高压交流试验示范工程投运后，电网运行控制将面临一些新情况、新问题，需要合理安排电网运行方式，完善控制策略，加强运行监控。具体建议如下：

（1）特高压交流试验示范工程投产初期，以考验特高压输变电设备、保持系统稳定运行为主，兼顾联络线功率波动情况下设备耐受电压和系统静稳裕度的约束，特高压实际输送功率应留有一定的稳定裕度。受低压无功补偿设备投切次数的限制，输送功率不宜频繁调整。

（2）运行初期，1000kV 特高压变压器分接头选择 1050/538/110kV 挡位。在此分接头下，可以满足特高压线路空载充电、并解列操作及正常运行功率调整控制要求，避免特高压设备电压频繁越上限，并为 500kV 系统留有必要的调压灵活性。为保证特高压运行电压在合理范围内，需要华北、华中两侧 500kV 电网配合调压措施。

（3）特高压交流试验示范工程运行初期，华北和华中网内发生严重故障并采取大量切机措施后可能导致华北、华中失步。建议特高压长治、南阳、荆门三站分别配置特高压线路解列装置。仿真中特高压南阳站经常出现持续低电压时间较长（低于 0.75p.u.超过 1s）但华北—华中互联电网仍能维持同步运行的现象，考虑南阳站为开关站，建议采取较常规低压解列判据更低的电压和更短的时间作为特高压线路低压解列的判据。

2 特高压交流试验示范工程稳态过电压控制措施研究

1 引言

特高压交流试验示范工程线路具有送电距离远、充电功率大的特点。由于单断路器偷跳或特高压解列装置动作引起任意一个特高压设备断路器三相跳闸后，会出现系统带特高压空线运行的情况，特高压沿线电压会大幅增加；同时特高压变压器第三绕组容性无功涌向两侧 500kV 系统，会造成两侧系统电压进一步上升。由于特高压线路和第三绕组低压电容器的电容效应，在暂态过程结束以后仍存在母线稳态电压偏高的现象，在这里称之为稳态过电压。

稳态过电压对设备和事故后处理均会产生不利的影响。本课题分析了特高压交流试验示范工程的稳态过电压问题，提出了抑制稳态电压升高的措施和策略，并对继电保护装置厂家生产的符合该策略的稳态过电压控制装置进行了动模、静模试验验证及现场系统联调，对该类装置在系统调试中的动作行为进行了分析。研究成果可为我国特高压系统稳态过电压的控制、继电保护配置等提供技术依据。

2　特高压系统运行电压要求

根据特高压系统设备相关技术规范，确定了特高压运行电压超过 1100kV 的允许时间，为特高压稳态过电压控制措施的选择以及参数整定提供了技术依据。具体如下：

（1）特高压交流试验示范工程系统最高运行电压为 1100kV，线路首末端电压在 1100kV 以上，最长运行时间不能超过 3min。

（2）在系统非正常解列的特殊情况下，线路末端电压超过 1100kV，但低于 1150kV 时，应在 20min 内采取有效措施处理；线路首末端电压达到 1150kV 时，应采用自动装置在 1min 内跳开相应断路器。

（3）特高压 110kV 侧低压电容器和低压电抗器长期最高运行电压分别为 126kV 和 115kV。

3　特高压交流试验示范工程的电压分布特性

实际运行中，特高压输电线路沿线电压分布并不均匀，这给电压控制带来一定困难。了解特高压线路沿线电压分布特性，对电压控制有指导意义。特高压线路沿线电压分布与特高压输送功率水平以及长治和荆门 500kV 电压水平等因素相关，以下主要对这两方面对电压分布的影响进行分析研究。

不同送电功率下特高压沿线电压分布特性如图 1 所示，各 1000kV 母线电压和线路最高电压见表 1。

表 1　　特高压不同送电功率下特高压母线电压和线路最高电压

送电功率（MW）	1000kV 母线电压（kV）			线路最高电压（kV）	
	长治	南阳	荆门	长治—南阳	南阳—荆门
2800	1023.4	1008.1	1023.5	1028.3	1025.0
1400	1050.2	1057.6	1053.4	1072.4	1067.2
0	1063.6	1078.8	1070.0	1092.6	1087.8

从表 1 和图 1 可以看出：

（1）特高压沿线最高电压出现在长治—南阳线路上。输送功率越小，最高电压出现的位置越接近南阳侧。

（2）特高压零功率方式下，南阳 1000kV 母线电压高于两侧长治和荆门 1000kV 母线电压。随着输送功率的增加，南阳与长治和荆门的压差逐渐缩小，在特高压输送 2800MW 方式下，南阳电压低于两侧电压。

（3）特高压输送 2800MW 功率方式下，特高压线路沿线最大电压偏差在约为

20kV，零功率方式下约为30kV。

（4）特高压零功率方式下，特高压沿线最高电压与南阳站的电压偏差约为14kV，实际运行时需要控制特高压南阳站在 1080kV 以下，确保特高压沿线电压不超过1100kV。

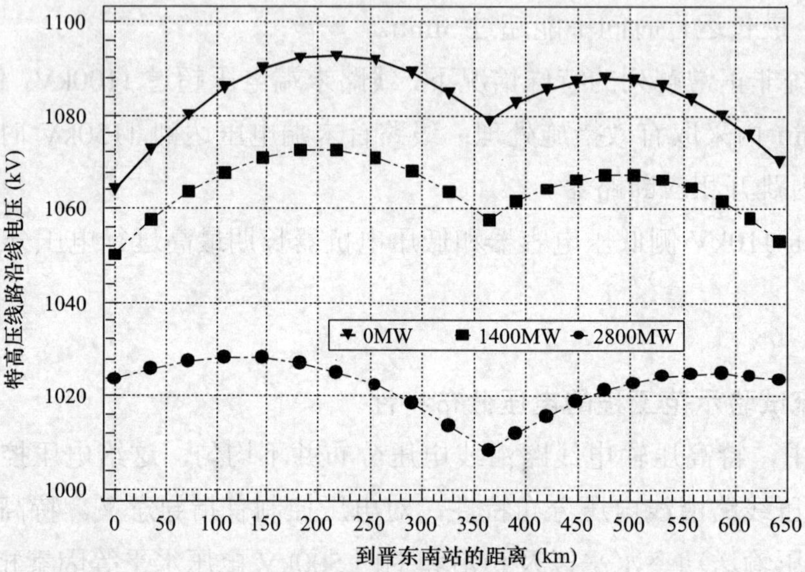

图1　特高压不同送电功率方式下特高压线路沿线电压分布

4　特高压交流试验示范工程断路器三相跳闸后稳态过电压及控制措施研究

试验示范工程断路器三相跳闸后，特高压母线电压和近区系统电压上升水平与初始方式下特高压输送功率、特高压近区 500kV 系统电压水平以及特高压变压器第三绕组低压无功补偿投入的情况有关。在特高压近区 500kV 系统初始电压水平相差不大的情况下，特高压输送功率越大，特高压变压器第三绕组投入的低压电容器容量越大，特高压设备断路器三相跳闸达到稳态时，特高压母线电压和特高压近区系统电压越高。

试验示范工程 1000kV 断路器三相跳闸后，在最恶劣的情况下，特高压 1000kV 母线电压最高达到 1200kV；特高压输送不同功率时，特高压荆门或长治 1000kV 断路器三相跳闸时，特高压母线电压在 1100～1200kV 之间。特高压输送功率在 2200MW 及以上时，长治或荆门 1000kV 断路器三相跳闸后，长治或荆门 500kV 电压达到或超过550kV；特高压输送功率在 2400MW 及以上时，1000kV 南阳断路器三相跳闸后，长治或荆门 500kV 电压达到或超过 550kV；特高压输送功率在 2400MW 时，特高压 1000kV 断路器三相跳闸后，特高压变压器 110kV 母线电压达到 126kV。

在研究的典型方式下，当特高压输送功率达到或超过 2400MW 时，荆门或长治特高压变压器 500kV 断路器三相跳闸后，特高压母线电压将出现超过工频过电压上限 1430kV（1.3p.u.）的情况。初始方式下特高压输送功率越大，超标情况越严重。如果考虑特高压母线过电压保护动作，系统电压应该很快摆脱超工频过电压 1.3p.u.的情况。特高压输送功率在 2200MW 及以下时，在研究的典型方式下，500kV 断路器三相跳闸后，特高压母线电压在 1100～1400kV 之间，没有出现超过工频过电压上限 1430kV（1.3p.u.）的情况。

在特高压大功率送电方式（2200MW 及以上）下，特高压线路或变压器（1000kV 侧和 500kV 侧）任意一个断路器掉闸后，保留一段南阳—荆门或荆门—长治特高压线路，特高压母线电压在 1100～1130kV 之间，超过 1100kV；特高压近区 500kV 母线电压在 545～557kV 之间，逼近或超过 550kV。保留一段特高压线路切除两侧特高压变电站低压电容器时，特高压母线电压在 1082～1106kV 之间，逼近或超过 1100kV；特高压近区 500kV 母线电压在 535～545kV 之间。断开所有特高压线路断路器，特高压初始功率为 2800MW 方式下，特高压母线电压在 1105kV 左右，略大于 1100kV，500kV 系统电压在 554kV 左右，超过 550kV；特高压初始功率在 2400MW 及以下时，特高压线路断路器全断后，特高压母线电压在 1084kV 左右，500kV 母线电压在 545kV 左右。断开所有特高压线路断路器并切除特高压变电站的低压电容器，在特高压输送最大功率 2800MW 的工况下，特高压母线电压在 1081kV 左右，特高压近区 500kV 系统电压能降低至 540kV 左右。

特高压掉闸伴随有功问题，从电网实际事故处理规程来看，事故处理时间较长，不宜安排系统在高电压下运行。特别是山西位于重污区，高电压运行增加了污闪概率，对系统安全运行造成隐患，因此必须采取电压控制手段。在任意一个特高压设备断路器跳闸后，如果尽快切除特高压线路的所有断路器和两侧低压电容器，则特高压电压能降至 1100kV 以下，特高压近区 500kV 母线电压能降至 550kV 以下，这样对事故后两侧系统运行更为有利。

按照特高压 1000kV 断路器能开断的最大容性电流 1200A 校核，即使在特高压变压器 500kV 侧线路断路器开断的最严重情况下，特高压 1000kV 断路器也能正常开断。受 500kV 断路器开断容性电流能力的约束，不能通过开断 500kV 断路器达到切除低压电容器的目的。特高压运行在 2200MW 和 2400MW 时，特高压线路断路器全跳后，特高压变压器 110kV 侧电压在 122～125kV，可以通过开断低压电容器的断路器切除低压电容器。由于低压断路器开断能力有限，为保障设备安全，应优先切除特高压线路，然后逐一切除低压电容器。切除低压电容器时应采用自动装置。

5 特高压交流试验示范工程稳态过电压控制装置实施方案研究

特高压交流试验示范工程正常运行时，由于 1000kV 线路断路器三相跳闸或者 1000kV 变压器 500kV 侧断电，解开华北电网与华中电网的联系，将出现 1000kV 线路空载或线路空载并且末端连接着 1000kV 变压器 110kV 侧低压无功补偿的情况，导致 1000kV 和 500kV 系统稳态电压升高，超过系统最高运行电压，对系统和设备的安全带来不利影响，必须进行控制。

1000kV 设备为国内首次研制，设备在超过最高运行电压 1100kV 情况下耐受工频电压的时间没有明确的标准规定。1000kV 设备合同对设备耐受工频电压能力提出了要求，但设备没有经过实际工频电压验证。当 1000kV 侧采取措施后线路断路器跳开后，两侧 500kV 系统最高出现 557kV，超过了设备的最高运行电压。在任意一个特高压设备断路器跳闸后，建议采用安全自动装置切除特高压线路的所有断路器和两侧低压电容器，则特高压母线电压可降至 1100kV 以下，特高压近区 500kV 母线电压可降至 550kV 以下，这样对事故后两侧系统运行更为有利。为确保特高压交流试验示范工程系统的设备安全和电网的稳定运行，宜配置稳态过电压控制装置，解决因元件跳闸引起的系统稳态过电压问题，实现特高压线路跳闸后的联切特高压线路和低压电容器功能。

稳态过电压装置的主要功能如下：

（1）当特高压任一站的 2 组 1000kV 断路器三相跳开后，通过通信通道发信号跳开其他两站所有的 1000kV 断路器。各站收到跳闸信号后，跳开本站所有 1000kV 断路器；南阳站收到长治站或荆门站的跳闸命令后直接转发至另一站，并跳开本站 1000kV 断路器；长治、荆门站收到跳闸信号后，跳开本站所有 1000kV 断路器后不再转发跳闸信号，1000kV 断路器跳开后发令跳开本站 110kV 侧电容器组分支断路器。

（2）长治站本期 500kV 系统共接入 5 回 500kV 线路，荆门站本期共接入 3 回 500kV 线路，为此，仅考虑 1000kV 变压器 500kV 侧 2 组断路器三相跳开后，发令跳开本站 2 组 1000kV 断路器。

最终方案确定由稳态过电压控制装置自动实现，具体的动作逻辑为：当线路电压超过整定值以上时，按照设定的时间，动作跳开本侧线路断路器三相，并向对侧发远跳信号；当发生特高压线路两个断路器三相跳开或 500kV 侧两个断路器三相跳开时，向对侧发出远跳命令将对侧跳开，并切除低压电容器，若 1000kV 断路器未跳开，则发出跳闸命令；在特高压南阳站稳态控制装置不经任何闭锁转发远跳命令，本装置发出联跳命令可选择投入或退出。

正序过压一段的动作判据：U>1150kV，t>0.5s；

正序过压二段的动作判据：U>1100kV，t>180s。

6　装置试验及现场系统联调

继电保护装置厂家按逻辑要求生产装置后，经过动模试验和现场联调试验，表明试验示范工程使用的稳态过电压控制装置逻辑正确，动作特性符合设计逻辑，装置性能满足要求。

6.1　动模试验

动模试验的试验系统是以特高压交流试验示范工程系统为原型，参照现行的国家标准、行业标准和国家电网公司有关 1000kV 特高压交流试验示范工程继电保护装置技术条件建立的。长治 1000kV 母线最大短路容量为 10500MVA（大方式），最小短路容量为 4000MVA（小方式）。荆门系统为华中网等值系统，1000kV 母线最大短路容量为 10750MVA（大方式），最小短路容量为 9700MVA（小方式）。

6.1.1　线路金属性瞬时故障

试验结果：单相故障，稳态过电压控制装置不误动；多相故障，稳态过电压控制装置可靠动作。

6.1.2　区外母线金属性故障

试验结果：稳态过电压控制装置不误动。

6.1.3　系统稳定破坏

试验结果：

（1）全相振荡过程中，稳态过电压控制装置不误动。

（2）非全相振荡过程中，稳态过电压控制装置不误动。

（3）全相振荡过程中区内故障，稳态过电压控制装置可靠动作。

（4）全相振荡过程中区外故障，稳态过电压控制装置不误动。

（5）非全相振荡过程中发生各种区外故障，稳态过电压控制装置不误动。

6.1.4　系统频率偏移

试验结果：

（1）区内多相故障，稳态过电压控制装置可靠动作。

（2）区外故障，稳态过电压控制装置不误动。

（3）区内单相故障单跳重合，稳态过电压控制装置不误动。

6.1.5　系统操作

试验结果：

（1）单端充电手分特高压断路器时，稳态过电压控制装置不误动。

系统并网运行后，确认二次电流 I>0.2A 做以下实验：

（2）投入远方联跳连接片，手分南阳断路器，长治、荆门稳态过电压控制装置可靠动作。

（3）退出远方联跳连接片，手分南阳断路器时，长治、荆门稳态过电压控制装置不误动。

（4）紧接试验（3），手分长治断路器时，长治、荆门稳态过电压控制装置动作。说明退出远方联跳连接片后，即使具备无流条件南阳站装置不主动发联跳令，但会无条件转发联跳令。

6.2 现场静态试验

试验系统的接线如图 2 所示。

分别在长治站、南阳站、荆门站进行试验。测试仪 1 控制长治站电流、电压、断路器位置信号；测试仪 2 控制南阳站电流、电压、断路器位置信号；测试仪 3 控制荆门站电流、电压、断路器位置信号；测试仪输出连接至屏内端子排。

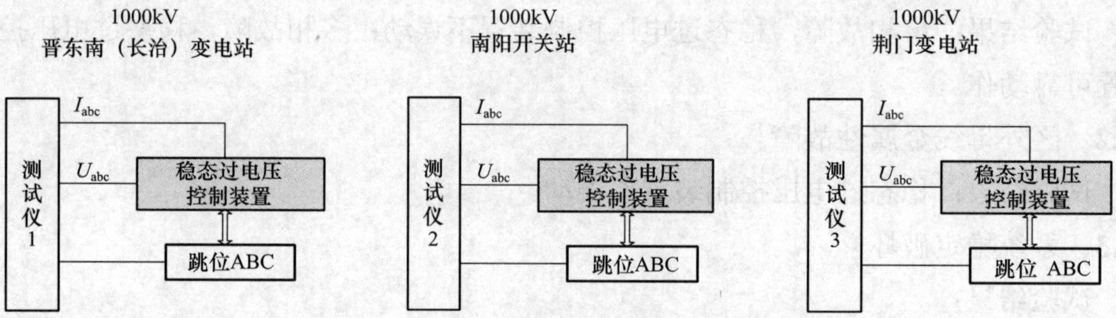

图 2　长治、南阳、荆门稳态过电压控制装置单体试验接线图

6.2.1 特高压断路器分相跳闸

试验结果：单相跳闸稳态过电压控制装置可靠不动；多相跳闸稳态过电压控制装置在记忆 2s 内可靠动作；本站跳低压电容器，另两站低有功条件满足，联跳特高压断路器。

6.2.2 特高压侧有流记忆试验

试验结果：任意相有流超过 10s 开放稳态过电压控制装置，并且记忆 2s；本站跳低压电容器，另两站低有功条件满足，联跳特高压断路器。

6.2.3 中压断路器分相跳闸

试验结果：单相跳闸稳态过电压控制装置可靠不动；多相跳闸稳态过电压控制装置在记忆 2s 内可靠动作；本站跳特高压断路器。

6.2.4 中压侧有流记忆试验

试验结果：任意相有流超过 10s 开放稳态过电压控制装置，记忆 2s；本站跳特高压断路器。

6.2.5　本站稳态过电压保护联跳其他两站特高压断路器

试验结果：其他两站多相低有功条件满足，稳态过电压控制装置可靠动作；仅单相低有功条件满足，稳态过电压控制装置可靠不动。

6.2.6　稳态过电压试验

试验结果：按稳态过电压两段整定值及时间正确动作，并联跳其他两站。

6.3　稳态过电压装置动作情况

在特高压长治、南阳、荆门站现场分别用测试仪模拟线路电压、电流，操作真实断路器跳闸，经调试验证动作正确。

（1）在南阳站进行 T032 投切空载南荆 I 线试验时，荆门、南阳站过电压稳定控制装置正确动作。具体动作过程为：荆门站四方过电压稳定控制装置过压 II 段动作，发联跳南阳站命令；南阳站收到联跳令后，跳开本侧断路器，同时转发跳令至长治站；南阳站、长治站稳态过电压装置收到荆门站联跳命令，判别就地低有功条件满足，跳开 1000kV 断路器。南阳站过电压稳定控制装置读出二次值为 62.28～62.40V，换算至一次值为 1078.7～1080.8kV，未达到过电压整定值，过电压逻辑不动作。

（2）在南阳站长南 I 线 0718 号塔基大号侧 50m 处进行人工 C 相瞬时接地短路试验，故障点短路电流峰值为 10.7kA。故障后 60ms，南阳站保护跳开 1000kV 侧 T032 断路器三相；两套稳态过电压装置均正确动作，发联跳命令至长治站、荆门站，断路器动作正确。

7　结论

特高压断路器三相跳闸后，特高压母线电压和特高压近区系统电压上升水平与初始方式下特高压输送功率、特高压近区 500kV 系统电压水平以及特高压变压器第三绕组低压无功补偿投入的情况有关。在特高压近区 500kV 系统初始电压水平相差不大的情况下，特高压输送功率越大，特高压变压器第三绕组投入的低压电容器容量越大，特高压设备断路器三相跳闸达到稳态时，特高压母线电压和特高压近区系统电压越高。

通过对切除特高压线路或变压器的 1000、500、110kV 断路器等各种方案对解决特高压稳态过电压问题的可行性分析，并结合两侧 500kV 电网实际运行要求，建议在任意一个特高压设备断路器跳闸后，部署特高压稳态过电压控制装置，实现切除特高压线路的断路器和两侧低压电容器的功能。

通过特高压交流试验示范工程稳态过电压控制装置的常规试验和联调试验，以及系统调试过程中装置的动作情况表明：提出的稳态过电压控制策略是科学合理的，试验示范工程使用的稳态过电压控制装置逻辑正确，动作特性符合设计逻辑，装置性能满足要求。

3 特高压交流试验示范工程调度自动化监视系统方案研究与建设

1 引言

国家电力调度通信中心（简称国调中心）根据特高压工程启动调试以及调度运行的新特点，在国调中心的调度支持系统上进行创新、整合，在信息展示和数据综合应用上深入挖掘，集成了一套特高压调度自动化监视系统。系统构成如图1所示。

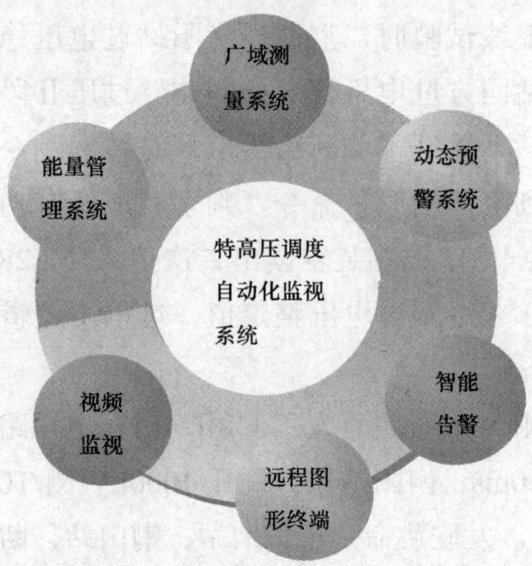

图1 特高压调度自动化监视系统构成

系统集成了能量管理系统（EMS）、广域相量测量系统（WAMS）、跨区电网动态稳定监测与预警系统（DSA）等功能和应用，进行集中展示和综合应用；充分利用电网可视化技术处理展示特高压运行特点；利用“遥视”技术，引入特高压站现场视频，监视特高压设备运行；开发应用特高压远程图形终端，为现场调试指挥人员提供特高压调试的技术手段。

2 EMS、WAMS、DSA 系统集成

特高压交流试验示范工程投运后，电力系统的动态行为更加复杂，全面掌握特高压电网各种运行动态、特高压设备运行状态，科学地实施实时调整和控制，对确保特高压的安全稳定运行越来越重要。作为承担电网静态监测、分析和控制功能的传统EMS已经不能完全满足特高压电网发展和安全运行的要求。例如，在电力系统受到扰动的动态过程中，特别是发生低频振荡等长周期动态过程时，EMS通常无法做出反应。因此，需要集成广域测量、动态预警等系统功能，实现信息和应用的综合，将功能从传统的监视、分析和控制进一步延伸到广域保护和安全协调防御，扩展到静态、动态、暂态三位一体的信息处理与分析。

国家电力调度通信中心已经建设了能量管理系统（EMS）、广域相量测量系统

（WAMS）、跨区电网动态稳定监测与预警系统（DSA）等调度技术支持系统。这些系统为调度监视、控制调整、电网运行与评估等工作提供了重要的技术支持手段，在保障电网安全优质经济运行、提高调度管理水平方面发挥了重要作用。国调中心的现有各应用系统都是基于业务及专业需求逐渐发展建设起来的，典型特征是层次多、平台多，平台和数据紧密耦合，难以从调度生产的全流程考虑数据共享和横向集成。根据特高压调试试验以及调度运行的需要，国调中心整合重要的应用系统、在信息展示和数据综合应用上深入挖掘，以现有 EMS 为基础，集成了 EMS、WAMS、DSA 核心应用的人机集中展示平台，系统核心是为支持特高压交流试验示范工程的调试试验以及调度运行。支持的子功能包括特高压联网监视、特高压系统调试监视、特高压厂站监视、联网重要断面监视、动态预警小干扰分析、裕度评估、电压安全域、稳定安全域、调度辅助决策、WAMS 在线监视、低频振荡在线分析与告警等应用，可以全面满足特高压试验示范工程调试与调度运行的需求。将 WAMS、动态预警系统中需要集成显示的各个应用子系统的人机界面集成至EMS 的人机子系统实现，主要采用两种方式：

方式一：人机界面由 EMS 人机子系统实现，应用子系统将需要显示的数据和画面交换至集成人机平台上。此方法的优点是人机版本统一，界面风格一致，减少应用程序数量，实现一体化显示和操作。人机界面集成构架如图 2 所示。

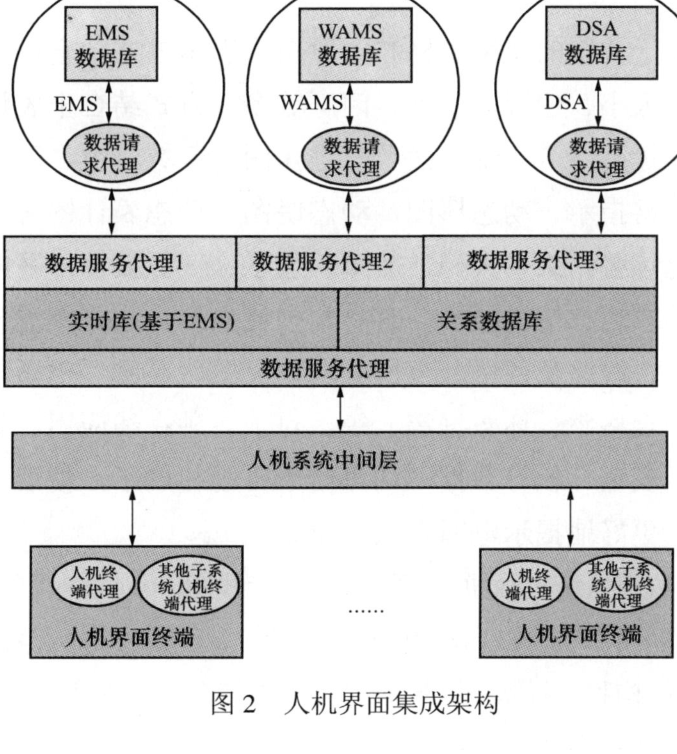

图 2　人机界面集成架构

方式二：EMS人机控制其他应用系统的人机界面的启动和停止，调用其他应用系统的人机画面或界面。对于应用系统中专业性较强的界面或画面，采用这种方式。

各子系统在EMS系统的实时数据库管理及关系数据库中建立属于自己的数据库及视图；各个子系统将需要统一显示和交互的数据通过子系统端的数据代理和集成平台端的数据代理传送至集成平台，并实现对集成平台上的实时数据库及关系数据库的访问；各人机工作站通过人机代理访问人机中间层，再由人机中间层统一访问数据平台；对各个子系统的人机界面（无论是使用平台系统的人机系统或使用嵌入的人机系统）的访问均通过人机工作站的画面浏览器统一进入。

3 特高压调度可视化数据展示

同常规500kV联网工程相比，特高压联网工程有如下主要特点：

（1）无功电压成为运行控制关键因素之一。运行初期，由于联系薄弱，调节能力有限，加之联络线波动等因素的影响，无功和电压问题比较突出。

（2）初期运行面临特殊稳定矛盾。

（3）联络线功率波动影响无功电压与稳定控制。

针对特高压交流试验示范工程调试试验和调度运行初期的特点，在EMS特高压调度运行主画面中突出显示特高压联网系统各个电压等级电压情况、特高压联络线波动情况、特高压联络线相角差的情况，并在特高压监视主画面中充分利用可视化的技术成果。

可视化方式区别于传统的文字表格和一般图形表示方式，它以人眼容易识别的方式，用形状、颜色、大小、位置、移动、闪烁等多种方式结合来表达信息。可视化功能包括动态潮流图、等高线、三维曲面、三维棒图、区域着色、厂站故障指示、线路异常指示、变压器异常指示、动态棒图、动态饼图、动态表计图等。可视化展现的内容包括在线安全稳定预警结果（失稳、故障）显示、低频振荡分区的显示、设备投运状态显示、线路的动态运行情况显示、有功和损耗显示、线路潮流分布、断面潮流显示、主变压器负载率、线路负载率、电压分布、灵敏度显示、电压与功角相量、状态估计的结果展示（如合格率、坏数据等）等。对于各种在线应用，如在线安全稳定预警、调度辅助决策、安全分析等数据，均可给予可视化展示，使展现的分析结果注重宏观与微观的结合，更好地揭示电网内在规律。

特高压调度运行监控系统主画面，采用了地理接线图、点线图、单线图结合的方式，即以地理接线图展示联网系统、以局部单线图展示特高压变电站。此种方式既可以纵览特高压联网系统的电网结构和运行状况，同时又能监视特高压站的主要运行设备状态。

画面核心信息及展示方式如下：

（1）特高压联络线的功率运行信息，以动态曲线方式展现。

（2）电压信息，包括三个特高压站线路电压、主变压器高中低侧电压以及与特高压近区500kV厂站的电压，以动态棒图方式展现。

（3）联网系统主要线路潮流情况，以动态潮流方式展现。

监视画面还采用了等高线技术，系统通过等高线实现了电压的可视化展示，等高线颜色分布可以清晰地展示特高压联网各地区的电压分布情况。等高线表现电压可分为比例（标幺）模式和绝对值模式：比例模式反映各地区电压越限情况；绝对值模式反映各地区电压实际值情况。每种模式中根据等高线颜色过渡类型又可分为渐变类型和区域类型：渐变类型是指使用过渡颜色来显示电压点颜色；区域类型是指使用配色方案中的实际颜色来显示电压点颜色。系统提供等高线配色方案界面，使用该界面可以对任意一幅画面配置电压分布和颜色的对应关系，并以XML格式对配置进行存储。如果画面没有对应的等高线配色方案，则采用系统默认配色方案。

4　特高压视频监视

特高压交流成套设备代表了世界电力装备最高水平，特高压交流试验示范工程的主要设备均由我国自主开发、设计、制造。很多型号都是国内首台、首套，设备的运行状况是特高压交流试验示范工程投产初期关注的重点。为更好地监视特高压设备的运行状况，国调中心通过“遥视”技术采集了长治、南阳、荆门特高压站视频信息，系统组成如图3所示。

监控系统主要由三部分组成：

（1）远端部分（监控点）：主要由摄像机、视频服务器组成。摄像机采集视频信息，传至视频服务器，视频服务器对视频信号进行转换、编码和压缩。视频监控系统一共采集了特高压站118路视频信息。

（2）数据传输部分：负责将远端的视频信号传输至国调中心。采用国家电网公司综合信息网进行传输，2M带宽。

（3）监控中心。所有远端信号汇集于此，进行信息浏览、存储、转换和交互控制等操作。主要由录像服务器、监控终端组成。将其中一台终端作为国调中心调度台显示的窗口。系统能在一台监视器

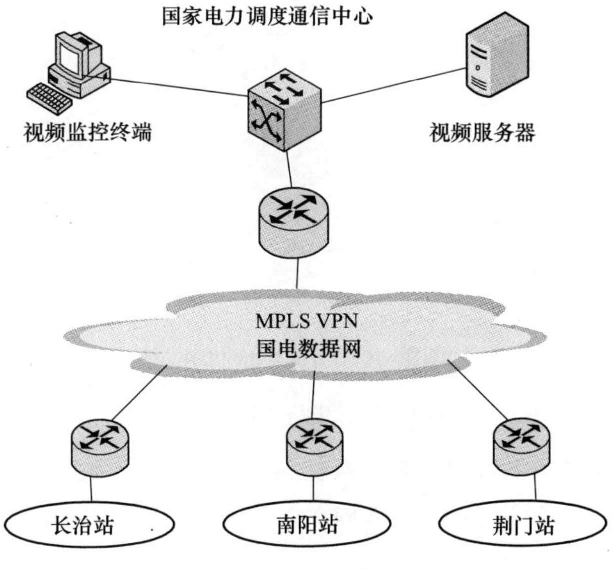

图3　视频监控系统组成图

上同时显示多路来自不同变电站的画面，具备多画面轮巡功能。

视频系统主要实现实时监视功能、事故追忆等功能。通过操作云台移动和变化镜头倍率，得到特定区域的细节图像信息。通过视频监视系统，能清晰监视特高压站场地环境、设备状况，例如监视主变压器及其他充油设备是否漏油、油位指示、监视设备检修、操作、试验情况。

特高压视频系统的投运，为调度运行人员监视特高压设备运行状况提供了重要技术手段，在特高压交流试验示范工程设备调试、系统短路试验、设备检修等工作中发挥了重要作用。

5 特高压调度智能报警

特高压交流试验示范工程作为新一级电压等级，在运行投产初期，调度运行面临一系列的新问题：无功电压问题成为运行控制关键因素之一；初期运行面临特殊稳定矛盾；联络线功率波动影响无功电压与稳定控制。因此，加强对特高压运行的全面监视，及时发现电网运行中联络线越限、断面过载、电压越限等各类异常，采取果断措施，可以消除事故隐患，确保电网的安全稳定运行。

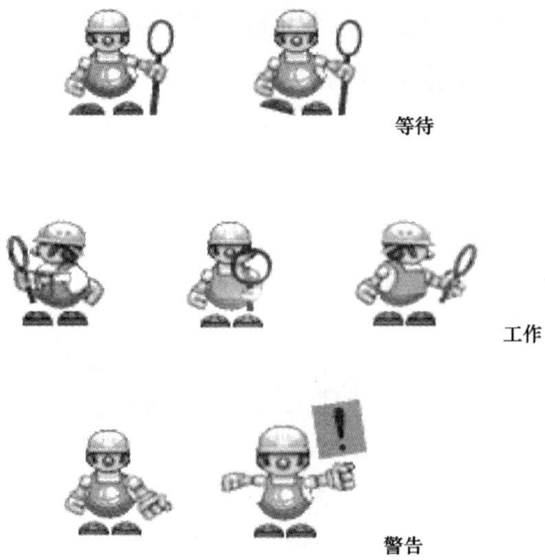

图4 动画展示工作状态

除了常规的EMS中功率、电压越限利用突出颜色提示外，对于EMS、WAMS以及动态预警等支持系统中提供的扫描分析的报警结果也能及时综合展示。在特高压监视的主画面中，对于EMS静态安全分析以及动态预警等应用软件分析出的系统运行采取了动画报警的功能。如图4所示，利用动画图片自身的动态效果及平面切换功能，使原有的可视化展示效果更加形象、生动；利用数据库关联技术，将动画图形关联到静态安全分析、动态预警的数据库相应状态，展现分析应用软件的结果信息。系统采用结合面板的图形截取技术，规避了常规动画显示时造成的负载过高的问题，从而使动画图片的随意使用成为可能。动画效果给调度运行人员提供了鲜明的提示。

监视特高压电网的运行除从视觉上提供丰富的信息之外，还实现了特高压运行的智能语音告警功能。特高压的智能语音告警包括特高压站电压监视告警，包含1000、500、110kV电压越限报警，特高压联络线功率越限的报警，特高压断路器动作的报警。

6　调度远程图形终端

特高压交流试验示范工程调试区别于一般的工程调试，不仅对工程设备进行严格的考核验证，同时对整个华北、华中联网系统的控制提出了更高的要求。特高压交流试验示范工程共设置了 15 大项启动调试工作，包含三峡电厂零起升压试验、王曲电厂升压试验、联络线功率控制、系统动态扰动、大负荷和人工短路等试验。传统的系统工程调试中，调试指挥人员主要依靠本站的监控系统进行试验指挥。但依靠传统的技术手段无法满足特高压试验示范工程启动调试的任务，根据启动调试的需求，国调中心与中国电科院开发了调度远程图形终端系统。图形远程终端系统结构如图 5 所示。

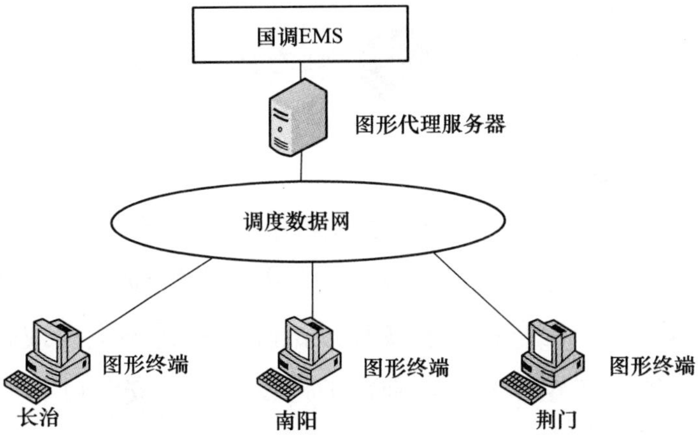

图 5　远程图形终端系统结构图

设置一台图形代理服务器，分别接入国调中心能量管理系统（EMS）中和特高压调试专用网络。三个特高压站分别增加一台远程图形显示终端，接至特高压调试专用网络。远程图形终端系统相当于 EMS 的人机客户端延伸至子站。图形代理服务器上运行人机访问中间件，即图形代理模块，分别运行文件访问服务、实时数据刷新服务、历史数据服务等。图形显示终端运行文件访问请求、实时数据刷新请求、历史数据请求等进程。由于引入人机访问中间件，实现了人机客户端对数据资源（实时库、历史库、文件等）的透明访问，人机客户端能够足够精简，即“瘦客户端”。与传统的 KVM 方式相比，实现性能更高效、网络连接资源需求更少。

特高压调试专用网络是广域网，带宽为 2M。EMS 内部网络中，图形访问都在在百兆、千兆网络中进行，因此远程图形终端需要克服网络流量限制、提高访问速度。远程图形终端系统在国调中心原有 EMS 人机图形软件的基础做了大量的改进工作，优化了 EMS 原有人机的数据访问机制，提高了数据访问效率。

7　结论

特高压调度自动化监视系统集成了能量管理系统、广域相量测量系统、动态预警等系统功能，实现信息和应用的综合，将功能从传统的监视、分析和控制进一步延伸到广域保护和安全协调防御，扩展到静态、动态、暂态三位一体的信息处理与分析。

特高压调度自动化监视系统从整体架构设计到具体业务功能设计，依据特高压交流试验示范工程的运行特性，充分考虑调度运行信息集成和人机界面统一显示的特点，采用数据整合、可视化、遥视等专业技术，构建了统一的特高压调度支持系统；实现了分布式数据的集成和交换、稳态和动态数据的统一展示；并提供了高效、生动的可视化显示手段；对人机界面集成、可视化展示、动态数据通信等方面进行了全面的研究和探索，并对其中各关键模块进行了针对性的实用化研究和实现；通过高效、生动的可视化显示手段和应用结果的智能分析，可以直接得到揭示特高压电网运行趋势和本质的高层次信息。加强了对电网宏观信息的把握，着重突出电网异常信息和预警信息。建立了多周期、多防线、多层级的安全防御体系，为电网的调度运行提供了方便、可靠的技术手段，在特高压交流试验示范工程的调试试验和调度运行中发挥了重要作用。

4 特高压交流试验示范工程过电压实测

1 引言

在 1000kV 晋东南（长治）—南阳—荆门特高压交流试验示范工程系统调试中，通过对三个变电站（开关站）主要电气设备及线路的暂态电压和暂态电流进行测量，可以得到该工程在各种操作或故障下的暂态电压或暂态电流的波形和幅值，从而掌握该工程实际过电压水平，确定工程设计是否安全可靠，为今后特高压工程的设计和运行提供参考。

过电压测试在下列试验项目中进行：荆门站 500kV 侧投切空载变压器试验（包括投切低压电抗器），荆门站投切空载 1000kV 南荆Ⅰ线试验，长治站 500kV 侧投切空载变压器试验（包括投切低压电抗器），长治站投切空载 1000kV 长南Ⅰ线试验，南阳站投切空载 1000kV 长南Ⅰ线试验，特高压变电站投切低压电容器试验和特高压系统人工单相瞬时接地试验。

2 暂态电压和暂态电流测试点

根据系统调试方案，在调试过程中，需在长治和荆门变电站及南阳开关站，对下列位置上的暂态电压进行测量：

（1）1000kV 侧：变压器、母线、线路、高压电抗器和中性点小电抗。

（2）500kV 侧：母线和变压器。

（3）110kV 侧：母线、电抗器、电容器组和中性点。

需要进行暂态电流测量的设备有：

（1）变压器 500kV 侧合闸涌流。

（2）1000kV 线路合闸电流和短路电流。

（3）避雷器电流。

3　测试接线和测试设备

3.1　暂态电压测试接线

暂态电压测试接线原理如图 1 所示。

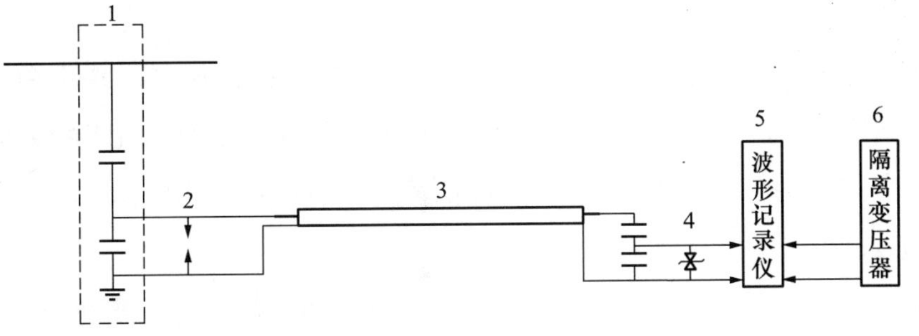

图 1　暂态电压测试接线原理图

1—一次分压器，接于测试点高压端与地之间；2—保护装置，并接于分压器二次电容器端子间，保护二次电容器和测量电缆绝缘，并防止分压器二次开路；3—测量电缆，信号传输用高频单芯屏蔽电缆；4—限压器，并接于暂态波形记录仪输入端子间，限制二次分压器输出电压超过记录器允许的输入电压；5—暂态波形记录仪，用于记录和储存暂态电压、暂态电流波形；6—隔离变压器，用于将测试系统和电源系统进行隔离

3.2　暂态电流测试接线

（1）线路和变压器电流测试：从继电器保护室的相应保护柜中抽取断路器电流互感器的二次信号，接至暂态波形记录仪。

（2）避雷器电流测试：将环形测量线圈套在避雷器计数器的接地引下线上，经电缆接到暂态波形记录仪。

暂态电流测试接线如图 2 和图 3 所示。

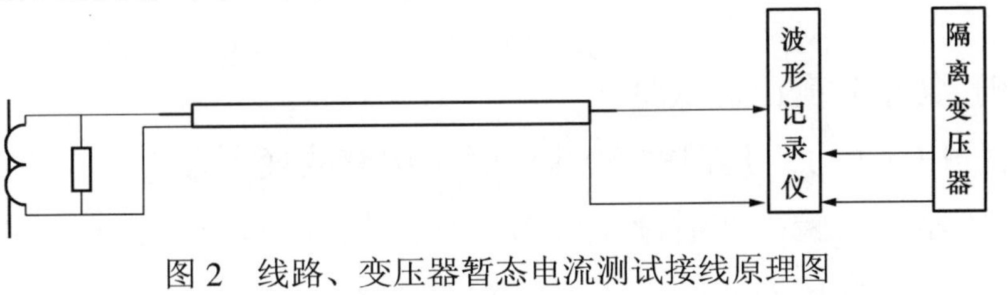

图 2　线路、变压器暂态电流测试接线原理图

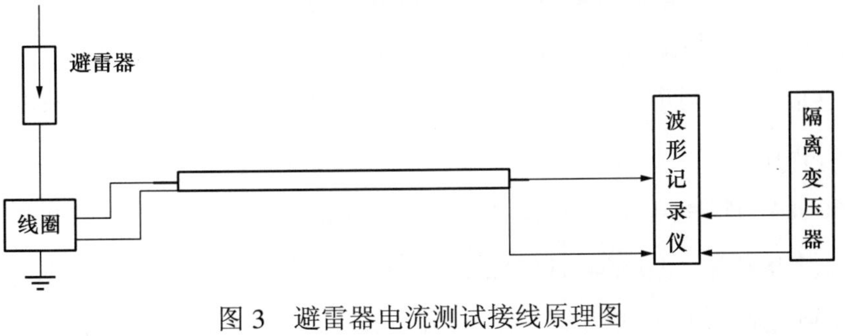

图 3　避雷器电流测试接线原理图

3.3　测试设备

测试设备主要包括：

（1）变压器套管末屏分压器。其电容 C_1 分别为变压器高、中、低压套管芯线对末屏的电容；C_2 为外接电容与末屏对地电容并联值。外接二次电容将根据套管实测电容值选取，使在预期最大暂态电压时的二次输出电压不超过200V。主变压器高、中、低压每相安装1只分压器。

（2）高压电抗器套管末屏及中性点小电抗套管末屏分压器。其电容 C_1 分别为高压电抗器高压和中性点小电抗套管芯线对末屏的电容；C_2 为外接电容与末屏对地电容并联值。外接二次电容将根据套管实测电容值选取，使在预期最大暂态电压时的二次输出电压不超过200V。

（3）110kV 侧分压器。电容分压器，其绝缘水平应不低于被测低压电抗器和低压电容器的绝缘水平。

（4）断路器线路侧电流测试装置。南阳站3台，长治站和荆门站各6台。电流必须在断路器TA线圈并联后的位置获取。

（5）避雷器动作电流测试装置。长治站、荆门站和南阳站各6台。

（6）测量电缆。单芯屏蔽高频测量电缆，长治站和荆门站测量电缆数量为28根，南阳站测量电缆数量15根。测量电缆长度为80～150m。

（7）暂态波形记录仪。多通道数值存储暂态波形记录仪：型号VER200，采样频率20M。暂态波形记录仪数量根据被测信号数量和每台记录仪的通道数量配置。采用另一型号（DF1024）多通道暂态波形记录仪作备用。

（8）隔离变压器。每个工作地点配置一台隔离变压器。

4 测试结果

4.1 500kV 侧投切空载变压器试验

在调试过程中进行了“荆门站500kV侧投切空载变压器”试验和“长治站500kV侧投切空载变压器”试验；在后续试验方式建立过程中，也有500kV侧投切空载变压器的操作，特高压变压器均经受了操作冲击考验。

4.1.1 荆门站500kV侧投切空载变压器

荆门站500kV侧投切空载变压器时，变压器状态正常，经受了500kV侧投切空载变压器的操作冲击。

荆门站500kV侧合空载变压器过程中，1000kV侧最大相对地合闸操作过电压峰值为1.43p.u.（1284kV，$1\text{p.u.}=1100\times\sqrt{2}/\sqrt{3}\,\text{kV}$），低于设计允许值1.6p.u.；500kV侧最大相对地合闸操作过电压峰值为1.26p.u.（568kV，$1\text{p.u.}=550\times\sqrt{2}/\sqrt{3}\,\text{kV}$），低于规程允许的2.0p.u.；合闸操作后未出现谐振现象。最大合闸励磁涌流为4816A。

图4给出了荆门变电站500kV侧合空载变压器时，变压器1000kV侧电压典型波

形；图 5 给出了荆门变电站 500kV 侧合空载变压器时，最大励磁涌流波形。

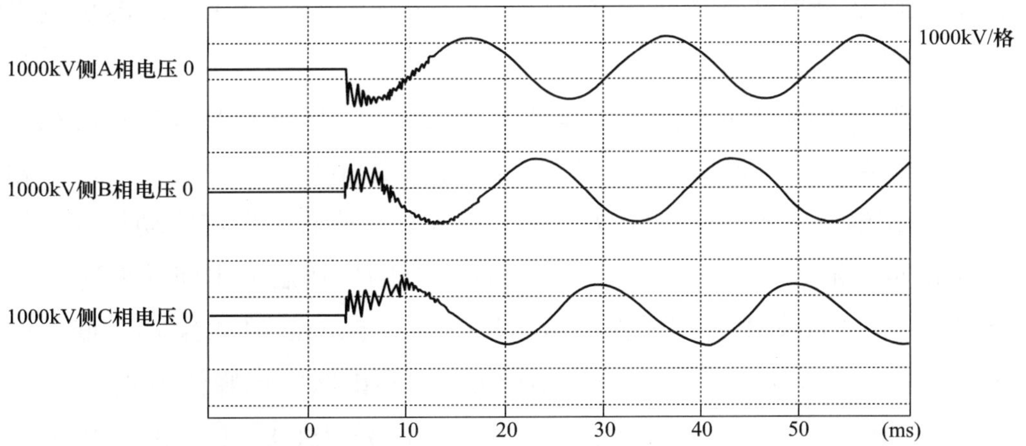

图 4　荆门站 500kV 侧合空载变压器时，变压器 1000kV 侧电压典型波形

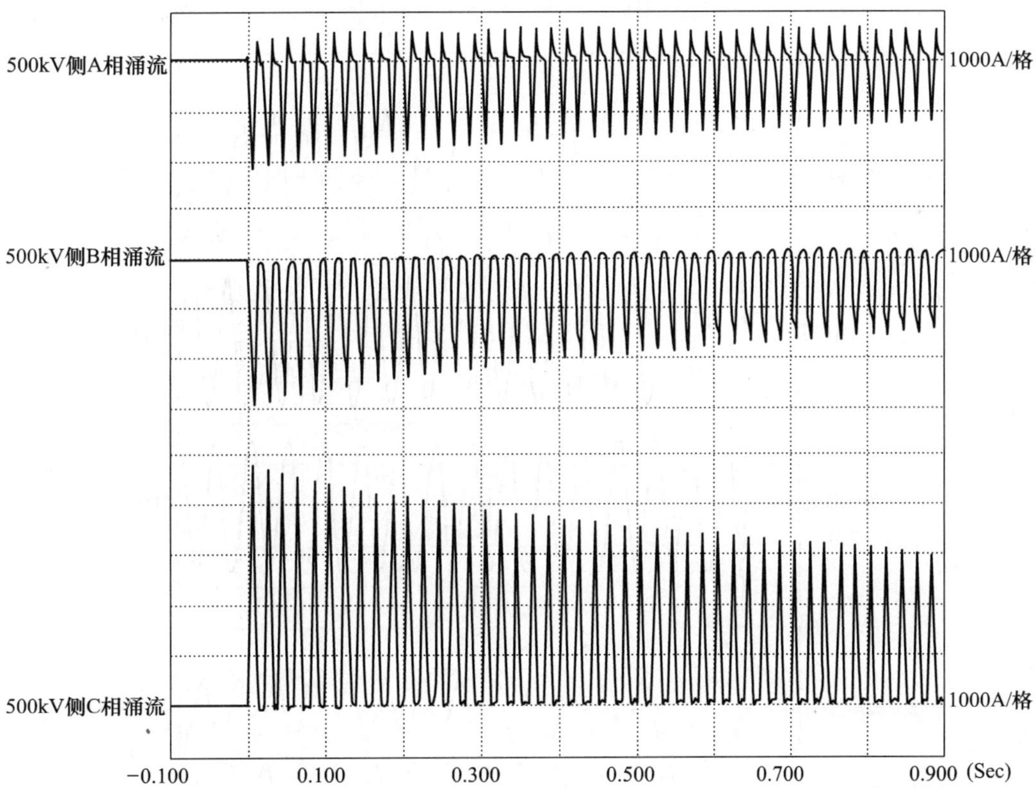

图 5　荆门站 500kV 侧合空载变压器时，变压器 500kV 侧最大励磁涌流波形

同时也对 500kV 母线的暂态电压和变压器 1000kV 侧避雷器电流进行了测量。测量结果表明：500kV 母线的暂态电压与 500kV 侧最大相对地合闸操作过电压一致，未超过 2.0p.u.；各操作下变压器 1000kV 侧避雷器电流均小于计数器动作电流，避雷器

计数器未动作。

4.1.2 长治站500kV侧投切空载变压器

长治站500kV侧投切空载变压器时，变压器状态正常，经受了500kV侧投切空载变压器的操作冲击。

长治特高压变压器500kV侧合空载变压器过程中，500kV侧最大相对地合闸操作过电压峰值为1.48p.u.（663kV），低于规程允许值2.0p.u.。试验过程中，C相主变压器500kV侧避雷器的计数器动作1次（500kV避雷器计数器设定的动作电流为40A），避雷器动作正常。最大合闸励磁涌流为3426A；合闸操作后未出现谐振现象。

1000kV侧最大相对地合闸操作过电压峰值为1.54p.u.（1382kV），低于设计允许值1.6p.u.；试验中，长治C相主变压器1000kV侧避雷器电流峰值为49A（1000kV避雷器计数器未动作，其计数器设定的动作电流为100～150A，即100A以下不动作、150A及以上动作，100～150A时可动作可不动作），避雷器运行正常。

图6给出了长治变电站500kV侧合空载变压器时，变压器1000、500kV侧电压典型波形；图7给出了长治变电站500kV侧合空载变压器时，最大励磁涌流波形。

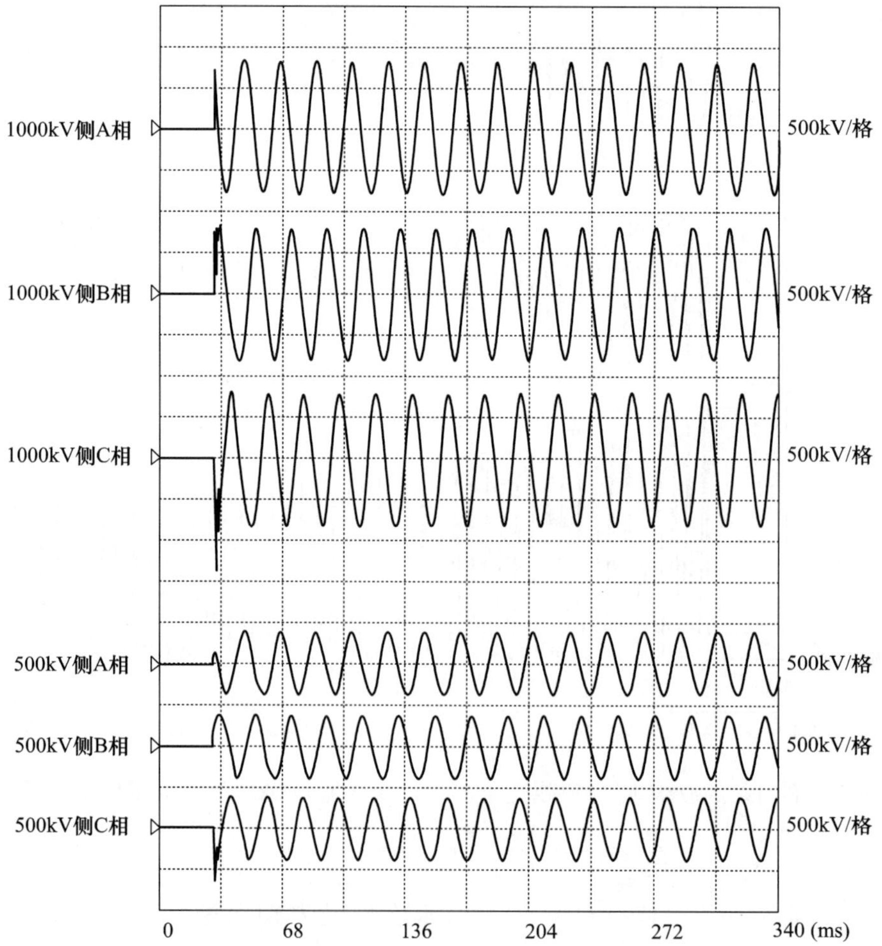

图6 长治站500kV侧合空载变压器时，变压器1000kV、500kV侧电压典型波形

同时也对 500kV 母线的暂态电压和变压器 1000kV 侧避雷器电流进行了测量。测量结果表明：500kV 母线的暂态电压与 500kV 侧最大相对地合闸操作过电压一致，未超过 2.0p.u.。

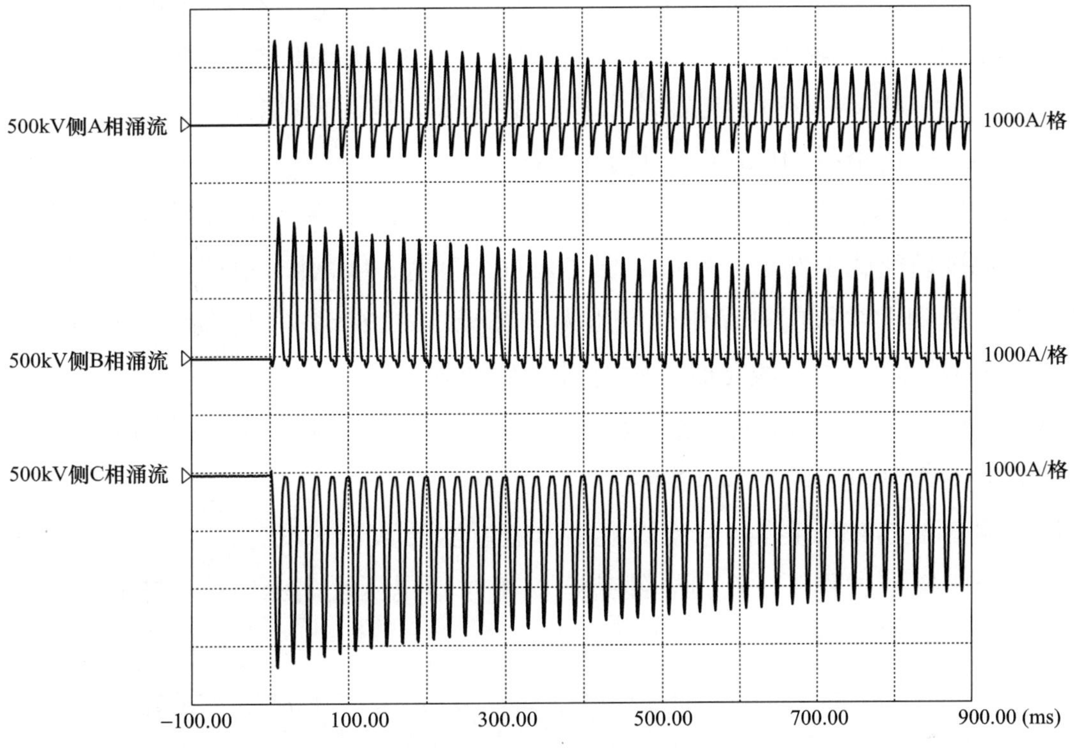

图 7　长治变电站 500kV 侧合空载变压器时，最大励磁涌流波形

4.2　投切空载 1000kV 线路试验

4.2.1　荆门站投切空载 1000kV 南荆 I 线试验

在荆门站投切空载 1000kV 南荆 I 线试验过程中，荆门 1000kV 特高压断路器及南荆 I 线（包括线路两侧高压电抗器及中性点小电抗）顺利通过三相合闸、三相分闸及单相分合操作的考验。

荆门站合三相空载南荆 I 线时，南荆 I 线荆门侧相对地实测操作过电压为 1.03p.u.（921kV），南荆 I 线南阳侧相对地实测操作过电压为 1.07p.u.（962kV）；单相分合空载南荆 I 线时，南荆 I 线荆门侧相对地实测操作过电压为 1.03p.u.（924kV），南荆 I 线南阳侧相对地实测操作过电压为 1.05p.u.（946kV）。均低于设计允许值 1.6p.u.。在正常切除特高压线路时，没有过电压现象。

荆门站最大暂态线路电流峰值为 1220A。

荆门站投切空载 1000kV 南荆 I 线，各被测量 1000kV 避雷器电流均很小，避雷器计数器未动作。

4.2.2 长治站投切空载1000kV长南Ⅰ线试验

进行长治站投切空载1000kV长南Ⅰ线及单相分合试验过程中，1000kV系统操作过电压均低于设计允许值1.6p.u.。长南Ⅰ线长治侧相对地实测操作过电压为1.01p.u.（909kV），南阳侧相对地实测操作过电压为1.07p.u.（958kV）。在正常切除特高压线路时，没有过电压现象。

各被测量1000kV避雷器电流均很小，避雷器计数器未动作。

4.2.3 南阳站投切空载1000kV南荆Ⅰ线试验

南阳站特高压断路器通过了三相合闸、三相分闸、单相分合操作的考验。

南阳站投切空载1000kV南荆Ⅰ线试验时，南荆Ⅰ线南阳侧操作过电压为1.25p.u.（1121kV），南荆Ⅰ线荆门侧操作过电压为1.26p.u.（1127kV），均在设计允许值1.6p.u.以下。在正常切除特高压线路时，没有过电压现象。

南阳站投切空载1000kV南荆Ⅰ线时，南阳站最大暂态线路电流峰值为938A，长治站最大暂态线路电流峰值为1292A。

各被测量1000kV避雷器电流均很小，避雷器计数器未动作。

三相合闸操作过程中，南荆Ⅰ线荆门侧相对地电压及高压电抗器中性点电抗对地电压典型波形如图8所示。

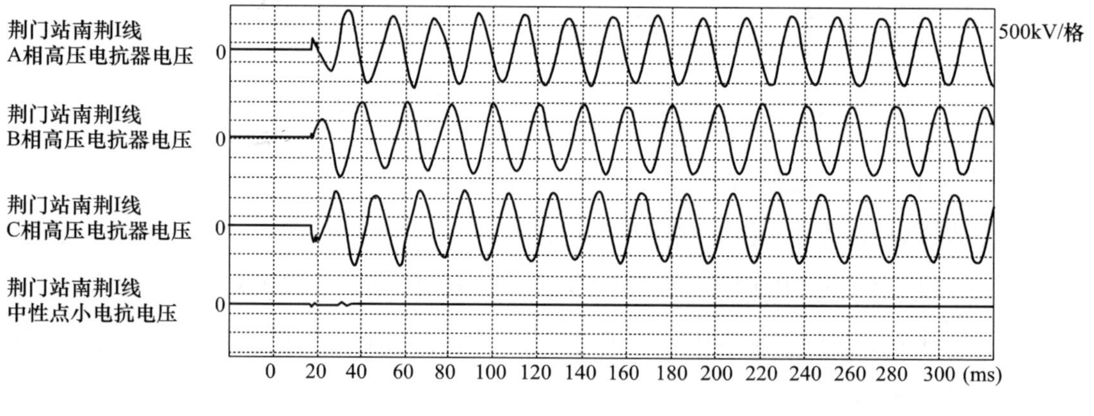

图8 南阳站合空载南荆Ⅰ线，荆门站高压电抗器及高压电抗器中性点电抗对地电压典型波形

图9给出了南阳站断路器单相分合空载南荆Ⅰ线操作过程中，南荆Ⅰ线荆门侧相对地典型电压波形，南荆Ⅰ线荆门侧高压电抗器中性点小电抗最大电压波形。

4.3 投切110kV低压电抗器试验

4.3.1 荆门站投切110kV低压电抗器

荆门110kV侧低压电抗器顺利通过投切操作试验。荆门站投切低压电抗器的最大操作过电压为1.61p.u.（166kV，$1.0\text{p.u.}=126\times\sqrt{2}/\sqrt{3}\text{kV}$），低于低压电抗器的绝缘水平。

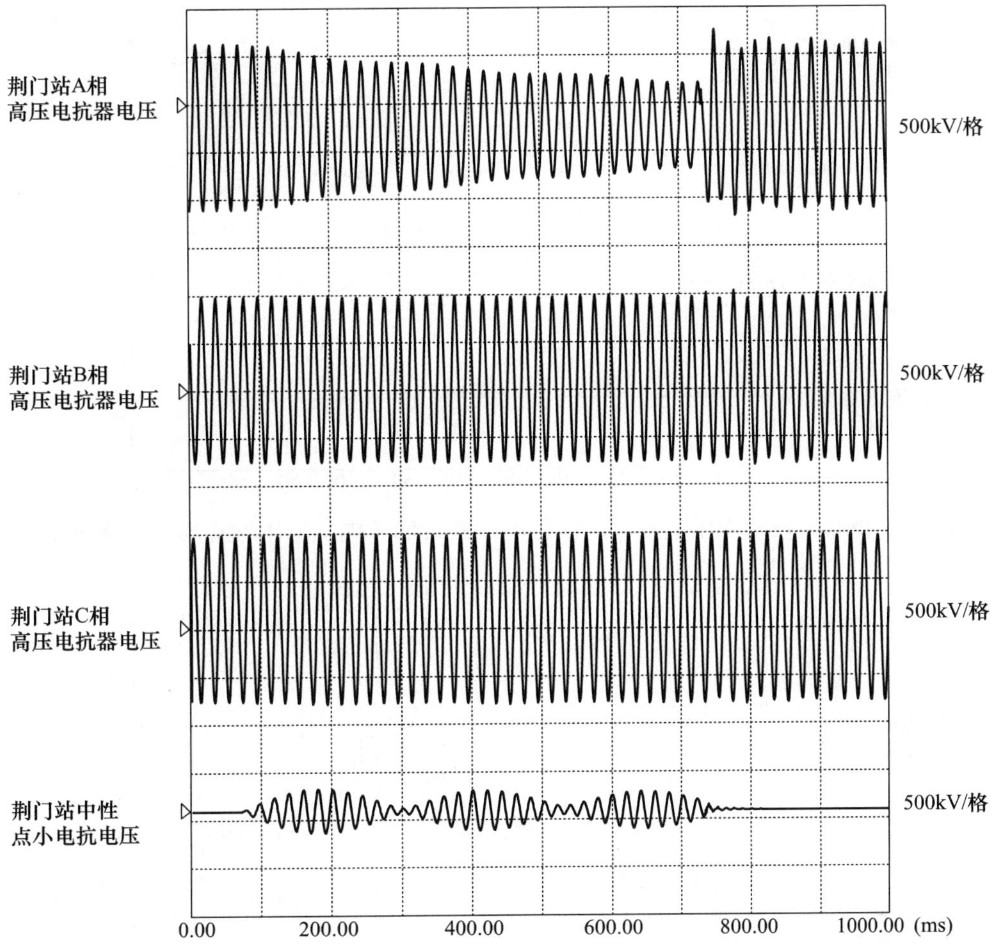

图 9　南阳站单相分合空载南荆 I 线，荆门站高压电抗器及中性点小电抗对地电压波形

4.3.2　长治站投切 110kV 低压电抗器

长治 110kV 侧低压电抗器顺利通过投切操作试验。长治站投切低压电抗器的最大操作过电压为 1.51p.u.（155kV，1.0p.u.=126×$\sqrt{2}/\sqrt{3}$ kV），低于低压电抗器的绝缘水平。

图 10 给出了长治变电站投入低压电抗器时，低压电抗器及低压电抗器中性点暂态电压的典型波形；图 11 给出了长治变电站切除低压电抗器时，低压电抗器及低压电抗器中性点暂态电压的典型波形。

4.4　投切 110kV 低压电容器试验

4.4.1　长治站投切 110kV 低压电容器

长治站低压电容器操作过电压水平较低，最大为 1.48p.u.（152kV，1.0p.u.=126×$\sqrt{2}/\sqrt{3}$ kV），低于低压电容器的绝缘水平。

4.4.2　荆门站投切 110kV 低压电容器

荆门站低压电容器操作过电压水平较低，最大为 1.66p.u.（171kV，1.0p.u.=126×$\sqrt{2}/\sqrt{3}$ kV），低于低压电容器的绝缘水平。

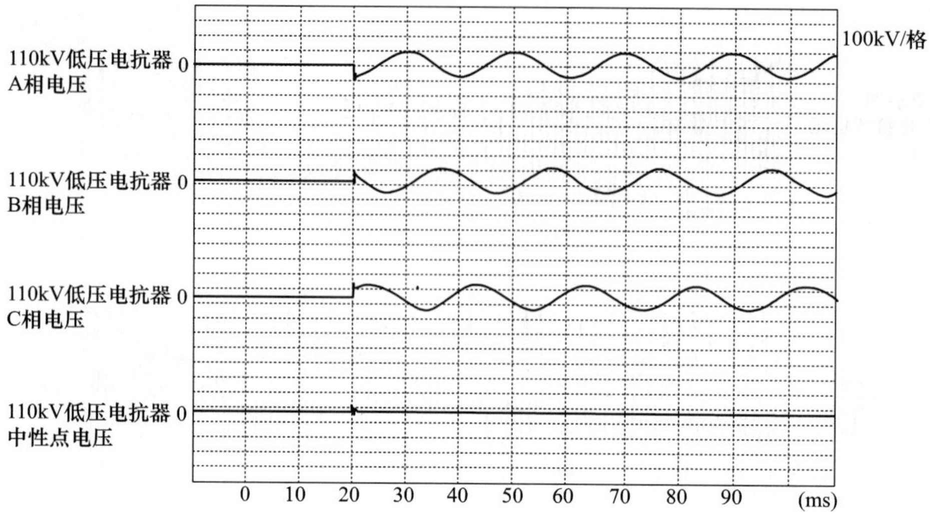

图 10　长治变电站投入低压电抗器，低压电抗器及低压电抗器中性点典型暂态电压波形

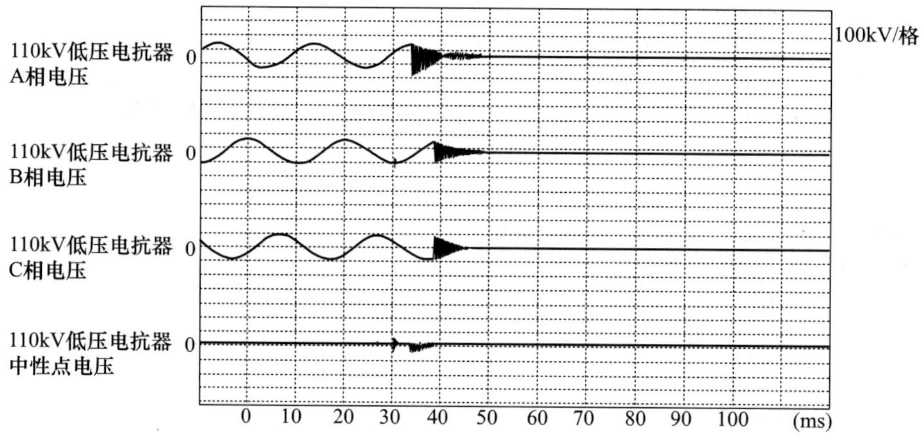

图 11　长治变电站切除低压电抗器，低压电抗器及低压电抗器中性点典型暂态电压波形

图 12 给出了荆门变电站投入低压电容器时，低压电容器及低压电容器中性点暂态电压的典型波形；图 13 给出了荆门变电站切除低压电容器时，低压电容器及低压电容器中性点暂态电压的典型波形。

4.5　特高压系统人工单相短路接地试验

在 1000kV 线路联网运行条件下，分别在南荆 I 线和长南 I 线南阳侧进行该项试验。人工短路地点的选择为：南荆 I 线位于 1 号塔基大号侧 20m 的 C 相；长南 I 线位于 718 号塔基大号侧 50m 的 C 相。

共进行 3 组人工单相短路接地试验：

（1）在南荆 I 线南阳侧进行人工单相瞬时接地，线路两侧断路器单相跳开，单相重合；

（2）在长南 I 线南阳侧进行人工单相瞬时接地，线路两侧断路器三相跳开，并联跳荆门特高压断路器；

（3）在长南 I 线南阳侧进行人工单相瞬时接地，线路两侧断路器单相跳开，单相重合。

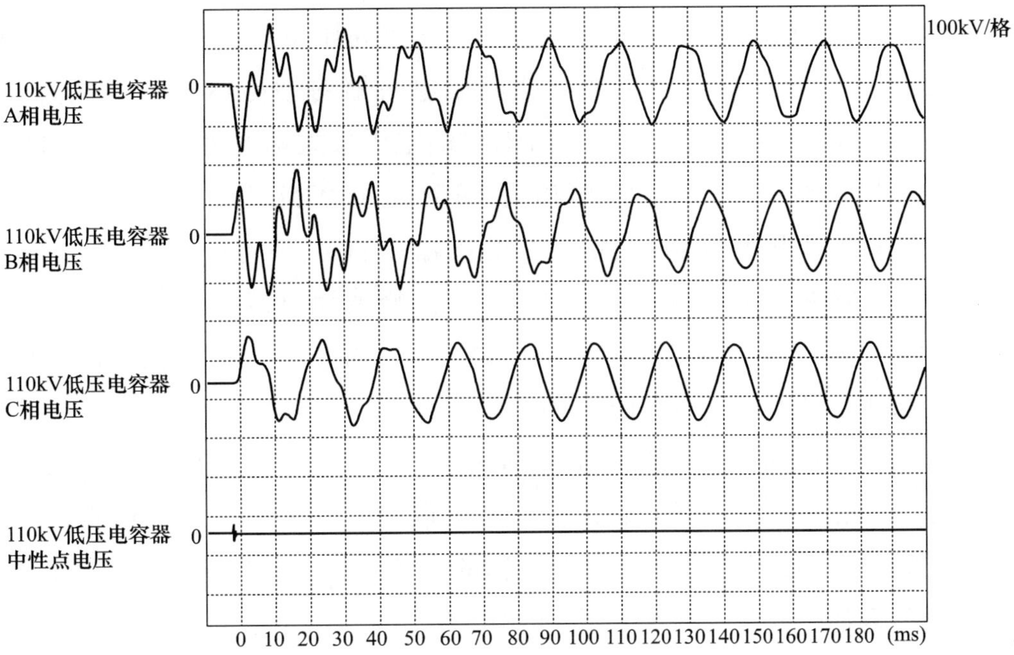

图 12　荆门变电站投入低压电容器，低压电容器及低压电容器中性点典型暂态电压波形

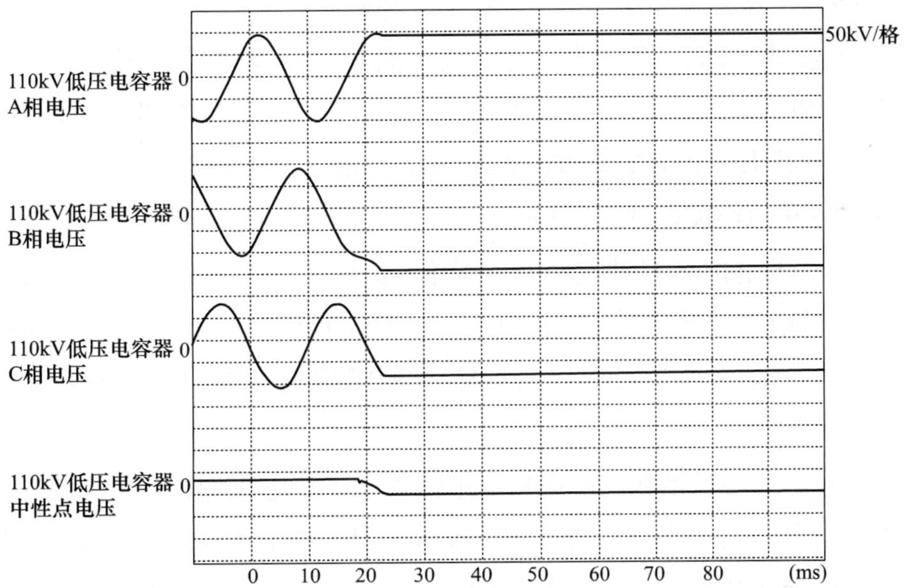

图 13　荆门变电站切除低压电容器，低压电容器及低压电容器中性点典型暂态电压波形

4.5.1　南荆Ⅰ线人工单相短路接地试验

特高压联络线华中送华北输送功率爬升至 600MW 条件下，在南荆Ⅰ线南阳侧进行了人工 C 相瞬时接地短路，试验时南荆Ⅰ线两侧断路器 T021、T031 单相重合闸投入，T022、T032 单相重合闸退出。故障点短路电流峰值为 9.7kA。故障后 40.3ms，南阳站跳开 1000kV 侧 T031 断路器 C 相及 T032 断路器三相；故障后 1140ms，T031 断路器 C 相重合成功；故障后 49.3ms，荆门站跳开 1000kV 侧 T021 断路器 C 相及 T022 断路器三相；故障后 1158ms，T021 断路器 C 相重合成功。

南荆Ⅰ线人工单相短路接地试验，长治站三相高压电抗器对地电压最大峰值为1.12p.u.（1010kV）；南阳站长南Ⅰ线三相高压电抗器对地电压最大峰值为 1.35p.u.（1213kV）；南阳站南荆Ⅰ线三相高压电抗器对地电压最大峰值为1.23p.u.（1103kV）；荆门站三相高压电抗器对地电压最大峰值为1.15p.u.（1035kV）。

单相接地瞬间南荆Ⅰ线南阳侧高压电抗器中性点小电抗电压最大值为峰值282kV，接地消失后南荆Ⅰ线南阳侧小电抗上电压峰值为 127kV；在单相接地瞬间南荆Ⅰ线荆门侧高压电抗器中性点小电抗电压最大值为峰值 290kV，接地消失后南荆Ⅰ线荆门侧小电抗上电压峰值为125kV。

南荆Ⅰ线人工单相短路接地时，南阳站最大暂态线路电流峰值为5391A。

南荆Ⅰ线 C 相人工短路试验时，长治站、荆门站 1000kV 线路避雷器和变压器1000kV 侧避雷器电流以及南阳站线路避雷器的电流均很小，1000kV 避雷器计数器均未动作。荆门站高压电抗器中性点小电抗避雷器计数器动作1次。

4.5.2 长南Ⅰ线人工单相短路接地试验（不投单相重合）

特高压联络线华中送华北输送功率爬升至 900MW 条件下，在长南Ⅰ线南阳侧进行人工C相瞬时接地短路，试验时长南Ⅰ线两侧断路器单相重合闸均退出。故障点短路电流峰值为10.7kA。长治站跳开1000kV侧T011、T012断路器三相，于77ms切断故障电流；南阳站跳开1000kV侧T032断路器三相，于60ms切断故障电流；故障后144ms，荆门站跳开1000kV侧T022断路器三相。

长治站三相高压电抗器对地电压最大峰值为 1.03p.u.（928kV）；南阳站长南Ⅰ线三相高压电抗器对地电压最大峰值为1.19p.u.（1068kV）；南阳站南荆Ⅰ线三相高压电抗器对地电压最大峰值为1.25p.u.（1123kV）；荆门站三相高压电抗器对地电压最大峰值为1.18p.u.（1060kV）。

在接地瞬间长南Ⅰ线长治侧高压电抗器中性点小电抗电压最大峰值为230kV，接地消失后长治站小电抗上电压峰值为117kV；在接地瞬间长南Ⅰ线南阳侧高压电抗器中性点小电抗电压最大峰值为267kV，接地消失后长南Ⅰ线南阳侧小电抗上电压峰值为117kV。

4.5.3 长南Ⅰ线人工单相短路接地试验（投单相重合）

特高压联络线华北送华中输送功率爬升至1000MW条件下，在长南Ⅰ线南阳侧进行了人工C相瞬时接地短路，试验时长南Ⅰ线两侧断路器T011、T031单相重合闸投入，T012、T032单相重合闸退出。故障后40.3ms，南阳站跳1000kV侧T031断路器C相及T032断路器三相；故障后1170ms，T031断路器C相重合成功。长治站跳开1000kV侧T011断路器C相及T012断路器三相，约75.0ms切断故障电流；故障后1127ms，T011断路器C相重合成功。

长治站三相高压电抗器对地电压最大峰值为 1.10p.u.（987kV）；南阳站长南Ⅰ线

三相高压电抗器对地电压最大峰值为 1.16p.u.（1043kV）；南阳站南荆Ⅰ线三相高压电抗器对地电压最大峰值为 1.24p.u.（1115kV）；荆门站三相高压电抗器对地电压最大峰值为 1.18p.u.（1061kV）。

在接地瞬间长南Ⅰ线长治侧高压电抗器中性点小电抗电压最大峰值为 247kV，接地消失后长南Ⅰ线长治侧小电抗上电压峰值为 125kV；在接地瞬间长南Ⅰ线南阳侧高压电抗器中性点小电抗电压最大峰值为 269kV，接地消失后长南Ⅰ线南阳侧小电抗上电压峰值为 129kV。

图 14 给出了长南Ⅰ线进行单相瞬时人工短路试验，南阳站长南Ⅰ线高压电抗器及中性点小电抗对地电压波形。

长南Ⅰ线 C 相人工短路试验时，各被测量 1000kV 避雷器电流均很小，1000kV 避雷器计数器均未动作。

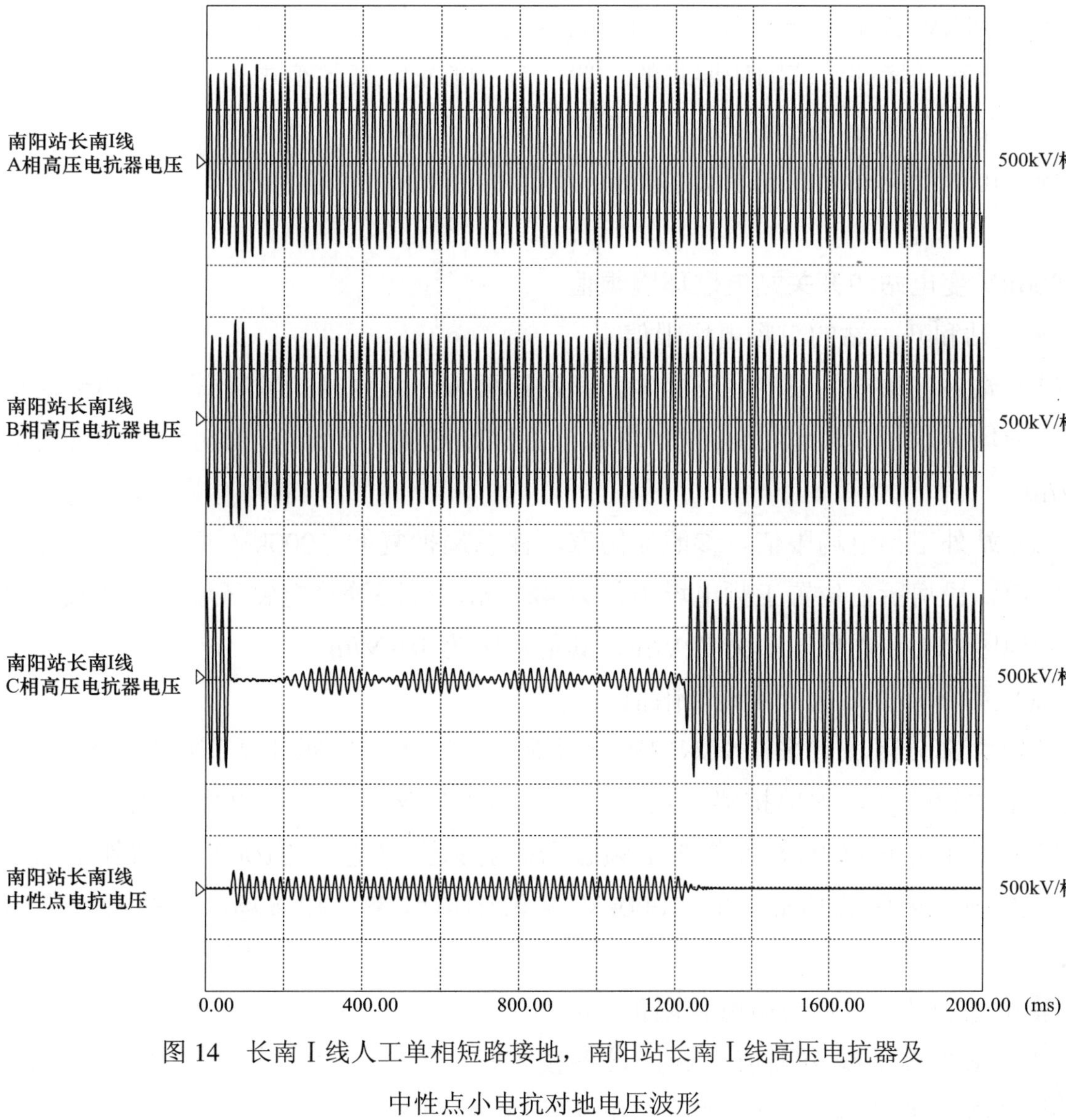

图 14　长南Ⅰ线人工单相短路接地，南阳站长南Ⅰ线高压电抗器及中性点小电抗对地电压波形

5 结论

从本次系统调试的暂态电压、暂态电流的测量结果可知，各站暂态过电压、暂态电流最大值均未超过设计和规程允许值。

5 特高压交流试验示范工程变电站电磁环境实测研究

1 引言

相对于超高压变电站，特高压变电站由于电压等级提高，站内设备尺寸更大，种类多样，布置形式更复杂。我国首个特高压工程变电站/开关站的电磁环境水平如何，是否满足设计和环保要求，设备的电磁环境指标能否达到与超高压变电站相同的水平，是各方关注的问题。

在 1000kV 晋东南—南阳—荆门特高压交流试验示范工程调试及试运行期间，按照变电站工程环境评价范围所要求的位置，对 1000kV 长治变电站、南阳开关站和荆门变电站站内和站外电磁环境进行了测试，得出了变电站（开关站）的工频电场、工频磁场、可听噪声和无线电干扰水平。

2 1000kV 变电站和开关站电磁环境限值

2.1 变电站和开关站的工频电场限值

（1）站内工频电场限值。根据本工程设计要求，站内 1000kV 屋外配电装置内的静电感应场强水平（离地 1.5m 空间场强）不宜超过 10kV/m，少部分地区可允许达到 15kV/m。

（2）站外工频电场限值。参照原国家环保总局批复的 1000kV 交流输电线路工频电场限值，民房所在位置工频电场限值为 4kV/m，公路等对电磁环境要求较高的有人员活动地区的工频电场限值为 7kV/m，其他地区为 10kV/m。

2.2 变电站和开关站的工频磁场限值

站内大部分区域宜采用 ICNIRP 导则推荐的工频磁场职业暴露限值（500μT）；有些设备比较特殊，如电抗器，正常工作时附近磁场较大，可以增加围栏，按受控区对待，采用 IEEE C95.6 推荐的工频磁场职业暴露限值（2710μT）。站外工频磁场限值参照国家环保总局批复的 1000kV 交流输电线路工频磁场限值执行，限值为 0.1mT。

2.3 变电站和开关站的可听噪声限值

（1）站内设备噪声限值。根据设备技术规范，对站内运行的断路器、1000kV 高压电抗器、1000kV 主变压器、110kV 干式并联电抗器和 110kV 站用变压器的可听噪声进行了规定：各电压等级断路器开断和关合时的噪声，在距断路器及其操动机构最近部位 2m、高 1.5m 处不大于 110dB（A）；1000kV 主变压器和 1000kV 高压电抗器满载运行时，在 2m 处的噪声不大于 75dB（A）；110kV 干式并联电抗器在额定状态下不大于 62dB（A）；110kV 站用变压器在空载和 100%负载状态下小于 65dB（A）。

（2）站外可听噪声限值。根据原国家环境保护总局环审批复文件，距离围墙边界 200m 处，白天不大于 60dB（A），夜晚不大于 50dB（A）。

2.4　变电站和开关站的无线电干扰限值

参照原国家环保总局环审批复的 1000kV 交流输电线路无线电干扰限值，围墙外 20m 晴天条件下的 0.5MHz 无线电干扰不超过 55dB（μV/m）。

3　基本测试方法

按照 DL/T 988—2005《高压交流架空送电线路、变电站工频电场和磁场测量方法》和 GB 7349—2002《高压架空送电线、变电站无线电干扰测量方法》等要求，对工频电场、工频磁场和无线电干扰进行测量；参照 GB 12348—2008《工业企业厂界环境噪声排放标准》对可听噪声进行测量。

4　工频电场测量

4.1　站内工频电场测量

大负荷和试运行期间，对 1000kV 长治变电站、南阳开关站和荆门变电站站内的巡视走道、1000kV 及其他电压等级进出线、母线，主变压器、高压电抗器和低压电抗器等主要设备附近，以及主控室、继电保护小室内等位置进行了工频电场测试。测试结果表明：

（1）1000kV 区域：大部分区域的工频电场小于 10kV/m，个别位置，如主变压器（或者高压电抗器）引线及连接母线的边相对地投影外侧 4～6m 处的工频电场约 10～11kV/m。这些位置工频电场数值较大的原因是带电导体比较集中且离地面较低。

（2）500kV 区域：工频电场水平基本在 9kV/m 以下，一般在进出线的边相导线外侧工频电场较大。

（3）110kV 区域：工频电场水平较低，母线下方的最大的工频电场约为 4kV/m，低压并联电抗器/电容器组周围的工频电场约为 1～5kV/m。

（4）其他区域：站内各继电保护小室、主控室和站用变压器室内的工频电场均小于 10V/m。

4.2 站外工频电场测量

测点距围墙为5m，沿围墙外四周进行测量。同时，还在带电区附近的围墙外（避开高压进线），从距围墙开始，沿垂直围墙方向直到距围墙100m布置测量点进行测量，相邻测量点间的距离一般为5～10m。

测量结果表明：1000kV长治变电站、南阳开关站和荆门变电站站外，工频电场水平较低，围墙外5m处大部分区域（避开进出线）工频电场为1kV/m以下，并且随着与围墙之间距离的增加，工频电场衰减较快；在进出线及个别连接母线附近，围墙外5m处工频电场为1～3kV/m。

5 工频磁场测量

5.1 站内工频磁场测量

大负荷和试运行期间，对1000kV长治变电站、南阳开关站和荆门变电站站内的巡视走道、1000kV及其他电压等级进出线、母线、主变压器、低压并联电抗器、HGIS、高压电抗器等主要设备附近，以及主控室、继电保护小室内等处进行了工频磁场测量。测试结果表明：

（1）1000kV及500kV区域：站内1000kV HGIS/GIS套管及500kV GIS附近工频磁场水平可达到40～80μT。

（2）110kV区域：1000kV长治变电站和荆门变电站站内，110kV屋外配电装置区域工频磁场水平较其他区域大。其中，低压并联电抗器2m处工频磁场为0.5～2mT，低压并联电容器2m处工频磁场为0.5～1mT。但随着与电抗器/电容器距离的增加，工频磁场衰减很快，如图1所示。从保护职业人员健康的角度考虑，建议将这些位置划为控制区，工作人员在这些设备周围3m范围内不要长期逗留。

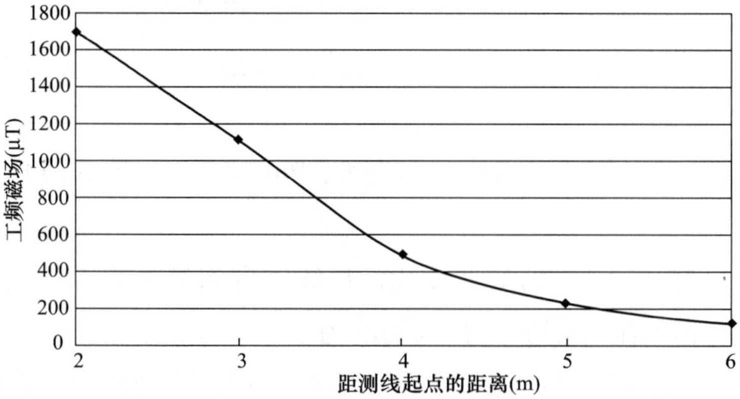

图1 典型低压并联电抗器组工频磁场衰减特性

（3）其他区域：各主控室、保护小室和 35kV 站用变压器室工频磁场基本在 3μT 以下，荆门变电站站用变压器室由于存在变压器，其磁场稍高一些，最大约为 10μT。

5.2 站外工频磁场测量

测量结果表明，1000kV 长治变电站、南阳开关站和荆门变电站站外，围墙外 5m 处大部分区域工频磁场为 2μT 以下，并且随着与围墙之间距离的增加，工频磁场衰减较快。在进出线附近，围墙外 5m 处工频磁场为 2～6μT。

6 可听噪声测量

6.1 站内可听噪声测量

变电站大负荷和试运行期间，对主变压器和高压电抗器等设备的可听噪声进行了测量，见表 1～表 3，图 2 和图 3 分别为主变压器和高压电抗器噪声衰减特性。测试结果表明：

（1）主变压器附近的最大可听噪声约为 80～83dB（A），高压电抗器附近的可听噪声最大约 75～77dB（A）。实测可听噪声是所有设备噪声综合影响的结果，单台设备噪声应小几分贝；另外，所给数值为最大噪声，实际上沿主变压器和高压电抗器四周的测试结果来看，大部分区域的噪声比技术规范要求的小。综合考虑这些因素，单台主变压器和高压电抗器的噪声满足供货合同要求。

（2）各电压等级断路器分、合瞬间的噪声最大约 110dB（A），满足供货合同要求。

（3）长治和荆门变电站 110kV 并联电抗器的最大噪声分别为 61～66dB（A）和 57～67dB（A），综合考虑多台设备影响和周围其他位置噪声较小等因素，单台电抗器的噪声满足设备技术规范要求。

表 1 **主变压器 2m 处噪声** dB（A）（最大值）

位置	空载	试运行	大负荷
长治变电站	80.9	80.1	81.1
荆门变电站	75.7	76.8	77.1

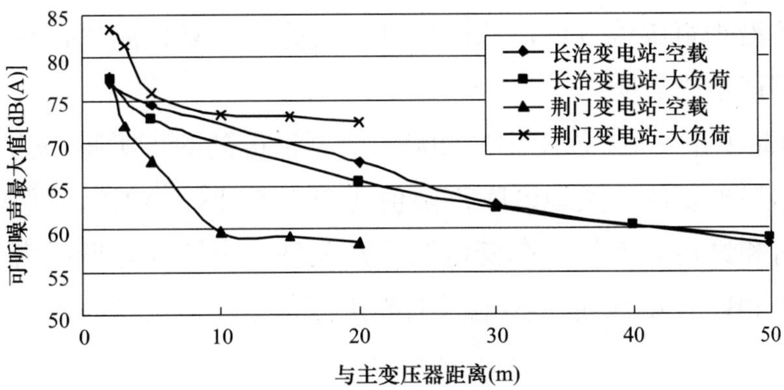

图 2 1000kV 主变压器可听噪声的衰减曲线

表2 **高压电抗器附近的可听噪声** dB（A）（最大值）

位置		空载	试运行	大负荷
长治变电站	高压电抗器屏蔽室内	80.9	80.1	81.1
	高压电抗器东侧	62.1	59.6	62.8
	高压电抗器西侧	71.5	69.5	68.9
荆门变电站	高压电抗器2m处	75.7	76.8	77.1
长治变电站	高压电抗器2m处	74.9	76.4	77.9

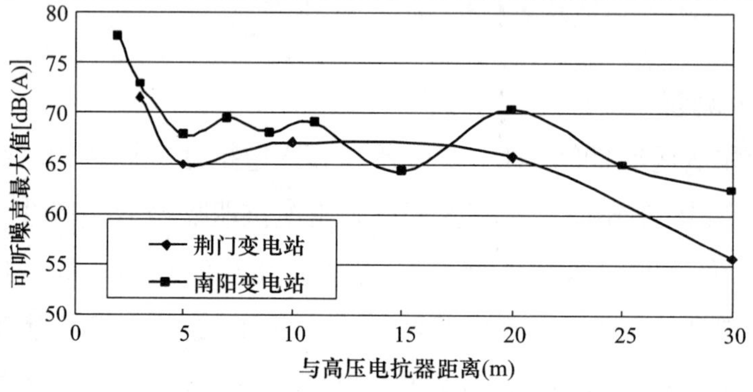

图3　1000kV高压电抗器可听噪声的衰减曲线

表3 **断路器开断与关合时的可听噪声** dB（A）（瞬时值）

断路器电压等级（kV）	长治变电站		南阳变电站		荆门变电站	
	开断	关合	开断	关合	开断	关合
1000	110.7	107.4	106.3	102.2	105.6	101.3
500	97.4	100.5	—	—	90	92.6
110	93.4	97.8	—	—	102.1	96.9

6.2　站外可听噪声测量

变电站（开关站）大负荷和试运行期间，对不同方位（东、南、西、北）地围墙外200m（国家环保总局批复的站外可听噪声限值参考点）和附近民房处进行了可听噪声测量；同时还沿垂直围墙方向，从围墙开始进行噪声衰减测试，直至噪声衰减到背景噪声为止。测试结果表明：

（1）在变电站（开关站）外距围墙200m处测量得到的可听噪声为28～40dB（A），小于国家环保总局批复的2类地区噪声限值［白天60dB（A），夜间50dB（A）］。

（2）大负荷和试运行期间，在变电站（开关站）围墙外附近民房处测量得到的可听噪声为31～39dB（A），满足1类地区的噪声限值［白天55dB（A），夜间45dB（A）］要求。

图4为南阳开关站大负荷和空载时围墙外可听噪声随距离衰减曲线，为站界处噪

声出现最大值时的衰减曲线，可见在围墙外 10～20m 处，可听噪声达到最大值。

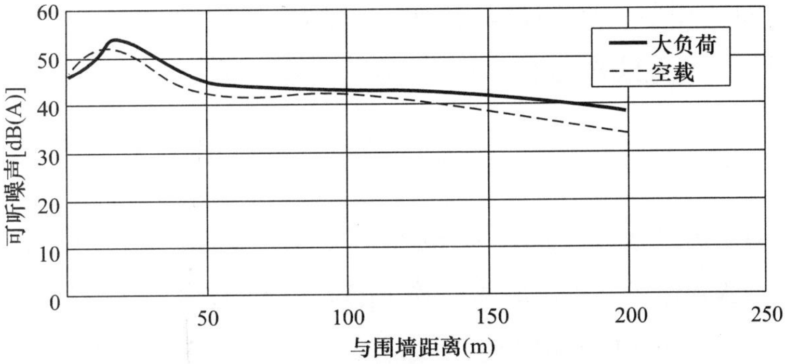

图 4　南阳开关站大负荷和空载时围墙外（正对高压电抗器）可听噪声的衰减曲线

7　无线电干扰测量

对变电站（开关站）站内的无线电干扰选在距最近带电构架投影 20m 处，站外的无线电干扰在靠近带电区域距围墙 20m 处（避开进出线）；同时还沿垂直围墙方向，从围墙开始进行无线电干扰衰减测试，直至无线电干扰衰减到背景噪声为止。测试结果表明：

（1）空载运行和试运行期间，沿站外围墙 20m 的无线电干扰值均在 34～50dB（μV/m）范围内。至围墙外 50～100m 处，无线电干扰基本已衰减至背景值，如图 5 所示。围墙外 200m 处（避开进出线）的无线电干扰约 36～41dB（μV/m）。

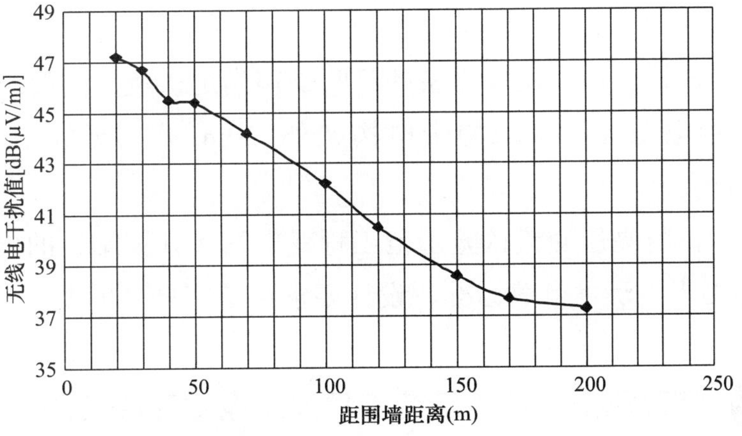

图 5　变电站围墙外典型无线电干扰随距离衰减特性曲线

（2）在变电站（开关站）约 300～400m 的民房附近，0.5MHz 无线电干扰值为 33.6～35.9dB（μV/m）。

（3）在各变电站和开关站站内，各种电压等级区域的带电构架外 20m 处：无线电干扰测量结果在 55dB（μV/m）以内；1000kV 区域的 0.5MHz 的无线电干扰水平一般在 38～53dB（μV/m）之间，仅有个别区域由于金具电晕放电较为显著，其 0.5MHz 的无线电干扰水平超过 55dB（μV/m）；500kV 区域的 0.5MHz 无线电干扰水平在 44～53dB（μV/m）之间。需要说明的是，在变电站运行一段时间后，由于金具连接处毛刺等引起的放电消除后，无线电干扰水平还会进一步下降。

8 结论

（1）距变电站（开关站）围墙外 5m 处，工频电场最大值约 3kV/m，大部分区域的工频电场小于 1kV/m；工频磁场最大约 6μT，大部分区域不超过 2μT。随着距变电站围墙距离的增加，工频电场和磁场衰减较快。站外工频电场和工频磁场均满足限值要求。

（2）距围墙外 200m 的可听噪声不超过 40dB（A），小于原国家环保总局批复的 2 类地区噪声限值［白天 60dB（A），夜间 50dB（A）］。

（3）附近民房处的可听噪声不超过 40dB（A），满足 1 类地区标准要求。

（4）围墙外 20m 处的无线电干扰基本不超过 50dB（μV/m），小于限值 55dB（μV/m）。

（5）变电站（开关站）站内绝大部分区域的工频电场小于 10kV/m，少部分区域在 10～11kV/m 之间，满足设计要求。

（6）站内低压并联电容器周围的磁场约 500～900μT，低压并联电抗器周围的磁场约 1000～2000μT，其他区域的工频磁场远小于 ICNIRP 建议的职业暴露限值 500μT。

（7）站内主变压器、电抗器等设备的可听噪声满足供货合同要求。

（8）站内各种电压等级区域的带电构架外 20m 处，无线电干扰测量结果在 55dB（μV/m）以内。

测试结果表明，特高压交流试验示范工程变电站（开关站）的电磁环境水平与我国 500kV 变电站相当，满足有关标准、设计要求和国家批复的要求。

6 特高压交流试验示范工程线路电磁环境实测研究 1

1 引言

在 1000kV 晋东南（长治）—南阳—荆门特高压交流试验示范工程系统调试和线路试运行期间，进行了线路电磁环境测试。测试内容包括工频电场、工频磁场、可听噪声和无线电干扰水平，测试位置包括线路跨越农田等开阔区域、线路邻近民房区域、猕猴保护区内、线路跨越公路处以及转角塔附近。通过测试，得到了线路各项电磁环境参量水平。

2　1000kV 交流输电线路电磁环境限值

特高压交流试验示范工程线路电磁环境限值依据原国家环境保护总局环审批复文件执行。主要要求有：

（1）1000kV 晋东南—南阳—荆门输变电工程是我国特高压输电示范工程，特高压输电线路项目电磁环境影响暂行控制指标原则上以不超过目前执行的 HJ/T24—1998《500kV 超高压送变电工程电磁辐射环境影响评价技术规范》的要求。

（2）对处于边相导线垂直投影外侧水平间距 7m 以内、边导线最大风偏时空间距离小于 12m 以及离地 1.5m 高度处工频电场强度超过 4kV/m 或磁感应强度超过 0.1mT 的居民住宅应全部拆迁。线路跨越公路、铁路、水运等交通干道线及对电磁环境要求较高的有人员活动地区的工频电场限值为 7kV/m，其他地区为 10kV/m。

（3）猕猴自然保护区内，线路边相导线投影外 20m 处可听噪声满足 GB 3096—1993《城市区域环境噪声标准》0 类要求。

（4）1000kV 特高压交流线路的无线电干扰限值暂按“在距边相导线投影 20m 处，测试频率为 0.5MHz 的晴天条件下不大于 55dB（μV/m）控制”。

对于猕猴保护区之外的线路，可听噪声按 Q/GDW 178—2008《1000kV 交流架空输电线路设计暂行技术规定》控制，同时也满足国家标准 GB 3096—2008《声环境质量标准》要求。

3　线路电磁环境参数横向分布测量

通过对处于空旷平坦地带实际线路的电磁环境测量，一方面了解电磁环境水平，另一方面为后续特高压交流线路的设计和建设提供电磁环境方面的基础数据。

线路电磁环境参数横向分布测量位置一般为档距中央弧垂最低点，要求地势平坦，周围背景干扰较低。横向分布测量要求较高，满足测量要求的位置较少，一般在农田中进行。在特高压交流试验示范工程系统调试和试运行期间，分别选择酒杯塔、限高塔（门形塔）和猫头塔下的农田区域进行了电磁环境测试。

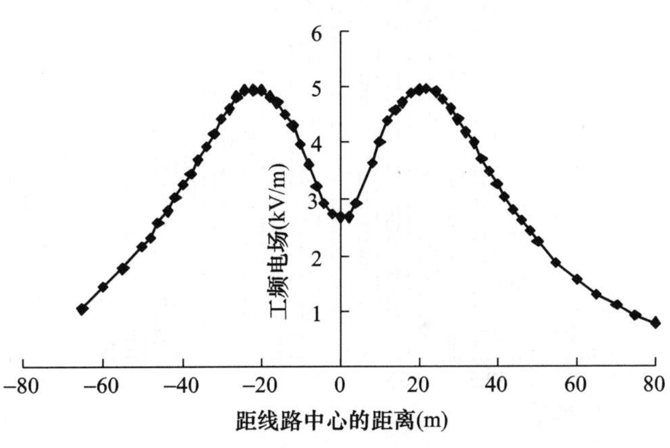

图 1　特高压输电线路下方工频电场横向分布图

3.1　工频电场横向分布

图 1 为特高压线路下方工频电场

分布，由图可见，线下工频电场一般呈马鞍形分布；工频电场最大出现在边相导线对地投影外侧；随着距线路距离的增加，工频电场值逐渐减小。

3.2 工频磁场横向分布

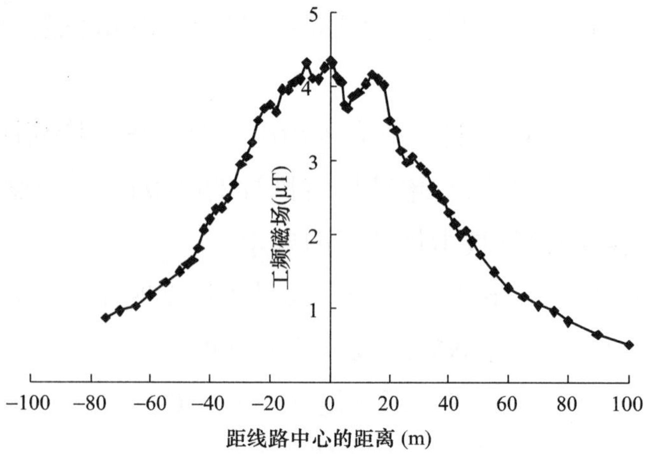

图2 特高压输电线路下方工频磁场横向分布图

图2为特高压线路下方工频磁场分布，测试时，线路输送功率约为1000MW。由于线路的输送功率有波动，线路电流有一定变化，造成了工频磁场的测量曲线光滑性较差。但从曲线的整体趋势来看，工频磁场最大值基本位于线路中心，随着距线路中心距离的增加工频磁场逐渐减小。

3.3 可听噪声横向分布

在特高压线路下方进行测量时，所测噪声既包含输电线路噪声，也包含背景噪声。从测量结果看到，总的噪声很小，基本为背景噪声水平，因此，噪声横向衰减规律并不明显。

图3给出了测量得到的特高压输电线路下的可听噪声与远处背景噪声的频谱图，从中可以明显看出：

（1）对于100Hz分量，输电线路下的可听噪声比背景噪声大，说明输电线路产生的纯音有一定贡献；但两者差别又不大，说明测量时纯音还不明显。

（2）在低频部分，线下可听噪声与背景噪声水平差别不大，200Hz以下频率的噪声明显比高频部分噪声大，而由于在总噪声中这部分频率的噪声贡献较大，因此在测试中得到的可听噪声值较线路噪声实际值要大很多。

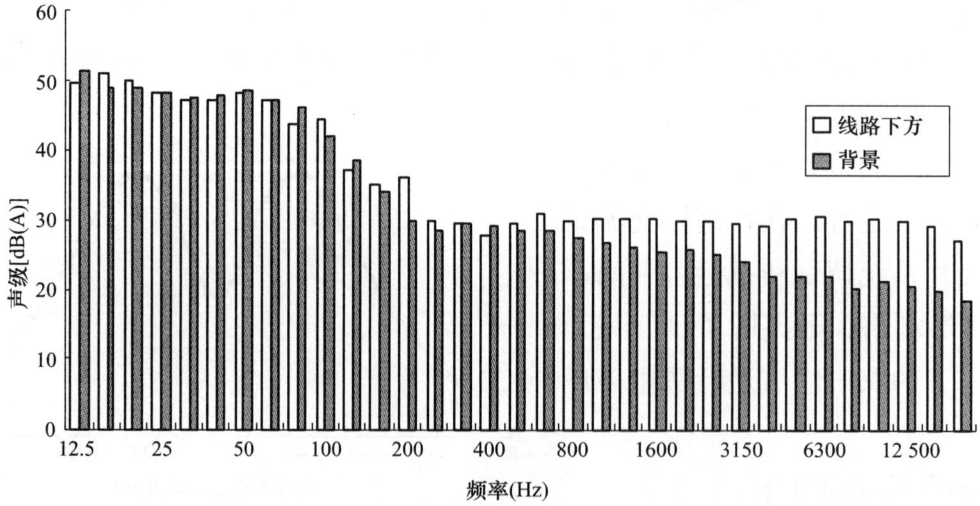

图3 特高压输电线路可听噪声频谱与背景噪声频谱对比

（3）当频率在 500Hz 以上时，背景噪声随着频率增高而明显衰减，而输电线路下的噪声依然较大。通过比较分析可以得出，由于线路电晕噪声贡献，使得在高频段线路下的噪声比背景噪声大。正是由于这个原因，输电线路产生的可听噪声通过人耳很容易分辨。

3.4 无线电干扰横向分布

图 4 给出了特高压输电线路下方无线电干扰横向分布测试曲线。由图中可以看出，以线路中心为基准，两边的无线电干扰测试结果基本呈对称形状，并且随着距线路中心距离的增加，无线电干扰值逐渐减小。

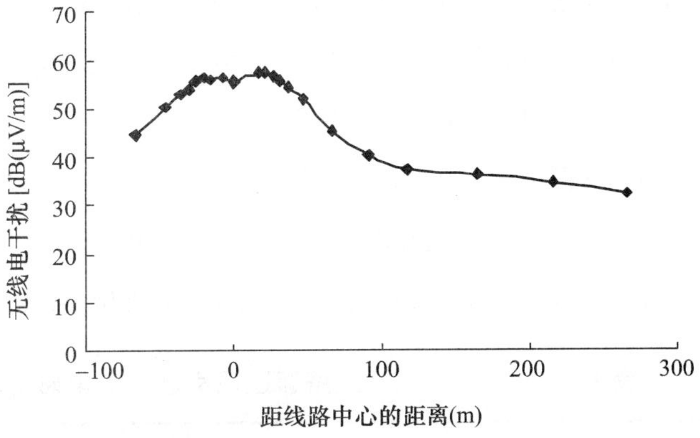

图 4 特高压输电线路下方无线电干扰横向分布测试曲线

图 5 给出了特高压输电线路边导线对地投影外 20m 处的无线电干扰频谱特性曲线，同时给出了根据高压交流架空线路无线电干扰频率修正公式计算得出的频谱特性曲线。可见，无线电干扰值随着频率的增加而逐渐减小，在 6MHz 以下，实测曲线与按频率修正公式计算得到的曲线基本吻合，说明小于 6MHz 的无线电干扰主要来自于线路；当频率大于 6MHz 时，采用频率修正公式得到的频谱特性曲线随频率的增加衰减规律很明显，而实际测量结果则几乎不受频率影响。这说明测量实际线路时，当频率大于 6MHz 时，无线电干扰基本上已为背景值。

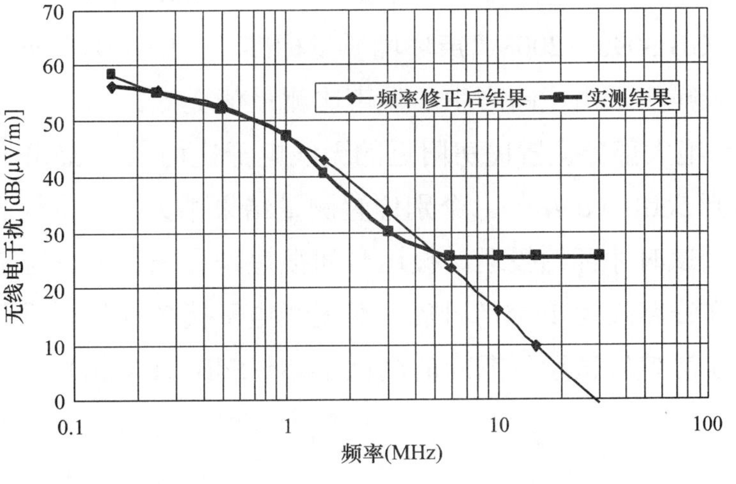

图 5 无线电干扰频谱特性实测曲线与计算曲线对比

4 线路邻近民房电磁环境测量

特高压线路邻近民房时，电磁环境是否控制在限值之内，是各方关注的焦点。在工程投运后，通过实地测量，获得线路邻近民房时，民房所在地的电磁环境实际水平，对于检验工程电磁环境状况，为特高压交流输变电工程环境保护积累技术资料，创造和谐社会环境都具有重要意义。

在特高压交流试验示范工程系统调试前期，对线路沿线邻近民房的情况进行了实地考察。将与 1000kV 线路边相导线投影之间的距离小于 50m 的民房选为测量对象，共选取了 46 个被测对象，主要测试结果见表 1。

表 1　　线路邻近民房区域的电磁环境测量主要结果汇总

测试内容	工频电场（kV/m）			工频磁场（μT）			可听噪声［dB（A）］	无线电干扰［dB（μV/m）］
测试位置	线下	民房外	民房内	线下	民房外	民房内	民房附近	民房附近
最大值	8.18	2.78	0.196	4.64	2.20	1.80	41.9	56（52.4）
最小值	0.45	0.02	0.0001	1.08	0.80	0.75	25.7	41.0

注　括号内数据表示在线路运行一个半月后再次进行测量的结果。

通过对特高压全线线路邻近民房时，民房所在位置的电磁环境测试，可以得出：

（1）所有被测民房附近的工频电场不超过 2.78kV/m，小于限值 4kV/m。

（2）输送功率约为 1000MW，民房附近的工频磁场不超过 2.2μT。折算到负荷 2800MW，工频磁场也不超过 6.2μT，远低于限值 100μT。

（3）在被测民房附近，绝大部分可听噪声不大于 40dB（A），少部分区域为 40～42dB（A），达到 GB 3096—2008《声环境质量标准》中的 1 类要求。实际上，测量到的噪声主要为背景噪声，由线路产生的噪声比测量值更低。

（4）测量得到绝大部分位置民房附近的无线电干扰均低于 55dB（μV/m），仅个别位置测量结果达到 56dB（μV/m）。个别位置测量结果稍大，不具代表性。特高压交流试验示范工程在调试时才开始投运，投运时间很短，导线和金具等毛刺较多，此时无线电干扰较大。在线路投运 1 个半月后，对无线电干扰超标位置重新进行了测量，结果显示，第二次实测值较试运行期间的测试小 3～5dB（μV/m）左右，满足无线电干扰限值要求。

5　线路经过猕猴保护区的电磁环境测量

猕猴保护区大部分位于山间，适合进行电磁环境测量的地区较少，仅有一处跨越公路处适合测量。在该位置，进行了工频电场、无线电干扰、可听噪声的衰减测量，其中重点测量了边相导线外 20m 的可听噪声水平。

由测量结果可知，沿公路测得的工频电场最大值约为 4.5kV/m，边相导线投影外 20m 处的无线电干扰约为 49dB（μV/m），均小于相关限值。边导线对地投影外 20m 处可听噪声测量结果为 31.1dB（A），满足 GB 3096—2008《声环境质量标准》中的 0 类要求。需要说明的是，测试时可听噪声受背景噪声干扰严重，实际由线路产生的噪声比测量结果更低。

6　线路跨域公路时的工频电场测量

在原国家环保总局环审批复文件中，明确规定了线路跨越公路、铁路、水运等交通干线时，线下最大工频电场不得超过 7kV/m。在试运行期间，对 1000kV 交流线路跨公路时公路上的工频电场进行了重点测试，全线共选择了 13 处线路跨越公路测量点。

由测试结果可以看出，线路跨越公路的工频电场最大值约在 0.7～7kV/m 之间，其中，杆塔限高区由于导线较低，最大工频电场可达到 7kV/m，其他 12 处中，小于 4kV/m 的有 7 处，在 4～6kV/m 之间的有 5 处。测量结果表明，所测量的线路跨越公路处的工频电场均满足限值要求。

7　转角塔可听噪声和无线电干扰测量

特高压交流试验示范工程线路转角塔处的导线与直线塔的导线相比，有两点主要区别：

（1）在转角塔处采用硬跳线，与 8 分裂导线相比，其表面场强、可听噪声和无线电干扰有一定差别。

（2）与直线塔导线相比，转角塔内侧导线之间的距离被拉近，表面场强、可听噪声和无线电干扰也会有一定程度变化。

鉴于以上两点原因，对转角塔处的可听噪声和无线电干扰进行了测量。

试运行期间，在全线共选取了 14 基转角塔，对边导线投影外 20m 的可听噪声和无线电干扰进行了测量。由转角塔处的可听噪声和无线电干扰测试结果可以得出：

（1）转角塔边导线投影外 20m 处，可听噪声约在 34～44dB（A）之间，满足 GB 3096—2008《声环境质量标准》中的 1 类要求。

（2）测量得到转角塔跳线对地投影外 20m 的无线电干扰约在 46.8～54.1dB（μV/m）之间，满足环保限值要求。

8　结论

（1）在农田等非居民区，特高压交流试验示范工程线路下工频电场最大为 3.63～

8.26kV/m，小于限值 10kV/m；折算到负荷 2800MW 下，工频磁场最大为 7.95～14.76μT，远小于限值 100μT；边导线投影外 20m 晴天时的可听噪声和无线电干扰分别为 29.0～37.5dB（A）和 52.0～53.7dB（μV/m），可听噪声达到 1 类地区噪声标准要求，好天气下的无线电干扰小于限值 55dB（μV/m）。

（2）线路邻近民房时，在民房附近周围，工频电场为 0.02～2.78kV/m，满足不大于 4kV/m 的环保标准要求；折算到负荷 2800MW 下，工频磁场为 2.24～6.16μT，远小于限值 100μT；可听噪声为 27.2～42.0dB（A），且主要是背景噪声，达到 1 类地区噪声标准要求；好天气下的无线电干扰值低于 55 dB（μV/m），满足限值要求。

（3）猕猴保护区的可听噪声测量结果约 31.1dB（A），小于限值 40dB（A），满足 GB 3096—2008《声环境质量标准》中的 0 类要求。测试时可听噪声受背景噪声干扰严重，实际由线路产生的噪声比测量结果更低。

（4）线路跨越公路时，线下工频电场最大值不超过 7kV/m，满足环保部门批复要求。

（5）转角塔边导线投影外 20m 处，可听噪声最大约为 44dB（A），满足 1 类地区标准要求；好天气下的无线电干扰约在 46.8～54.1dB（μV/m）之间，满足限值要求。

测试结果表明，1000kV 晋东南（长治）—南阳—荆门特高压交流试验示范工程输电线路的电磁环境水平与我国 500kV 交流输电工程相当，各项指标满足环保部门批复要求。

7 特高压交流试验示范工程线路电磁环境实测研究 2

1 引言

作为我国第一个特高压输变电工程，1000kV 晋东南（长治）—南阳—荆门特高压交流试验示范工程电磁环境实际水平如何，是否满足设计预期和环保批复要求，受到广泛关注。在特高压交流试验示范工程投运后，对线路电磁环境各参数进行了全面监测。

通过测试，获取了特高压交流试验示范工程线路在投运后的工频电场、工频磁场、可听噪声和无线电干扰水平。并将监测结果与理论计算值进行比较，通过对监测结果的进一步分析，并结合相关评价标准，判断各项电磁环境参数是否满足环保和设计要求。

2　电磁环境限值

由于 1000kV 输变电工程的电磁环境控制指标还没有国家标准，原国家环境保护总局对特高压工程作了专门的环保批复。表 1 汇总了 1000kV 交流输电线路的电磁环境限值汇总。

表 1　　1000kV 长治—南阳—荆门特高压交流输电线路电磁环境限值

电磁环境参数	限　　值	备　　注
工频电场强度（kV/m）	4	民房所在地
	7	线路跨越公路、铁路、水运等交通干道线
	10	其他地区，如农田等
磁感应强度（μT）	100	
可听噪声［dB（A）］	按当地环保要求	一般线路，执行 GB 3096—1993《城市区域环境噪声标准》
	昼间 50，夜间 40（0 类）	猕猴保护区
无线电干扰［dB（μV/m）］	55	在距边相导线投影 20m 处，频率 0.5MHz，晴天

注　GB 3096—1993 已被 GB 3096—2008 代替，此处引用国家环保局批复文件。

3　测试标准和测试点位

3.1　测试标准

进行电磁环境监测时，严格参照以下标准和方法进行：

GB 3096—2008《声环境质量标准》；

GB/T 7349—2002《高压架空输电线、变电站无线电干扰测量方法》；

GB 12348—2008《工业企业厂界环境噪声排放标准》；

DL 501—1992《架空送电线路可听噪声测量方法》；

DL/T 988—2005《高压交流架空送电线路、变电站工频电场和磁场测量方法》。

3.2　测量点位

对特高压线路，选取环保相关的点位进行了全面监测。主要包括：临近民房的环境敏感点和横向衰减断面的工频电磁场、可听噪声、无线电干扰，跨越公路和铁路的工频电磁场强度，转角塔、猕猴保护区、恶劣天气下输电线路等的可听噪声。

4　线路电磁环境横向衰减实测值与理论值比较

特高压交流试验示范工程输电线路在湖北段主要采用猫头塔布置，山西段主要采用酒杯塔布置，河南段除酒杯塔和猫头塔外，部分地区采用了门型塔。由于山西段理想的断面较少，在线路试运行期间对河南段和湖北段的猫头塔和门型塔布置线路选取地势较平坦和空旷的区域进行了横向衰减监测。这里将特高压输电线路的两处横向衰减的工频电场、磁感应强度实测值与理论计算值进行了比较。比较结果的分布曲线分别见图1～图7。图中的理论值（实线）是按导线最低高度（下相导线22m）计算得到的。

由图1～图7可知，猫头塔、门型塔的工频电场和磁感应强度计算值和实测值吻合得很好，前期理论计算方法和研究成果是非常可信的。

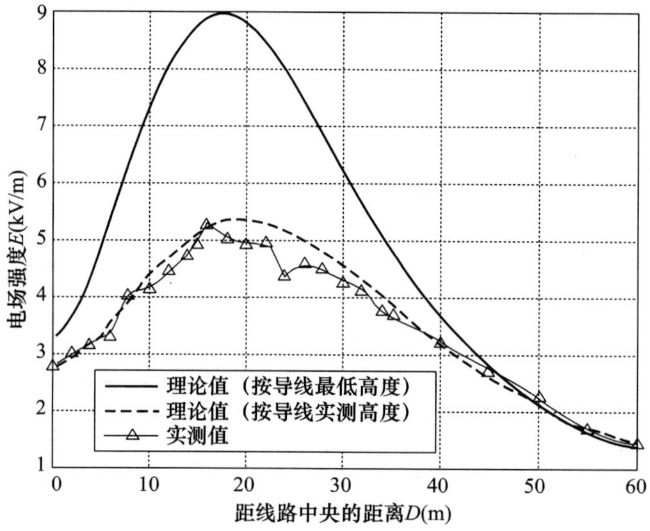

图1　1000kV南荆Ⅰ线猫头塔电场强度实测值与理论值比较

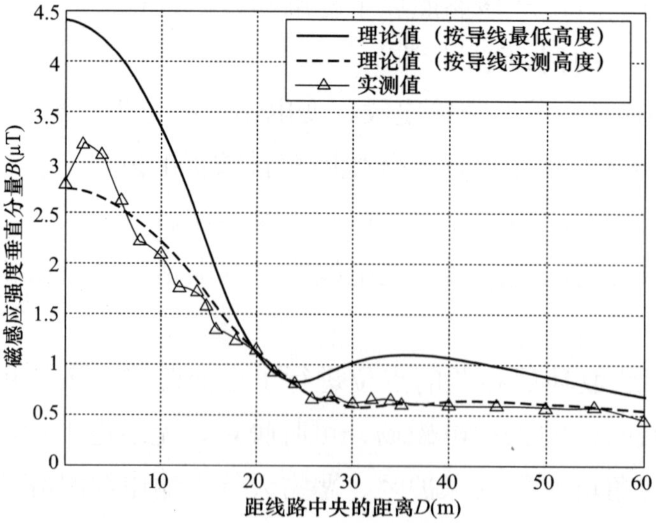

图2　1000kV南荆Ⅰ线猫头塔磁感应强度垂直分量实测值与理论值比较

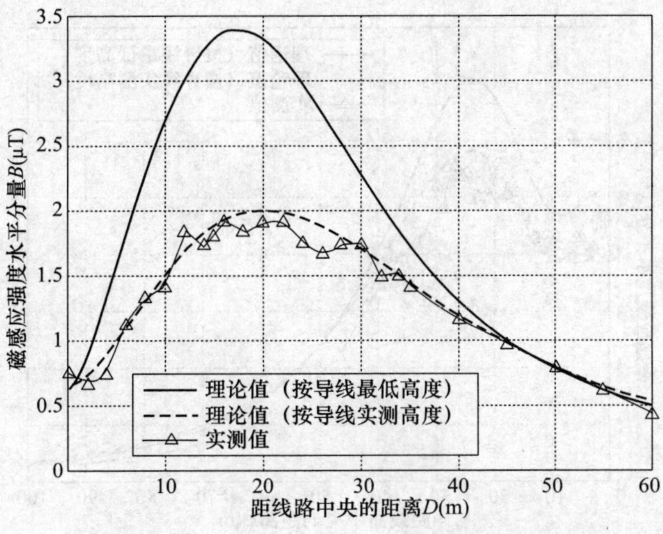

图 3　1000kV 南荆 I 线猫头塔磁感应强度水平分量实测值与理论值比较

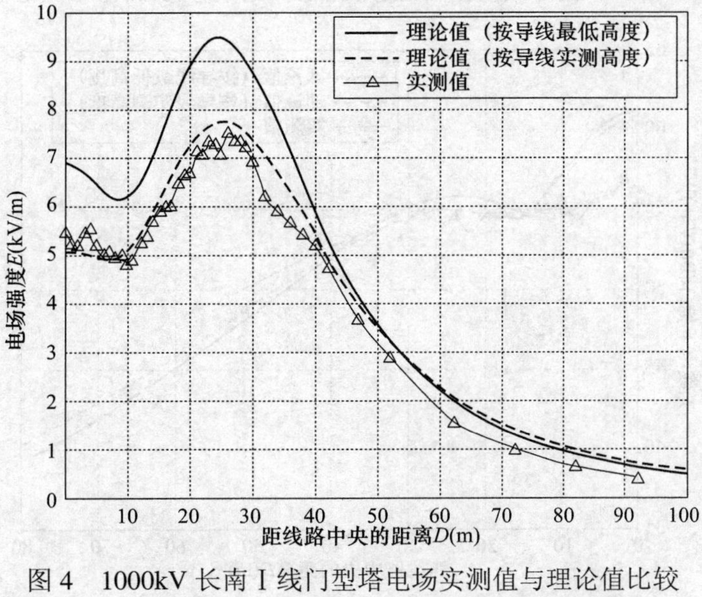

图 4　1000kV 长南 I 线门型塔电场实测值与理论值比较

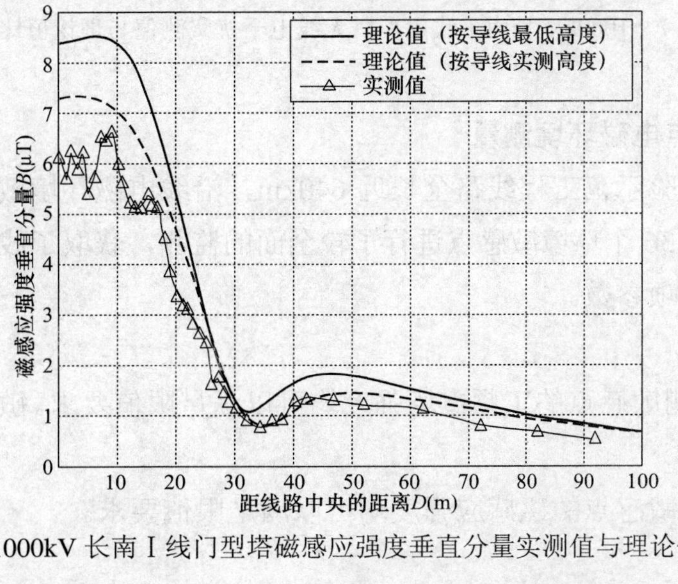

图 5　1000kV 长南 I 线门型塔磁感应强度垂直分量实测值与理论值比较

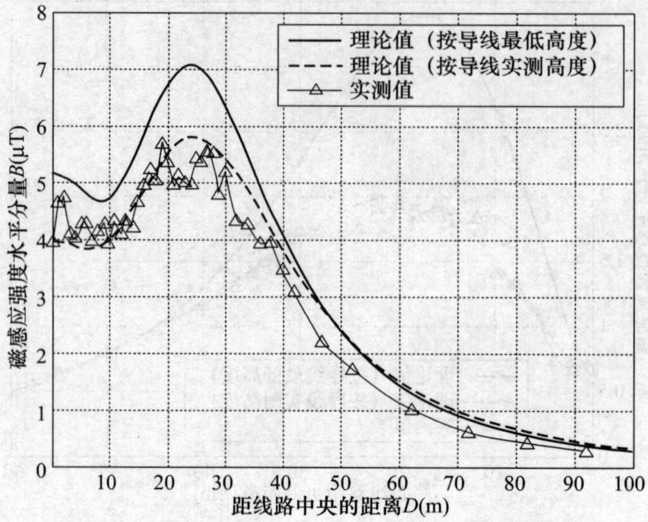

图6　1000kV 长南Ⅰ线门型塔磁感应强度水平分量实测值与理论值比较

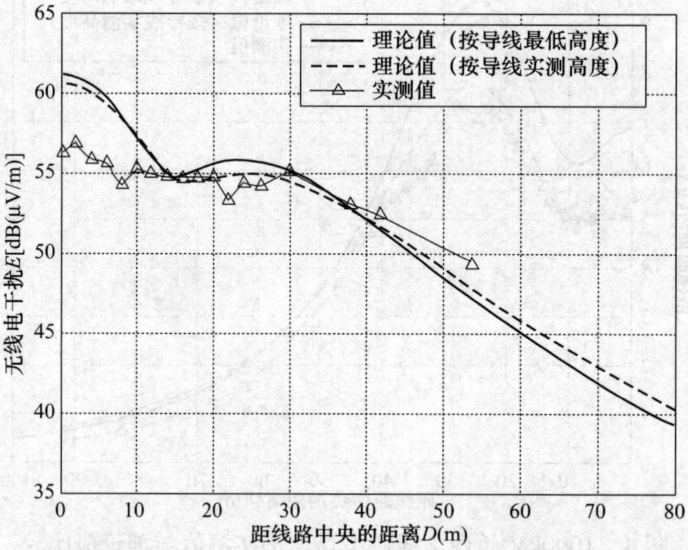

图7　1000kV 长南Ⅰ线门型塔无线电干扰实测值与理论值比较

5　线路环境敏感点电磁环境测量

特高压交流试验示范工程线路全长近640km，沿线电磁环境敏感点较多。在线路试运行期间选取了36个环境敏感点进行了较全面的监测，获取了线路敏感点在试运行期间的电磁环境各项参数。

5.1　工频电磁场

监测期间所测敏感点的工频电场强度均可以满足限值要求。敏感点门前电场强度最大为2.66kV/m。

监测期间所测敏感点的磁感应强度均可以满足限值要求。

5.2 无线电干扰

监测期间各敏感点的无线电干扰数值分散性较大，长治—南阳和南阳—荆门线路边相外 20m 处监测结果分别为 41.6～55.8 dB（μV/m）和 45.5～56.5dB（μV/m）。在个别点无线电干扰略大于 55dB，是因为线路刚刚投运。按照一般规律，当线路运行一段时间导线“老化”后，无线电干扰会有所降低（根据系统调试期间与线路投运一个半月后的实测对比结果，运行一个半月后无线电干扰值下降 3～5dB）。因此，线路无线电干扰实际水平满足限值要求。

5.3 可听噪声

监测期间长治—南阳所测敏感点可听噪声值在 22.7～42.6dB（A），均可以满足 1 类标准要求。南阳—荆门所测敏感点门前可听噪声值在 32.2～53.5dB（A），个别测点可听噪声较大是由于背景值较大（交通噪声或不间断广播）所导致。除受背景噪声影响较大个别点外，测点的可听噪声在 32.2～37.8dB（A）之间，满足 1 类标准要求。

6 线路跨越公路、铁路电磁环境测量

对输电线路跨越公路、铁路的工频电场强度和磁感应强度进行了测量。选取的测量点位的线下电场强度和磁感应强度最大值见表 2。

表 2 线路跨越公路、铁路电磁场监测结果

跨越的公路、铁路序号	电场强度（kV/m）	磁感应强度（μT）
1	4.77	2.79
2	3.46	1.83
3	2.90	1.82
4	1.01	1.36
5	3.42	1.70
6	3.14	2.77

线路跨越公路、铁路的下相导线对地高度在 31～45m 之间。由表 2 可知，测量的 6 处特高压输电线路跨越公路、铁路的工频电场强度都小于 7kV/m，测到的电场强度最大值为 4.77kV/m，磁感应强度在 3μT 以下。跨越公路、铁路的工频电磁场强度都满足环保批复要求。

7 线路转角塔处可听噪声

线路转角塔跳线均使用硬跳线，表面场强比线路八分裂导线有所增加，转角塔处的可听噪声一般比线路有所增加。特高压试运行期间，对线路部分转角塔的电磁环境进行测量，3 基较典型的转角塔边相外 20m 处的可听噪声见表 3。

表3 转角塔处可听噪声测量结果 dB（A）

序号	测点	可听噪声
1	长治—南阳线路	39.0
2	南阳—荆门线路1	41.2
3	南阳—荆门线路2	37.2

由表3可知，测试的3基转角塔可听噪声在37.2～41.2dB（A），转角塔处可听噪声较一般地区有所增加，但仍满足1类噪声标准要求。

8 猕猴保护区可听噪声监测结果

对猕猴保护区的可听噪声进行了监测，监测点位于某杆塔处，监测位置见图8。

猕猴保护区是国家级自然保护区，环保批复对其可听噪声要求提出了明确要求，线路设计和建设时已采取了具体措施。监测到的可听噪声为22.7～24.4dB（A），监测结果表明，猕猴保护区可听噪声很小，小于线路其他地区可听噪声监测结果，满足0类地区噪声标准要求。

图8 猕猴保护区监测位置

9 线路恶劣天气下可听噪声

交流输电线路晴天时的可听噪声比雨天时低约15～20dB（A），《声环境质量标准》（GB 3096—2008）明确规定噪声"测量应在无雨雪、无雷电天气、风速5m/s以下时进行"，即在好天气下进行测量，而沿线居民对可听噪声的投诉主要是针对恶劣天气下。为了解1000kV特高压输电线路恶劣天气下的可听噪声水平，在湖北、河南地区遭遇小雪和大雾天气时，对部分点位可听噪声进行了监测，恶劣天气下可听噪声监测结果见表4。

表 4　　　　　　　　　　　　恶劣天气下可听噪声监测结果

测点	天气	可听噪声［dB（A）］			边导线高度（m）	备注
		中相下	边相下	边相外 15m		
1	大雾	—	47.4	46.7	38	伴有“嗡嗡”声
2	大雾	47.1	46.5	44.6	31	
3	大雾	—	44.0	42.8	41.5	
4	小雪	—	38.5	38.2	45	
5	小雪	—	38.2	38.1	49	
6	小雪	—	38.2	37.7	46	

表 4 中所测点恶劣天气下可听噪声仍可以满足 2 类标准要求。其中后三处监测位置导线对地高度较高，小雪天气下的可听噪声较一般地区好天气下可听噪声增加不太多。前三组大雾天气下的可听噪声较好天气下有明显增加，线下有较明显的“嗡嗡”声。这主要是由于“纯声”所致，从特高压交流试验基地试验线段电磁环境实测来看，线路运行一段时间后，“纯声”会明显减小。

10　结论

通过对特高压交流试验示范工程电磁环境的全面测试，获取了特高压交流试验示范工程在投运初期的工频电场、工频磁场、可听噪声和无线电干扰水平。主要结论如下：

（1）对特高压输电线路沿线 36 个敏感点电磁环境进行了测量，工频电磁场、可听噪声、无线电干扰满足限值要求。

（2）在农田等非居民区，工频电场强度在 10kV/m 以内，磁感应强度在 100μT 以内；线路跨越公路、铁路时，工频电场强度在 7kV/m 以内，磁感应强度在 100μT 以内。均满足环保批复要求。

（3）猕猴保护区的可听噪声 22.7～24.4dB（A），满足环保批复的 0 类要求。

（4）对转角塔处可听噪声进行了测量，好天气下可听噪声满足 1 类标准要求。

（5）对小雪、大雾等恶劣天气下输电线路的可听噪声与标准规定的好天气下可听噪声进行了对比测量，可听噪声有增加，测量值可以满足 2 类标准要求。

（6）选取典型衰减断面，对电磁环境各参数进行了测量，并与理论计算值进行了比较。两者符合得较好，证明了前期对特高压电磁环境研究的正确性。

测试结果表明，特高压交流试验示范工程线路电磁环境与 500kV 交流线路相当，环境指标满足环保批复要求。在线路运行“老化”后，电磁环境指标有进一步减小趋势。电磁环境实测结果同时也证实了我国前期对特高压电磁环境的研究和设计是正确的。

2008

特高压交流输电技术研究成果专辑

第 4 章 特高压交流同塔双回路系统研究

1　特高压交流同塔双回线路系统过电压与绝缘配合研究 1

1　引言

根据规划，今后我国的特高压线路基本上为同塔双回线路。在特高压同塔双回线路研究与设计中，面临的重大问题之一就是如何用合理的代价将过电压等危害系统安全的电磁暂态现象限制在一个合理的水平内，是特高压同塔双回系统能否成功运行的关键因素之一。

本课题结合 1000kV 淮南—上海（皖电东送）输变电工程及规划的特高压电网，对过电压与绝缘配合方面的关键技术进行研究，并提出将特高压同塔双回输变电工程的过电压及电磁暂态问题限制在一个合理的水平内的措施。

2　研究条件

2.1　系统条件

皖电东送工程全线均为同塔双回线路，全长约 647km，其中淮南至皖南线路长 331km，皖南至浙北长 152km，浙北至沪西长 164km。

本课题主要考虑皖电东送工程的基本运行方式，并在此基础上分别考虑各段 1000kV 同塔双回线路单回运行的方式。

2.2　同塔双回线路电气参数

2.2.1　导地线参数

皖电东送工程导线采用 8×LGJ–630/45 钢芯铝绞线；地线一根，为 LBGJ–240–20AC 铝包钢绞线，该地线分段一点接地；另一根地线为 OPGW–24B1–254 架空复合光缆，该地线多点连续接地。

2.2.2　杆塔类型

根据不同塔型和导线排列等数据分别计算了皖电东送工程三段线路的近似序参数，表 1 给出线路序参数的计算结果，表中零序 2 近似表示两回路之间的耦合参数。

表 1　同塔双回线路序参数计算结果

塔型	序参数	电阻（Ω/km）	电感（Ω/km）	电容（μF/km）
鼓形 1	正序	0.006 6	0.254 7	0.014 4
	零序	0.184 0	0.857 2	0.008 6
	零序 2	0.177 3	0.520 4	0.002 4

续表

塔型	序参数	电阻（Ω/km）	电感（Ω/km）	电容（μF/km）
鼓形2	正序	0.006 6	0.254 6	0.014 4
	零序	0.185 1	0.854 8	0.008 6
	零序2	0.178 4	0.523 8	0.002 6
伞形	正序	0.006 6	0.254 2	0.014 4
	零序	0.185 3	0.855 1	0.008 6
	零序2	0.178 6	0.531 9	0.002 7

2.3 高压电抗器配置方案

根据系统的无功平衡和电压控制要求，提出了皖电东送工程高压电抗器的初步配置方案，如表2所示。

表2 皖电东送工程高压电抗器参数

线路名称	线路长度（km）	额定容量（Mvar）	阻抗（Ω）	补偿度（%）
淮皖线	331	2×720	1680.6	80.6
皖浙线	152	600	2016.7	72.6
浙沪线	164	720	1680.6	79.7

2.4 特高压系统的过电压限制目标

2.4.1 标称电压和最高运行电压

根据国家电网公司的有关规定，特高压输电系统的标称电压取 1000kV；最高运行线电压为 1100kV。高压电抗器的额定电压为最高运行电压。系统暂时过电压和操作过电压的倍数也按最高运行电压折算。

2.4.2 特高压的过电压限制目标

特高压过电压限制目标规定如下：

（1）工频过电压：限制在1.3p.u.以下，在个别情况下线路侧可短时（≤0.1s）允许在1.4p.u.及以下。

（2）相对地统计操作过电压：对于线路两端变电站、开关站设备，应限制在1.6p.u.以下；对于长线路的线路中间部分，限制在1.7p.u.以下。

（3）相间统计操作过电压：变电站母线侧不超过2.8p.u.；变电站线路侧不超过2.9p.u.。

3 同塔双回线的不平衡度及换位方式分析

换位方式对线路参数和系统的不平衡度有显著影响，对线路三相潮流不平衡度、潜供电流和恢复电压以及感应电流和感应电压也有较大影响。本课题分别考虑不换位和图 1、图 2 所示的两种典型换位方式对皖电东送线路的不平衡度以及潜供电流、感应电压等情况进行研究。

研究表明，为将系统母线的负序电压不平衡度、潜供电流、感应电压等限制在合理的范围内，需要采取换位措施。从母线电压和发电机电流的负序不平衡度以及系统三相潮流不平衡度的角度来看，采用换位方式 2 较好；而从限制潜供电流、感应电压和感应电流的角度来看，采用换位方式 1 则是更好的选择。两种换位方式均可满足国家标准对系统母线电压和发电机电流的不平衡度的要求。在满足国家标准要求的前提下，为了尽可能降低线路的潜供电流、感应电压和感应电流，本课题推荐采用换位方式 1。

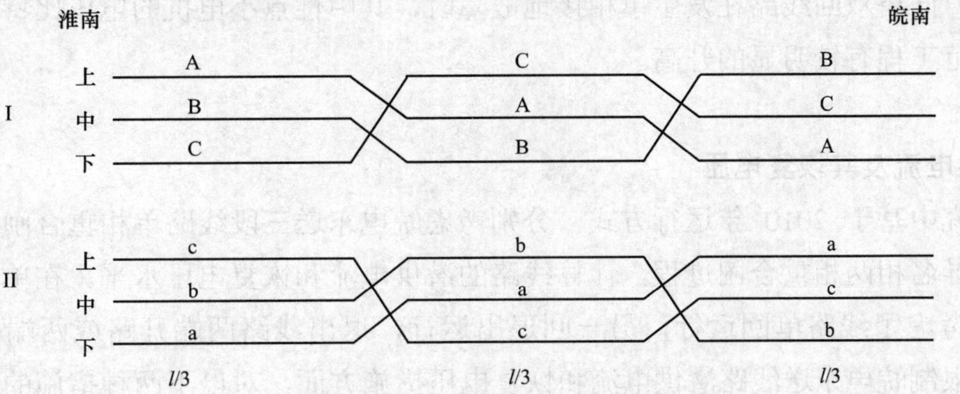

图 1 逆相序的反向换位法（换位方式 1）

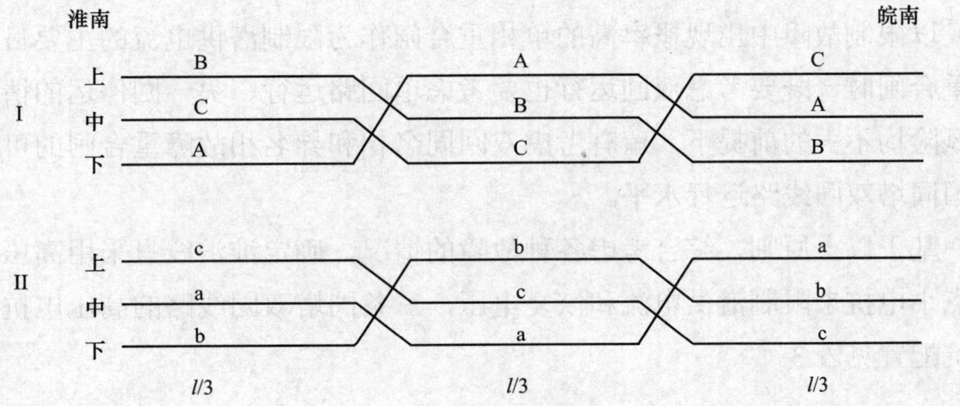

图 2 同向换位法（换位方式 2）

4 工频过电压

本课题研究中基于 2010 年基本运行方式并考虑线路双回或单回运行方式，对线路正常送电状态下无故障甩负荷和有接地故障下甩负荷两种情况的工频过电压进行研究。线路单回运行时，退出的一回线路考虑线路两侧隔离开关接地和不接地两种情况；接地故障则分别考虑线路末端单相接地故障、双回同名相和异名相两相故障的情况。

皖电东送工程的工频过电压研究结果表明：

（1）在本工程系统运行方式、地线接地方式以及高压电抗器配置等研究条件下，淮皖线工频过电压最高达 1.35p.u.；浙沪线次之，工频过电压最高达 1.27p.u.；皖浙线最高为 1.26p.u.，可以满足 2.4 节将特高压同塔双回系统工频过电压限制在 1.3p.u.以下，在个别情况下线路侧可短时（≤0.1s）允许在 1.4p.u.及以下的要求。其中母线侧工频过电压最高 1.08p.u.；线路侧最高（单相接地）1.35p.u.；无故障甩负荷最高不超过 1.1p.u.。

（2）工频过电压最高的故障方式是双回路同名相故障甩负荷达 1.35p.u.；双回路异名相故障甩负荷次之，达 1.29p.u.；单相故障甩负荷达 1.26p.u.。

（3）同塔双回线路在发生单相接地故障时，其中性点小电抗的电压比特高压交流试验示范工程有较明显的升高。

5 潜供电流及其恢复电压

研究中基于 2010 年运行方式，分别考虑皖电东送三段线路单相重合闸及双回同名相、异名相两相重合闸过程，计算线路的潜供电流和恢复电压水平。在单相重合闸时，还考虑了线路单回运行，另一回退出运行，退出线路两端开路或两端接地的情况。在限制皖电东送线路潜供电流和恢复电压措施方面，对以下两种措施的可行性进行研究：使用高抗及其中性点小电抗；使用高速接地开关（HSGS）。

5.1 限制皖电东送同塔双回线路潜供电流的主要措施

（1）以限制故障中出现概率高的单相重合闸作为限制潜供电流的主要目标，在考虑单相重合闸时，既要考虑双回运行也要考虑单回路运行、另一回停运的情况；但在投资和风险均不大的前提下，留有考虑双回同名相和异名相故障重合闸的可能性，以提高我国同塔双回线路运行水平。

（2）基于以上原则，综合考虑各种故障的情况，确定淮沪线只采用高压电抗器及其中性点小电抗来限制潜供电流和恢复电压，三条同塔双回线路的高压电抗器和中性点小电抗配置见表 3。

表 3　皖电东送特高压线路高压电抗器中性点小电抗配置

线路	位置	高抗容量（Mvar）	小电抗（Ω）
淮皖线	淮南	720×2	各 800
	皖南	720×2	各 800
皖浙线	皖南	600（甲线）	1100
	浙北	600（乙线）	1100
浙沪线	浙北	720（甲线）	750
	沪西	720（乙线）	750

（3）由于皖电东送同塔双回线线路较长，系统研究采用高压电抗器和换位等措施。确定本工程不采用 HSGS。但可考虑在以后不用高压电抗器和不换位的短线路采用 HSGS。

（4）中国电科院计划与系统稳定、运行、电弧试验、继电保护、电磁暂态等方面专家合作，进一步研究双回路重合闸的必要性和可行性。

5.2　皖电东送工程高压电抗器中性点绝缘水平及小电抗参数选择

建议本工程采用表 3 所列的高压电抗器及中性点小电抗配置方式。在此高压电抗器及中性点小电抗配置下，各条线路不同故障情况下的潜供电流和恢复电压计算结果见表 4。

表 4　　2010 年方式，各种故障状况下的最大潜供电流和恢复电压

线路	小电抗（Ω）	故障类型	线路方式	退出线路接地方式	恢复电压（kV）	潜供电流（A）
淮皖线	800	单相	双回	—	39.5	15.4
		单相	单回	两端接地	61.5	24.0
		单相	单回	两端悬空	70.1	23.5
		同名相	双回	—	161.7	55.0
		异名相	双回	—	177.9	64.5
皖浙线	1100	单相	双回	—	35.2	7.2
		单相	单回	两端接地	41.7	8.5
		单相	单回	两端悬空	51.1	9.5
		同名相	双回	—	135.9	24.8
		异名相	双回	—	149.5	28.0
浙沪线	750	单相	双回	—	36.4	6.1
		单相	单回	两端接地	53.6	8.9
		单相	单回	两端悬空	74.6	10.5
		同名相	双回	—	170.9	24.7
		异名相	双回	—	196.7	29.7

5.2.1　高压电抗器及小电抗绝缘水平

结合中国电科院对皖电东送同塔双回线路过电压研究结果，各种运行方式下高压电抗器中性点最高短时（≤0.5s）电压比特高压单回线路高，淮皖线同名相故障甩负荷情况下可达 247.3kV（有效值），单相接地、单相分合、非全相运行暂态过程中电压最大峰值可达 371kV（峰值）。参照国家、行业及 IEC 标准和 500kV 的运行经验以及特高压试验示范工程的经验，建议高压电抗器中性点绝缘水平可取：

（1）1min 工频耐压 325kV，裕度为 31%；

（2）雷电冲击 750kV（峰值）。

5.2.2 高压电抗器中性点避雷器选择

根据过电压和高压中性点及小电抗的绝缘水平，可取额定电压为 216kV 的避雷器。此等级避雷器的技术条件如下：

（1）可以承受的长期连续运行电压为 168.5kV（有效值）；

（2）此等级避雷器耐受 1s 暂态电压的能力为 248kV；

（3）此避雷器的 10kA 雷电保护水平为 562kV（峰值），与高压电抗器中性点绝缘耐受雷电冲击耐受电压 750kV 相比，配合系数为 1.33。

6 非全相运行

线路出现非全相运行状态主要由线路单相（或两相）重合闸过程、调试时正常合单相线路或者线路三相合闸、分闸时一相（或两相）断路器拒动等操作引起。线路上装设高压并联电抗器时，需对线路非全相运行状态下会否发生工频谐振进行校核。

研究结果表明，在现有高压电抗器及其小电抗配置下，皖电东送各段线路非全相运行时，开断相上最大电压为 238.5kV，中性点小电抗最大电压为 165.4kV；各线路非全相运行时的谐振频率最高为 46.0Hz，与 50Hz 相差甚远。因此，由于每段线路均采用了换位技术，且采用了合理的高压电抗器及其中性点小电抗参数，淮沪同塔双回线路在非全相运行时不会出现高幅值的工频谐振过电压。

7 感应电流、感应电压

同塔双回线路一回线运行另一回线停运时，由于回路之间存在着静电和电磁耦合，在停运线路上产生感应电压。将停运线路两侧的隔离开关接地时，也有感应电流通过接地开关。本课题考虑投运线路电流为 6.3kA 的情况，计算了皖电东送同塔双回线路的感应电压和感应电流，为接地开关的选择提供技术参数。

研究结果见表 5。

表 5　淮南—沪西同塔双回线路感应电压和感应电流研究结果

序号	线　路	静电耦合		电磁耦合	
		感应电压（kV）	感应电流（A）	感应电压（kV）	感应电流（A）
1	淮皖线	134.7	27.1	38.2	333.6
2	皖浙线	81.8	11.8	13.9	316.2
3	浙沪线	104.5	13.2	16.2	316.6

根据国家标准《1100kV 高压交流隔离开关和接地开关》（送审稿），上述的感应电压与电流均超过国家标准送审稿的相关规定，因此本工程有关接地开关的选型待与有关开关专家和厂家协商后再确定。

8　系统操作过电压

由于操作过电压对设备绝缘有着很大威胁，对电力系统的造价和安全运行有重大的影响，在 330kV 及以上的系统中必须采取措施，将操作过电压限制在一定水平以下。电力系统的操作过电压分析及防护措施是电网研究、设计和运行很重要的一部分内容。

本课题研究主要考虑三种类型操作过电压，即接地故障过电压、合闸（包括单相重合闸）过电压和分闸过电压（包括甩负荷分闸操作和故障清除转移过电压）。

8.1　接地故障过电压

接地故障过电压是指输电线路发生接地短路故障时，在正常相上产生的过电压。这种过电压除了靠线路两端 MOA 限制外，一般没有其他措施。因此在特高压的操作过电压研究中，以它作为限制操作过电压的底线，将合闸和分闸过电压限制到与其相当的范围内。

研究结果表明：

（1）皖电东送工程绝大部分单相接地故障操作过电压不超过 1.6p.u.。

（2）皖电东送工程绝大部分两相接地故障 2%统计操作过电压在线路两端不超过 1.6p.u.，线路侧基本上不超过 1.7p.u.。

8.2　合闸操作过电压

以下主要讨论使用合闸电阻和MOA限制淮沪1000kV同塔双回线路合闸和单相重合闸操作过电压问题。

对皖电东送同塔双回线路合闸、重合闸过电压研究结果表明：

（1）使用 MOA 及 400~600Ω 合闸电阻（接入时间为 8～11ms），可以将合闸及重合闸过电压限制在操作过电压允许范围内。

（2）合闸及重合闸过程 MOA 消耗的能量不超过 6.5MJ，远低于 MOA 的耐受水平。

（3）合闸电阻的最大能耗为 2857kJ。实际上断路器合闸电阻的能耗是由断路器在短路和失步下的工作条件决定，一般为几十兆焦，远大于上述各项合空载线路的合闸电阻能耗。

8.3　甩负荷分闸操作过电压

特高压电力系统甩负荷过电压主要考虑两种情况：

（1）系统因故障（单相或多相）使得线路断路器三相跳闸，引起甩负荷操作过电压；

（2）线路正常输电时，末端（或受端）断路器因某种原因突然跳闸将负荷甩掉。

这两种情况下，线路和母线侧的电压将会产生波动，严重时会产生幅值较高的操作过电压和持续时间较长的过电压，通过避雷器的能耗也较大。

对皖电东送同塔双回线路甩负荷分闸操作过电压研究结果表明：

不使用分闸电阻，仅采用 MOA 的情况下，可以将甩负荷分闸操作过电压限制在 2.4 节允许的范围内。

图 3 所示曲线为小方式下，淮皖线路单回运行，淮南侧单相接地故障甩负荷和无故障甩负荷操作过电压沿线分布。

图 4 所示曲线为大方式下，淮皖线路单回运行，皖南侧单相接地故障甩负荷和无故障甩负荷操作过电压沿线分布。

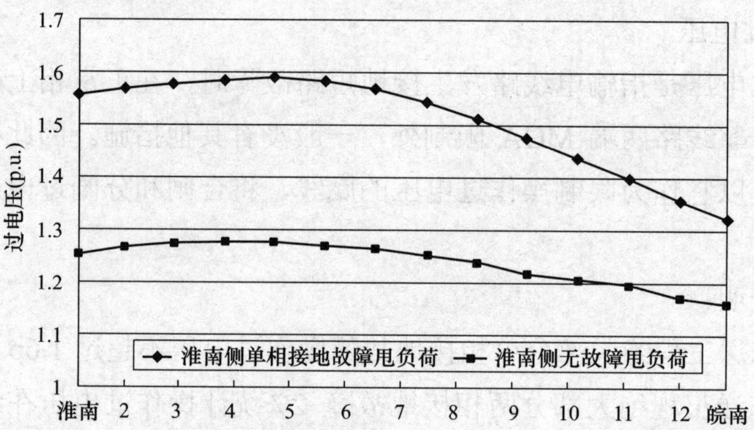

图 3　淮皖线路淮南侧分闸过电压沿线分布

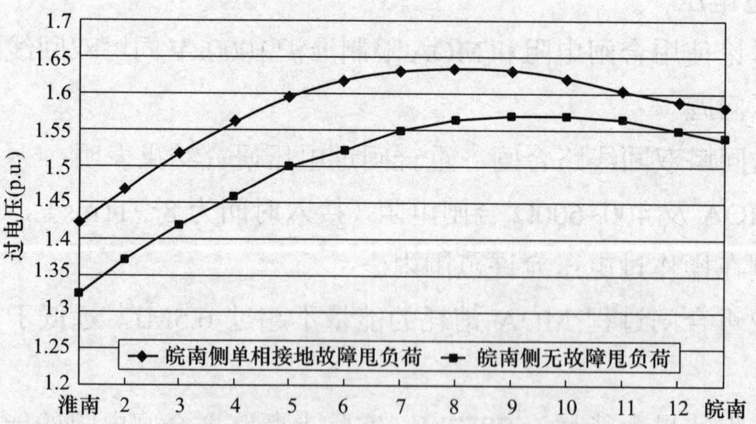

图 4　淮皖线路皖南侧分闸过电压沿线分布

8.4　故障清除转移过电压

故障清除后的转移过电压是指在一条线路发生故障及清除后，在其他相邻或远端无故障线路上，因为线路过渡过程电压的变化而产生的过电压。可以将这种过电压称为故障清除后的转移过电压。

本课题对皖电东送特高压线路故障清除过电压进行了计算，给出了沿线过电压分布，对闪络率进行了计算，并对故障发生概率以及发生闪络的概率进行了简单分析。

计算中研究线路发生单相接地故障（1LG）、两相接地故障（2LG）、两相短路故障（2LS）、三相接地故障（3LG）时的故障清除过电压。计算时，淮皖线取 13 个故障点和观测点，皖浙、浙沪线取 10 个故障点和观测点，见图 5。

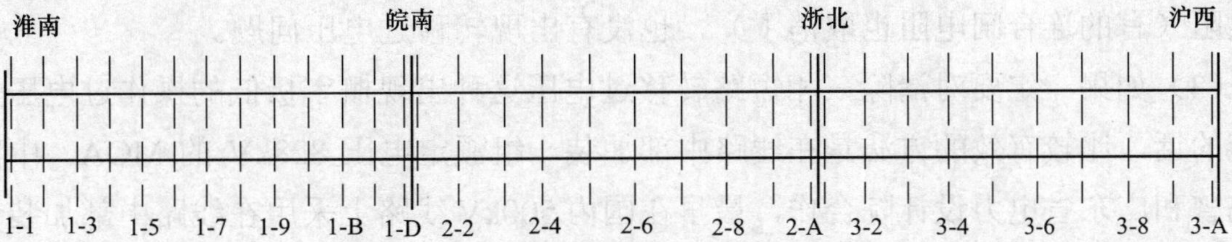

图 5　线路沿线故障点与测量点分布

对皖电东送同塔双回线路故障清除转移过电压研究结果表明：

在仅使用 MOA 及高压电抗器条件下，出现概率最高的单相故障转移过电压在线路两端不超过 1.6p.u.，在线路杆塔部分不超过 1.7p.u.均在 2.4 节所列的过电压允许范围内。

两相及三相故障清除后的相对地转移过电压，变电站与开关站部分最大的统计过电压仍不超过 1.6p.u.，这种低过电压不会对变电站和开关站的电气设备造成损坏；但在一些无故障线路中部杆塔部分产生较高的操作过电压，可达 1.89 p.u.以上。

虽然出现 2LG、2LS 的概率很低，仍有必要对这些过电压可能造成多大的再生故障概率进行分析。研究表明，淮皖线由于转移过电压引起的线路故障概率为 1.16×10^{-5} 次/年，约 8.6 万年才发生一次由于转移过电压引起的线路故障，即使全国特高压线路总长超过 3 万 km，约上千年才有一次转移过电压造成故障。而线路部分有一定闪络率本身也是允许的。因此，对清除故障引发的转移过电压的对策应具体问题具体对策：

（1）电力系统中可能会出现各种各样过电压，而有些过电压出现概率极低但幅值相当高，如多相短路故障清除过程的转移过电压。有的国家建议采用分闸电阻限制这种过电压，也有的认为不必采取特殊措施，其主要原因是这种过电压引起的线路故障率极低，约近千年才出现一次。而分合闸电阻出现故障的概率要比这个大得多，据 1994 年至今的不完全统计，500kV 合闸电阻的损坏相数已达 15 相次左右。由于合闸电阻事故多加上造价高，20 世纪 90 年代中期之后大部分新线路断路器取消了合闸电阻。即使如此，2003 年贵阳还发生 2 台进口断路器共三相次合闸电阻爆炸事故。若分合闸电阻共用，损坏率预计还要高。用一种损坏率相对较高的元件去保护一种出现概率低得多，而且对变电站、开关站电气设备不造成损坏的过电压是否可行，是值得认真考虑的。

（2）更重要的是，国内外研究表明，这种清除三相故障的转移过电压也会出现在500、750kV及其他系统中，其线路中部过电压倍数也可能达2.1p.u.~2.2p.u.，500kV系统的统计过电压允许水平是2.0p.u.，750kV为1.8p.u.。照此推理，500kV及750kV断路器也应装设分闸电阻。而我国500kV线路除了第一条锦辽线装有分闸电阻（后拆除）外，其他从来没有装设过分闸电阻，后来大部分合闸电阻也取消掉，而且一直运行正常。国内750kV系统也无断路器分闸电阻；而国外750kV系统基本上都不装设分闸电阻（有的连合闸电阻也取消了），也没有出现转移过电压问题。

（3）如果一定要对清除三相短路转移过电压这种出现概率极低的操作过电压采取措施的话，比较有效的方法是在线路中部加装一组额定电压828kV的MOA。中国电科院曾和广东省电力设计院合作，最早在国内500kV线路上采用在线路中部加装一组MOA取代断路器合闸电阻，取得良好效果。

总之，因为清除出现极低概率的两相和三相短路故障转移过电压，而要在其他段线路断路器上装设分闸电阻既没有必要，也不可靠，甚至会造成新的故障因素。

9　合空载变压器的谐振过电压

空载变压器投入系统时，由于变压器励磁特性的非线性，可能产生很大的励磁涌流，在电流波形中出现3、5、7…各奇次谐波。由于铁心饱和，变压器电感也会作周期性的变化，电感变化的频率是电源频率的偶数倍，将在电流波形中产生偶次谐波，这使得电流波形中含有2、3、4、5…各次谐波。若系统的自振频率与某次谐波的频率相近，则可能产生幅值相当高的谐振过电压。合空载变压器时，回路电阻比较小，这种谐振过电压可能持续很长一段时间，有可能导致避雷器吸收的能量过大而损坏。当某一母线合空载变压器时，这种谐振过电压还可能出现在电网其他母线上，当其幅值和持续时间超过相应母线过电压保护整定值时，就会导致该保护动作。如果合空载变压器谐振过电压较高且持续时间较长，必要时可通过装设变压器断路器的合闸电阻、降低合闸前母线电压或投入低压电抗器等措施进行限制。

对淮南、皖南、浙北、沪西站500kV侧和1000kV侧合空载变压器研究结果表明：

（1）淮南、皖南、浙北、沪西变电站500kV侧合特高压空载变压器过电压和励磁涌流均不高，变压器500kV侧断路器可不装设合闸电阻。

（2）1000kV侧合特高压空载变压器时，在某些运行方式下存在过电压和励磁涌流较高的情况。建议在运行中优先考虑500kV侧合空载变压器，如需从1000kV侧合空载变压器，则应采用带合闸电阻的断路器进行操作。变压器1000kV母线侧的边断路器可不装设合闸电阻。

10 绝缘配合

由于同塔双回输电线路之间的耦合和相互影响，使双回路的电磁暂态过电压比单回特高压线路更加复杂，而且，同塔双回杆塔空隙间隙的操作冲击放电特性也不同于单回线路，这些因素都影响着该工程的绝缘配合。另外，我国东部地区的污秽水平相对我国中部要严重，合理地选择线路绝缘子串型和片数，对杆塔设计、工程造价和工程的安全运行起着主要作用。所以，有必要对皖电东送工程的绝缘配合进行深入研究。

10.1 变电站设备绝缘水平

1000kV 特高压交流电气设备内绝缘的操作、雷电冲击耐受电压是以避雷器的操作、雷电冲击保护水平为基础，考虑一定的配合系数（安全裕度），采用惯用法加以确定。由于皖电东送工程的避雷器参数、性能和绝缘配合方法与特高压交流试验示范工程相同，所以，该工程变电站设备内、外绝缘水平推荐值同试验示范工程，见表 6。

表 6　　电气设备内、外绝缘冲击耐受电压

设备最高电压（kV，有效值）	雷电冲击耐压（kV）		操作冲击耐压（kV）	
	变压器 电抗器	其他设备	变压器 电抗器	其他设备
1100	2250	2400	1800	1800

10.2 变电站的空气间隙

研究表明，特高压变电站内工作电压、操作过电压和雷电过电压要求的空气间隙中，操作过电压起控制作用。由于本工程的最大相对地和相间统计过电压均在特高压交流示范试验工程的相应值之下，而变电站的最小空气间隙距离与输电线路结构没有关系，因此，皖电东送工程变电站的最小空气间隙，可采用与特高压交流试验示范工程相同的数据，即海拔不超过 1000m 的地区，变电站的最小空气间隙距离推荐值见表 7。

表 7　　变电站最小空气间隙

间隙类型		距离（m）
四分裂导线—地，管母—地		6.8
环—地		7.5
带电导体相间	四分裂导线—四分裂导线	9.2
	均压环—均压环	10.1
	管母—管母	11.3

10.3 线路空气间隙距离

线路塔头工作电压、操作过电压和雷电过电压空气间隙的绝缘配合原则，基本可采用特高压交流试验示范工程研究和相应标准的成果。

10.3.1 工作电压要求的空气间隙工频交流50%放电电压

0m海拔地区输电线路I型绝缘子串—导线对杆塔空气间隙的工频交流50%放电电压$\bar{u}_{\sim}$，应符合式（1）的要求

$$\bar{u}_{\sim} \geqslant K_1(\sqrt{2}U_{\rm m}/\sqrt{3}) \tag{1}$$

式中 $\bar{u}_{\sim}$——工频电压下空气间隙的50%放电电压；

K_1——考虑放电电压的分散性和多间隙的并联因素等的安全系数，取为1.13；

$U_{\rm m}$——系统最高运行电压，1100kV。

10.3.2 操作过电压要求的空气间隙正极性操作冲击50%放电电压

（1）用于线路绝缘配合的操作过电压。从计算结果可知，本工程在合闸、重合闸、单相接地（以下简称1LG）故障清除、甩负荷和接地故障等操作方式下的操作过电压并不高。但本工程皖浙线上发生单相接地故障清除时，会在淮皖线上引起转移过电压，其相对地最大统计过电压达1.62p.u.（1.64p.u.）。线路应能承受该过电压，以保证皖浙线重合成功后该系统可继续输送电力。因此，本工作以该工况的操作过电压研究结果（取作1.65p.u.）作为线路绝缘配合的目标过电压。

（2）悬垂绝缘子串的空气间隙正极性操作冲击50%放电电压。风偏后线路导线对杆塔空气间隙的正极性操作冲击50%放电电压$\bar{u}_{{\rm s}.i}$应符合式（2）的要求

$$\bar{u}_{{\rm s}.i} \geqslant K_2U_0 \tag{2}$$

式中 K_2——线路空气间隙操作过电压统计配合系数，取1.1；

U_0——统计操作过电压。

风偏计算用的风速取线路设计风速的50%。

（3）V型绝缘子串的空气间隙正极性操作冲击50%放电电压。风偏后线路导线对杆塔空气间隙的正极性操作冲击电压波50%放电电压$\bar{u}_{{\rm s}.v}$应符合式（3）的要求

$$\bar{u}_{{\rm s}.v} \geqslant K_3U_0 \tag{3}$$

式中 K_3——线路空气间隙操作过电压统计配合系数，取1.34。

10.3.3 工作电压和操作过电压要求的线路空气间隙距离

本工程线路所经地区海拔不超过500m。空气间隙应考虑因海拔高度影响导致放电电压的变化，根据仿真杆塔试验数据，经计算工作电压和操作过电压要求的线路空气间隙距离（后者按1000μs波头正极性操作冲击电压波下的50%放电电压取值）见表8。

表 8　要求的线路空气间隙　m

位　置		上、中和下导线
工作电压	I 型串	2.7/2.9
操作过电压	I 型串	5.6/6.0
	V 型串	6.0/6.5

注　操作过电压分子、分母数据分别对应于海拔 500m 和 1000m。

10.3.4　线路操作过电压闪络率的估算

超、特高压输电线路在每次操作的过电压作用下的闪络率宜控制到 0.01～0.001。现对线路在操作过电压作用下的闪络率进行研究。

（1）1000kV 线路杆塔上全部为 V 型绝缘子串。假定 1000kV 同塔双回输电线路沿线有最大统计操作过电压作用的杆塔延续 60km。并联杆塔数取为 Z=120，单个间隙闪络概率为 1.0×10^{-5}。线路操作过电压闪络率为 0.001 2。

（2）1000kV 线路杆塔上全部为悬垂绝缘子串。苛刻的前提是假定过电压与 50%线路设计风速的风同时出现，且全线每基杆塔同时遭遇到该风速的风作用。线路 50%设计风速的重现期，初步苛刻地估计为 1 年。

每次操作与 50%设计风速的风同时出现的概率为 1.9×10^{-5}，单个间隙闪络的概率为 2.70×10^{-3}。每年每次操作线路空气间隙中至少有 1 个间隙闪络的次数为 3.6×10^{-5}（假定线路长度 350km、杆塔数为 700）。这表明风险率极小，选用该间隙是安全可靠的。事实上，按相同原则设计的我国已运行多年的超过 50 000km 500kV 输电线路无一例操作过电压闪络故障发生，也为此种配合方法的可行性提供了有力的支撑。

10.3.5　雷电过电压要求的线路空气间隙距离的讨论

从雷电性能出发，杆塔上由于绝缘子串长度较导线对塔身空气间隙距离要大，因此线路的雷电性能主要取决于上导线对下横担的空气间隙距离。雷电绕击导线跳闸率主要取决于避雷线屏蔽性能的设计，空气间隙距离与杆塔反击耐雷水平密切相关。从输电线路的雷电性能计算可知，对于导线对塔身空气间隙距离为 7m 的情况，只要将杆塔的接地电阻控制到 15～20Ω以下，线路的反击跳闸率是可以接受的。

11　结论

（1）对皖电东送工程研究结果表明，采取适当措施后，将特高压过电压限制到 2.4 节的允许水平是可行的。

（2）皖电东送工程必须换位，否则将引起较大的不平衡；在有的工况下可能造成谐振。在满足国家标准要求的前提下，为了尽可能地降低线路的潜供电流、感应电压和感应电流，本研究推荐采用逆相序反向换位的方式。

（3）本工程采用表 3 所列的高压电抗器及中性点小电抗配置方式。

（4）根据表 3 的高压电抗器配置、同杆双回的地线接地方式和皖沪线的接线和运行方式，可以将淮沪同塔双回的工频过电压限制在上述的目标内。

（5）本研究采用高压电抗器和中性点小电抗作为限制潜供电流措施，采用表 3 中的高压电抗器及中性点小电抗配置可满足近期及将来大负荷（双回 10GW）下单相重合闸的要求。本工程可不用也不宜采用高速接地开关（HSGS）作为限制潜供电流措施。高压电抗器中性点采用工频耐压 325kV（RMS），雷电冲击 750kV（peak）的绝缘水平，避雷器采用额定电压 216kV 的 MOV。

（6）在表 3 高压电抗器及中性点小电抗配置下，本工程不会出现非全相运行谐振过电压。

（7）特高压同塔双回线路的感应电压和感应电流的研究结果表明，在一回线停运时，在停运线上的感应电压和电流水平如下：静电感应电压最高为 134.7kV；电磁耦合感应电压为最高 27.1kV；静电感应电流为最高 38.2A；电磁感应电流最高为 333.6A。

（8）本工程接地故障操作过电压水平如下：单相接地故障操作过电压不超过 1.6p.u.；两相接地故障 2%统计操作过电压在线路两端不超过 1.6p.u.；线路中部基本上不超过 1.7p.u.。

（9）在使用额定电压为 828kV 的 MOA 及 400~600Ω 合闸电阻（接入时间为 8～11ms）条件下，可以将合闸及重合闸过电压限制在 2.4 节所示的操作过电压允许范围内；MOA 能耗不超过 6.5MJ，远低于 MOA 的耐受水平；合闸电阻的最大能耗为 2857kJ，远低于允许能耗。

（10）在不使用分闸电阻，仅采用 MOA 的情况下，可以将本工程甩负荷分闸操作过电压限制在 2.4 节允许的范围内。

（11）在仅使用 MOA 及高压电抗器条件下，出现概率最高的清除单相故障转移过电压在线路两端不超过 1.6p.u.，在线路中部杆塔部分不超过 1.7p.u.，均在本文 2.4 节所列的过电压允许范围内。两相及三相故障清除后的相对地转移过电压，变电站与开关站部分最大的统计过电压仍不超过 1.6p.u.，但在一些无故障线路中部杆塔部分产生较高的操作过电压，可达 1.89p.u.以上。由于出现多相故障的概率很低，而引起的高转移过电压的概率就更低了，约上千年才有一次，远大于断路器分闸电阻的使用寿命。而线路本身也允许有一定的闪络率，因此没有必要使用断路器分闸电阻限制这种过电压。

（12）建议特高压断路器只使用合闸电阻不使用分闸电阻。合闸电阻阻值可选

400～600Ω，接入时间 8～11ms，能耗分别为 44.5～30MJ。

（13）皖电东送同塔双回线路操作过电压的波头均比较大，大部分都在 3300～4800μs 之间，只有故障清除的转移过电压波头时间略短些，但也在 2600μs 以上。

（14）淮南、皖南、浙北、沪西变电站 500kV 侧合特高压空载变压器过电压和励磁涌流均不高，变压器 500kV 侧断路器可不装设合闸电阻。1000kV 侧合特高压空载变压器时，在某些运行方式下存在过电压和励磁涌流较高的情况。建议在运行中优先考虑 500kV 侧合空载变压器，如需从 1000kV 侧合空载变压器，则应采用带合闸电阻的中断路器进行操作。变压器 1000kV 母线侧的边断路器可不装设合闸电阻。

（15）1000kV 特高压设备绝缘水平采用与长治—南阳—荆门 1000kV 特高压交流输变电工程相同的数据。

（16）1000kV 特高压变电站最小空气间隙距离采用与特高压交流试验示范工程相同的数据。

（17）线路杆塔上工作电压要求的空气间隙距离一般为 2.7m。但工程设计中宜对本线路所有杆塔处的微气象和微地形情况有所掌握，同时参考附近已有 500kV 线路的运行经验，在这种特殊地区采取防止大风闪络措施。

（18）对线路杆塔操作过电压下的空气间隙进行绝缘配合时，采用了线路单相故障清除（待重合时）的操作过电压（1.65p.u.）。对 I 型、V 型绝缘子串分别采用 5.6m 和 6.0m 间隙距离时，操作过电压闪络率不高于 0.001 2。

（19）建议线路杆塔的雷电空气间隙距离取 7m。

2 特高压交流同塔双回线路系统过电压与绝缘配合研究 2

1 引言

规划建设中的 1000kV 淮南-上海（皖电东送）输变电工程是世界上电压等级最高的同塔双回线路输电系统。过电压和绝缘配合研究是 1000kV 特高压输变电工程设计的基础和关键课题，而同塔双回使其过电压和绝缘配合问题更加复杂化。

本课题研究 1000 kV 皖电东送同塔双回输电系统限制过电压和潜供电流的措施，确定其过电压水平和潜供电流水平，确定线路和变电站的绝缘水平。

2 系统概况

皖电东送工程由淮南至皖南（331km）、皖南至浙北（152km）和浙北至沪西(164km)三段组成，均为同塔双回线路。

1000kV 皖电东送系统示意图见图 1。

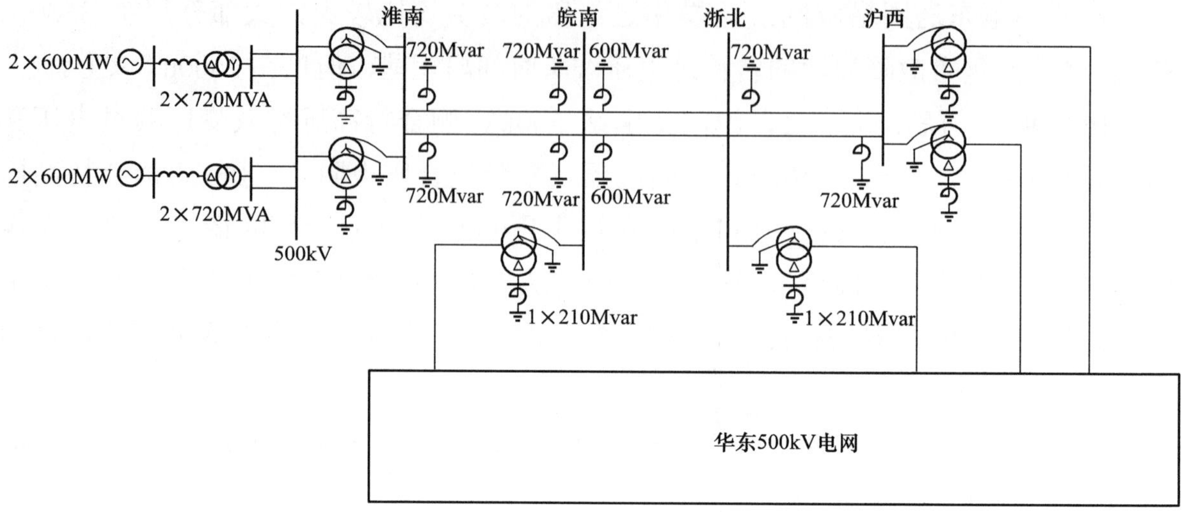

图1 1000kV 皖电东送系统示意图

高压电抗器位置和容量及小电抗值如表1所列。

表1 高压电抗器位置和容量及小电抗值

高压电抗器容量（Mvar）	淮皖线	皖浙线	浙沪线
	2×720	600	720
小电抗值（Ω）	800	1100	750

3 工频暂时过电压

工频暂时过电压主要考虑4种类型：

（1）单回三相甩负荷（或称三相无故障跳闸）；

（2）单回线路末端单相接地，线路末端三相分闸；

（3）单回线路末端两相接地，线路末端三相分闸；

（4）双回线路末端三相甩负荷。

计算表明，皖电东送工程的工频过电压均小于1.3p.u.。由于采用线路断路器联动，工频过电压的持续时间一般小于0.2s，即使考虑后备保护也小于0.5s。该方法较日本的继电保护方案简单。

高压电抗器中性点最大工频过电压为0.27p.u.（171kV有效值）。

4 潜供电流和恢复电压

同塔双回线路距离很近，相互影响较大。线路的潜供电流不仅来自本回路的健全相，而且来自同塔的另一回线路。与单回线路相比，同塔双回线路的潜供电流要大一些。

4.1 采用高压电抗器中性点小电抗限制潜供电流和恢复电压

限制潜供电流和恢复电压的主要措施是在高压电抗器中性点装小电抗。

中性点小电抗值选择的基本原则是能够最大限度地限制潜供电流和恢复电压，同时还需兼顾中性点小电抗的工频过电压。

为了限制单回线路潜供电流和恢复电压，基本上采用完全补偿相间电容的原则来选择高压电抗器中性点最佳小电抗值。但是，为了限制同塔双回线路潜供电流和恢复电压，选择高压电抗器中性点最佳小电抗值需要考虑更多的影响因素。

图 2 是淮南至皖南线在 4 种方式下潜供电流与小电抗值的关系，包括：在双回运行时，单回单相接地（曲线 1）；单回运行时，单相接地（曲线 2）；双回运行时，双回同名相接地故障（曲线 3）；双回运行时，双回异名相接地故障（曲线 4）。

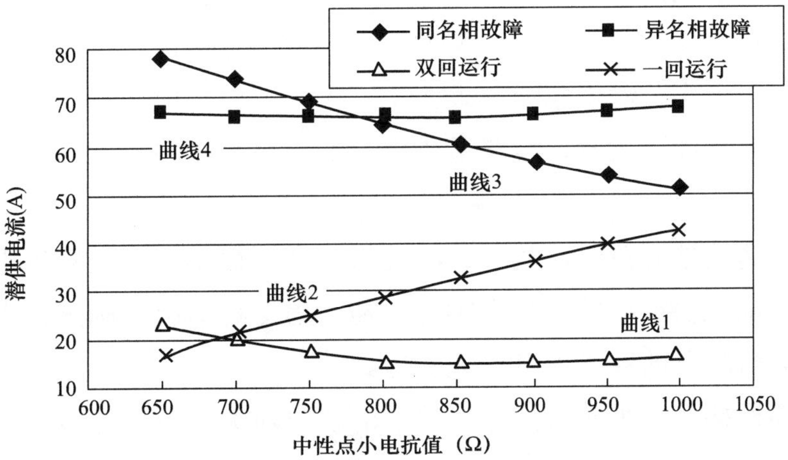

图 2　不同故障类型下，淮皖线潜供电流与中性点小电抗值的关系曲线

双回运行时和单回运行（另一回停运）时，小电抗值与潜供电流和恢复电压的关系是不同的，其相应的最佳小电抗值也是不相同的。不同故障类型下的潜供电流和恢复电压与小电抗值的关系也不一致。

潜供电弧熄灭时间的保证概率为 90%，不是 100%。同塔双回线路单回运行的时间较短，绝大部分时间是双回运行。在选择最佳小电抗值时，应该主要考虑占绝大部分运行时间的双回运行方式，而不是出现概率很小的单回运行方式。在条件许可时，可以兼顾单回运行方式；在不能兼顾时，应主要考虑双回运行方式。

线路潮流大小对潜供电流也有一定的影响，主要是影响潜供电流中的电磁分量。

采用表 1 推荐的中性点小电抗后，同塔双回线路双回运行时，单回单相接地的最大潜供电流约为 17.7A，最大恢复电压为 50.0kV。空气间隙长度以 7m 计，相应的恢复电压梯度为 7.1kV/m。单回运行（一回退出）时，单回单相接地的最大潜供电流约为 25.5A，最大恢复电压为 71.9kV。空气间隙长度以 7m 计，相应的恢复电压梯度为

10.3kV/m。单相重合闸无电流间隙时间均可选为1s以内。这也表明，采用中性点小电抗是可以有效限制特高压同塔双回线路的潜供电流的。

双回两相同名相或异名相故障时的潜供电流和恢复电压明显大于单相接地故障时的潜供电流和恢复电压。最大潜供电流可达66.6A，最大恢复电压可达250.7kV，给潜供电弧快速熄灭造成困难。但是，特高压线路发生双回同名相或异名相故障的概率极低，几乎是不可能。因此选择小电抗值和单相重合闸无电流间隙时间时不以双回同名相、异名相故障方式来调整设定值。

4.2 采用高速接地开关时的潜供电流和恢复电压

高速接地开关（HSGS）是解决潜供电弧快速熄灭问题的另一途径。日本特高压线路和韩国750 kV线路采用高速接地开关来限制潜供电流和恢复电压。

高速接地开关限制潜供电流有以下特点：

（1）采用高速接地开关时潜供电流的大小与故障点潜供电弧电阻和接地电阻大小有密切关系。电阻愈小，潜供电流愈大。

（2）采用高速接地开关时，线路潜供电流的大小与线路长度有关。线路愈长，潜供电流愈大。

（3）采用高速接地开关时，故障线路的恢复电压很小，但是潜供电流仍然可能较大。在考虑潜供电弧自灭特性试验方案时，需考虑这种情况，确定在潜供电流大、恢复电压梯度小的情况下的潜供电弧自灭能力。

（4）采用高速接地开关时，换位线路的潜供电流大于不换位线路的潜供电流。相对于不换位线路，高速接地开关消除换位线路的潜供电弧的效果要差一些。日本特高压线路和韩国750kV线路均为不换位线路，而我国1000kV线路一般是换位线路。

根据我国1000kV皖电东送同塔双回线路的具体情况，应采用中性点小电抗来限制潜供电流和恢复电压，不需采用高速接地开关。

5 非全相工频谐振过电压和双回路之间感应电压和电流

由于选择了合适的高压电抗器中性点小电抗，皖电东送工程各条线路非全相运行时没有出现过高的工频谐振过电压。

当同塔双回线路检修时，一回运行，另一回停运，在停运线路上将感应较大的电压和电流。它是线路两端接地开关选择的依据。

以单回线路运行时，工作电流为出现概率非常小的6.3kA，单回线路的潮流达11403MW+j3747Mvar为计算条件进行计算。1000kV皖电东送同塔双回线路接地开关上的感应电压和电流要求值为：静电电压分量130kV（淮皖线）、100kV（皖浙线和浙沪线），或者三线路均统一采用130kV；静电电流分量50A；电感电压分量50kV；电感电流分量 325A。

6　MOA 参数选择

皖电东送线路 MOA 额定电压以 1.3p.u.的 MOV 考虑，为 828kV。高压电抗器中性点小电抗旁的 MOA 额定电压可选为 180kV 或 192kV。

7　操作过电压

特高压线路的操作过电压包括下列三种：

（1）合空载线路和单相重合闸过电压；

（2）单相接地故障过电压；

（3）故障分闸过电压。

7.1　合闸和重合闸空载线路过电压

合空载线路的最大沿线 2%过电压为 1.51p.u.，线路两端（变电所）最大的相地统计过电压为 1.49p.u.，最大的相间过电压为 2.53p.u.。

单回单相重合闸过电压小于合空载线路过电压。但是，双回两相同名相或异名相重合闸的过电压高于单相重合闸过电压，最大过电压为 1.77p.u.，超出了允许范围。双回两相同名相或异名相故障时可能采用分相重合闸。

但是，无论从防雷计算结果来看，还是从我国 500kV 同塔双回线路和日本 1000kV 同塔双回线路的运行经验来看，可认为我国特高压同塔双回线路双回同时故障跳闸的概率接近于零。在限制过电压和绝缘配合时可以不予考虑。

7.2　单相接地故障过电压

单相接地故障过电压是指线路单相接地故障时在健全相上出现的过电压。

皖电东送特高压线路最大的单相接地过电压为 1.52p.u.，该过电压是在淮南—皖南线路上出现的。它对线路绝缘配合不起控制作用。

7.3　故障清除过电压

此过电压是指切断短路故障电流时在故障线路的健全相和相邻（包括直接相邻和间接相邻）线路上的过电压。

在研究清除故障过电压时，线路故障点的位置有两种选择：一是故障点位置随机分布，这是符合实际情况的；二是故障点位置是特定的，例如在线路端部故障。后者是一种偏严考虑的选择。

切除单相接地、两相接地和两相短路三种类型故障的最大统计过电压见表 2。清除单相接地故障的沿线最大的统计过电压为 1.67p.u.，在允许范围之内。切除两相接地故障和两相短路不接地故障时淮皖线的沿线最大统计过电压分别为 1.76p.u.和 1.93p.u.，均超出允许值范围，可能导致淮皖线同塔双回线同时分闸，对系统有严重冲击。而在皖浙线、浙沪线上的清除故障沿线最大统计过电压（包括切除两相接地故障和两相短路不接地故障）均小于 1.70p.u.。

表 2　清除皖浙线不同类型故障，沿线最大统计过电压（故障点位置随机分布）

故障类型	沿线最大的统计过电压（p.u.）		
	淮皖线	皖浙线	浙沪线
清除单相接地故障	1.67	1.45	1.44
清除两相接地故障（不带分闸电阻）	1.76	1.67	1.56
清除两相短路故障（不带分闸电阻）	1.93	1.69	1.64

7.4　合闸电阻和分闸电阻

为了降低合闸过电压和重合闸过电压，断路器需要装设合闸电阻。合闸电阻的阻值高一些，其要求的热容量小一些，成本低一些，综合考虑，合闸电阻可选为 400～600Ω，以 600Ω 较合适。

分闸电阻有利于降低清除故障分闸过电压。但是，分闸电阻的能量要求值较高，使断路器的机构复杂化，造价增加。

超过设计值的清除故障过电压是在清除两相接地故障和两相短路不接地故障时发生的，而特高压线路发生该类型故障的概率很小，可以不予考虑。因此，淮南至上海全线的线路断路器均可不装分闸电阻。

基于谨慎，为了避免可能导致淮皖线同塔双回线同时分闸而对系统有严重冲击，也可以考虑如下措施：淮南至上海全线的线路断路器均基本上不装分闸电阻，但是皖浙线的皖南侧线路断路器上装分闸电阻，以限制皖浙线故障在淮皖线上产生的幅值过高的清除故障过电压。

7.5　单相接地三相分闸过电压

单相接地三相分闸过电压和线路长度、电源特性、故障点位置等有关。当无分闸电阻时，较长线路的分闸过电压可能大于合闸空载线路过电压。该过电压对于确定线路带电作业安全距离具有重要意义。

线路单相接地三相分闸在产生的最大过电压淮南—皖南线为 1.76 p.u.，皖南—浙北线为 1.61 p.u.，浙北—沪西线为 1.54p.u.。需要强调指出的是单相接地三相跳闸时，不仅要考虑本线路的过电压，还要考虑相邻线路上的过电压。淮皖线上的最大过电压就是在皖浙线单回运行，皖浙线的皖南侧单相接地故障三相跳闸时产生的。而此时皖南—浙北线本身则仅为 1.57 p.u.。

7.6 操作过电压波前时间

线路操作过电压的波前时间与线路长度、故障和操作类型、系统阻抗等因素有关。一般而言，1000kV 线路长度较长，从 1000kV 母线看过去的系统阻抗也较大，相应的操作过电压的波前时间较长。以合空载线路的最大过电压为例，对波前时间进行分析。图 3 为 B 相过电压波前时间的直方图，可以看出，波前时间均在 2.3ms 以上。1000kV 线路合空载线路过电压的波前时间一般在 3000μs 以上，但是其单相接地故障过电压的波前相对较短，在 1500μs 左右。

需要指出，上述操作过电压的波前时间是指电压从零至峰值 U_{max} 的时间，它与绝缘配合中的操作冲击试验电压波前时间的含义有所不同。

国际上对如何根据操作过电压的波形确定操作冲击试验电压波前时间尚无统一的看法。一般认为对间隙放电有重要影响的是操作冲击试验电压波形中 85%幅值以上部分，其余部分对间隙放电的 50%放电电压和标准偏差都影响不大。

考虑到波前时间计算方法上的差异，建议空气间隙操作冲击试验时，试验电压采用 1000μs 波前时间。

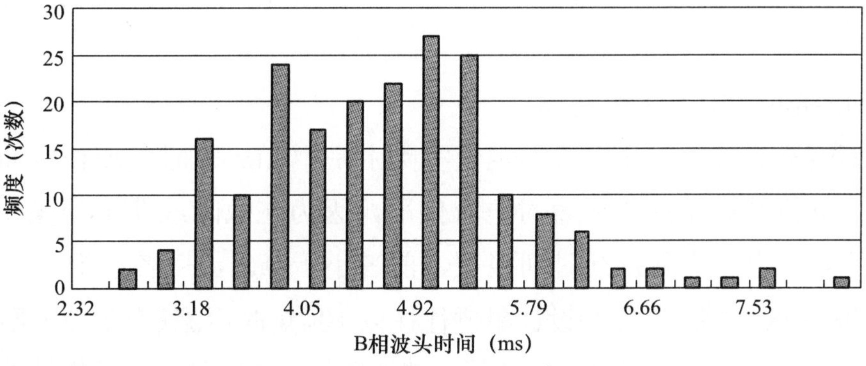

图 3　合空载线路的最大过电压波前时间直方图

8 合空载特高压变压器暂态特性

对合闸空载特高压变压器的过电压和励磁涌流进行研究，结果表明：

（1）由 500kV 侧合空载特高压变压器在变压器高压侧和中压侧均没有出现过高的谐振过电压和励磁涌流。

（2）在 1000kV 侧合闸特高压空载变压器发生谐振过电压的可能性较大。

（3）投切特高压变压器的 1000kV 侧断路器装合闸电阻，可以减小合空载变压器的过电压幅值及励磁涌流。不过，在某些运行方式下，即使装合闸电阻，也不能有效限制谐振过电压。

装合闸电阻有其有利的一面，但是，它会带来如下几个问题：一是造价高；二是使结构复杂，设备可靠性降低；更重要的是不能保证所有方式下都能有效限制谐振过电压。

建议采取下列措施，则特高压变压器和边母线之间的 1000kV 断路器可不装合闸电阻，节省投资，又使合空载特高压变压器操作安全，不出现过高的谐振过电压和励磁涌流：

（1）一般情况下应由 500kV 侧合空载特高压变压器。

（2）如果万一不能由 500kV 侧合空载特高压变压器，则选择由图 4 中带合闸电阻的断路器 QF12 来合空载特高压变压器。

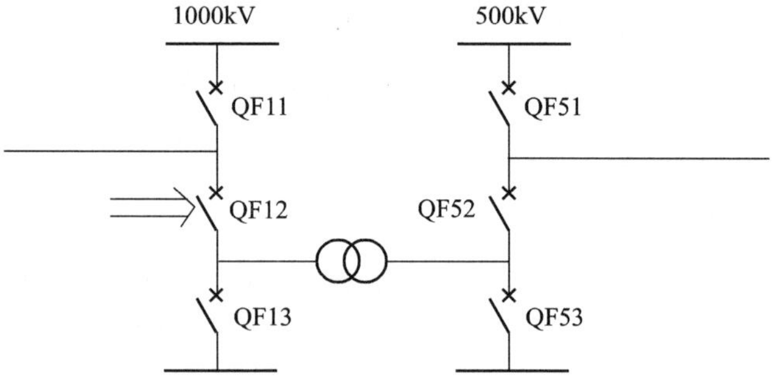

图 4　3/2 接线方式示意图

特高压站主接线一般是采用 3/2 接线方式。可以投切特高压变压器的 1000kV 断路器有 QF12 和 QF13（见图 4）。由于限制线路合闸过电压的要求，该断路器 QF12 是带合闸电阻的。这样，QF13 断路器就不承担合空载特高压变压器的任务，因而可以不装合闸电阻。

9　中性点小电抗和 MOA 参数选择

目前，小电抗的持续工作电流额定值实际上是由 10s 短时电流换算而来的，换算系数是 1/10。此方法确定的 10s 短时电流偏严，因为在故障或非全相操作情况下，小电抗上流过的短时电流实际持续时间很短，前者小于 0.5s，后者小于 1s。

小电抗的动稳定电流，厂家和设计单位往往以 10s 短时电流（有效值）乘以（$1.8\times\sqrt{2}$）来确定小电抗的动稳定电流（峰值）。这是一种近似的计算方法。而直接计算不同状态下可能流过小电抗的最大瞬态电流峰值更合理。

中性点小电抗上的最大短时电流为 228A（有效值）。中性点小电抗的额定持续工作电流（有效值）可取为 30A，相应的 10s 短时耐受电流为 300A，2s 短时耐受电流为 600A。

瞬态计算的小电抗最大电流的峰值为 673A，考虑一定裕度（大约 10%），小电抗的动稳定电流可以定为 750A。为了进一步提高安全性，可以将安全裕度加大至 78%，相应的动稳定电流可选为 1200A。

淮皖线、皖浙线和浙沪线中性点小电抗旁的 MOA 的额定电压均可选为 192kV 或 180kV。安装避雷器的目的是限制过电压。避雷器动作是避雷器正常的工作方式。只要避雷器吸收能量在允许范围内，避雷器是安全的，应该让避雷器尽量发挥其限压作用。

线路双回运行和线路单回运行（一回退出，两端接地），中性点避雷器最大吸收能量为0.12MJ（避雷器额定电压为180kV）或0.07MJ（额定电压为192kV），均在允许范围之内。

考虑线路单回运行（一回退出，两端悬空），中性点避雷器的最大吸收能量为0.55MJ（避雷器额定电压180kV）或0.41MJ（避雷器额定电压192kV），均在允许范围之内。

即使考虑线路双回两相故障四相、六相跳闸，避雷器的最大吸收能量为0.67MJ（避雷器额定电压180kV）或0.41MJ（额定电压192kV），也均在允许范围之内。

如果计算考虑单相无故障分合试验，中性点避雷器的最大吸收能量为0.95MJ（额定电压为180kV）或0.67MJ（额定电压为192kV），也均在允许范围之内。

小电抗和高压电抗器中性点绝缘水平：考虑单相分合试验，则雷电冲击耐受电压要求值可选为650kV，短时工频耐受电压要求值可选为275kV；不考虑单相分合试验，则雷电冲击耐受电压要求值可选为550kV，短时工频耐受电压要求值可选为230kV。

如果提高小电抗和高压电抗器中性点的绝缘水平而增加费用不多，无论考虑或不考虑单相分合试验，中性点小电抗旁的MOA的额定电压可选为192kV，小电抗和高压电抗器中性点绝缘水平可以选用雷电冲击耐受电压要求值为650kV，短时工频耐受电压要求值为275kV。

10 线路换位方式对线路不平衡度、潜供电流的影响

对皖电东送特高压同塔双回线路的换位方式进行研究表明：

（1）不换位线路的电压和电流不平衡度明显大于换位线路。但是，两者均在允许范围内。

（2）如果同塔双回线路为不换位线路，不同相间的电容值是不相等的。中性点小电抗难以兼顾补偿不同相间的电容，补偿效果较差，因而限制潜供电流的作用就减弱，其潜供电流就比换位线路的大得多。双回运行，单回单相接地的最大潜供电流为89.9A，给潜供电弧熄灭造成困难。

与不平衡度增大相比，不换位线路严重影响中性点小电抗限制潜供电流作用的发挥是更大更重要的不利因素。

11 变电站雷电侵入波过电压研究

11.1 基本参数和原则

（1）考虑到的运行方式包括：① 正常运行方式：按线路和变压器的 $N-1$ 和 $N-2$ 选择，即两线一变带双母线运行；② 特殊运行方式：单线方式（线路断路器开断）。

（2）雷电流幅值：① 反击：250kA（正常运行方式），230kA（单线方式）；② 绕击：由电气几何模型计算确定。

（3）采用确定性法和区间组合统计法两种方法进行计算。采用确定性法，设备绝缘安全裕度要求值：内绝缘裕度 15%（正常运行方式），10%（单线方式）；外绝缘安全裕度 5%。采用区间组合统计法，要求变电站平均无故障时间＞1500 年。要求两种方法的计算结果均满足要求。

（4）为了降低特高压变电站的雷电侵入波过电压，主要有两个措施：

1）采用合理的 MOA 的布置方案，用 MOA 限制雷电过电压；

2）减小进线段的最大雷电绕击电流。

为了降低投资，希望减小 MOA 的数量，而在进线段上减小地线保护角以减小最大绕击电流。

11.2 研究的主要结论

（1）推荐的 MOA 布置方案：

1）特高压变电站母线各装一组避雷器。

2）特高压变压器侧安装一组避雷器。

3）针对不同的特高压线路，推荐的避雷器布置方式有所差异：

（a）进线段带固定高压电抗器：线路侧带 1 组避雷器。

（b）进线段带可控高压电抗器：线路侧带 2 组避雷器，一组靠近高抗安装，另一组靠近 GIS 套管安装。

（c）进线段不带高压电抗器：线路侧带 1 组避雷器，避雷器应尽量靠近 GIS 套管。

（2）变电站进线段的地线要采用−5° 保护角。对于直线塔，较容易实现；对于转角耐张塔，由于跳线最远端受地线保护较差，在耐张塔外角侧和内角侧的保护角均较大，因此最大绕击电流较大。要求对进线段转角耐张塔内、外角侧跳线采取进一步的保护措施。

（3）防雷效果：

1）正常运行方式下，各设备上的侵入波过电压均能满足要求。

2）单线方式下，由于 GIS 内部断路器与 GIS 套管的电气距离较长，线路侧避雷器应靠近 GIS 套管布置。

3）单线方式下，采用确定性法进行计算。对于高压电抗器不退出的线路，避雷器与高压电抗器之间安装 CVT 和接地开关时，避雷器对高压电抗器的保护效果较好。各设备上的侵入波过电压水平均能满足要求。

4）单线方式下，采用确定性法进行计算。对于高压电抗器退出的线路，避雷器与高压电抗器之间采用隔离开关连接，电气距离较大，高压电抗器上的过电压可达

2300kV，超出允许范围。因此避雷器与高压电抗器之间不能采用隔离开关连接。如果避雷器与高压电抗器之间采用隔离开关连接，则需在高压电抗器旁加装一组避雷器。

5）进线段安装一组避雷器情况下，避雷器的最大电流高于 20kA，可达 27kA。设备订货时应要求厂家必须提供避雷器在 30kA 时的雷电冲击残压值。

6）采用区间组合统计法计算，变电站在各种运行方式下的防雷可靠性大于 1500 年，满足要求。

12 绝缘配合

12.1 线路杆塔空气间隙距离选择

皖电东送同塔双回线路的工频、操作、雷电的间隙距离建议值见表 3。

表 3 皖电东送同塔双回线路最小空气间隙建议值（海拔 500m）

作用电压类型	最小空气间隙距离（m）
工频电压	2.7
操作冲击	I 串 6.0（导线对塔身）；6.0（导线对下方横担）
	V 串 6.0（导线对塔身和下方横担）；7.9（导线对上方横担）
带电作业安全距离	6.0
雷电冲击	平原：6.7；山区：7.2

皖电东送同塔双回线路的工频空气间隙距离和我国单回特高压线路的相同，大于前苏联和日本的，详见表 4。

表 4 各国特高压线路工频电压空气间隙距离要求值的比较

国别	最高运行电压（kV）	工频电压空气间隙距离（m）	
		H=500m	H=1000m
前苏联	1200	2.5	
日本	1100		2.8
中国单回	1100	2.7	2.9
中国同塔双回	1100	2.7	

各国特高压线路操作冲击下的空气间隙距离要求值见表 5。我国特高压同塔双回线路操作冲击下的空气间隙距离要求值比示范工程单回线路的稍小。原因是单回线路杆塔中相导线受塔窗四面包围，放电电压低。同塔双回线路的导线只受三面包围，放电电压相对高一些，因此要求的间隙距离可以小一些。它也比前苏联特高压线路的小，与日本的相近。日本特高压线路绝缘水平实际上是由招弧角距离控制的，直线塔为

6.3m，耐张塔为5.9m。

皖电东送同塔双回线路的雷电冲击间隙距离要求值比操作冲击间隙距离要求值大，也比日本特高压线路的大。其目的就是避免出现日本特高压线路雷击跳闸率过高的局面。同塔双回线路杆塔高，对防雷不利，雷击跳闸将是线路跳闸的主要原因。适当增加间隙距离以降低雷击跳闸率是合适的。表6为日本和我国特高压线路雷电冲击间隙距离的比较。

表5　各国特高压线路操作冲击下的空气间隙距离要求值的比较

国别	最高运行电压（kV）	操作过电压水平 U_s（p.u.）	海拔（m）	操作冲击下的空气间隙距离
前苏联	1200	2.0	500	边相8m，中相8.7m （边相7～8m，中相8～9m）
日本	1100	1.6	1800	导线—塔腿6.54m 跳线—塔腿6.75m
		1.7	800	导线—塔腿6.73m 跳线—塔腿6.93m
中国单回	1100	1.7	500 1000 1500	中相6.7m/7.9m，边相5.9m 中相7.2m/8.0m，边相6.2m 中相7.7m/8.1m，边相6.4m
中国同塔双回	1100	1.7	500	I串：导线—塔身6.0m；导线—下方横担6.0m V串：导线—下方横担6.0m，导线—上方横担7.9m

表6　各国特高压线路雷电冲击下的空气间隙距离要求值的比较

国别	最高运行电压（kV）	海拔（m）	雷电冲击下的空气间隙距离
日本	1100	1800	直线塔：角间隙6.3m 耐张塔：角间隙 5.9m
中国单回	1100		不予规定
中国同塔双回	1100	500	平原6.7m；山区7.2m

12.2 变电站设备绝缘水平选择

变电站设备绝缘水平见表7，和特高压交流试验示范工程的相同。

表7　1000kV设备绝缘额定耐受电压　kV

设　备	雷电冲击耐受电压	操作冲击耐受电压	短时工频耐受电压
变压器、电抗器	2250（截波2400）	1800	1100（5min）
GIS（断路器、隔离开关）	2400	1800	1100（1min）

续表

设　备	雷电冲击耐受电压	操作冲击耐受电压	短时工频耐受电压
支柱绝缘子、隔离开关（敞开式）	2550	1800	1100（1min）
电压互感器（CVT）	2400	1800	1200（5min）
套管（变压器、电抗器）	2400（截波 2760）	1950	1200（5min）
套管（GIS）	2400	1800	1100（1min）
纵绝缘	2400＋900	1675＋900	1100＋635（1min）

12.3　变电站最小空气间隙选择

变电站的最小空气间隙要求值 A、A_1'、A_1'' 和 A_2 和特高压交流试验示范工程相同，见表 8。

表 8　　1000kV 变电站最小空气间隙距离　　m

作用电压类型	A_1 值		A_2 值
	A_1'	A_1''	
工频	4.2		6.8
操作冲击	6.8	7.5	10.1（均压环—均压环） 9.2（四分裂导线—四分裂导线） 11.3（管母—管母）
雷电冲击	5.0		5.5

13　结论

13.1　内过电压和潜供电流

（1）最大工频暂时过电压较低，小于 1.3p.u.。

（2）利用线路并联电抗器中性点小电抗可以限制同塔双回线路的潜供电流，单相接地时的最大潜供电流可以限制为 10.7A，最大恢复电压为 38.7kV。选择小电抗值时，应根据双回运行条件下单相接地故障时的潜供电流 I_s 和小电抗 X_n 的关系来确定最佳值，并兼顾单回运行方式。单相重合闸无电流间隙时间可选为 1s 以内。

（3）双回两相同名相或异名相故障时的恢复电压和潜供电流明显大于单相接地故障时的潜供电流和恢复电压。潜供电流可达 57.4A，恢复电压可达 198.0kV。特高压线路发生双回同名相或异名相故障的概率极低，几乎是不可能的。在设计限制潜供电流措施和设定单相重合闸时间时，此状态下的潜供电流可以不考虑。

（4）相对于 500kV 接地开关的额定值，皖电东送同塔双回线路接地开关的感应电压和电流 4 个参数中的耦合电压静电分量和耦合电流电磁分量已超过规定值，建议耦合电压静电分量提高至 175kV；耦合电流电磁分量提高到 325A。其余 2 个参数仍然采用

500kV 接地开关的额定值，耦合电流静电分量为 25A；耦合电压电磁分量为 50kV。

（5）皖电东送线路侧和变电站侧的 MOA 的额定电压均可选为 828kV。

（6）皖电东送线路的合空载线路的最大沿线统计（2%）过电压为 1.51p.u.，线路两端（变电所）的最大的相地统计过电压为 1.49p.u.，最大的相间过电压为 2.53p.u.。

（7）单回单相重合闸过电压小于合空载线路过电压。双回两相同名相或异名相故障时可能采用分相重合闸。双回两相同名相或异名相重合闸的过电压高于单相重合闸过电压。双回两相同名相重合闸过电压高于异名相重合闸的过电压。其最大过电压为 1.77p.u.。

（8）最大的单相接地过电压为 1.51p.u.。

（9）清除单相接地故障分闸过电压最大值为 1.67 p.u.，在允许值范围内。清除两相接地故障和两相短路不接地故障的分闸过电压较高，分别达到 1.76 p.u.和 1.93p.u.，超过线路绝缘设计值。不过，特高压线路发生两相接地故障和两相短路不接地故障的概率很小。

（10）如果不考虑出现概率非常小的切除两相接地故障和两相短路不接地故障时健全线路上的分闸过电压，皖电东送线路的操作过电压水平可以按 1.7p.u.计，变电所的操作过电压水平可以按 1.6p.u.计。

（11）线路断路器合闸电阻可选为 400～600Ω，推荐 600Ω。

（12）淮皖线中性点小电抗值可取为 800Ω，皖浙线中性点小电抗值为 1100Ω，浙沪线中性点小电抗可取为 750Ω。中性点小电抗额定持续工作电流（有效值）可选为 30A，10s 短时电流 300A，2s 短时电流 600A。动稳定电流可选为 1200A（峰值）。淮皖线、皖浙线和浙沪线中性点小电抗旁的 MOA 的额定电压均可选为 180kV 或 192kV。相应的小电抗和高压电抗器中性点绝缘水平可分别选为：雷电冲击耐受电压可选为 550kV 或 650kV；短时工频耐受电压可选为 230kV 或 275kV。

（13）确定带电作业的安全距离需要考虑的最大操作过电压为 1.61 p.u.。

（14）不换位线路的电压和电流不平衡度明显大于换位线路的不平衡度，但仍然在允许范围内。线路不换位严重影响中性点小电抗限制潜供电流作用的发挥，最大潜供电流接近 90A，给潜供电弧熄灭造成困难。建议采用换位线路。

（15）一般情况下应由 500kV 侧合空载特高压变压器。万一不能由 500kV 侧合空载特高压变压器，则选择由带合闸电阻的中间位置 1000kV 断路器来合空载特高压变压器。特高压变压器和边母线之间的 1000kV 断路器可不装合闸电阻。

（16）结合我国特高压交流同塔双回输电线路特点，通过过电压计算和对全国 500kV 全部同塔双回线路 28 000km 运行里程年运行经验的调查和总结分析，以及对日本特高压同塔双回线路运行经验的分析，提出在我国特高压同塔双回线路限制过电压与潜供电流的措施和绝缘配合设计中，以不考虑双回同时故障为设计原则。

13.2 变电站雷电侵入波过电压

（1）考虑进线段末端开断的单线运行方式，GIS 内部设备和 GIS 出口套管上的绕击过电压较高，可能超出绝缘裕度允许的范围。为使单线运行方式下各设备的绕击过电压满足绝缘裕度的要求，可以采取两种措施：一是降低进线段最大绕击电流；二是在套管出口处加装一组避雷器。

（2）推荐的避雷器布置方案为：

1）进线段带固定高压电抗器：母线侧安装一组避雷器，变压器侧装一组避雷器，线路侧带一组避雷器，避雷器应尽量靠近 GIS 套管出口处。

2）进线段带高压电抗器：母线侧安装一组避雷器，变压器侧装一组避雷器，线路侧带 2 组避雷器，线路 CVT 可以与高压电抗器共用一组 828kV 避雷器，GIS 套管出口处装一组避雷器。

3）进线段不带高压电抗器：母线侧安装一组避雷器，变压器侧装一组避雷器，线路侧带 1 组避雷器，线路 CVT 与 GIS 共用一组 828kV 避雷器，避雷器应尽量靠近 GIS 套管出口处。

（3）减小地线保护角有利于降低过电压，增加绝缘裕度。建议进线段地线保护角≤−5°。

13.3 绝缘配合

在绝缘配合中，考虑了线路和变电站并联多间隙对放电电压的影响。

（1）特高压同塔双回线路的工频、操作、雷电的间隙距离建议值见表 3。与单回线路相比，特高压同塔双回线路杆塔高度更高，对防雷不利，其雷电冲击间隙距离要求值要增大。

（2）皖电东送变电站空气间隙距离和设备绝缘水平，可取与特高压交流试验示范工程变电站相同的空气间隙距离和设备绝缘水平。

3 特高压交流同塔双回输电系统无功补偿研究

1 引言

为节省线路走廊，提高单位走廊宽度的输送容量，我国将规划建设特高压同塔双回输变电工程——1000kV 淮南—上海（皖电东送）输变电工程。

1000kV 晋东南—南阳—荆门特高压交流试验示范工程无功补偿方案的研究中，对单回特高压线路无功和电压特性取得了一定的研究成果，研究了特高压高抗和低压无功补偿设备的主参数，提出了无功补偿措施及方案。但特高压同塔双回线路无功特性与单回线路有所不同，主要体现在导线间的静电感应和电磁耦合效应比较突出，充电功率更大，无功电压控制问题更突出，因此合理配置无功补偿方案对特高压同塔双回输电系统的运行和控制具有重要意义。

本文将从无功补偿和电压控制方面，对皖电东送工程低压侧无功补偿设备配置方案进行研究。

2 系统计算边界条件

2.1 系统条件

皖电东送工程各段线路长度为淮南—皖南 331km，皖南—浙北 152km，浙北—沪西 164km。远期淮南变电站规模按 3 台 3000MVA 主变压器考虑，皖南变电站规模按 3 台 3000MVA 主变压器考虑，浙北变电站规模按 4 台 3000MVA 主变压器考虑，上海变电站规模按 4 台 3000MVA 主变压器考虑。该线路建成后，华东电网将 1000kV 电网向上海地区延伸，将淮南地区的火电基地以及上海地区的负荷中心通过 1000kV 系统连入主网。

2.2 主变压器参数

皖电东送工程的系统额定电压为 1000kV，最高运行电压为 1100kV，包括淮南、皖南、浙北和上海四座变电站。

（1）1000kV 同塔双回输电系统中，淮南站变压器参数考虑为：

单相容量：1000/1000/334MVA；

变比：1050/525±4×1.25%/110kV；

阻抗比：高中为 18%，高低为 62%，中低为 40%。

（2）皖南站、浙北站和沪西站变压器参数考虑为：

单相容量：1000/1000/334MVA；

变比：1050/520±4×1.25%/110kV；

阻抗比：高中为 18%，高低为 62%，中低为 40%。

2.3 低压无功补偿设备

根据特高压试验示范工程的研究结论，本文中低压电容器组和低压电抗器考虑 2 种容量：210Mvar 和 240Mvar。其中，低压电抗器分组容量按单组 240Mvar 考虑，额定电压为 105kV；低压电容器分组容量按单组 210Mvar 考虑，最高运行电压为 126kV。

2.4 线路参数

本次研究中 1000kV 同塔双回输电线路的导线型号为 LGJ–8×630mm^2，若采用鼓形杆塔，经计算，线路参数见表 1。

表 1　同塔双回线路正序参数结果

线　路	电阻（Ω/km）	电抗（Ω/km）	电容（μF/km）
淮南—皖南	0.006 6	0.254 7	0.014 4
皖南—浙北	0.006 5	0.254 7	0.014 4
浙北—沪西	0.006 5	0.254 7	0.014 4

2.5 高抗配置

皖电东送工程全线配置高抗 5520Mvar，具体高抗配置方案（见表 2）为：

（1）淮南—皖南线路长度为 331km，每回线淮南侧安装 720Mvar 高抗，皖南侧安装 720Mvar 高抗，高抗补偿度为 80.4%。

（2）皖南—浙北线路长度为 152km，双回线两侧对角配置高抗 2×600MVA，高抗补偿度为 72.5%。

（3）浙北—沪西线路长度为 164km，双回线两侧对角配置高抗 2×720MVA，高抗补偿度为 79.6%。

表 2　淮南—上海 1000kV 线路高压电抗器配置方案

研究线路	线路长度（km）	线路高抗容量（Mvar）	
		首　端	末　端
淮南—皖南	331	Ⅰ线：720	Ⅰ线：720
		Ⅱ线：720	Ⅱ线：720
皖南—浙北	152	Ⅰ线：600	Ⅰ线：0
		Ⅱ线：0	Ⅱ线：600
浙北—沪西	164	Ⅰ线：720	Ⅰ线：0
		Ⅱ线：0	Ⅱ线：720

3 低压无功补偿方案研究

3.1 线路无功特性

（1）淮南—皖南长度为 331km，同塔双回线路按表 2 配置高抗后，无功特性如图 1 所示。

线路两端电压控制在 1050kV 情况下，双回线空载时无功过剩约 630Mvar，线路功率为 4000MW 时，无功过剩约为零；而线路功率为 6000MW 时，无功不足约 770Mvar。

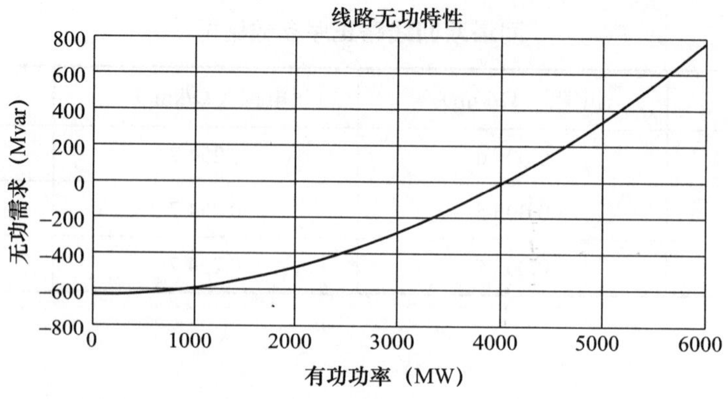

图1　淮南—皖南线路配置高抗后无功特性

注：负值表示无功过剩，正值表示无功不足，下同。

（2）皖南—浙北长度为152km，同塔双回线路按表2配置高抗后，无功特性如图2所示。

线路两端电压控制在1050kV情况下，双回线空载时无功过剩约400Mvar，线路功率为4000MW时，无功过剩约为零；而线路功率为6000MW时，无功不足约260Mvar。

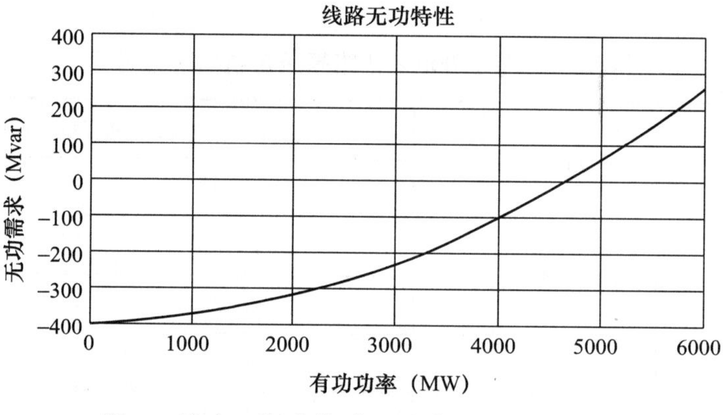

图2　皖南—浙北线路配置高抗后无功特性

（3）浙北—沪西长度为164km，同塔双回线路按表2配置高抗后，无功特性如图3所示。

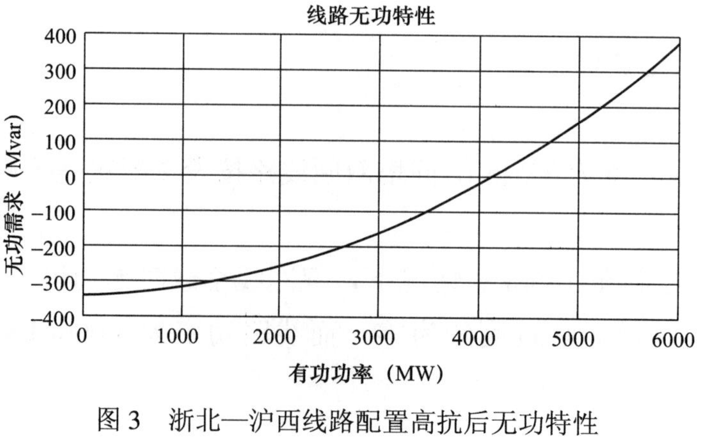

图3　浙北—沪西线路配置高抗后无功特性

线路两端电压控制在 1050kV 情况下，双回线空载时无功过剩 340Mvar，线路功率为 4000MW 时，无功过剩约为零；而线路功率为 6000MW 时，无功不足为 380Mvar。

3.2　低压电抗器配置方案

低压电抗器补偿容量根据空载时线路无功过剩情况确定，高、低压感性无功总补偿度如表 3 所示。

表 3　　高、低压电抗器配置情况

说明	淮南—皖南	皖南—浙北	浙北—沪西
线路长度（km）	331	152	164
充电功率（Mvar）	3574	1636	1813
高抗配置（Mvar）	4×720	2×600	2×720
高抗补偿度（%）	80.4	72.5	79.6
低抗配置（Mvar）	3×240	2×240	2×240
总补偿度（%）	100	103	106

从表 3 可见，三段特高压线路感性无功总补偿度均在 100%以上，总共需配置 7×240Mvar 低压电抗器。具体配置情况为：淮南站配 2×240Mvar 低压电抗器；皖南站配 2×240Mvar 低压电抗器；浙北站配 2×240Mvar 低压电抗器；上海站配 240Mvar 低压电抗器，考虑上海站低压电抗器的备用后，建议四座变电站均配置 2×240Mvar 低压电抗器。

3.3　低压电容器配置方案

表 4 和表 5 分别所示为 2010 年大方式下各变电站主变压器损耗、线路无功需求情况，可见，4 个变电站总的容性无功缺额大约为 349Mvar；三段特高压线路无功均呈过剩状态，淮南—皖南过剩 426Mvar，皖南—浙北过剩 210Mvar，而浙北—沪西过剩 282Mvar；按照本期大方式输电规模，淮南—沪西全线无功过剩总量约 918Mvar。考虑变压器无功损耗后，淮南—沪西输变电系统无功仍过剩 569Mvar。因此，大方式下可暂不装设低压电容器。

表 4　　大方式下各变电站主变压器无功损耗情况

变电站	变电功率（MW）	容性无功缺额（Mvar）
淮南站	2300	164
皖南站	900	25
浙北站	1500	70
沪西站	1700	90
小计	—	349

表5 大方式下各段线路无功需求情况

输电线路	输电功率（MW）	容性无功缺额（Mvar）
淮南—皖南	2300	–426
皖南—浙北	3200	–210
浙北—沪西	1700	–282
小计	—	–918
总计	—	–569

表6和表7分别所示为最大功率方式下各变电站主变压器损耗、线路无功需求情况，最大功率方式下，安徽外送断面包括500kV线路繁昌—溧水双回、马鞍山—溧阳双回、宁国—富阳双回、宣城—瓶窑单回和1000kV线路皖南—浙北双回，整个断面输送功率约为12500MW。由表6可见，淮南、皖南、浙北和沪西变电站需要补偿无功约2281Mvar，因此需配置14×210Mvar低压电容器。

参考皖电东送工程可研的相关结论以及从增加淮南站运行方式灵活性方面考虑，建议配置方案为淮南2×210Mvar，皖南4×210Mvar，浙北4×210Mvar，沪西4×210Mvar低压电容器。同时，淮南侧作为电源送端，所需容性无功可由发电机进行补偿，因此淮南站可暂不配置低压电容器。

表6 最大功率方式各变电站主变压器无功损耗情况

变电站	变电功率（MW）	容性无功缺额（Mvar）
淮南	5100	824
皖南	1200	44
浙北	2100	137
沪西	4200	554
小计	—	1559

表7 大方式下各段线路无功需求情况

输电线路	输电功率（MW）	容性无功缺额（Mvar）
淮南—皖南	5100	381
皖南—浙北	6300	328
浙北—沪西	4200	13
小计	—	722
总计	—	2281

注 负值表示无功过剩。

4 无功配置方案校核

4.1 无功平衡及电压控制

4.1.1　2010 年大方式

淮南、皖南、浙北、沪西 1000kV 变电站中压侧无功交换情况及低压侧无功补偿容量如表 8 所示。淮南、皖南、浙北、沪西 1000kV 变电站各电压等级母线电压如表 9 所示。可见，在表 8 的无功补偿容量下，无功分层平衡和各级母线电压均可以控制在允许范围内。

表 8　　各变电站中压侧无功交换及低压无功补偿容量　　Mvar

参　　数	淮南	皖南	浙北	沪西
中压侧无功交换容量	−103	18	67	−144
低压无功补偿容量	0	−240	−240	−240

注　正值为 525kV 系统向 1000kV 主变压器输送无功，负值为 1000kV 主变压器向 525kV 系统输送无功，下同。

表 9　　各变电站各级母线电压　　kV

参　　数	淮南	皖南	浙北	沪西
1000kV 侧电压	1065.3	1063.5	1060	1055.8
525kV 侧电压	529.8	523.6	522.8	523.9
110kV 侧电压	111	106.4	106.3	109.8

4.1.2　2010 年小方式

淮南、皖南、浙北、沪西 1000kV 变电站中压侧无功交换情况及低压侧无功补偿容量如表 10 所示。淮南、皖南、浙北、沪西 1000kV 变电站各电压等级母线电压如表 11 所示。可见，在表 10 的无功补偿容量下，无功分层平衡和各级母线电压均可以控制在允许范围内。

表 10　　各变电站中压侧无功交换及低压无功补偿容量　　Mvar

参　　数	淮南	皖南	浙北	沪西
中压侧无功交换容量	−32	177	116	−160
低压无功补偿容量	−240	−480	−240	−240

表 11　　各变电站各级母线电压　　kV

参　　数	淮南	皖南	浙北	沪西
1000kV 侧电压	1079.5	1077.7	1073.6	1068.2
525kV 侧电压	535.5	523.3	519.7	516.5
110kV 侧电压	108.9	104.3	107.7	107.1

4.2　单组设备投切时电压波动研究

根据特高压试验示范工程的研究结论，在投切单组低压侧无功补偿设备时，应满足特高压中压侧母线电压波动不超过 2.5%，特高压低压侧母线电压波动不超过 5%。

因此，本文在2010年大方式下，校核各站投切低压电抗器时，母线电压波动情况。

（1）淮南变电站大方式下暂不安装电抗器，投入1×240Mvar低压电抗器后引起的电压波动见表12。

表12　淮南站投低压电抗器电压波动情况

低压无功补偿容量（Mvar）		母线	电压（kV）		电压波动	
投前	投后		投前	投后	kV	%
0	–240	1000kV侧	1065.3	1060.6	4.7	0.44
		525kV侧	529.8	526.3	3.5	0.66
		110kV侧	111	107	4	3.6

（2）皖南变电站大方式下安装1×240Mvar低压电抗器，投入1×240Mvar低压电抗器，引起的电压波动见表13。

表13　皖南站投低压电抗器电压波动情况

低压无功补偿容量（Mvar）		母线	电压（kV）		电压波动	
投前	投后		投前	投后	kV	%
–240	–480	1000kV侧	1057.9	1053.6	4.3	0.4
		525kV侧	521.2	516	5.2	1
		110kV侧	105.5	101	4.5	4.3
–240	0	1000kV侧	1065	1073.5	8.5	0.8
		525kV侧	524.1	532.5	8.4	1.6
		110kV侧	106.5	111.5	5	4.7

（3）浙北变电站大方式下安装1×240Mvar低压电抗器，投入1×240Mvar低压电抗器，引起的电压波动见表14。

表14　浙北站投低压电抗器电压波动情况

低压无功补偿容量（Mvar）		母线	电压（kV）		电压波动	
投前	投后		投前	投后	kV	%
–240	–480	1000kV侧	1081.8	1058.3	23.5	2.2
		525kV侧	533.1	520.6	12.5	2.3
		110kV侧	108.4	102.8	5.6	5.2
–240	0	1000V侧	1059.1	1063.2	4.1	0.4
		525kV侧	522.1	525.9	3.8	0.7
		110kV侧	106.2	110.2	4	3.8

（4）沪西变电站大方式下暂不安装低压电抗器，投入 1×240Mvar 低压电抗器，引起的电压波动见表 15。

表 15　　上海站投低压电抗器电压波动情况

低压无功补偿容量（Mvar）		母线	电压（kV）		电压波动	
投前	投后		投前	投后	kV	%
0	−240	1000kV 侧	1055.8	1049.5	6.3	0.6
		525kV 侧	523.9	519.4	4.5	0.86
		110kV 侧	109.8	105.6	4.2	3.83

计算结果表明，2010 年大方式下淮南、皖南、浙北和沪西 500kV 侧和 110kV 侧的电压波动均属于可接受的范围。

4.3　合空载长线路电压控制

线路投运初期，合空载线路时，需要将线路一侧（定义为线路首端）先合闸，使线路充电，而此时由于线路对地电容的影响使线路首端和线路未合闸侧（定义为线路末端）电压同时升高，升高的幅值与线路长度有关，因此有必要对线路首端的母线电压进行控制，以免线路末端电压超出 1100kV。

4.3.1　2010 年大方式

（1）淮南—皖南合第一回线路，若由淮南侧充电，首末端电压差为 13.2kV，充电后淮南侧电压差为 19.7kV，因而，充电前淮南变电站 1000kV 母线电压需控制在 1067.1kV 以下，才可能保证皖南侧电压在 1100kV 以下。

若由皖南侧充电，经计算，首末端电压差为 13.1kV，充电后皖南侧电压差为 17.4kV，因而，充电前皖南变电站 1000kV 母线电压需控制在 1069.5kV 以下，才可能保证淮南侧电压在 1100kV 以下。合空线时线路电压控制情况见表 16。

表 16　　淮南—皖南合第一回空线电压控制情况　　kV

充电侧	充电后线路首端电压差	充电后线路首末端电压差	充电侧电压控制限值
淮南	19.7	13.2	1067.1
皖南	17.4	13.1	1069.5

淮南—皖南合第二回线路时，若由淮南侧充电，首末端电压差为 13.2kV，充电后淮南侧电压差为 16kV，因而，充电前淮南变电站 1000kV 母线电压需控制在 1070.8kV 以下，才可能保证皖南侧电压在 1100kV 以下。

若由皖南侧充电，经计算，首末端电压差为 13.1kV，充电后皖南侧电压差为 13.3kV，因而，充电前皖南变电站 1000kV 母线电压需控制在 1073.6kV 以下，才可能保证淮南侧电压在1100kV以下。合空线时线路电压控制情况见表17。

表17　　淮南—皖南合第二回空线电压控制情况　　kV

充电侧	充电后线路首端电压差	充电后线路首末端电压差	充电侧电压控制限值
淮南	16	13.2	1070.8
皖南	13.3	13.1	1073.6

（2）皖南—浙北合第一回线路，若由皖南侧充电，首末端电压差为14.1kV，充电后皖南侧电压差为13.7kV，因而，充电前皖南变电站1000kV母线电压需控制在1072.2kV以下，才可能保证充电时浙北侧电压在1100kV以下。

若由浙北侧充电，经计算，首末端电压差为–6kV，充电后浙北侧电压差为14.5kV，因而，充电前浙北变电站1000kV母线电压需控制在1091.5kV以下，才可能保证充电时皖南侧电压在1100kV以下。合空线时线路电压控制情况见表18。

表18　　皖南—浙北合第一回空线电压控制情况　　kV

充电侧	充电后线路首端电压差	充电后线路首末端电压差	充电侧电压控制限值
皖南	13.7	14.1	1072.2
浙北	14.5	–6	1091.5

皖南—浙北合第二回线路时，若由皖南侧充电，首末端电压差为–6.2kV，充电后皖南侧电压差为8.5kV，因而，充电前皖南变电站1000kV母线电压需控制在1097.7kV以下，才可能保证充电时浙北侧电压在1100kV以下。

若由浙北侧充电，经计算，首末端电压差为14.1kV，充电后浙北侧电压差为9.4kV，因而，充电前浙北变电站1000kV母线电压需控制在1076.5kV以下，才可能保证充电时皖南侧电压在1100kV以下。合空线时线路电压控制情况见表19。

表19　　皖南—浙北合第二回空线电压控制情况　　kV

充电侧	充电后线路首端电压差	充电后线路首末端电压差	充电侧电压控制限值
皖南	8.5	–6.2	1097.7
浙北	9.4	14.1	1076.5

（3）浙北—沪西合第一回线路，若由浙北侧充电，首末端电压差为17.1kV，充电后浙北侧电压波动为8.8kV，因而，充电前浙北变电站1000kV母线电压需控制在1074.1kV以下，才可能保证充电时沪西侧电压在1100kV以下。

若由沪西侧充电，经计算，首末端电压差为–9.2kV，充电后沪西侧电压波动为16.3kV，因而，充电前沪西变电站1000kV母线电压需控制在1092.9kV以下，才可能保证充电时浙北侧电压在 1100kV 以下。合空线时线路电压控制情况见表 20。

表 20　　浙北—沪西合第一回空线电压控制情况　　kV

充电侧	充电后线路首端电压差	充电后线路首末端电压差	充电侧电压控制限值
浙北	8.8	17.1	1074.1
沪西	16.3	−9.2	1092.9

浙北—沪西合第二回线路时，若由浙北侧充电，首末端电压差为−9.6kV，充电后浙北变电站 1000kV 母线电压差为 7.6kV，因而，充电前浙北变电站 1000kV 母线电压需控制在 1100kV 以下，才可能保证充电时沪西侧电压在 1100kV 以下。

若由上海侧充电，首末端电压差为 17.1kV，充电后沪西变电站 1000kV 母线电压差为 9.6kV，因而，充电前沪西变电站 1000kV 母线电压需控制在 1073.3kV 以下，才可能保证充电时浙北侧电压在 1100kV 以下。合空线时线路电压控制情况见表 21。

表 21　　浙北—沪西合第二回空线电压控制情况　　kV

充电侧	充电后线路首端电压差	充电后线路首末端电压差	充电侧电压控制限值
浙北	7.6	−9.6	1101.9
沪西	9.6	17.1	1073.3

4.3.2 2010 年小方式

（1）淮南—皖南合第一回线路，若由淮南侧充电，首末端电压差为 13.3kV，充电后淮南侧电压差为 24kV，因而，充电前淮南变电站 1000kV 母线电压需控制在 1062.7kV 以下，才可能保证充电时皖南侧电压在 1100kV 以下。

若由皖南侧充电，经计算，首末端电压差为 13.3kV，充电后皖南侧电压差为 17.6kV，因而，充电前皖南变电站 1000kV 母线电压需控制在 1069.1kV 以下，才可能保证充电时淮南侧电压在 1100kV 以下。合空线时线路电压控制情况见表 22。

表 22　　淮南—皖南合第一回空线电压控制情况　　kV

充电侧	充电后线路首端电压差	充电后线路首末端电压差	充电侧电压控制限值
淮南	24	13.3	1062.7
皖南	17.6	13.3	1069.1

淮南—皖南合第二回线路时，若由淮南侧充电，首末端电压差为13.4kV，充电后淮南侧电压差为 18.3kV，因而，充电前淮南变电站 1000kV 母线电压需控制在 1068.3kV 以下，才可能保证充电时皖南侧电压在 1100kV 以下。

若由皖南侧充电，经计算，首末端电压差为 13.4kV，充电后皖南侧电压波动为

16.1kV，因而，充电前皖南变电站1000kV母线电压需控制在1070.5kV以下，才可能保证充电时淮南侧电压在1100kV以下。合空线时线路电压控制情况见表23。

表23　淮南—皖南合第二回空线电压控制情况　kV

充电侧	充电后线路首端电压差	充电后线路首末端电压差	充电侧电压控制限值
淮南	18.3	13.4	1068.3
皖南	16.1	13.4	1070.5

（2）皖南—浙北合第一回线路，若由皖南侧充电，首末端电压差为14.3kV，充电后皖南侧电压波动为14.2kV，因而，充电前皖南变电站1000kV母线电压需控制在1071.5kV以下，才可能保证充电时浙北侧电压在1100kV以下。

若由浙北侧充电，经计算，首末端电压差为−6.2kV，充电后浙北侧电压波动为11.7kV，因而，充电前浙北变电站1000kV母线电压需控制在1094.5kV以下，才可能保证充电时皖南侧电压在1100kV以下。合空线时线路电压控制情况见表24。

表24　皖南—浙北合第一回空线电压控制情况　kV

充电侧	充电后线路首端电压差	充电后线路首末端电压差	充电侧电压控制限值
皖南	14.2	14.3	1071.5
浙北	11.7	−6.2	1094.5

皖南—浙北合第二回线路时，若由皖南侧充电，首末端电压差为−6.1kV，充电后皖南侧电压波动为9.7kV，因而，充电前皖南变电站1000kV母线电压需控制在1096.4kV以下，才可能保证充电时浙北侧电压在1100kV以下。

若由浙北侧充电，经计算，首末端电压差为14.2kV，充电后浙北侧电压波动为10.1kV，因而，充电前浙北变电站1000kV母线电压需控制在1075.79kV以下，才可能保证充电时皖南侧电压在1100kV以下。合空线时线路电压控制情况见表25。

表25　皖南—浙北合第二回空线电压控制情况　kV

充电侧	充电后线路首端电压差	充电后线路首末端电压差	充电侧电压控制限值
皖南	9.7	−6.1	1096.4
浙北	10.1	14.2	1075.7

（3）浙北—沪西合第一回线路，若由浙北侧充电，首末端电压差为17.5kV，充电后浙北侧电压波动为13.2kV，因而，充电前浙北变电站1000kV母线电压需控制在1069.3kV以下，才可能保证充电时上海侧电压在1100kV以下。

若由沪西侧充电，经计算，首末端电压差为−9.4kV，充电后沪西侧电压波动为

14.9kV，因而，充电前沪西变电站 1000kV 母线电压需控制在 1094.5kV 以下，才可能保证充电时浙北侧电压在 1100kV 以下。合空线时线路电压控制情况见表 26。

表 26　　浙北—沪西合第一回空线电压控制情况　　kV

充电侧	充电后线路首端电压差	充电后线路首末端电压差	充电侧电压控制限值
浙北	13.2	17.5	1069.3
沪西	14.9	−9.4	1094.5

浙北—沪西合第二回线路时，若由浙北侧充电，首末端电压差为−9.6kV，充电后浙北变电站 1000kV 母线电压差为 8.7kV，因而，充电前浙北变电站 1000kV 母线电压需控制在 1100kV 以下，才可能保证充电时沪西侧电压在 1100kV 以下。

若由沪西侧充电，首末端电压差为 17.3kV，充电后沪西变电站 1000kV 母线电压波动为 10.0kV，因而，充电前沪西变电站 1000kV 母线电压需控制在 1072.7kV 以下，才可能保证充电时浙北侧电压在 1100kV 以下。合空线时线路电压控制情况见表 27。

表 27　　浙北—沪西合第二回空线电压控制情况　　kV

充电侧	充电后线路首端电压差	充电后线路首末端电压差	充电侧电压控制限值
浙北	8.7	−9.6	−1100.9
沪西	10	17.3	−1072.7

5　结语

（1）通过对皖电东送工程特高压线路无功补偿方案研究，推荐低压无功补偿配置方案如表 28 所示。

表 28　　各变电站低压侧无功补偿方案　　Mvar

变电站	淮南	皖南	浙北	沪西
低抗补偿容量	2×240	2×240	2×240	2×240
低容补偿容量	0	4×210	4×210	4×210

（2）皖电东送工程特高压线路在推荐的低压无功配置方案下，在高峰和低谷方式下，满足无功分层平衡原则，并且特高压站各母线电压均能控制在允许范围内。

（3）低压电抗器分组容量为 240Mvar，在本期高峰和低谷方式下单组投切时，引起的变电站主变压器中压侧和低压侧电压波动均在允许范围内。

（4）皖电东送工程特高压线路在高峰和低谷方式下，均能够满足合空载线路对电压的要求。

4　特高压交流同塔双回输电系统安全稳定性研究

1　引言

特高压同塔双回输电线路输送功率大，在发生严重故障时对系统冲击较大，因此有必要研究特高压同塔双回输电系统的安全稳定性。本课题结合 1000kV 淮南—上海（皖电东送）输变电工程，对系统安全稳定性进行校核计算，研究系统承受严重故障能力及需要采取的控制措施，研究成果为特高压同塔双回线路规划设计、运行和控制提供重要的技术依据，为特高压同塔双回线路安全稳定运行提供技术支撑。

2　计算水平年及方式

本次研究结合皖电东送工程可研开展，计算水平年选择投产年，即 2010 年，同时对 2012 年进行了校核，这主要因为 2012 年形成了“三华”特高压交流同步电网，工程所在的系统条件发生了重大变化。在方式选择上，以丰水期大负荷（简称丰大）方式为主，并对一些可变因素作了敏感性分析，尤其是皖电东送大方式。各方式电力流及特高压线路输送功率见图 1、图 2 和表 1。

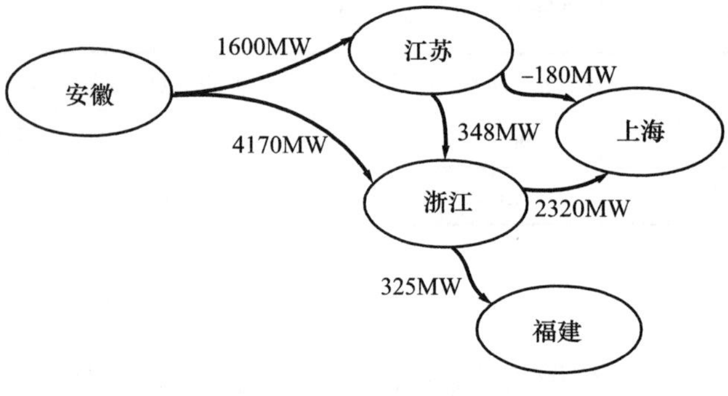

图 1　2010 年丰大方式

2012 年，淮南变电站在送端与安徽 500kV 电网解开，淮南变电站成为纯粹的电力汇集站，通过淮南—皖南送出的电力就达到了 4400MW。由于受入了川西和北方火电，安徽外送断面输送功率进一步增加，超过了 12000MW。淮南—皖南—浙北—沪西特高压通道上各段潮流分别达到了 4398、4998MW 和 3104MW，较之 2010 年皖电东送大方式又有所增加。

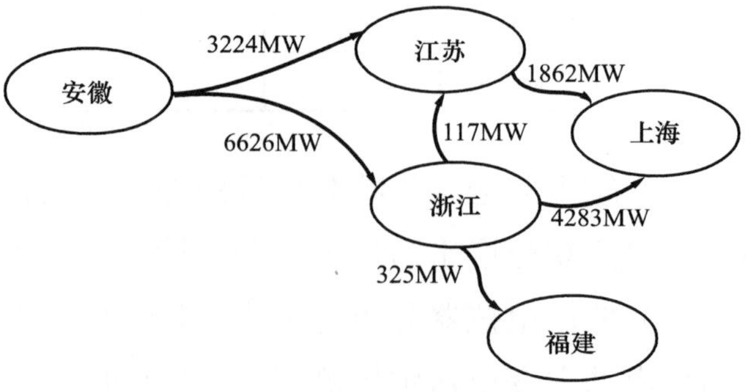

图 2　2010 年皖电东送大方式

表 1　　各方式下特高压线路输送功率　　MW

方式	接线方案	淮南—皖南	皖南—浙北	浙北—沪西
2010 年丰大方式	正常接线	2141	2897	1962
	送端解环	2280	2990	2001
2010 年皖电东送大方式	正常接线	3384	4393	3740
	送端解环	3418	4404	3737
2012 年丰大方式	正常接线	4398	4998	3104

3　系统安全稳定性分析

3.1　单线三永故障稳定性

无论是特高压交流通道还是 500kV 主要联络线及通道发生三永故障，系统都能保持稳定。

丰大方式下皖南—浙北三永故障的临界切除时间达到 3s，皖电东送大方式下也达到 2.2s，可见，从故障切除时间的角度来讲，稳定裕度较大。

3.2　输电能力分析

2010 年安徽过江断面和皖电东送断面功率输送极限见图 3。

从计算结果来看，在淮南站与当地 500kV 电网合环运行的情况下，有益于提高断面输送能力，此时皖电东送断面极限能力为 14150MW，特高压线路上的潮流达到了 6130MW；送端与当地 500kV 电网解环后，皖电东送断面极限降低了 3670MW。由此可见，在特高压电网发展初期，与 500kV 电磁环网运行可提高端面的整体输送能力。

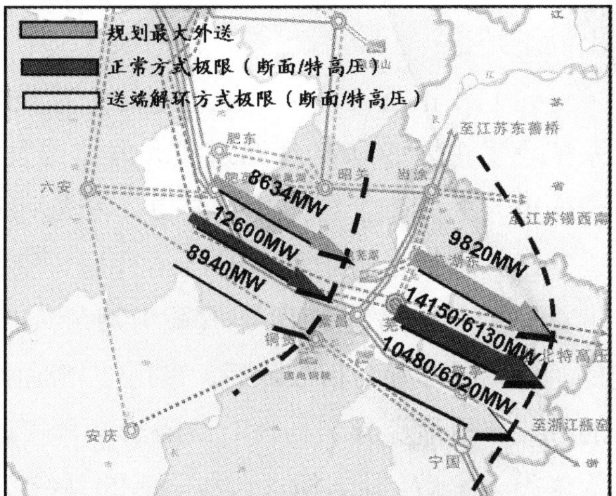

图 3　过江断面和皖电东送断面功率输送极限

3.3　承受严重故障能力

考虑得各方式下，特高压交流线路发生三永跳双回、三永拒动、同杆异名相故障跳双回，系统都能保持稳定；系统内其他 500kV 主要通道及联络线发生三永跳双回、三永拒动故障，直流双极闭锁故障，系统保持稳定。

在皖电东送大方式的基础上，进一步加大皖电外送，当增加外送 520MW（特高压线路上的功率增加 230MW）时，皖南—浙北线路故障跳双回，安徽电网机组失步，需要采取切机措施。

在送端淮南站与当地 500kV 电网解环的情况下，系统承受淮南—皖南—浙北—沪西特高压输电通道严重故障的能力变差，尤其是对于皖南—浙北线路故障跳双回线的情况，当皖南—浙北输送功率超过3100MW时，就必须采取切机措施以保持系统稳定。

3.4 按相跳闸、分相重合闸对系统稳定性的影响

此处的按相跳闸、分相重合闸单指同杆异名相故障后，重合闸不成功跳故障相，双回线保持一个完整ABC三相运行。

从对系统稳定而言，采用该项技术对系统稳定性影响不大。但按相跳闸、分相重合闸技术实现的重合闸不成功后跳故障相，维持ABC相运行，健全相电压、线路电流不平衡度较大，另外，淮南—皖南特高压同塔双回线路选为三相运行时，在单相重合闸过程中，潜供电流和恢复电压最高分别为80.3A和167.1kV，较一回线三相运行时高很多，影响重合闸的成功率。

基于上述结论，建议从过电压及绝缘配合专业、保护等专业立专项课题对特高压同塔双回线路采用选相运行方式进行详细研究。同时需要对具体工程进行具体分析。

4 结论

通过输电能力计算、严重故障模拟和按相跳闸、分相重合闸技术的仿真，可以得出以下结论：

（1）在正常方式下，皖电东送工程发生*N*–2型严重故障时，系统都能保持稳定；系统承受主要500kV线路通道和联络线发生严重故障的能力也较好，在淮南、皖南两个变电站配置安全稳定控制装置，实施切机命令是可行的。

（2）特高压通道建成升压运行后，安徽电网外送通道稳定极限可达14 000MW以上，完全可以满足2010年安徽电网最大外送电力的需求。

（3）同杆异名相故障后，采用按相跳闸、分相重合以及重合闸不成功后跳开故障相的方式，可避免异名相瞬时故障后的直接跳双回，保留一个健全的ABC三相运行。实施该类方案后，异名相永久故障后的系统稳定性与三永故障跳开故障线路的稳定性基本相当，对输电能力的影响也不大，但是线路不平衡度较大，在单相重合闸过程中，潜供电流和恢复电压较高，需要过电压及绝缘配合、保护等专业作进一步深入研究。

5 特高压交流同塔双回输电线路潜供电弧及其控制研究

1 引言

由于1000kV特高压同塔双回线路的输送容量大，导线间的静电感应和电磁耦合效应突出，如何使潜供电弧快速自灭，直接影响单相重合闸的无电流间歇时间和成功率。为保证特高压线路的安全运行和增强系统的稳定性，潜供电弧的参数计算、自灭

特性的研究及快速消除潜供电弧的措施是目前急需研究的关键问题。

本课题研究的目的是通过高恢复电压下潜供电弧自灭特性的研究，为1000kV 特高压电网建设中自动重合闸动作时间的确定提供依据。实施方案是根据特高压交流同塔双回输电线路的线路参数和预期补偿方案，以大量的试验室模拟试验，研究线路在无补偿、正常补偿和过补偿状态下潜供电弧的自灭特性，最终确定高恢复电压在不同条件下潜供电弧的自灭特性及补偿措施。

2　项目研究理论和依据

潜供电弧是一个在大气中游动的开放性电弧，或称自由电弧。当电流达到 15A 或数十安以上，电压梯度约为数千伏（有效值）时，即能维持这类电弧燃烧的稳定性，不能快速自灭（指燃烧时间超过 0.2s 以上）。为了使潜供电弧快速自灭，必须研究潜供电流的大小和恢复电压（潜供电弧在空间游动自灭后，故障相全线上残留有一定的电压，这个电压即为潜供电弧的恢复电压）值的高低，这两者统称为“潜供电弧的参数”；此外，还必须研究一定参数下电弧的自灭时间。前者决定于系统结构和运行条件；后者决定于潜供电弧参数和当时当地的环境条件（主要是风速）。

潜供电弧参数计算实际上是电力系统的一种复杂故障方式下的电流电压计算，本课题采用理论分析和数字仿真相结合，利用电力系统电磁暂态分析程序（EMTP）完成特高压同塔双回输电线路的潜供电弧参数的计算。通过等效计算简化线路，降低试验电压，用试验室模拟线路测出潜供电弧不同网络参数下的自灭时间，分析其自灭特性，其结果与根据超高压系统潜供电弧自灭特性的结论，理论分析出来的特高压系统潜供电弧自灭特性做对比，用理论和试验相结合的方法验证其正确性。

图 1 所示为潜供电弧自灭特性的试验回路，本课题要做的试验包括系统在无补偿、正常补偿和过补偿线路状态下潜供电弧的自灭试验，通过试验数据分析潜供电弧的自灭特性。

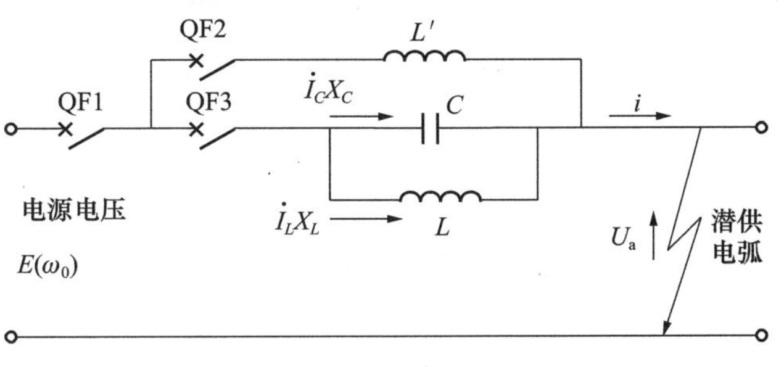

图 1　潜供电弧自灭特性的试验回路

图 2 中电流过零瞬间为 O''；电压值 u 描述其瞬时峰值点为 O'；线段 $O''A$ 表示工频的 1/4 周（5ms）。

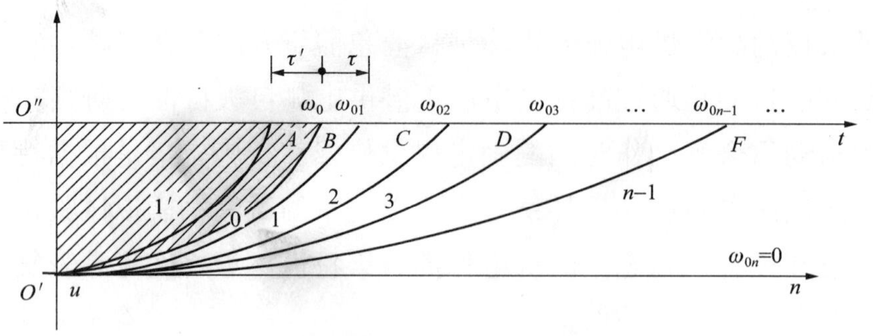

图 2　恢复电压的各种形态

当图 1 中 $X_L \to \infty$ 时，图 2 中 $\omega \to 0$，以曲线 n 表示（此时即与 X 轴平行），曲线 1，2，3，…，n–1 与曲线 0（$O'\omega_0$）之间的高度差（即在 y 方向上的垂直距离）表示在各种补偿程度上的恢复电压上升情况。

显然，当 $X_L = X_C$，$\omega = \omega_0$（当略去补偿回路的内电阻，即无损耗）时，曲线 0（$O'\omega_0$）与曲线 1（$O'\omega_{01}$）之间完全重合，恢复电压为零，此时潜供电流也为零，电弧快速自灭。

前期试验结果已表明，当补偿度接近 $X_L = X_C$ 时，即 I 值较小，例如在 10～30A 以下时，潜供电弧的自灭时间小于或等于 0.2s（左右），这种补偿效果最佳，本文分析指出，其恢复电压此时趋于零，图 2 对前期试验结果做出很好的说明。

当补偿较小时（即 $I_L \ll I_C$），恢复电压间的高差由 0 与 1 之间逐渐变为 0 与 n 之间，潜供电弧电流为电容性电流。因此，分析各种补偿情况下的差异可以用 ω（$\omega_{01} \to \omega_{0n}$）与 ω_0 之差来表示。

在正常补偿情况下，ω 是低于 ω_0（50Hz）的低频波（低于 50Hz）；ω_0 是工频，其 1/4 周是 5ms（即图 2 中的 $O''A$），低频的 1/4 周大于 5ms，如图中 B、C、D、…、F 等点所示。各时间区段与 5ms 之差，为以后分析方便，本文取其名为“补偿频率的差值系数”，以下简称为“频差值”，以 τ（正常补偿）和 τ'（过补偿）表示，单位为 ms；在下文中分析过补偿时，波形 1，2，3，…将移向 0 的左方，他们的 1/4 周小于 5ms。

由上可知，在正常补偿情况下，各个低频波（ω）均处于 A 点的右方，当 $\tau \to 0$ 时，即为全补偿状态。

系统在某些运行情况下，会出现“过补偿”，即试验回路图 1 中，$I_L > I_C$（即 $X_L < X_C$），由此，$\omega > \omega_0$（因 $\sqrt{X_L / X_C} < 1$），即图中的曲线 1，2，3，…，n–1 移向曲线 0 的左边。在极端情况下 $X_L \to 0$，各曲线 1，2，3 逐渐接近垂直线 $O''O'$，这时候的恢复电压特性完全转变为纯电感性电路，其恢复电压特性与一般高压开关设备开断“端部短路”时的工况完全相同。在这种情况下，前面给定的“τ”将变为“τ'”

（即它的 1/4 周与 5ms 之差为负值），τ 的极限可为 ∞，而 τ' 的极限为–5ms。τ' 的变化量对恢复电压的上升陡度（较之 τ 的变化量）影响较大，因此，过补偿对潜供电弧的自灭是不利的因素。

本课题根据以上理论进行特高压潜供电弧自灭特性研究，并与试验结果互为验证。

3　潜供电弧参数计算

潜供电流及恢复电压的大小除了与线路单、双回路结构有关外，还与线路长度、线路电压、输送潮流、是否有补偿等因素有关。潜供电弧熄灭的快慢除了与潜供电弧参数的大小有关外，还与补偿情况以及风速等其他多种因素有关。本课题主要依托 1000kV 淮南—上海（皖电东送）输变电工程，该工程建设淮南—皖南—浙北—沪西特高压同塔双回输电线路，其中淮南至皖南线路长 331km，皖南至浙北长 152km，浙北至沪西长 164km，总长 647km。此外还考虑其他一些有代表性的方式。由于在大部分情况下，特高压同塔双回线路的潜供电流和恢复电压远大于单回线路的情况，因此本计算以同塔双回线路为主，同时也考虑一些其他的情况。

4　潜供电弧试验

4.1　试验回路的确定

对于开放性的潜供电弧来说，由于其自灭时间受自然条件和弧道状况的影响较大，目前，除了在实际线路上进行测量之外，试验室模拟测定是行之有效的办法。对于 1000kV 的特高压双回线路，目前尚无利用实际线路进行试验的条件，并且实际线路试验有很大的局限性：方案不可能很多，次数有限，也不能任意改变试验条件。因此，在试验室条件下进行模拟试验是十分必要的。

模拟的准确性和灵活性是本问题的关键：结果要可靠，试验条件可变；试验次数要足够多，获得足够的数据以便对其进行统计学的数据处理。为了保证试验的简单灵活性，本课题采取了单相试验的方法，并查阅了大量的技术文献和 1964、1994 年等超高压线路潜供电弧的试验数据，对单相模拟试验回路的准确性进行了证明。

4.2　试验方案的确定

本次试验的重要内容就是有补偿试验，但有补偿的潜供电弧自灭试验的参数组合是数以万计的，为减少工作量，本课题进行了合理的组合，对有代表性的、有概括性的方案进行试验。选定方案的原则是：将潜供电流值由小到大分为若干等级，在每个等级范围内以大代小。将恢复电压梯度也分为若干等级，在每个等级范围内用梯度高的代表低的。

一般情况下，潜供电流的大小与恢复电压梯度存在一定的联系。根据本课题研究计算的潜供电弧参数值，做出电流与电压梯度的关系图，如图 3 所示。

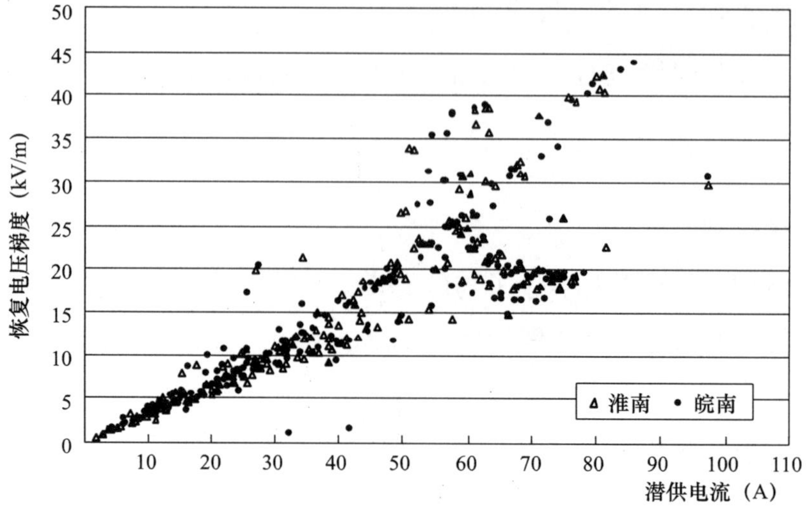

图 3　淮皖线潜供电流和恢复电压关系图

结合图 3 和试验方案选定原则，本课题合理的制定了无补偿试验方案、正常补偿试验方案、过补偿试验方案和高电压小电流试验方案（包括正常补偿和过补偿）。

5　试验结果

本次潜供电弧的自灭特性试验是我国同类课题的第三批试验。

第一批：1957～1973 年，研究对象是 330kV 及以下电力系统潜供电弧自灭特性（其中包括前电力部电力科学研究院及前西北电管局中心试验所的两批试验），该次试验以 0.5～1.0m 长的开弧模拟电力系统中长约 3m 的潜供电弧，研究了电压梯度 10kV/m 的正常补偿和无补偿情况下潜供电弧的自灭特性。

第二批：1991～1994 年，研究对象是 500kV 电力系统（同时，也可以延伸使用在 750kV 系统），该次试验以 1.2～2m 长的开弧模拟电力系统中 3～7m 长的潜供电弧，研究了电压梯度为 16.8kV/m 的正常补偿和无补偿情况下的潜供电弧的自灭特性。

第三批：2006.8～2008.12，研究对象是 1000kV 电力系统，本次试验以 0.4～2m 长的开弧模拟电力系统中长约 10m 的潜供电弧，研究了 50.5kV/m 及以下电压梯度的正常补偿、过补偿和无补偿情况下潜供电弧的自灭特性。

三批试验次数达 7000 次以上，试验结果互有补充，为了便于使用这些经历了 50 年积累的成果，本课题结论中包含了上述各批次的试验数据，同时，也包含了数十年间积累的运行经验。

通过本课题的研究可得出下列结论。

5.1　单相重合闸时间

本文将单相重合闸时间定为：

（1）0.4～0.5s 为快速单相重合闸，相应的电弧自灭时间的 90%概率值小于 0.2s。

（2）大于 0.5s 为非快速重合闸，相应的电弧自灭时间的 90%概率值大于 0.2s。

重合闸时间定义为：以系统上发生单相短路故障，在故障相上出现单相短路电流作为计时的起始零点，系统上的故障相上出现工作电流的瞬间为重合闸成功。

5.2　风速

弧道风速为自然风，采用的风速取值为 1.5～2.0m/s。当风速在 1.12m/s 及以下时灭弧时间分散性变大。

5.3　自灭时间

5.3.1　无补偿潜供电弧

多批次试验及运行经验表明，当无补偿潜供电流在 10～12A（基波，有效值，以下所指的电流都是如此）时，电弧易于在 0.2s 内快速自灭；当无补偿潜供电流 8～10A 及以下时，自灭时间小于 0.1s。因此，不论恢复电压如何，如能维持潜供电流值小于 10A，有利于快速自灭。

5.3.2　正常补偿潜供电弧

在正常补偿下，在第二批试验中的能在 0.2s 内快速自灭的（16.8kV/m，τ=1.468ms，30A）潜供电流可扩大至（20kV/m，τ=1.2ms，35A）。

5.3.3　过补偿潜供电弧

在过补偿条件下（τ 及 τ'）约为 1.5ms 时的自灭时间相近，这表明，他们同属于容性恢复电压，在其恢复电压的最初阶段，灭弧条件相似；当 τ'>1.5ms 时，过补偿的灭弧时间逐渐加长。

5.3.4　高电压小电流潜供电弧

在高恢复电压梯度下（50.5kV/m），只要电流值在 7～8A 以下，电弧均能在 0.2s 内自灭，这表明，这类小电流下难于建立稳定燃烧的电弧，恢复电压因素属于次要地位。

5.3.5　电压梯度的影响

电流大于 10A 时，电压梯度增大使灭弧时间逐步增大。当梯度大于 16.8kV/m 时，大部分不能快速自灭。

5.4　重合闸时间确定原则

在灭弧时间确定后，为保证系统重合时弧道绝缘强度恢复到能承受系统工作电压的水平，建议附加的“绝缘恢复时间”为 0.1s，另增加裕度 0.1s。

以上各批次的系统单相短路持续时间均定为 0.1s。

因此，单相重合闸时间=0.1s+自灭时间（90%概率值上限）+0.1s+0.1s。

5.5 关于模拟电弧的长短

关于在大气中自由燃烧的电弧自灭与否是单位时间内的“能量平衡”问题。自由燃烧的长弧属“低温等离子体”，在它的能量平衡中一方面是由电源引入的弧道能量，其数值为 EI，E 是单位长度的弧道电压，I 是其中流过的电流。整个弧道的能量为（弧长 l'）EI。另一方面是能量的散失，它主要是由于对流和辐射，由电极因传导而散失的能量微不足道，而“低温”的辐射损失是次要地位，主要是由于对流，所以，单位长度弧道的特性可以代表整个弧道特性。

5.6 单相重合闸时间推荐值

综合上述材料，提出下列灭弧时间90%概率值及单相重合闸的重合时间如表1和表2所示。

表1　　无补偿时单相重合闸推荐时间

恢复电压梯度（kV/m）	潜供电流（有效值，A）	自灭时间（90%概率值，s）	单相重合闸推荐时间（s）
10	12	0.1～0.15	0.4～0.5
	15	0.15～0.25	0.5～0.6
	18.4	0.25～0.4	0.7
	21	0.31～0.49	0.8
	24	0.37～0.54	0.8
	30	0.42～0.58	0.9
	42	0.52～0.65	1.0
16.8	12	0.3～0.5	0.8
	15	0.4～0.6	0.9
	18.4	0.5～0.7	1.0
	21	0.6～0.78	1.1
	24	0.66～0.85	1.15
	30	0.74～0.94	1.25
	42	0.9～1.11	1.4
20	18.4	0.6～0.8	1.1
	21	0.811～0.955	1.3
	24	0.82～1.02	1.3
	30	0.846～1.164	1.5
	42	1.172～1.417	1.7

续表

恢复电压梯度（kV/m）	潜供电流（有效值，A）	自灭时间（90%概率值，s）	单相重合闸推荐时间（s）
23	18.4	0.7～1.04	1.3
	21	0.742～1.163	1.5
	24	1.09～1.3	1.6
	30	1.391～1.51	1.8
	42	1.246	1.8
30	18.4	1.27～1.48	1.8
	21	1.391～1.536	1.9
	24	1.4～1.65	1.9
	30	1.491	1.9
	42	2s 不灭	建议不采用

由表 1 可以看出：

（1）电压梯度为 20kV/m 及以上，电流为 18.4A 及以上无补偿情况下，潜供电弧不可能 0.2s 内快速自灭。

（2）电压梯度为 20kV/m 以下，风速为 2.0m/s 及以下，潜供电流为 20A 及以下，潜供电弧 1s 内能稳定自灭，潜供电流为 40A 及以下 1.5s 内稳定自灭。

（3）电压梯度为 23kV/m，风速为 2.0m/s 及以下，潜供电流为 30A 及以下，潜供电弧 1.5s 内能稳定自灭，潜供电流为 40A 2s 内已不能稳定自灭。

（4）电压梯度为 30kV/m，风速为 2.0m/s 及以下，潜供电流为 20A 及以下 1.5s 内能稳定自灭，潜供电流为 30A 及以下 2s 内已不能稳定自灭。

表 2　　有补偿潜供电弧自灭时间推荐值

补偿方式	恢复电压梯度（kV/m）	潜供电流（A）	τ 及 τ'（ms）	风速范围（m/s）	90%概率自灭推荐值（s）	单相重合闸推荐时间（s）	备注
正常补偿	12	28	0.881	1.5～2.0	0.2s 内自灭	0.5	
		35	1.2	1.5～2.0	0.2s 内自灭	0.5	
		40	1.477	1.5～2.0	0.636～0.827	1.1	
	20	28	0.881	1.5～2.0	0.2s 左右	0.5	
		35	1.2	1.5～2.0	0.2s 左右	0.5	
		40	1.477	1.5～2.0	0.704～0.827	1.1	
		48	2.03	2.0	1.26	1.6	
	25	48	2.03	1.5～2.0	1.295	1.6	风速低于 1m/s 时出现 2s 不灭
	30	65	3.452	1.12	2s 不灭	不采用	

续表

补偿方式	恢复电压梯度（kV/m）	潜供电流（A）	τ 及 τ'（ms）	风速范围（m/s）	90%概率自灭推荐值（s）	单相重合闸推荐时间（s）	备注
过补偿	12	18.4	0.837	0.9	0.2s 内自灭	0.5	
	15	40	0.652	0.9	0.397	0.7	
			1.464	1.5～2.0	0.644～0.716	1.0	
			1.487	0.9	0.808	1.1	
	20	18.4	0.837	0.9	0.252	0.6	
	25	40	1.464	1.5～2.0	0.846～0.937	1.2	

从表 2 可以看出，正常补偿时，电压梯度为 20kV/m 及以下，潜供电流为 35A 及以下时，均能在 0.2s 左右快速自灭，潜供电流为 40A 时潜供电弧自灭时间增大到 0.7s 左右，可以推测潜供电流为 35～40A 之间某一值，其自灭时间有迅速增大的现象。

过补偿时，潜供电流为 18.4A 时，电压梯度为 20kV/m 及以下，潜供电弧能在 0.2s 内快速自灭，潜供电流为 40A，电压梯度为 15～25kV/m 时，潜供电弧自灭时间为 0.644～0.937s，已不能快速自灭。

高电压小电流情况下的潜供电弧 0.2s 内均可快速自灭。

6 结论

特高压同塔双回输电线路潜供电弧试验室模拟试验是行之有效的潜供电弧自灭特性研究方法，本文给出了试验室单相试验回路，并从电弧理论和试验结果两方面给出了试验回路的科学合理性。通过实验室模拟试验，本文给出了以下结论：

（1）在模拟试验方面提出了“差值系数”的定义，简化了试验方案。

（2）通过仿真计算，给出了 1000kV 特高压交流同塔双回输电线路的潜供电弧参数（包括潜供电流、恢复电压）和预期补偿方案，为实验室模拟试验设定试验条件与范围。

（3）通过试验室模拟试验，研究了线路在无补偿、正常补偿和过补偿状态下，不同风速、不同恢复电压梯度和不同潜供电流值时的潜供电弧自灭特性，尤其是在高恢复电压梯度下的潜供电弧自灭特性。

（4）试验结果可作为 1000kV 特高压同塔双回输电线路单相重合闸时间整定值的参考依据。

6 特高压交流同塔双回路系统断路器瞬态特性研究 1

1　概述

断路器瞬态特性主要包括两个方面：① 断路器开断之后的瞬态恢复电压（Transient Recovery Voltage，简称 TRV），它主要包括断路器开断短路电流之后的瞬态恢复电压，以及系统在失步解列之后的恢复电压；② 断路器开断短路电流过程的直流分量时间常数及短路电流过零点漂移问题。这两个问题都对特高压断路器的试验条件和制造有重大的影响。如何实事求是地确定其瞬态工作条件，无论从制造方面还是特高压系统的安全可靠运行方面都是非常重要的。断路器瞬态工作条件随着系统的不同而不同，在制定断路器工作条件的标准或规范时，应尽可能考虑不同系统的情况。由于同塔双回线路的特点及华东电网的特性，导致其断路器瞬态特性和特高压交流试验示范工程的单回路线路有所不同，因此有必要进行较详细的研究。

本文结合 1000kV 淮南—上海（皖电东送）输变电工程及我国特高压电网结构，研究了特高压交流同塔双回线路断路器瞬态问题中的短路电流直流分量衰减的时间常数及交流电流过零点的漂移现象，在此基础上对我国特高压交流同塔双回线路断路器的工作条件提出了建议。

2　特高压断路器瞬态恢复电压

断路器在灭弧后，首先出现在弧隙的具有瞬态特性的电压称为瞬态恢复电压（TRV）。TRV 主要考核两个指标，一个是上升率，另一个是峰值。根据 IEC 标准，研究重点为：研究特高压断路器开断端部三相短路（BTF）和断路器开断失步情况下的瞬态恢复电压特性。

2.1　断路器瞬态恢复电压的标准

目前 IEC 断路器标准中没有特高压断路器恢复电压的标准。本文采用以下条件：

（1）根据 IEC62271-100：2001 高压断路器标准，将 550kV 断路器试验的 TRV 标准按同样的计算方法外推至 1100kV 断路器。

（2）由 DL/T 402—2007《高压交流断路器订货技术条件》规定的 1100kV 断路器 TRV 标准值如表 1 所示。

其中 T100、T60、T30、T10 分别表示开断断路器额定开断电流的 100%、60%、30%、10%的试验条件；OP1 和 OP2 表示失步开断的试验条件。

表1　用四参数表示（T100、T60、OP1和OP2）或两参数（T30和T10）表示额定电压为1100kV断路器恢复电压电力行业标准值（相当于IEC标准的扩充）

试验方式	开断电流（kA）	首开极系数	振幅系数	TRV峰值（kV）	上升率（kV/μs）
T100	50	1.3	1.4	1635	2.0
T60	30	1.3	1.5	1751	3.0
T30	15	1.3	1.53	1786	5.0
T10	5	1.3	0.9×1.7	1786	7.0
OP1–OP2	12.5	2.0	1.25	2245	1.54

比较表1的1100kV断路器试验条件和IEC标准中550kV断路器试验条件，可以发现它们之间主要差别在于前者的TRV峰值比后者高得多，前者为后者的1.73～2倍；但两个电压等级断路器TRV上升率的要求却保持不变。目前1100kV断路器断口是由两组550kV断口串联而成，考虑断口之间电压上升率分布的不均匀性，每个1100kV断路器能承受的TRV上升率也应在表1电压上升率的1.7倍以上。也就是实际特高压断路器承受TRV电压上升率的能力比表1所列出的大。

2.2　断路器开断三相接地故障情况下瞬态恢复电压

本节研究皖电东送工程淮南、皖南、浙北、沪西四个站的断路器开断端部三相短路故障（BTF）和距其出口1km左右处三相短路故障的TRV电压峰值和上升率，这是淮南—沪西特高压工程可能出现最严重TRV中的一种。故障示意图见图1。

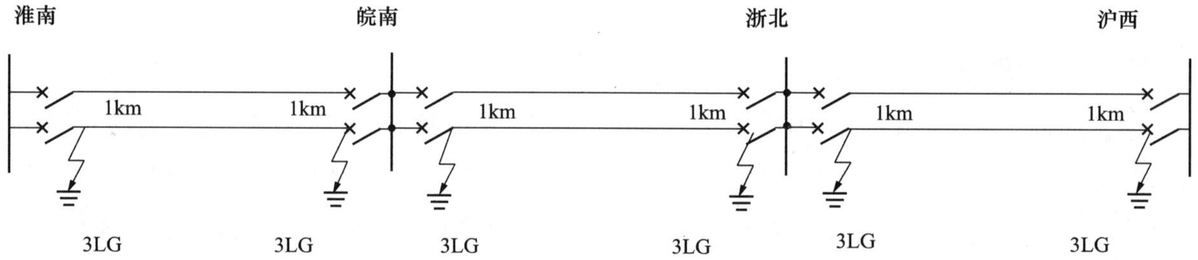

图1　淮南—皖南—浙北—沪西线路特高压断路器BTF故障和距离出口1km处故障示意图

表2～表7分别给出了淮南、皖南、浙北、沪西四个站的断路器开断端部三相短路故障（BTF）与距离断路器出口1km左右三相短路故障时的瞬态恢复电压峰值和上升率计算结果。研究中分别考虑了双母线、单母线运行时杂散电容的影响。图2给出了沪西断路器开断BTF时的最大TRV波形图。计算中均不考虑断路器分闸电阻。

与表1的标准比较得出如下结论：

皖电东送工程在几种不同运行方式下断路器端部和距断路器1km左右发生三相短路的短路电流在3.6～14.0kA之间，分别对应于标准值中的试验方式T10或T30。对于4个变电站断路器中，短路电流小于6kA的情况下，计算最大TRV峰值为1234kV

与上升率为 6.63kV/μs，满足 T10 标准中 1786kV 和 7.0kV/μs 的要求；短路电流在 7～14kA 的情况下，计算最大 TRV 峰值为 1403kV 与上升率为 6.45kV/μs，其峰值低于 T30 标准中 1786kV，但上升率高于 T30 中的 5.0kV/μs 的要求。

表 2　　淮南断路器 TRV 最大值与最大上升率

运行方式	线路运行情况	故障形式	稳态开断电流（kA）	TRV 峰值（kV）	TRV 上升率（kV/μs）
大方式	淮皖双回	BTF	7.8	1186.9	1.08
		出口 1km	7.7	1101.2	1.62
	淮皖单回	BTF	4.7	1209.8	3.06
		出口 1km	4.7	1230.6	3.85
	淮皖单回单变单母	BTF	4.7	1222.6	5.36
		出口 1km	4.7	1227.1	4.10
小方式	淮皖双回	BTF	7.0	982.9	1.42
		出口 1km	6.9	1105.3	1.93
	淮皖单回	BTF	3.6	1221.7	4.22
		出口 1km	3.6	1205.1	4.85
	淮皖单回单变单母	BTF	3.6	1197.8	5.90
		出口 1km	3.6	1195.0	6.63

表 3　　淮皖线皖南断路器 TRV 最大值与最大上升率计算结果

运行方式	线路运行情况	故障形式	稳态开断电流（kA）	TRV 峰值（kV）	TRV 上升率（kV/μs）
大方式	淮皖双回	BTF	13.7	1188.1	1.05
		出口 1km	13.5	1088.9	3.58
	淮皖单回	BTF	12.2	1389.1	2.04
		出口 1km	12.0	1147.8	3.49
	淮皖单回皖浙断开	BTF	4.1	1219.0	4.71
		出口 1km	4.0	1217.2	4.73
小方式	淮皖双回	BTF	13.7	1181.2	1.18
		出口 1km	13.5	1302.5	3.30
	淮皖单回	BTF	12.3	1394.2	1.39
		出口 1km	12.1	1366.8	2.58
	淮皖单回皖浙断开	BTF	4.2	1224.4	4.96
		出口 1km	4.2	1223.5	4.99

表 4　　皖浙线皖南断路器 TRV 最大值与最大上升率计算结果

运行方式	线路运行情况	故障形式	稳态开断电流（kA）	TRV 峰值（kV）	TRV 上升率（kV/μs）
大方式	皖浙双回	BTF	11.4	1136.1	0.89
大方式	皖浙双回	出口 1km	11.2	1003.4	1.62
大方式	皖浙单回	BTF	7.6	1403.0	1.27
大方式	皖浙单回	出口 1km	7.6	1231.0	2.29
大方式	皖浙单回 浙沪断开	BTF	4.1	1218.9	4.75
大方式	皖浙单回 浙沪断开	出口 1km	4.0	1219.2	4.73
小方式	皖浙双回	BTF	11.0	1045.9	1.17
小方式	皖浙双回	出口 1km	10.9	1064.2	2.78
小方式	皖浙单回	BTF	7.1	1362.0	1.38
小方式	皖浙单回	出口 1km	7.1	1352.9	2.37
小方式	皖浙单回 浙沪断开	BTF	4.2	1224.1	4.92
小方式	皖浙单回 浙沪断开	出口 1km	4.1	1224.3	4.93

表 5　　皖浙线浙北断路器 TRV 最大值与最大上升率计算结果

运行方式	线路运行情况	故障形式	稳态开断电流（kA）	TRV 峰值（kV）	TRV 上升率（kV/μs）
大方式	皖浙双回	BTF	13.8	1182.9	1.48
大方式	皖浙双回	出口 1km	13.5	1081.1	3.6
大方式	皖浙单回	BTF	11.0	1301.4	2.09
大方式	皖浙单回	出口 1km	10.9	1265.4	3.32
大方式	皖浙单回 浙沪断开	BTF	5.4	1234.0	4.3
大方式	皖浙单回 浙沪断开	出口 1km	5.3	1229.3	4.2
小方式	皖浙双回	BTF	13.7	1222.7	0.77
小方式	皖浙双回	出口 1km	13.5	945.7	1.79
小方式	皖浙单回	BTF	10.9	1401.2	1.62
小方式	皖浙单回	出口 1km	10.8	1263.8	2.22
小方式	皖浙单回 浙沪断开	BTF	5.3	1232.2	4.2
小方式	皖浙单回 浙沪断开	出口 1km	5.3	1228.2	4.2

表 6　　浙沪线浙北断路器 TRV 最大值与最大上升率计算结果

运行方式	线路运行情况	故障形式	稳态开断电流（kA）	TRV 峰值（kV）	TRV 上升率（kV/μs）
大方式	浙沪双回	BTF	14.0	990.2	1.38
大方式	浙沪双回	出口 1km	13.7	974.0	2.81
大方式	浙沪单回	BTF	11.4	1127.2	1.83
大方式	浙沪单回	出口 1km	11.3	1194.4	3.13
大方式	浙沪单回 皖浙断开	BTF	5.4	1223.4	5.3
大方式	浙沪单回 皖浙断开	出口 1km	5.3	1225.1	5.4

续表

运行方式	线路运行情况	故障形式	稳态开断电流（kA）	TRV 峰值（kV）	TRV 上升率（kV/μs）
小方式	浙沪双回	BTF	13.8	1141.9	1.23
		出口 1km	13.6	1088.8	2.41
	浙沪单回	BTF	11.0	1386.2	1.18
		出口 1km	10.9	1137.5	2.50
	浙沪单回皖浙断开	BTF	5.2	1220.8	5.2
		出口 1km	5.1	1222.2	5.2

表 7　　沪西断路器 TRV 最大值与最大上升率计算结果

运行方式	线路运行情况	故障形式	开断电流（kA）	TRV 峰值（kV）	TRV 上升率（kV/μs）
大方式	浙沪双回	BTF	11.1	775.3	1.60
		出口 1km	11.0	852.4	1.66
	浙沪单回	BTF	7.3	1244.6	3.96
		出口 1km	7.2	1242.0	3.88
	浙沪单回单变单母	BTF	7.3	1228.7	4.76
		出口 1km	7.2	1227.3	4.76
小方式	浙沪双回	BTF	11.0	1129.3	1.73
		出口 1km	10.9	1183.4	2.10
	浙沪单回	BTF	7.2	1238.5	4.52
		出口 1km	7.1	1239.7	4.55
	浙沪单回单变单母	BTF	7.2	1209.1	6.45
		出口 1km	7.1	1209.7	6.43

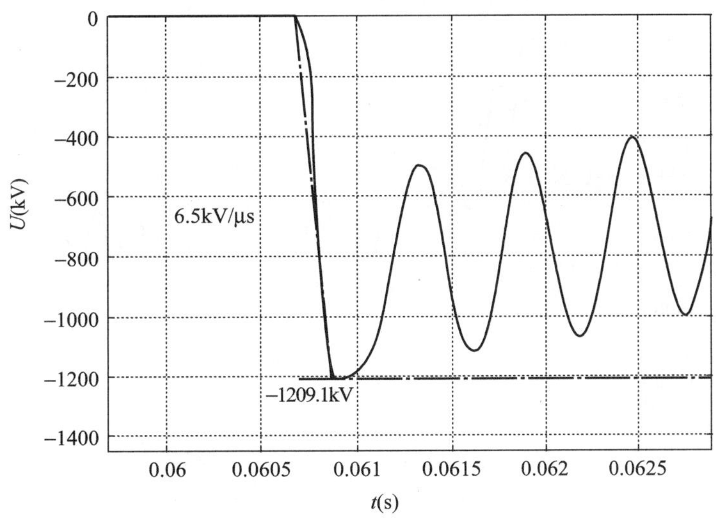

图 2　2010 年小方式，浙沪单线、单变单母，沪西断路器端部三相短路 TRV

2.3　特高压断路器开断失步情况下瞬态恢复电压

断路器开断失步时，失步振荡电流虽然较小，但恢复电压较高，对断路器也是一种考验。标准中把开断失步情况下的TRV作为考核断路器工作条件之一。

开断失步情况下的TRV与两个系统失步振荡后的相位有关。理论上最严重失步情况下的TRV出现在两个系统的电动势相位差180°左右时。有些部门在计算中采用了线路两端等值电动势相角差180°的解列条件，计算的TRV水平超过外推的IEC标准。

采用两个等值机180°相角差的解列条件与实际系统情况不符。为了客观合理但又尽可能考虑非常严重工况下的失步解列条件，本文在中国电力科学研究院多专业专家合作下，针对淮南—沪西特高压工程实际条件，计算了相关系统发生多种非常严重失步故障时系统情况，并在此基础上计算失步解列时的TRV。

表8列出了各条线路发生失步故障下TRV峰值与最大上升率计算结果。图3给出了出现最大TRV峰值的波形，其振荡中心在淮皖线，淮南侧断路器先跳闸使系统解列。

表8　　失步故障下TRV最大值与最大上升率计算结果

失步振荡中心	开断侧	开断电流（kA）	TRV峰值（kV）	上升率（kV/μs）
淮皖线	淮南	3.21	1140.0	3.0
	皖南	3.18	1322.7	0.7
皖浙线	皖南	3.49	1218.6	0.7
	浙北	3.48	996.7	0.7
浙沪线	浙北	1.62	574.2	0.3
	沪西	1.61	539.9	1.5

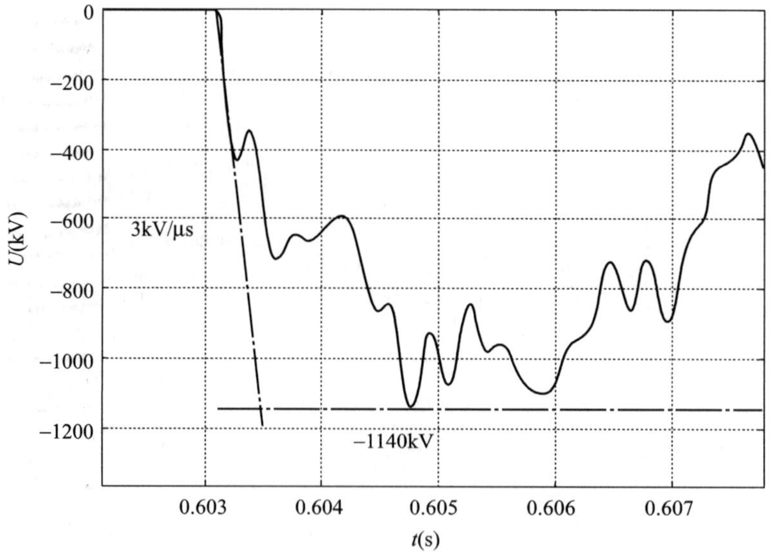

图3　振荡中心在淮皖线，淮南侧断路器先跳闸时的最大TRV波形图

比较表8与表1断路器预期恢复电压标准值可知：由于皖电东送工程与淮南、皖南、浙北、沪西周围500kV输电网有相当强的联系，计算表明即使在发生非常严重失

步解列时，TRV 峰值及初始上升率满足我国电力行业断路器标准中 1100kV 电压等级失步开断 OP1–OP2 或者 T10 要求值。

3　特高压系统中短路电流直流分量与零点漂移

当电力系统中发生短路时，短路电流中含有交流分量（周期分量）和直流分量（非周期分量）。当断路器开断短路电流时，直流分量对断路器工作条件的影响表现在两个方面：

（1）直流分量的时间常数越长，短路电流大半波峰值增大，灭弧过程中电弧释放的能量也增大，加重了断路器开断的负担。该现象一般在短路电流较大的线路上出现，短路电流交流分量越接近断路器的额定开断电流，其影响越大。特高压电网的电阻较小，其时间常数较长。短路电流直流分量衰减的时间常数对特高压断路器的造价和安全运行有很大影响，在国外一些研究中提出直流分量时间常数达 150ms，甚至更大，但也有不少不同的意见。本文提出了我国特高压断路器试验用的直流分量时间常数。

（2）直流分量的存在还可能造成短路电流过零点漂移，在短路电流较小的线路上，理论计算表明，直流分量的存在可能造成短路电流过零点漂移，严重时可能导致灭弧时间延长，甚至不能灭弧。国外的一些文献将此作为重要问题提出。本文研究了零点漂移出现的机理、可能性和出现的条件以及分析中应该注意的问题。

3.1　特高压电网短路电流直流分量及零点漂移的基本特性

假设线路负载电流为 $\dot{I}_S = I_S\angle\theta_S$；故障电流交流分量为 $\dot{I}_f = I_f\angle\theta_f$。如 t_f 时刻发生故障，开关电流的直流分量起始值可近似用式（1）表示

$$I_{DC} = |\sqrt{2}I_f\cos(\omega t_f - \theta_f) - \sqrt{2}I_S\cos(\omega t_f - \theta_S)| \tag{1}$$

直流分量起始值 I_{DC} 与短路发生时刻 $\dot{I}_S$、$\dot{I}_f$ 两个相量的幅值及相位差有关，也可写成 $I_{DC} = \sqrt{2}|\dot{I}_f - \dot{I}_S|$。故障发生后的断路器短路电流为

$$i(t) = I_{DC}e^{-t(L/R)} + k_1(t)\sqrt{2}I_f\cos(\omega t - \theta_f) \tag{2}$$

式中　$k_1(t)$——考虑发电机影响后的故障电流交流分量衰减系数；

L/R——直流分量衰减的时间常数，L 和 R 分别为从故障点看过去的系统电感和电阻，特高压输电系统电阻较小，因此时间常数 L/R 较大，直流分量衰减较慢。

由式（2）可得出可能出现零点漂移现象的必要条件

$$\frac{|\dot{I}_f - \dot{I}_S|}{|\dot{I}_f|} > k_1(t)e^{t(L/R)} \tag{3}$$

出现零点漂移的条件在很大程度上取决于短路电流直流分量起始值与交流分量之

比 k_T，以及直流分量衰减的时间常数。其中 k_T 为

$$k_T = \frac{|\dot{I}_f - \dot{I}_S|}{|\dot{I}_f|} \tag{4}$$

较大的 k_T 出现在短路电流与负载电流接近、短路电流较小的地方。日本东京电力公司所做的简化分析中，根据其经验认为 k_T>1.2 时，可能出现较严重的零点漂移；但 k_T 大只近似表明直流分量的初始值与交流分量相比较大，并不意味着一定会出现零点漂移，因为零点漂移还与直流分量衰减的时间常数有关。采用该简化判据的另一个不足是无法给出零点漂移的实际时间。而大短路电流系统中 $\dot{I}_f \gg \dot{I}_S$ 且两者角度接近或小于 90°，k_T 接近 1，不出现短路电流零点漂移问题。

3.2 规划的 2020 年系统下特高压断路器短路电流直流分量时间常数及零点漂移

本节采用规划的 2020 年特高压电网，计算多回特高压线路不同地点的短路电流情况。计算出的短路电流交流分量为 2.2～56.5kA。图 4 所示为皖南变电站发生三相短路时最大直流分量的波形。

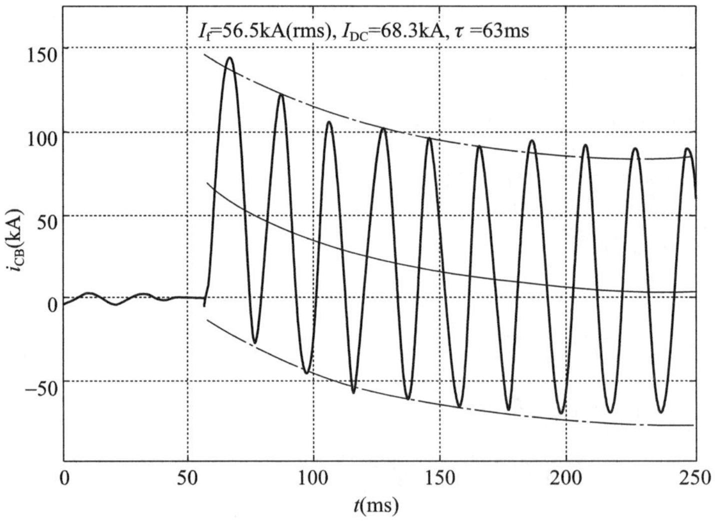

图 4　2020 年皖南变电站发生三相短路时预计的断路器电流

（1）短路电流直流分量衰减的时间常数。大短路电流的直流分量时间常数与短路电流交流分量的关系如图 5 所示。当短路电流交流分量在 20～40kA 之间时，短路电流直流分量时间常数大部分在 70～100ms；当短路电流交流分量在 40～57kA 之间时，短路电流直流分量时间常数大部分在 64～91ms 之间。在大短路电流时，相当一部分短路电流来自 500kV 级网络，由于 500kV 电网时间常数较小，导致总的时间常数有减少的趋势。

（2）短路电流过零点漂移问题。时域仿真结果表明，各条线路发生单相、两相、三相接地短路故障时，断路器短路电流过零时间均小于 20ms，没有发生零点漂移现象。

淮皖线皖南侧发生两相短路故障时，短路电流不足 4kA 情况下，淮南侧断路器短

路电流过零时间最大为 56.7ms，出现零点漂移现象。

综上所述，特高压电网在大短路电流下（交流分量大于 40kA），短路电流直流分量衰减时间常数有可能达到 91ms，大于标准规定的 75ms 挡，建议我国皖电东送工程的特高压断路器短路电流试验条件中直流分量衰减时间常数取 120ms。这一点与特高压交流试验示范工程一致。

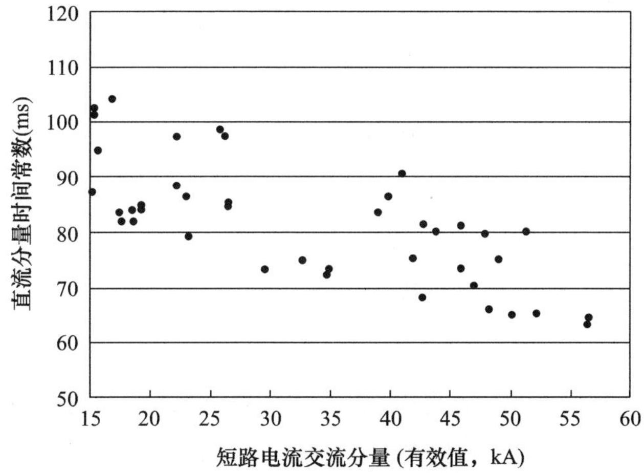

图 5　大短路电流特高压系统中短路电流直流分量时间常数与短路电流交流分量关系

3.3　2010 年方式下特高压断路器短路电流直流分量时间常数及零点漂移

在 2010 年方式下，皖电东送工程短路电流比较小，在一些运行方式下 k_T 值较大，造成短路电流直流分量起始值大于交流分量峰值；加上一些故障方式下短路电流直流分量的时间常数较长、衰减较慢，可能出现短路电流过零点漂移现象。

（1）2010 年各种运行方式下，各条线路发生单相、两相、三相接地故障或三相短路故障时，短路电流过零时间均小于 20ms。

（2）2010 年大方式下，淮皖线皖南侧发生两相相间短路故障时，淮南侧断路器短路电流过零时间最大为 97.5ms，皖浙线浙北侧发生两相相间短路故障时，皖南侧断路器短路电流过零时间最大为 36.5ms；2010 年小方式下，淮皖线皖南侧发生两相相间短路故障时，淮南侧断路器短路电流过零时间最大为 138ms，皖浙线皖南侧发生两相相间短路故障时，皖南侧断路器短路电流过零时间最大为 36.8ms。电流波形见图 6。

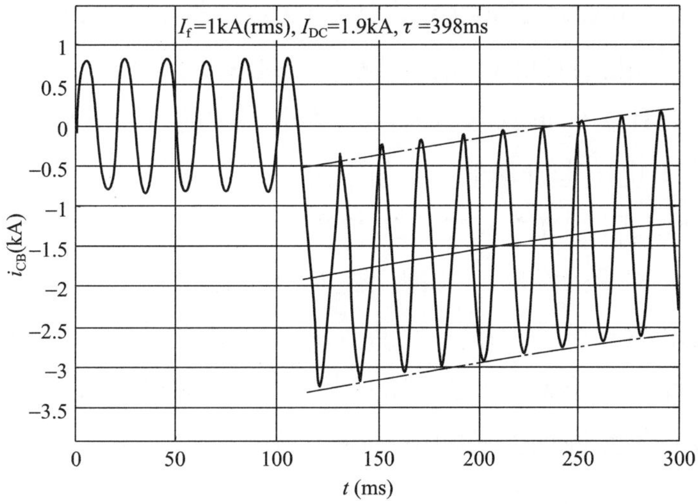

图 6　淮皖线皖南变电站发生两相短路时淮南侧断路器电流

综上所述，在皖电东送工程中出现单相、两相及三相接地故障以及线路上发生三相短路故障时，不会出现零点漂移问题。在发生两相相间短路时，可能出现零点漂移，但它们出现的概率极低。

4 结论

4.1 关于断路器TRV问题

（1）根据IEC高压交流断路器标准，在断路器开断短路过程中，最严重的TRV是出现在开断断路器端部三相短路故障（BTF）和出口1km左右三相短线故障时。皖电东送同塔双回输变电工程在几种不同运行方式下，断路器端部和距断路器1km左右发生三相短路的短路电流在3.6～14.0kA之间，分别对应于标准值中的试验方式T10或T30。对于4个变电站断路器中，短路电流小于6kA的情况下，计算最大TRV峰值为1234kV与上升率为6.6kV/μs，满足T10标准中1786kV和7.0kV/μs的要求；短路电流在7～14kA的情况下，计算最大TRV峰值为1403kV、上升率为6.45kV/μs，其峰值低于T30标准中1786kV，但上升率高于T30中的5.0kV/μs的要求。

（2）由于皖电东送工程与淮南、皖南、浙北、沪西周围500kV输电网有相当强的联系，计算表明即使在发生非常严重失步解列时，TRV峰值及初始上升率满足我国电力行业断路器标准中1100kV电压等级失步开断OP1–OP2或者T10要求值。

（3）1000kV同塔双回特高压输电工程与特高压交流试验示范工程断路器相比，瞬态恢复电压特性TRV峰值及上升率有一点差别，但差别不大，DL/T 402—2007中的规定值都能适用，因此特高压交流试验示范工程选用的断路器，在同塔双回特高压输电工程中也可选用。

（4）考虑到目前1100kV较500kV电压等级断路器TRV峰值要求提高而上升率的要求却保持不变，而实际1100kV断路器断口是由两组550kV断路器断口串联而成，由于断口之间电压上升率分布的不均匀性，每个正常的1100kV断路器实际能承受的TRV上升率应在表1电压上升率的1.7倍以上。而目前计算中也发现在一些工况下，断路器TRV的上升率超过DL/T 402—2007的要求。结合试验示范工程中特高压断路器设计、研制和型式试验的经验，关键问题难度不在设计、制造，而是没有大容量型式试验设备，以满足型式试验标准参数的要求。经专家讨论，为使试验室能方便有效地提供型式试验条件，又不增加断路器的制造难度，建议对特高压断路器的瞬态恢复电压标准值的试验参数允许偏差做如下修改，试验允许偏差具体数值如表9每格中括号中数值所示。

表 9　　新建议的额定电压 1100kV 断路器瞬态恢复电压标准值

额定电压 U_N（kV）	试验方式	首开极系数 k_{pp}（p.u.）	振幅系数 k_{af}（p.u.）	第一参考电压 u_1（kV）	时间 t_1（μs）	TRV峰值 u_c（kV）	时间 t_2或t_3（μs）	时延 t_d（μs）	电压 u'（kV）	时间 t'（μs）	上升率 u_1/t_1 u_c/t_3（kV/μs）
1100	T100	1.3	1.4	876	438（292）	1635	1752（1168）	2（123）	438	221（342）	2.0（3.0）
	T60	1.3	1.5	876	292（175）	1751	1752（1168）	2/88	438	148/234	3.0（5.0）
	T30	1.3	1.53	—	—	1786	357（255）	54	595	173	5.0（7.0）
	T10	1.3	1.53	—	—	1786	255（179）	38	595	123	7.0（10.0）
	L90	1.0	1.4	674	337（216）	1257	1348（864）	2	337	170	2.0（3.0）
	OP1–OP2	2.0	1.25	1347	875	2245	1750～3500	2/87	674	440/525	1.54
分闸电阻断口 T100						1350	450				3.0
分闸电阻断口 OP				504	176	2450	3100				2.86（3.0）

注　1. 对于出线端故障试验方式 T60 和失步试验方式 OP1、OP2，t_d和t'给出两个数值，通过“/”分开，这些值表示用于试验的下限和上限。“/”前面的数值为下限，在试验中不能降低；“/”后面的数值为上限，在试验中不能超过。每格中括号内数值是留给试验室试验允许的偏差值。分闸电阻断口恢复电压：T100 用两参数法，失步开断用四参数法。

2. 近区故障 L90 时为电源侧的瞬态恢复电压和时间参数。

（5）本研究结果表明，不使用分闸电阻，断路器瞬态恢复电压可满足表 9 要求，而且分闸电阻对热容量要求很高，达 160MJ 以上，经综合考虑，皖电东送工程的 1100kV 断路器没有必要使用分闸电阻。

4.2　关于断路器短路电流直流分量和电流过零点漂移问题

（1）皖电东送工程淮南—皖南—浙北—沪西各条同塔双回线路发生单相、两相、三相接地故障或三相短路故障时，线路两侧断路器短路电流过零时间均不超过 20ms。没有出现零点漂移问题。

（2）只有两相短路故障且短路电流较小（1.1～6.2kA）时可能出现零点漂移，使得短路电流过零时间超过 20ms，达 36.5～138ms。虽然两相相间短路可能产生严重短路电流零点漂移现象，但要出现这一现象，必须是故障发生在相间电压瞬时值比较低的时刻，这时短路电流直流分量比较大。这种情况出现的概率是相当小的，因为特高压出现两相相间故障概率很低，而同时出现在相位 60°～120°时，电流直流分量才可能比较大而引起零点漂移，但相间电压比较低，发生电击穿概率几乎不可能。我国

500kV 电网经验也证明了这一点。

（3）对于规划中的2020年特高压系统，当故障发生于变电站附近时，流过断路器的短路电流较大，当短路电流交流分量在 20～40kA 之间时，短路电流直流分量时间常数大部分在 70～100ms；当短路电流交流分量在 40～57kA 之间时，短路电流直流分量时间常数大部分在64～91ms之间。基于此结果，特高压电网在大短路电流下（交流分量大于40kA），短路电流直流分量衰减时间常数有可能达到91ms，大于标准规定的 75ms 档，建议我国特高压交流同塔双回输电工程的特高压断路器的短路电流试验条件中直流分量衰减时间常数取120ms。这一点与特高压交流试验示范工程一致。

（4）计算表明系统的损耗如变压器损耗、接地电阻损耗等，在很多情况下对短路电流直流分量时间常数与短路电流零点漂移结果影响很大，如在计算中过分忽略这些因素，会造成相当大的误差。

7 特高压交流同塔双回路系统断路器瞬态特性研究 2

1 引言

特高压断路器的瞬态恢复电压（TRV）与额定短路开断电流相关，是一种参考电压，它构成了特高压断路器在故障条件下应能承受的预期瞬态恢复电压的极限值。特高压断路器的额定短路开断电流由两个值来表征，即交流分量有效值和直流分量的百分数，它们由特高压断路器试验的直流分量衰减时间常数来确定。如何合理地确定特高压交流同塔双回路系统断路器的瞬态恢复电压和直流分量衰减时间常数对我国断路器的安全、造价以至国产化有重大的意义。

2 特高压断路器 TRV

2.1 TRV 标准

我国 DL/T 402—2007《高压交流断路器订货技术条件》给出了特高压断路器预期TRV 的四参数法和两参数法标准，见表 1。其中开断电流 T30 和 T10 为两参数法的规定值，其他为四参数法。表示的预期 TRV 标准值见图 1。标准中预期 TRV 是回路固有的，即该 TRV 是由理想断路器（无电弧电压，电流过零时，电阻由零变为无穷大）切断电流产生的。特高压断路器 TRV 峰值约是 500 kV 断路器的 1.7～2 倍，其电压上升率和 500kV 断路器的相同。

皖电东送工程的变电站采用 GIS 断路器或 HGIS，由于 GIS 波阻抗较小，可以忽略 TRV 的初始部分（ITRV）的要求，计算出的预期 TRV 需在标准规定的四参数法和两参数法要求范围内，否则需提出 GIS 断路器特殊的试验要求或者修改系统的设计和运行方式，避免较高的 TRV。

表 1　　额定电压 1100kV 用四参数法（T100、T60、OP1 和 OP2）和两参数法（T30 和 T10）表示的预期 TRV 标准值

试验方式	首开极系数 k_{pp} （p.u.）	振幅系数 k_{af} （p.u.）	第一参考电压 U_1 （kV）	时间 t_1 （μs）	TRV 峰值 U_c （kV）	时间 t_2 或 t_3 （μs）	RRRV* U_1/t_1 （kV/μs）
T100	1.3	1.4	876	438	1635	1752	2.0
T60	1.3	1.5	876	292	1751	1752	3.0
T30	1.3	1.53	—	—	1786	357	5.0
T10	1.3	0.9×1.7	—	—	1786	255	7.0
OP1～OP2	2.0	1.25	1347	875	2245	1750～3500	1.54

* RRRV 为 TRV 的上升率。

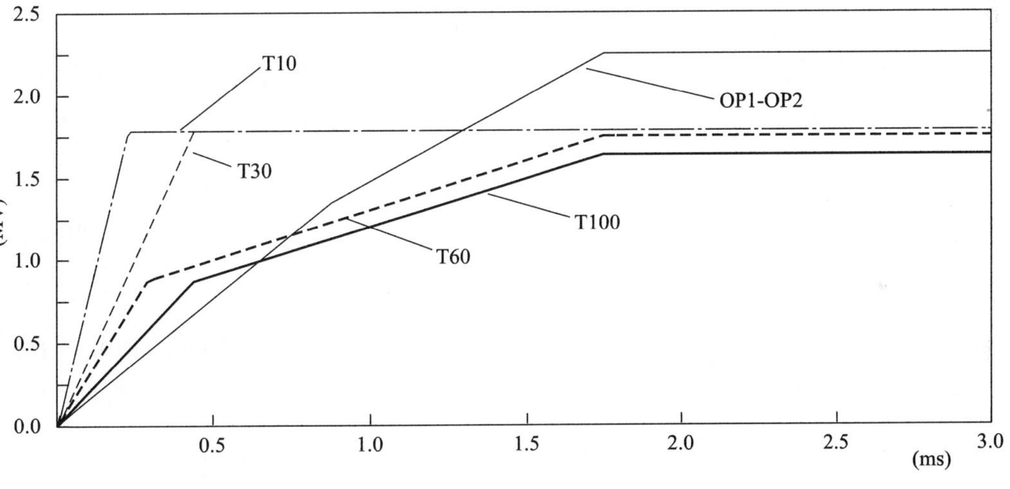

图 1　额定电压 1100kV 断路器用四参数法（T100、T60、OP1 和 OP2）和两参数法（T30 和 T10）表示的预期 TRV 标准值

2.2　预期 TRV 的影响因素

预期 TRV 的波形与断路器所切断短路电流的电路的电阻、电容和电感有关，即与故障形式相关，不同的集中参数和分布参数元件产生不同的 TRV 波形。一般采用集中参数的元件模拟具有分布参数特性的实际元件，例如变压器、发电机等。另外模型元件的阻抗（例如线路）特性也不能真实模拟频率特性与 TRV 频率相当的阻抗特性，也不考虑 TRV 在高频下的衰减，因此计算出的值比实际系统短路故障得到的要高。

典型的故障有断路器端部故障（BTF）、变压器限制的短路故障（TLF，它是故障变电站母线无其他连接线路，即单线单变情况下的 BTF 故障）、短线路故障（SLF）、长线路短路故障（LLF）和失步解列故障（OP）。BTF故障下TRV为指数型波形，TLF故障下TRV波形是振荡的，其TRV和RRRV高于BTF故障。断路器能满足TLF故障下的TRV要求，一般能满足BTF故障的TRV要求。标准认为，如果TLF故障下的TRV满足标准的要求，可不必计算SLF下的TRV。LLF故障的TRV小于SLF。

TLF故障下变压器侧对地电容大小是影响TRV的最重要因素，计算TRV时需考虑变压器与GIS用油气套管直接相连时，变压器侧CVT将置于GIS内，其对地电容将比敞开式的CVT的对地电容大大减小。故障时，即使是双母线运行，而只有在变压器侧的断路器开断后才出现较高的TRV，而此状态为单母线运行方式。因此仅考虑单母线电容，且母线的CVT常常是只装一相，而不是三相全装。

TRV的大小与系统结构、故障类型（单相、两相或三相接地）、故障发生的时间及随后的断路器开断时间，开断时的短路电流（包括交、直流分量）的大小和三相开断的时序等多种因素相关，需要统计分析，求出最大的TRV。

2.3 计算模型

运用EMTP程序建立皖电东送工程的模型，计算中保留上海、浙江和安徽三省内全部的500kV和220kV变电站、线路和电厂，对周边省份进行多端口等值。断路器模型为理想断路器。

试验故障设定了单相接地和三相接地。主要分析三相接地（3LG）故障，因为它比单相接地更严酷。计算中3LG故障在一个周期内均匀分布，三相短路时间间隔在10ms内均匀分布。考虑继电保护动作时间10ms，断路器分闸时间20ms，开断时间一般为20ms，不大于50ms，偏严考虑断路器在故障后50ms开断，开断时间在一个周期内均匀分布，三相不同期开断时间为3ms。

2.4 TLF故障下的TRV

当皖电东送工程线路的末端淮南和沪西变电站只有一回线路运行时，TLF故障出现的概率较高，而线路中间的皖南和浙北变电站至少有2回出线，TLF故障出现的概率较低。淮南和沪西站TLF故障下断路器的短路电流分别为4.3kA和6.06kA，属于T10负载和T30负载。

淮南站采用断路器3/2接线方式，变压器断路器与淮南—皖南Ⅰ线在同一串中。TRV仅出现在变压器侧的断路器上，此时相当于单母线运行，其变压器侧总电容为0.0148μF。

淮南站TLF故障的统计结果见图2和图3，3LG故障下RRRV最大值为8.4kV/μs，超出T10负载的规定值，统计超出规定值次数的比例有8%，而U_c均在T10负载的规定值范围内。最大一次的TRV波形见图4。沪西站TLF故障中，统计的3LG故障下RRRV和U_c未超出T30负载的规定值。

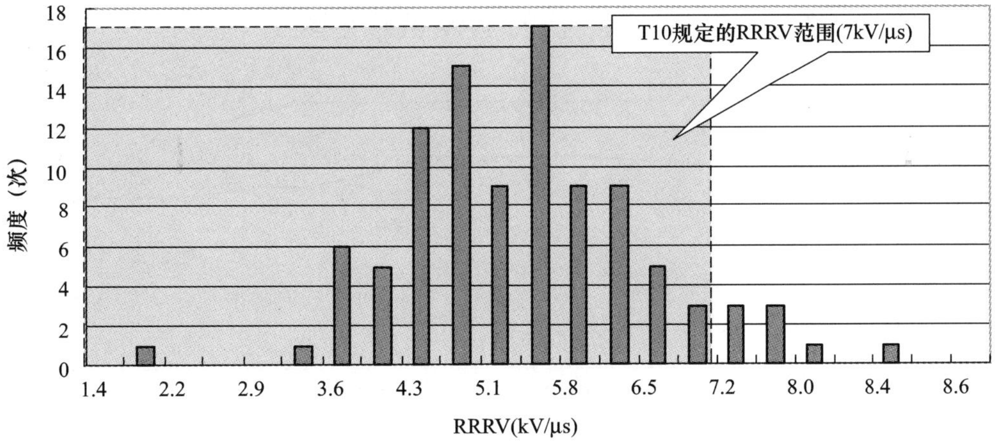

图 2　淮南站 TLF（3LG）的三相的 RRRV 的统计分布

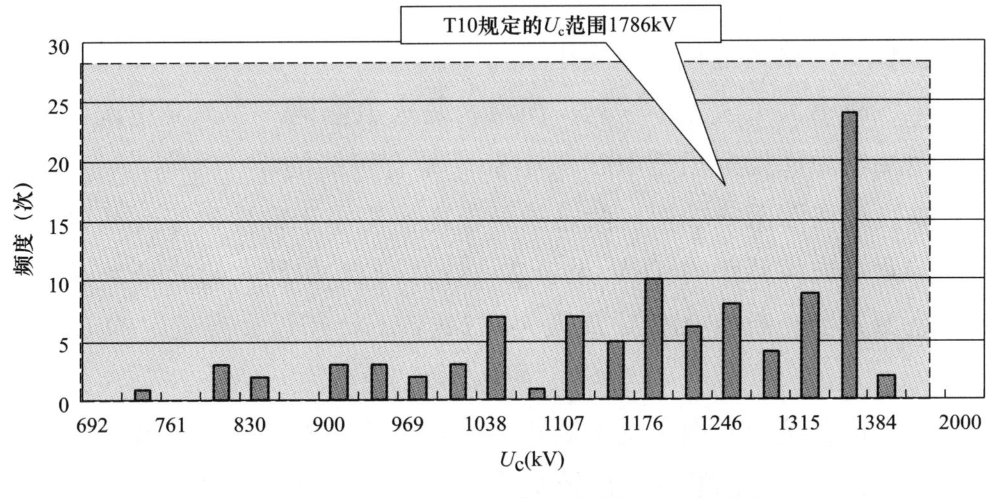

图 3　淮南站 TLF（3LG）的三相的 U_c 的统计分布

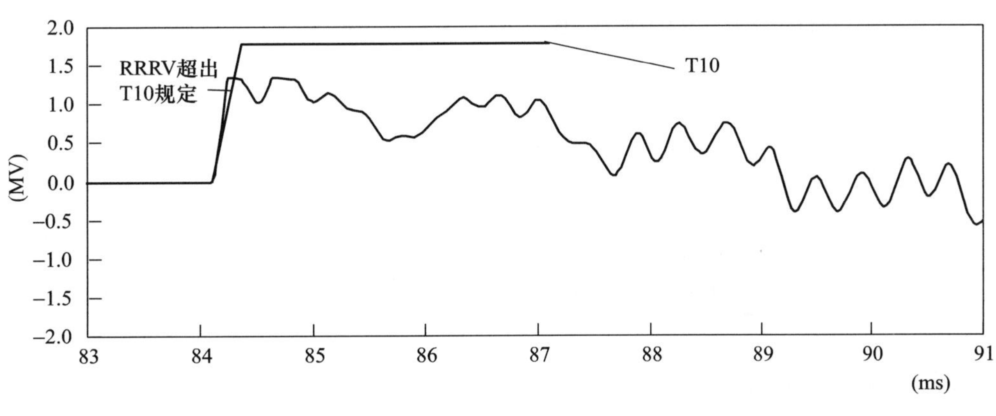

图 4　淮南站 TLF（3LG）故障下的 TRV 波形

2.5 BTF 故障下 TRV

皖电东送工程 BTF 故障（3LG）下短路电流在 T30 负载规定的范围内，统计出的 RRRV 和 U_c 均在允许范围内，最高一次的 TRV 波形见图 5。

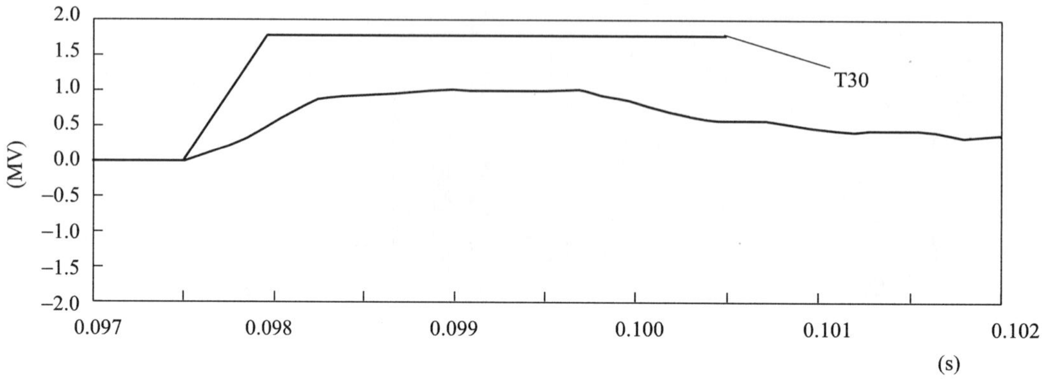

图 5　淮南站 BTF 故障（3LG）下，淮南断路器 TRV 波形

2.6 断路器失步开断 TRV

由于有 500kV 网络通过特高压变压器与皖南—浙北—沪西的特高压线路形成电磁环网，特高压线路不大可能失步解列。而淮南是火电基地，为孤立电源，淮南—皖南线路解列前两端电源摇摆至相差 100°～180° 是有可能的。

失步开断点选在淮南或皖南，两站的开断电流均小于额定失步开断电流 12.5kA。统计计算出的两站失步开断的 TRV 见表 2。最大的 U_c 和最大的 RRRV 并不是同时出现，淮南断路器失步开断的 RRRV 最大为 4.24kV/μs，超过标准规定的 OP1 允许值，波形见图 6。

失步开断点选在皖南，由于皖南断路器失步开断时皖南—浙北线路仍在运行，线路电容很大，统计计算出的皖南断路器失步开断的 TRV 满足标准规定的 OP1 要求，波形见图 7。

根据电力系统稳定导则的相关规定，失步解列开断点应预先设定。所以应将失步开断点选在皖南。

表 2　淮南—皖南线路两端断路器失步开断的 TRV

1000kV 电源电动势相位差	淮南侧断路器			皖南侧断路器		
	RRRV	U_1	U_c	RRRV	U_1	U_c
180°	4.20kV/μs	818kV	2168kV	1.10kV/μs	1250kV	2170kV

2.7 断路器分闸电阻对 TRV 的影响

分闸电阻是降低 TRV 的有效措施。日本特高压电网主要是依靠断路器分闸电阻来限制相邻线路接地故障的操作过电压水平，也用来限制 TRV 的幅值和电压上升率，减轻断路器的负担。日本采用 700Ω的分闸电阻，与合闸电阻共用，接入时间30ms。

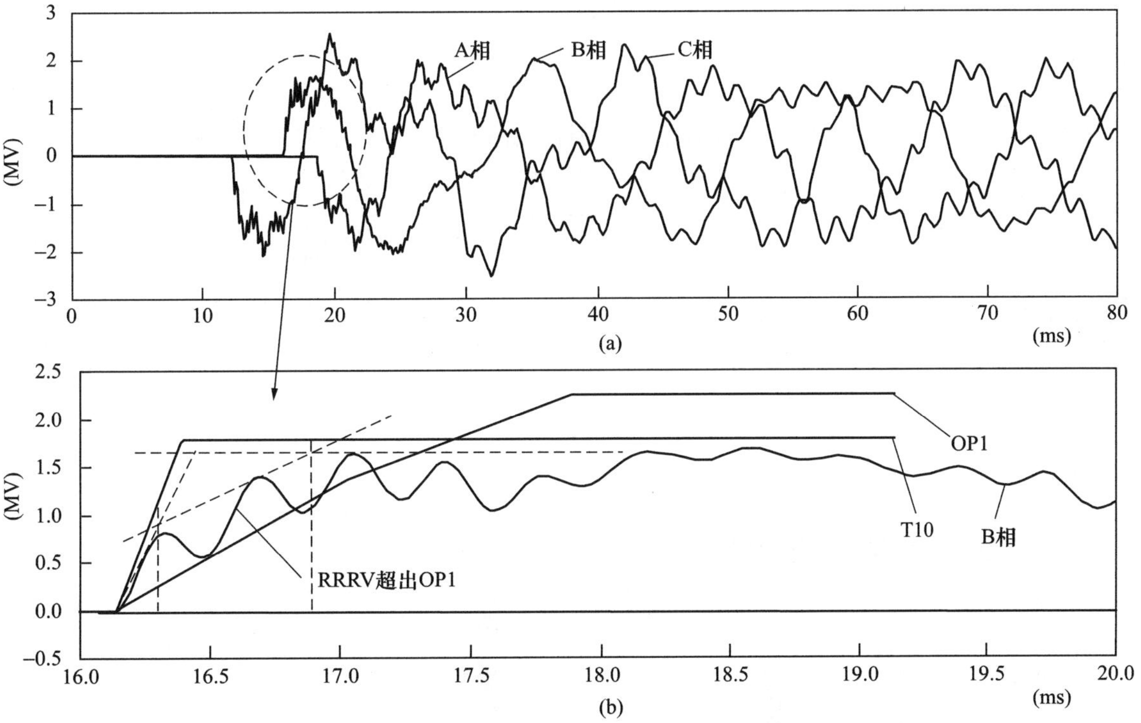

图 6　淮南断路器失步开断的 TRV 波形

（a）TRV 波形；（b）放大波形

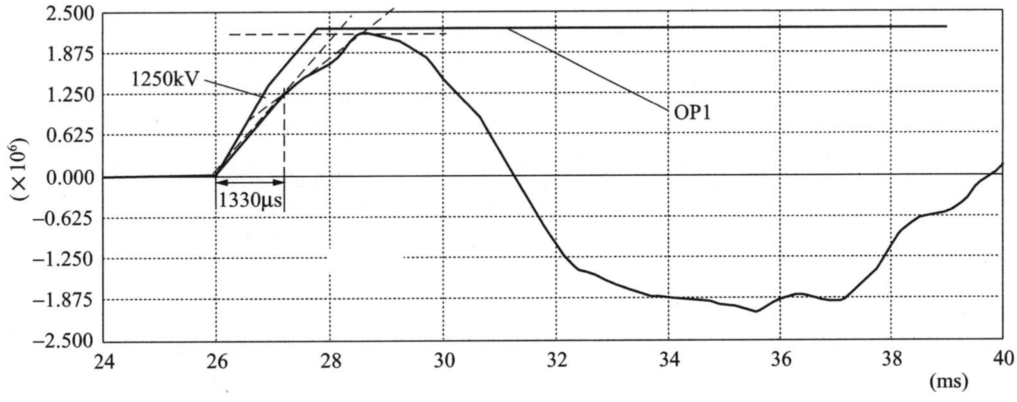

图 7　皖南断路器失步开断的波形

淮南站断路器带 600Ω 分闸电阻，接入时间 8ms 条件下，统计计算出的 TLF 和失步开断故障下淮南站断路器主触头和电阻触头 TRV 结果见表 3。TLF 故障下断路器的分闸电阻降低 TRV 效果较好，TRV 满足标准规定的 T10 的要求。而失步开断故障下电阻触头 RRRV 超过 OP1 规定（1.54kV/μs）的次数比例为 100%，U_c超过 OP1 的规定次数比例为5%，统计直方图分别见图8和图9，最大一次TRV波形见图11。图10给出了电阻触头和主触头开断电流的统计分布直方图。由于电阻触头开断的最大电流为2.4kA，较主触头小约1/2，在T10范围内，有利于开断，可采用T10标准作为电阻触头失步开断试验标准，它高于OP1和OP2的规定。经计算分闸电阻接入时间越长，TRV越低，但分闸电阻能耗越大。

表3　淮南断路器带600Ω分闸电阻，电阻触头失步开断的TRV

故障	主触头		电阻触头		
	RRRV（kV/μs）	U_c（kV）	RRRV（kV/μs）	U_1（kV）	U_c（kV）
TLF	6.43	1355	1.05	—	1355
失步开断	0.32	1140	4.02	1106	2269

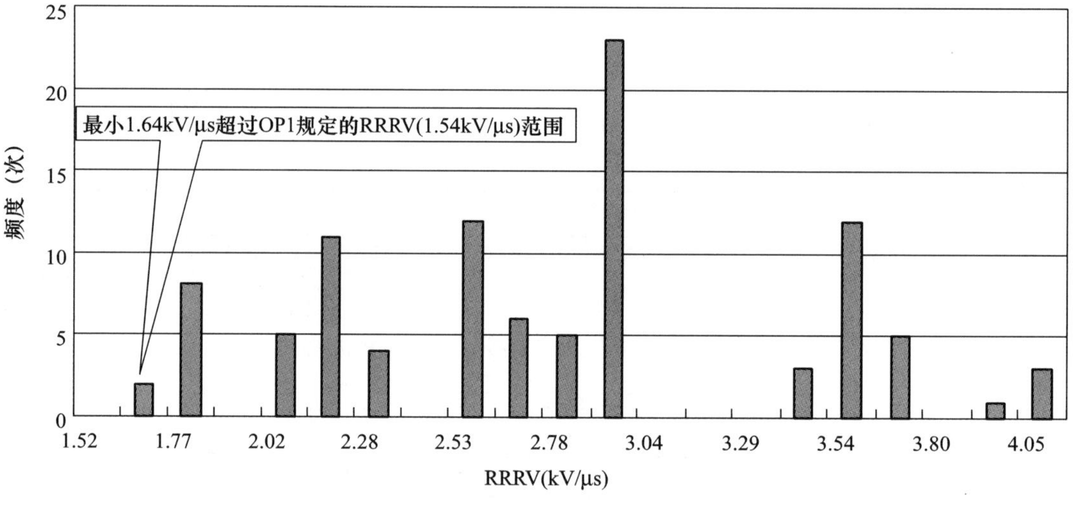

图8　淮南断路器失步开断电阻断口RRRV统计分布

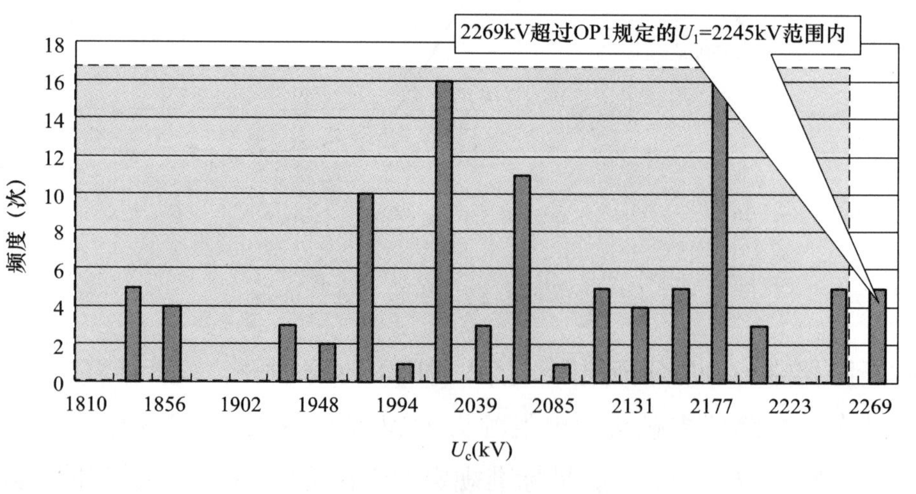

图9　淮南断路器失步开断电阻断口U_c统计分布

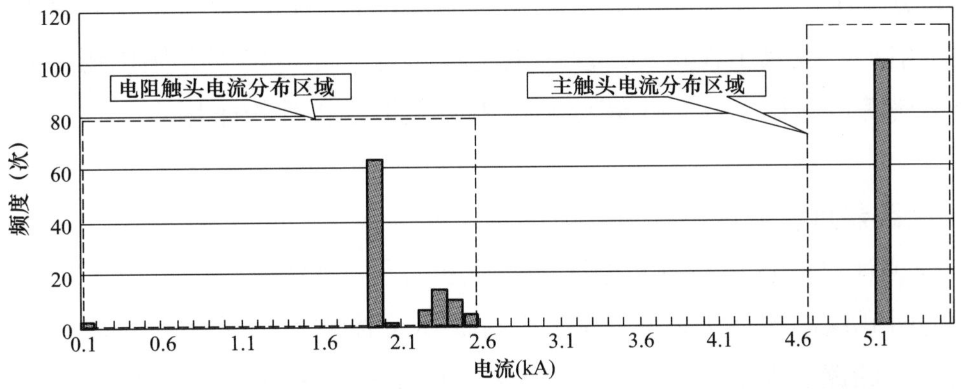

图 10　淮南断路器失步开断，电阻触头和主触头电流的统计分布

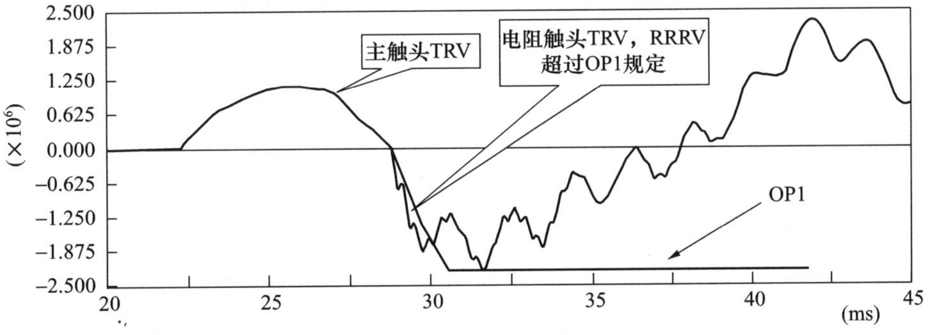

图 11　淮南断路器失步开断，电阻触头和主触头 TRV 波形（电阻接入 8ms）

2.8 远期系统发展后的断路器 TRV

远期系统发展后，特高压变电站特高压侧为多回出线。无论是 BTF 故障还是失步开断，变压器侧总是连有特高压线路。线路对地电容较大，TRV 的峰值和电压上升率都降低。当特高压变压器 500kV 侧电网有很大的发展，短路容量很大，电源阻抗很小，TLF 故障下的短路电流增大，会导致 RRRV 增高。

2.9 解决 TLF 和失步开断 TRV 超标的措施

对于 TLF 故障，主要是 TRV 的电压上升率超过规定值。解决的措施可有两个方面：① 提高 1000kV 断路器恢复电压上升率规定值，即把 T10 和 T30 规定值由 7kV/μs 和 5kV/μs 分别提高至 10kV/μs 和 7kV/μs，对于由两个 500kV 断路器断口串联而成的 1000kV 断路器而言是可行的，我国特高压示范工程的断路器 TRV 试验已提高到该建议值。② 断路器装分闸电阻，分闸电阻对降低 TRV 电压上升率，增强断路器的开断能力有明显的好处，但皖电东送工程并不是必须装分闸电阻。

对于失步开断，解决此问题的对策也有两个方面：① 振荡解列点是可以事先设定的，应避免在 TRV 较高点解列开断。② 断路器装分闸电阻，它对降低断路器主触头 TRV 有明显作用，而电阻触头因开断电流小于主触头，可耐受高于 OP1 或 OP2 的 TRV

试验值。装分闸电阻的缺点是合、分闸电阻共用，价格贵，机械复杂，降低了断路器的可靠性，增加了检修工作量和难度，要考虑切除短路故障下分闸电阻的热容量的问题。综合考虑皖电东送工程可不装分闸电阻，并被工程建设采用。

3 特高压断路器直流分量时间常数与零偏现象

3.1 系统模拟计算的直流分量衰减时间常数折算至试验值

国家电网武汉高压研究院在2007年特高压交流输电技术成果汇编《特高压交流试验示范工程断路器瞬态特性研究》一文中提出的“系统模拟计算的直流分量衰减时间常数τ_s不能直接作为断路器试验参数，需折算到标准规定的额定开断电流的交流分量峰值（$\sqrt{2}\times$50kA）为试验基准的直流分量”。断路器试验时间常数τ_{50}按式（1）计算

$$\tau_{50}=\left[\frac{1}{\tau_s}+\ln\left(\frac{50\times\sqrt{2}}{I_{DC0}}\right)/0.03\right]^{-1} \quad (1)$$

式中 I_{DC0}——故障发生时（0s）的直流分量；

τ_s——根据模拟计算断路器的短路电流衰减波形计算出的直流分量衰减时间常数，它的基准为I_{DC0}，最终选择的试验时间常数需大于折算的时间常数。

DL/T 615—1997《交流高压断路器参数选用导则》的附录B也间接表达了折算的必要性。

3.2 计算模型

断路器模型为理想断路器，计算中继电保护时间取10ms；断路器最短分闸时间一般取20ms；因此从故障开始0s算起，最小分闸时间取30ms；断路器触头开断时间（燃弧窗时间）为30～50ms。故障发生在变电站，接地电阻取0.5Ω，发生在线路，接地电阻取10Ω。

计算针对近期2010年大、小方式和远期2015年方式进行断路器直流分量时间常数与零偏现象的研究。

3.3 近期2010年方式直流分量时间常数和零偏现象

标准中提及的时间常数仅对三相故障电流有效。除了直接接入特高压系统的大电厂（此情况下零序阻抗小于正序阻抗）等情况外，一般情况下1LG和2LG故障电流中直流分量和交流分量都小于3LG，折算的断路器试验时间常数也小于3LG，因此可不计算1LG和2LG的时间常数。

在2012年大、小运行方式下，统计分析了淮南、皖南、浙北和沪西四处的三相短

路接地故障的直流分量和零偏现象，计算的结果见表 4 和图 12。其中淮皖线皖南侧故障电流直流分量时间常数最大为 308ms，折算到特高压断路器的直流时间常数为 34ms，断路器即使选时间常数 45ms 也能满足要求，因此应以远期运行方式确定断路器时间常数。

表 4　大方式潮流 3LG，开关衰减时间常数和开断时直流分量（接地电阻 10Ω）

故障点	开关短路电流（峰值，kA）			故障开始（0ms，峰值，kA）		系统时间常数 τ（ms）	30ms 时的交、直流分量（峰值）		
	站名	电流	零偏时间（ms）	直流分量	交流分量		直流(kA)	交流(kA)	折算试验时间常数 τ（ms）
淮皖线皖南侧	淮南	6.3	140	3.47	2.69	565	3.27	2.69	13
	皖南	48.2	79.5	31.82	23.36	308	28.9	23.30	34

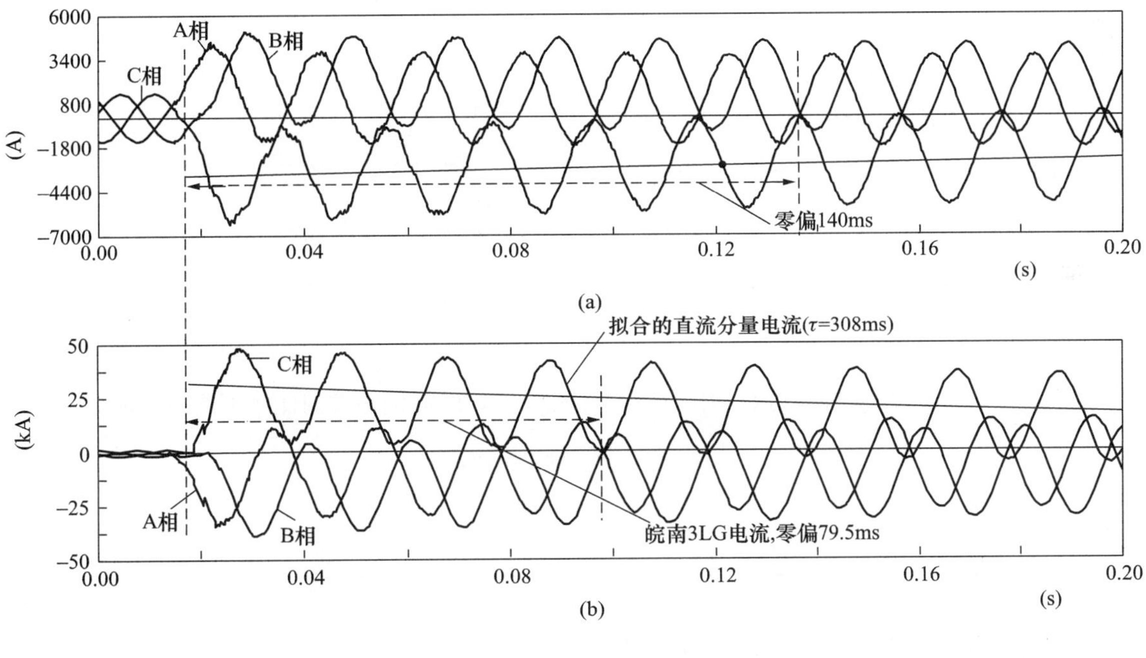

图 12　淮皖线皖南侧 3LG 故障下，淮南侧与皖南侧的断路器电流零偏和直流分量

（a）淮南侧；（b）皖南侧

特高压交流系统由于线路的电压高而线路的电阻小，流经断路器的短路电流在开断时间内会出现零偏现象，可导致开断失败，损毁灭弧室。由图 12 可见皖南侧断路器的电流零偏时间为 79.5ms，而零偏时间较长情况却出现在流过故障电流较小的淮南侧的 C 相，零偏时间为 140ms。由于短路点在皖南站，皖南站的断路器先于淮南侧跳闸。皖南站的断路器电流在 30ms 燃弧窗内有过零点，可成功开断。开断后，淮南侧断路

器电流也有过零点，淮南侧可成功分闸，因此线路两侧断路器的电流零偏现象对断路器无威胁，见图 13。若皖南站的断路器三相拒动，则淮南侧 C 相将不能切断电流，断路器燃弧时间达 50ms 左右，对 C 相的灭弧室构成威胁，见图 14。若单相拒动，淮南侧 C 相断路器燃弧时间达 30ms 左右，燃弧时间在燃弧窗内，对灭弧室威胁减小，见图 15。

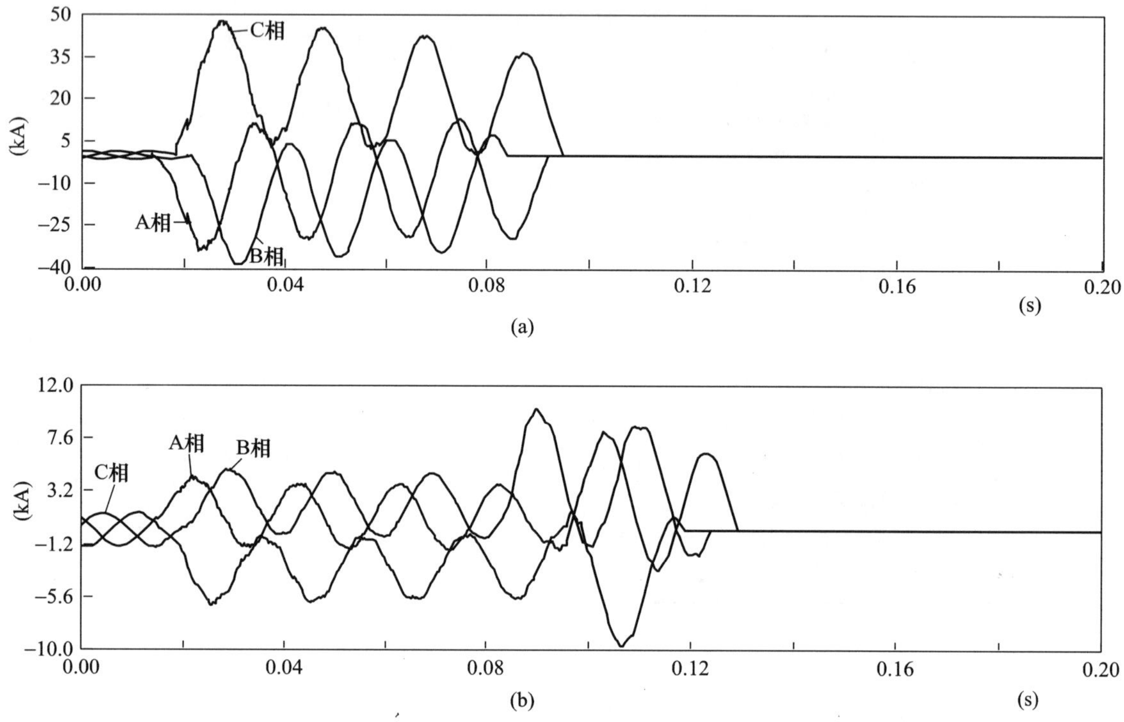

图 13　淮皖线皖南侧 3LG 故障下，皖南侧先跳，皖南侧与淮南侧的断路器电流

（a）皖南侧；（b）淮南侧

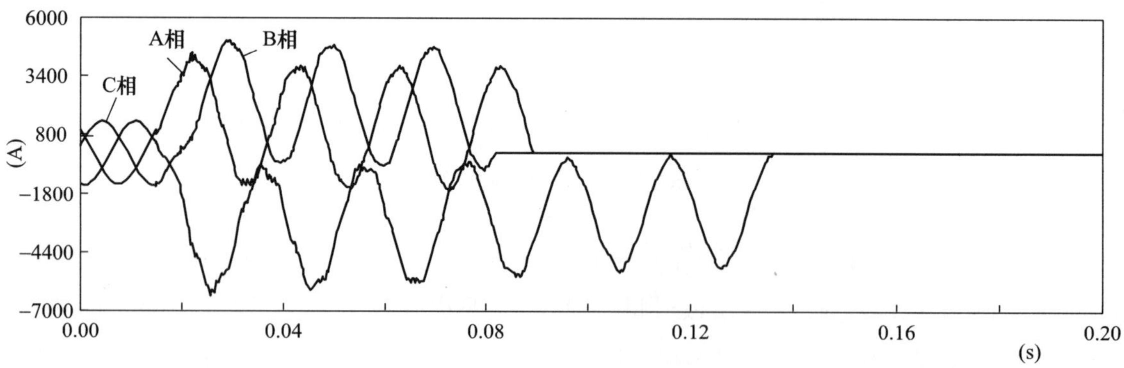

图 14　淮皖线皖南侧 3LG 故障下，皖南侧三相拒动，淮南侧的断路器电流

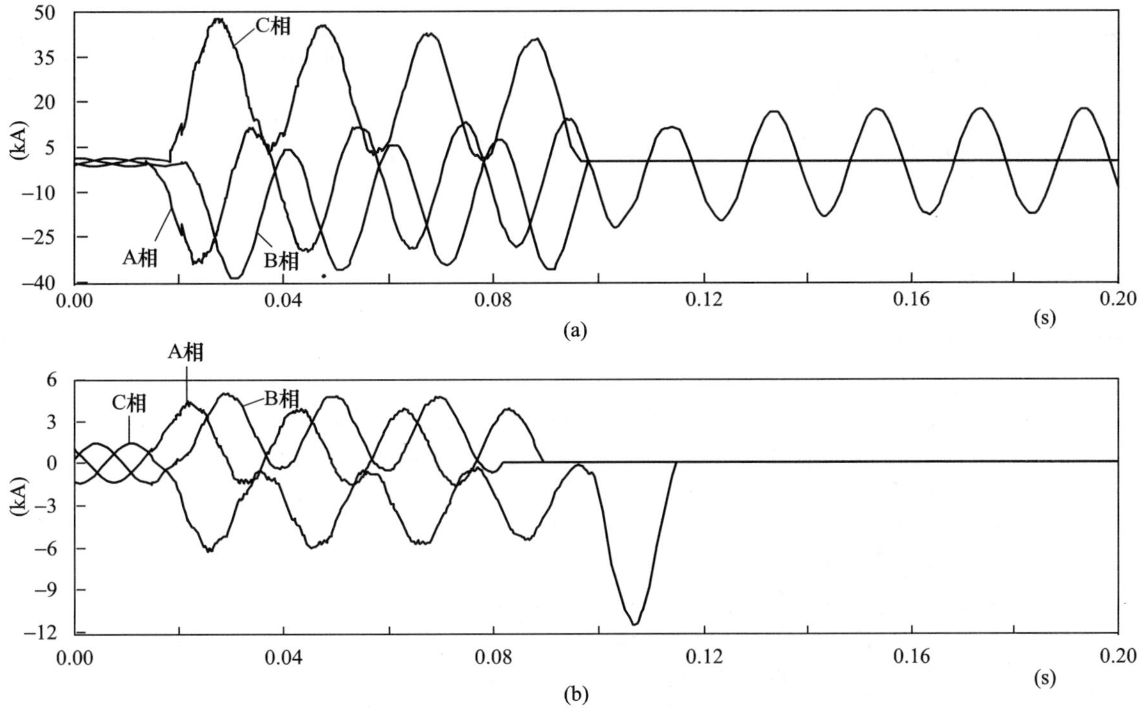

图 15　淮皖线皖南侧 3LG 故障下，皖南侧单相拒动，皖南侧与淮南侧断路器电流

（a）皖南侧；（b）淮南侧

3.4　远期 2015 年断路器直流分量时间常数和零偏现象

模拟统计计算分析出的3LG故障下的断路器直流时间常数和开断时直流分量见表5和图16。可见2015年在开断窗30～50ms时间段内各变电站线路断路器的直流分量均在特高压断路器 120ms 允许的直流分量曲线以下。远期直流分量时间常数最大为65ms，折算的最大等效试验时间常数τ 为92ms，因此同杆双回系统的断路器直流时间常数可选与示范工程相同的 120ms，并有相当大的裕度。但是淮皖线皖南侧、浙沪线浙北侧的断路器 3LG 电流有效值超过特高压断路器额定开断电流有效值 50kA，需更换成 63kA 断路器。

2015 年特高压电网断路器电流未发生零偏现象。

表 5　　2015 年 3LG 开关直流时间常数和开断时直流分量（接地电阻 10Ω）

故障点	开关短路电流（0ms，峰值，kA）			故障开始（0ms，峰值，kA）		系统时间常数（ms）	30ms 时的交、直流分量（峰值）		
	站名	电流	零偏时间（ms）	直流分量	交流分量		直流（kA）	交流（kA）	折算试验时间常数τ（ms）
淮皖线皖南侧	皖南	140	0	81.1	73.46	65	51.2	73.8	92
皖浙线皖南侧	皖南	122	0	74.63	66.7	63	46.5	66.8	72

续表

<table>
<tr><td rowspan="2">故障点</td><td colspan="3">开关短路电流（0ms，峰值，kA）</td><td colspan="2">故障开始（0ms，峰值，kA）</td><td rowspan="2">系统时间常数（ms）</td><td colspan="3">30ms时的交、直流分量（峰值）</td></tr>
<tr><td>站名</td><td>电流</td><td>零偏时间（ms）</td><td>直流分量</td><td>交流分量</td><td>直流（kA）</td><td>交流（kA）</td><td>折算试验时间常数τ（ms）</td></tr>
<tr><td>浙沪线浙北侧</td><td>浙北</td><td>145</td><td>0</td><td>87.8</td><td>85</td><td>48</td><td>46.8</td><td>86</td><td>73</td></tr>
<tr><td>浙沪线沪西侧</td><td>沪西</td><td>89</td><td>0</td><td>55.1</td><td>50.7</td><td>54</td><td>31.6</td><td>51.7</td><td>37</td></tr>
</table>

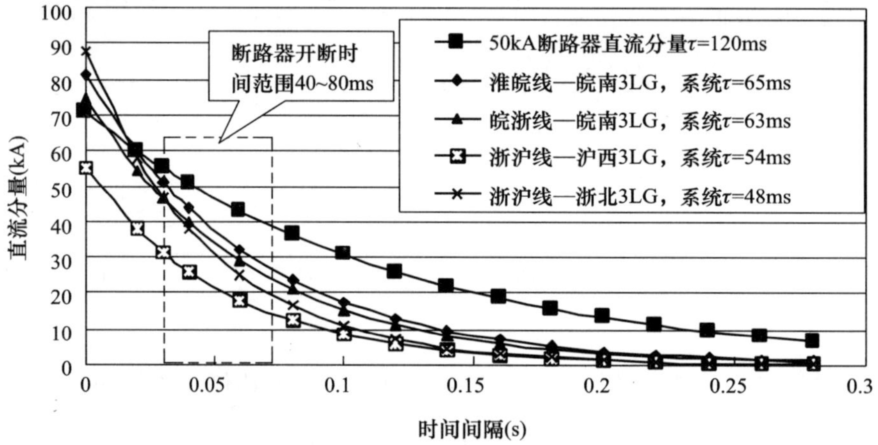

图16　2015年模拟计算的3LG直流时间常数

3.5　产生零偏现象的其他工况

3.5.1　特高压断路器合空线时的零偏现象

对于有高抗补偿的线路，由于高压电抗器的磁通在合闸瞬间保持不变，电抗器电流产生直流偏移，导致线路断路器合闸时的电流发生零偏。电流零偏的时间与合闸电阻大小、合闸时的相位、高抗的Q值、线路的长度及补偿度等多种因素有关。实测的我国500kV二普线（无合闸电阻）和汗沽线（400Ω合闸电阻）合空线操作时，合闸侧线路断路器零偏时间分别达180ms和800ms。500kV福宁Ⅰ线为过补偿线路，线路调试进行合—分操作时，因合闸操作时流过操作断路器电流产生零偏现象，造成断路器随后的分闸操作不能正常开断，即使开断空载线路电流只有50A左右，也出现严重的滞后开断，还发生了重燃现象，导致灭弧室损坏。计算表明特高压断路器合空线时的电流直流分量小于500kV断路器的，浙北合浙沪线路的电抗器和断路器A、B、C相电流波形见文末彩图11。由于特高压断路器装有合闸电阻，合闸电阻降低了断路器电流直流偏置分量的起始值，缩短了线路电流的过零时间。若在电流发生零偏时间内断路器分闸，则可发生类似福宁Ⅰ线的滞后开断和重燃故障。我国500kV带有高抗的线路已要求不进行三相带电的分合试验，特高压也可参照此执行。

3.5.2 特高压线路合闸于单相预伏性故障或并网前的单相接地故障

特高压线路合闸于单相预伏性故障或合空线后，在并网前发生单相接地故障，线路高抗电流产生直流偏移，也导致线路健全相断路器电流发生零偏。单相接地发生在故障相电压过零点附近，健全相产生零偏的概率最大，零偏大小和零偏时间长短还与电抗器的损耗、线路接地点的位置和接地阻抗等因素相关。模拟计算波形见文末彩图12。由于该工况下单相重合闸已退出，合闸端断路器三相跳闸，故障相电流有过零点先断开，通过线路耦合在健全相电流也感应出过零点，健全相也可成功开断，统计出有 7%～10%的概率下燃弧窗的时间大于 30ms，存在开断失败的概率。由于合空线操作次数少，存在预伏性故障也较小，开断失败的概率会很小，不必采取相应的措施。

3.5.3 合空载特高压变压器时断路器励磁涌流的零偏现象

实测官亭站 750kV 变压器合闸时 750kV 侧断路器 A、C 相合闸励磁涌流产生严重的零偏现象，零偏时间长达 240ms，波形见图 17。若变压器差动的二次谐波制动定值未设好，会造成合闸 1～2 周后，保护误动，断路器立即跳闸，而涌流的零偏可能会导致断路器延时开断并发生重燃，损坏灭弧室。若实测结果不是测量回路的问题所导致，该零偏现象需引起特高压合空载变压器操作的注意。

合特高压空载变压器励磁涌流发生零偏的相一般只有一相或两相，而三台特高压单相变压器通过三角绕组互相耦合，若合闸过程中发生分闸操作，则未产生电流零偏的相（一般电流幅值较大）可先成功开断，在开断电流的感应下，零偏相的电流会发生电磁振荡，产生过零点；随后也可成功开断。因此励磁涌流中的零偏现象对断路器威胁可能不大，不必要求特高压变压器断路器加装分闸电阻，阻尼零偏现象。

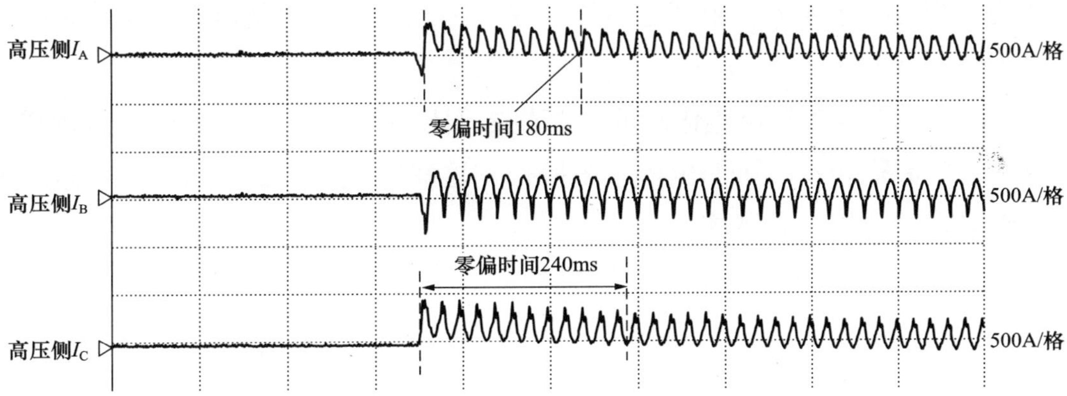

图 17 实测官亭站 750kV 变压器冲击合闸时 750kV 侧断路器合闸涌流产生严重的零偏现象

4 结论

（1）统计计算的淮南站 TLF 的 3LG 故障下 TRV 的上升率最大值为 8 .4kV/μs，超出 DL/T 402—2007 T10 负载的规定值。建议将行标 T10 和 T30 规定值由 7kV/μs 和

5kV/μs 分别提高至 10kV/μs 和 7kV/μs。该建议值已被我国特高压交流试验示范工程的断路器 TRV 试验采用。

（2）统计计算的淮南断路器失步开断的 TRV 超过标准规定的 OP1 允许值，而皖南断路器失步开断的 TRV 在标准规定的 OP1 范围内。失步开断点可以事先设定在皖南，解决 TRV 超标问题。

（3）断路器加分闸电阻，无论是 TLF 开断，还是失步开断，断路器主触头 TRV 幅值明显减小，可降至标准规定值以下，而断路器电阻触头间的 TRV 增大，在失步开断时，超过标准规定的 OP1 允许值，但电阻触头开断的最大电流较主触头小约 1/2 左右，在 T10 范围内，有利于开断，其允许的 TRV 可采用 T10 标准。分闸电阻价格贵，机械复杂，降低了断路器的可靠性。建议本期和远期皖电东送工程可不装分闸电阻。

（4）在 2012 年大、小运行方式下，淮皖线皖南侧故障电流直流分量时间常数最大为 308ms，折算到特高压断路器的试验时间常数为 34ms，断路器即使选试验时间常数 45ms 也能满足要求。远期直流分量时间常数最大为 65ms，折算的最大等效试验时间常数τ 为 92ms，因此皖电东送工程的断路器直流时间常数可选与特高压交流试验示范工程相同的 120ms，并有相当大的裕度。

（5）特高压同塔双回交流系统由于线路的电压高而电阻小，流经断路器的短路电流在开断时间内会出现零偏现象，可导致开断失败，损毁灭弧室。但是，产生零偏现象的故障相在三相中只有其中一相，且发生在短路电流较小的线路一侧断路器上。在邻近短路点且短路电流大的线路一侧断路器先跳开或其他两相未产生零偏现象的相先于电流零偏相断开，可降低零偏故障相电流的幅值和零偏时间，有利于零偏故障相的断开。远期系统短路电流大，未产生零偏现象，因此特高压断路器不必采取装分闸电阻等专门的应对措施。

（6）特高压断路器在开合操作时间内产生零偏现象的工况还包括合空线操作、并网前的单相接地故障和特高压变压器合闸操作。这些工况导致断路器开断失败的概率极小，不必采取专门的应对措施。

2008

特高压交流输电技术研究成果专辑

第5章 特高压交流同塔双回路线路技术研究

1 特高压交流同塔双回输电线路导线排列方式优化研究 1

1 引言

随着输电线路的不断建设，我国输电线路的走廊越来越紧张，特别是在人口密集的地区。采用特高压同塔双回输电线路可最大限度地节约线路走廊，进一步提高单位线路走廊输电容量，提高电力系统的经济效益。研究并建设特高压同塔双回输电线路，成为我国特高压电网建设中的实际需要。

同塔双回输电线路导线布置型式有垂直排列、三角排列，绝缘子串可采用 I 型串和 V 型串。其导线布置型式、绝缘子串型式、相导线排列方式、相间距离、导线对地高度、导线分裂型式等直接影响线路的电磁环境和工程造价，如何进行优化，使特高压同塔双回输电线路既满足环保要求，同时又兼顾经济性，是特高压同塔双回输电工程需要解决的关键技术之一。

本文对特高压交流同塔双回输电线路导线排列方式优化进行了研究，并得出了重要结论。为方便描述，本文中提到的工频电场指档距中心地面上方 1.5m 处的工频电场有效值，工频磁场指档距中心地面上方 1.5m 处的工频感应强度有效值。

2 1000kV 交流输电线路电磁环境限值

在特高压输电工程的可研阶段，已确定了 1000kV 交流输电线路电磁环境限值，原国家环境保护总局在 1000kV 淮南—上海（皖电东送）输变电工程环境影响报告书的批复中，也明确了主要电磁环境指标。

根据原国家环境保护总局“关于皖电东送淮南—上海输变电工程环境影响报告书的批复”，1000kV 交流输电线路的工频电场控制值为：线路跨越公路、铁路、水运等交通干线及对电磁环境要求较高的有人员活动地区为 7kV/m，其他地区为 10kV/m。无线电干扰限值暂按“在距边相导线投影 20m 处，测试频率为 0.5MHz 时的晴天条件下不大于 55dB（μV/m）控制”。按照设计规程，线路可听噪声按照距线路边相导线投影外 20m 处，湿导线的可听噪声限值为 55dB（A）。

3 相导线结构的影响

相导线结构主要指相导线的分裂根数、分裂间距和子导线直径。相导线结构的不同会影响输电线路导线表面场强，因而对输电线路的电晕特性影响较大，决定了电晕损失、可听噪声和无线电干扰的水平。其中可听噪声和无线电干扰的水平是特高压输电线路电磁环境的关键控制因素，因此首先需要研究相导线结构对线路电磁环境的影响，为导线选型提供理论依据。

3.1 分裂根数的影响

根据国内外工程经验，750kV 交流线路采用六分裂导线。那么对于 1000kV 交流线路，为满足输送容量和线路可听噪声和无线电干扰控制指标，相导线分裂数应不小于 6。以下将分别取分裂数为 6、7、8、9 和 10，对于每一种分裂数，考虑标称截面分别为 500、630、720mm^2 和 800mm^2 的几种常见导线，分别计算线路工频电场、工频磁场、导线表面最大场强、可听噪声和无线电干扰。

通过计算可知，增加分裂根数，对于减小导线表面场强进而改善线路的可听噪声和无线电干扰水平，效果较为显著，对于线下工频磁场的分布几乎没有影响，但会使线下工频电场强度略为增大。通过计算可知，相导线分裂数取 7 且子导线截面较大时（如 900mm^2），可以满足可听噪声和无线电干扰限值要求，但分裂数为奇数，在我国工程上基本不采用，建议相导线分裂数取 8。

3.2 子导线截面的影响

为研究导线直径对线路电磁环境的影响，仅改变子导线直径，分别取 2.68、3、3.36、3.62、3.84cm 和 4.0cm，对应的标称截面分别为 400、500、630、720、800mm^2 和 900mm^2 的导线，分别计算了线路电磁环境。

通过计算可知，增大子导线截面，能够减小导线表面场强，进而减小线路的可听噪声和无线电干扰水平；对于线下工频电场分布的影响较小，对于线下工频磁场的分布几乎没有影响。根据 1000kV 交流输电线路可听噪声和无线电干扰限值要求，如果取分裂数为 8，选用截面为 500、630、720mm^2 和 800mm^2 的子导线，除少数情况，都有可能使电磁环境满足限值要求。

3.3 分裂间距的影响

考虑子导线分裂间距由 20cm 变化到 50cm 时，分别计算了采用 8×630mm^2 和 10×400mm^2 两种导线在对地最小高度为 21m 时的导线表面最大场强、线下工频电场、工频磁场、可听噪声和无线电干扰。

通过计算分析可知，当采用 8×630mm^2 导线时，导线表面最大电场强度、可听噪声和无线电干扰场强最小值对应的导线分裂间距约在 30～40cm。从导线的力学特性来说，对于 8×630mm^2 导线，分裂间距较大一些对于消除次档距振荡较为有利。在实际设计过程中，需兼顾力学特性与电气特性两方面的要求，取其折中值。因此，参考晋东南—荆门1000kV特高压交流试验示范工程的设计经验，若导线分裂根数为8，分裂间距建议取40cm。

4 线路结构参数的影响

交流同塔双回输电线路相导线排列方式的选择非常重要。目前，主要设计了垂直排列和三角排列两种。其中三角排列用于军事限高区等特殊地区，由于相导线按三角形排列时的走廊宽度远大于垂直排列时的走廊宽度，且参考点处无线电干扰和可听噪声水平也大于垂直排列的水平，因此一般情况下特高压交流同塔双回线路采用垂直排列的方式。

导线横担布置型式有三层横担、四层横担等，绝缘子串型式主要有悬垂串、耐张串和V型串。对于交流特高压同塔双回垂直排列输电线路，不论横担布置型式和绝缘子串型式如何，对于电磁环境计算而言，都可以看成是线路结构参数的不同，主要为导线的水平相间距离、垂直相间距离、导线对地高度等。

对水平相间距分别变化、同时变化及垂直相间距同时变化的电磁环境进行了计算，变化的步长取1～2m，水平相间距的变化范围在20m左右，垂直相间距的变化范围在5m左右。研究了1000kV特高压交流同塔双回垂直排列输电线路的相间距离和导线对地高度变化对电磁环境的影响，得到以下基本规律：

（1）相导线按逆相序布置时，随着水平相间距的增大，线下工频电场和工频磁场的最大值随走廊宽度逐渐增加，而无线电干扰和可听噪声逐渐减小。

（2）下相导线间距的变化对无线电干扰、可听噪声、线下工频电场和走廊宽度的影响比较明显，如文末彩图13～图16所示。

（3）垂直相间距增加，可减小导线表面场强，进而减小无线电干扰和可听噪声，但线下工频电场、工频磁场和走廊宽度略有增加。

（4）线下工频电场、工频磁场、可听噪声和走廊宽度随着导线对地距离增加而减小，无线电干扰随导线对地高度增加而略微变化。

5 相序对的影响

对于垂直排列的同塔双回线路，相导线采用同相序布置时，有利于减小无线电干扰和可听噪声，但导线很高时才能使工频电场满足限值要求；而相导线按逆相序布置时，情况正好相反，有利于减小工频电场，但无线电干扰和可听噪声较大。采用其他相序布置的电磁环境水平则介于这两者的水平之间。工程上为保持6相电气参数平衡，通常采用逆相序排列。在实际中，可根据工程具体情况进行选择相序排列的方式。

6　线路结构参数的选择

6.1　采用主要塔型时的结构参数选择

为便于设计，将在每一个垂直相间距下，找出能够满足无线电干扰和可听噪声要求的上、中、下三相导线最大水平相间距的最小值，然后调整导线对地高度，计算线下电场分布，给出在这一导线布置方案下的非居民区和居民区的导线最小对地高度和走廊宽度。

根据上述思路，按照 1100kV 的电压水平，分别针对 8×630mm^2 导线和 8×720mm^2 导线，采用鼓型塔和伞型塔（水平相间距变化步长为 2m）进行了不同水平相间距、垂直相间距、导线最小高度下的电磁环境计算。垂直相间距变化范围为 15～25m（以 0.5m 为间隔），最大水平相间距变化范围为 20～50m（以 1m 为间隔），导线最小对地高度变化范围为 18～30m（以 1m 为间隔），得出了最大水平相间距的最小值随垂直相间距变化的曲线，如图 1 所示。

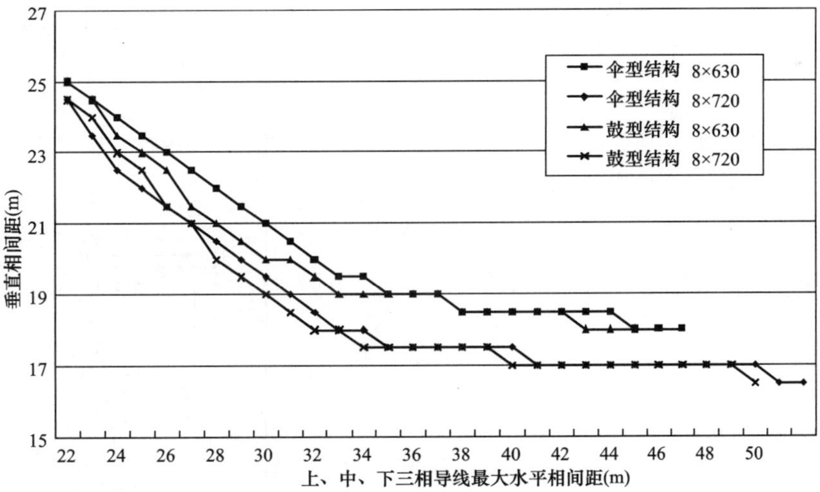

图 1　最大水平相间距的最小值随垂直相间距变化的曲线（逆相序）

6.2　采用四种直线塔时的导线最小对地高度

根据设计院等单位提供的资料，在我国皖电东送工程输电线路中可能采用的部分直线型杆塔如图 2 所示，其相间距列于表 1 中。

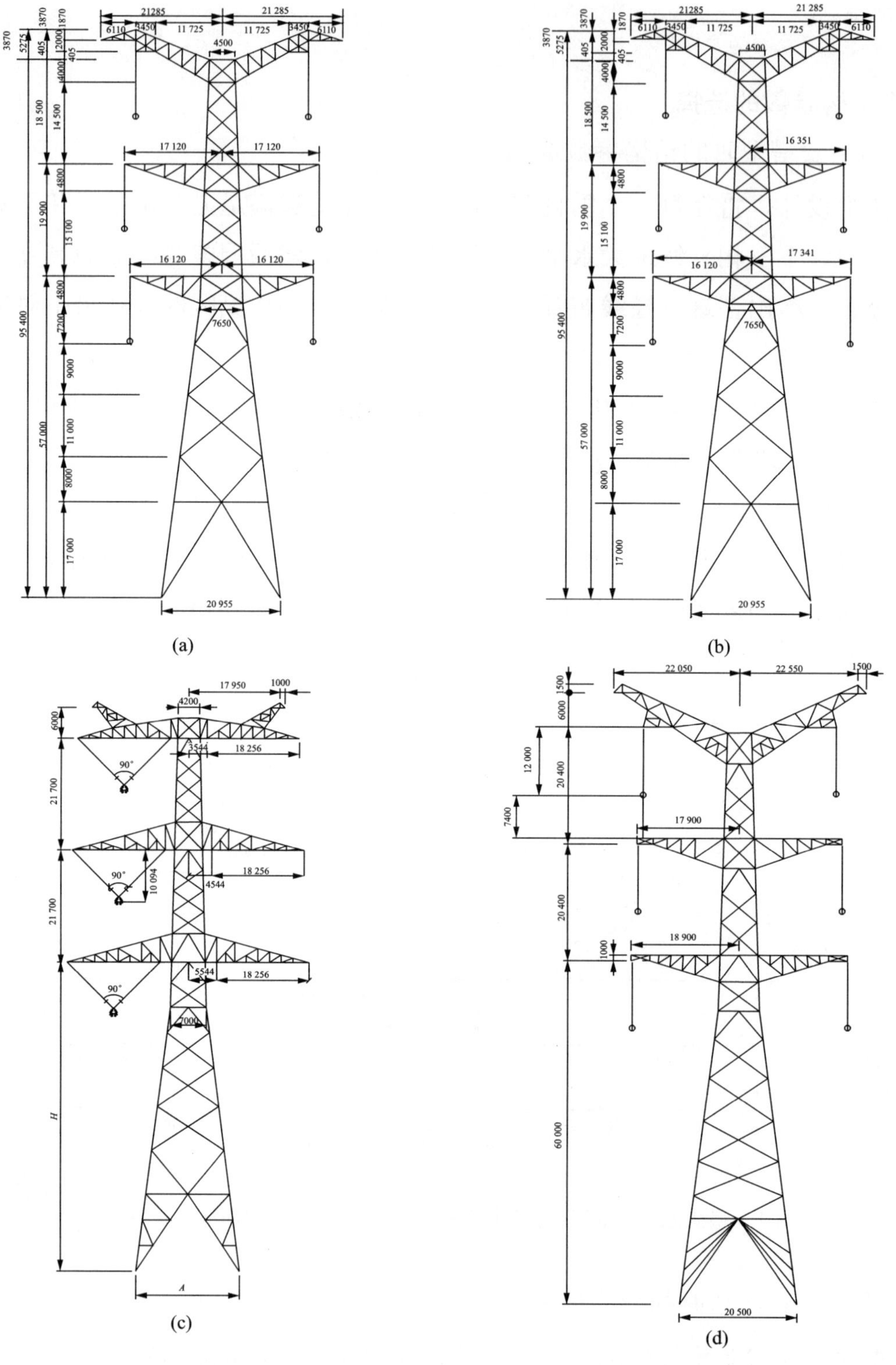

图2　1000kV交流同塔双回输电线路4种塔型单线图

（a）杆塔1（直线型I型串鼓形塔）；（b）杆塔2（直线型I型串伞形塔）；
（c）杆塔3（直线型V型串伞形塔）；（d）杆塔4（直线型I型串伞形塔）

表 1　　4 种塔的相间距　　m

序　　号		塔 1	塔 2	塔 3	塔 4
杆塔类型		直线型 I 型串鼓形	直线型 I 型串伞形	直线型 V 型串伞形	直线型 I 型串伞形
水平相间距	下相	32.2	34.6	29.4	37.8
	中相	34.2	32.8	27.4	35.8
	上相	30.4	30.4	25.4	33.8
垂直相间距	下相—中相	19.9	19.9	21.7	20.4
	中相—上相	19.9	19.9	21.7	20.4

对第 1、2 种杆塔调整了垂直相间距后（增大到 20.5m）,导线对地高度为 21m 和 26m 时，工频电场分别达到非居民区和居民区的标准要求。如果不增大垂直相间距，将最大水平相间距增大为 36m 也可达到标准要求；对第 3 种杆塔，当采用逆相序时，可将下、中和上相导线的水平相间距压缩至 24、22、20m，以满足标准要求。

6.3　采用耐张塔的电磁环境计算

在皖电东送工程的线路设计中，设计单位提出单柱耐张塔的方案，如图 3 所示。该方案需要 2 个单柱耐张塔，2 个塔中心线的距离变化范围在 30～45m 之间。由于减少了横担，其垂直相间距可以做到很小，下相—中相垂直相间距的变化范围可在 11～22m 之间，上相—中相的垂直相间距需比中相—下相的垂直相间距大 1m。根据塔的结构，其导线挂点呈现中相最宽，上相其次，下相最窄的特点，类似于鼓型塔。根据设计单位提供的基本参数，下相、上相水平相间距比中相水平相间距分别减少 6m 和 3m 左右。

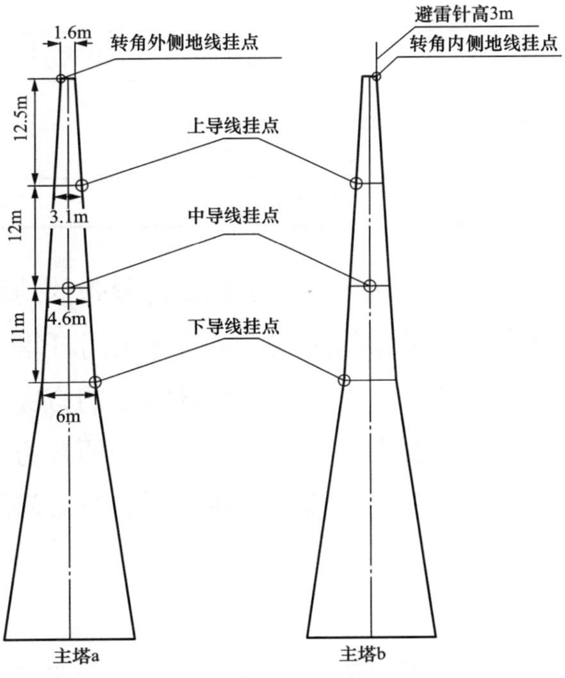

图 3　单柱耐张塔断面单线图

通过计算可知，在两塔中心之间的距离为 40m 时，下相—中相垂直相间距须达到 18m，且导线最小对地高度须达到 24m 时才能满足非居民区的全部电磁环境限值要求；导线最小对地高度进一步抬高至 26m 时，才能满足居民区的电磁环境限值要求。在下相—中相垂直相间距增大为 19m 时，能够满足非居民区和居民区电磁环境要求的导线对地高度，分别为 22m 和 26m。由于垂直相间距的增加，实际上这并没有减小杆塔高度。

随着两塔中心距离的增加，参考点无线电干扰和可听噪声水平略微下降，线下工频电场最大值逐渐增加，但变化幅度都很小。总体来说，下相—中相垂直相间距在 18m、导线最小对地高度在 22m 和 26m 时，可分别满足非居民区和居民区的电磁环境限值。

6.4 采用不同直线塔的经济性比较

表 2　　在 4 种塔上采用可用的最小导线和导线最小对地高度时的经济指标

塔　　型		杆塔 1（I 型串鼓形）		杆塔 2（I 型串伞形）		杆塔 3（V 型串伞形）				杆塔 4（I 型串伞形）	
最大水平相间距（m）		34.2		34.4		29.4				37.8	
相序		逆相序		逆相序		逆相序		ABC/BAC		逆相序	
导线型式		8×630mm^2		8×630mm^2		8×720mm^2		8×630mm^2		8×630mm^2	
所处区域		非居民区	居民区	非居民区	居民区	非居民区	居民区	非居民区	居民区	非居民区	居民区
导线造价（万元/km）		210		210		240		210		210	
导线最小对地高度（m）		21	—	21	—	21	26	23	28	21	26
走廊宽度（m）		72	—	75	—	70	66	71	68	78	76
导线损耗（kW/km）	电阻损耗	281		281		242		281		281	
	晴天电晕损耗	3.95	—	3.67	—	3.24	3.14	3.00	2.90	3.68	3.57
	雨天电晕损耗	355	—	329	—	290	282	269	261	330	321
	综合损耗	320	—	317	—	274	273	311	310	317	316

如表 2 所示，在走廊宽度紧张的地域，应优先考虑采用杆塔 3 的两种方案；在走廊宽度不紧张的区域，可考虑采用杆塔 1、2、4 的方案，以节约导线投资或降低杆塔高度。其中采用杆塔 1 和杆塔 2 的方案需要进一步调整垂直相间距，以满足居民区的电磁环境要求。在采用杆塔 3 的两种方案之间，需要运行单位和建设单位共同研究增加导线投资换来综合损耗下降的效益问题。

7 结论

（1）建议皖电东送工程输电线路相导线分裂数取 8，选用截面为 630mm^2 或者 720mm^2 子导线，分裂间距取 40cm。

（2）与采用三角排列方式相比，采用垂直排列方式，线路走廊和电磁环境较为优越，因此一般情况下特高压交流同塔双回线路采用垂直排列的方式。

（3）与采用同相序时相比，采用逆相序时有利于减小工频电场和走廊宽度，但无线电干扰和可听噪声较大。采用其他相序布置的电磁环境水平则介于这两者的水平之间。但工程上为保持 6 相电气参数平衡，通常采用逆相序排列。

（4）对于相导线垂直排列双回交流线路，逆相排列序时，随水平相间距增大，除走廊宽度的变化规律与同相序时的相同外，电磁环境各个量的变化规律均与同相序时的相反。

（5）垂直相间距增加可使无线电干扰和可听噪声减小。垂直相间距每增大 1m，分别下降约 0.5dB（μV/m）和 0.5dB（A）。

（6）线下工频电场、工频磁场、可听噪声和走廊宽度随着导线对地距离增加而减小，无线电干扰随导线对地高度增加而变化不大。

（7）采用设计单位提供的第 1 种（I 型串鼓形）和第 2 种（I 型串伞形）杆塔时，推荐导线最小对地高度为 21m，但只适用于非居民区，可将垂直相间距增大到 20.5m，或最大水平相间距增大到 36m，以满足居民区的电磁环境要求；采用第 3 种（V 型串伞形）和第 4 种塔（I 型串伞形）时，非居民区和居民区的导线最小高度分别为 21m 和 26m，可将最大水平相间距分别优化至 24m 和 34m，优化后，采用第 3 种塔时非居民区和居民区的导线对地最小高度可降低至 20m 和 25m，采用第 4 种塔时导线对地最小高度与优化前的基本相同；采用第 3 种杆塔，按 ABC/BAC 相序布置时，非居民区和居民区的导线最小高度分别为 23m 和 28m，可将最大水平相间距优化至 25m，优化后导线最小高度可降低至 22m 和 28m。

（8）在 1000kV 同塔双回输电线路中采用耐张塔时，若导线采用鼓形布置，在两塔中心距离为 40m，下相—中相垂直相间距达到 18m 时，非居民区和居民区的导线最小对地距离分别为 24m 和 26m；若采用伞形布置，两塔中心距离可缩小至 30m，但垂直相间距离须增大到 20m，此时非居民区和居民区的导线最小对地距离为 21m 和 26m。

2　特高压交流同塔双回输电线路导线排列方式优化研究 2

1　引言

为了进一步降低电能输送成本，减少输电走廊对土地的占用，采用同塔双回特高压输电是发展趋势。但同塔双回线路的电磁环境不同于单回线路，不同的排列方式下导线表面场强分布、线下地面 1.5m 处工频电场、磁场（下文简称地面工频电磁场）、可听噪声和无线电干扰都存在显著差异，如导线正相序排列时，线下的电场较高，但无线电干扰和可听噪声较小；导线逆相序排列时，线下的电场较低，但无线电干扰和可听噪声较大。

特高压线路建设成本由基础杆塔、导线、拆迁等多项费用构成。经济发达地区，拆迁费用将可能大于杆塔和导线费用；经济欠发达地区拆迁量较小，杆塔和导线成本较高。因此，因地制宜地合理选用适当的导线布置和排列方式、优化杆塔设计，既可使电磁环境参数满足环保要求、保证输电线路的良好电磁环境指标，又可合理控制杆塔高度和横担长度，节约工程建设成本。

通过分析导线选型、电磁环境的影响因素，初步选定特高压同塔双回线路的导线；根据不同因素对电磁环境的影响不同，得出导线布置的相间水平距离和相间垂直距离对杆塔尺寸和环境的影响关系曲线。根据关系曲线，可以选择合适的导线排列方式，结合线路所在的区域，设计者可以充分优化杆塔设计，达到经济合理、保护资源的目的。

2 影响导线选型的因素

2.1 经济电流密度

在输电线路设计中，各国均根据各个时期的导线价格、电能成本及线路工程特点等因素的分析，提出一个最为经济的导线单位截面的输送电流，称为经济电流密度。同时综合考虑年费用最省来选择导线，把线路长期运行的经济性纳入了导线选择中来，并不是一味追求建设初期的成本投入，而更多的是关心长期运行的经济性。因此当今线路电流密度的取值有降低的趋势。取我国规定的导线电流密度最小值 0.9A/mm^2 作为导线初选的电流密度参考值。

2.2 导线总截面

根据设计院提供的相关参数，双回特高压 1000kV 输电线路的额定输送容量约 2×6500MW，额定电流约 3950A，根据电流密度参考值，得到导线总铝截面参考值为 4390mm^2。

2.3 导线型号和分裂数

根据我国对特高压交流输电技术的前期研究成果，选取在我国设计、施工、运行、金具生产等都具有较丰富经验的八分裂导线型式进行研究，对九、十分裂导线也进行了相应的对比计算。选定的导线分裂型式和截面见表 1 所示。

表 1　选定的导线分裂方式和截面

序号	导线型号分裂型式	总铝截面（mm^2）	电流密度（A/mm^2）
1	8×LGJ–630/45	4987.6	0.792
2	8×ACSR–720/50	5802.2	0.681
3	8×LGJ–800/55	6514.4	0.606

续表

序号	导线型号分裂型式	总铝截面（mm^2）	电流密度（A/mm^2）
4	9×LGJ–500/35	4473.1	0.883
5	9×LGJ–630/45	5611.1	0.704
6	10×LGJ–400/35	3908.8	1.011
7	10×LGJ–500/35	4970.1	0.795

上述导线结构除 10×LGJ–400/35 的总铝截面小于 4390mm^2，电流密度大于 0.9A/mm^2 外，其他导线总铝截面分布在 4473.1～6514.4mm^2 之间，可满足输送容量的要求。

2.4 分裂间距与分裂型式

从苏联和日本的导线设计来看，特高压输电线路导线较多地采用正八边形对称布置。尽管选择的思路不尽相同，但一般均考虑了系统输送功率和环境影响程度等因素，只是根据各自国情不同而侧重点不同。

导线分裂间距的选取要考虑分裂导线的次档距振荡和电气两个方面的特性。一般认为分裂导线间保持足够的距离就可以避免出现次档距振荡现象。根据国外研究，当分裂间距 S 与子导线直径 d 之比 S/d>16～18 时，就可以避免出现次档距振荡；小于 10 时则不宜采用；在 10～16 之间，必须安装阻尼间隔棒予以解决。

根据对各环境因素影响的分析，选取 400mm 作为导线的分裂间距。

限制次档距振荡要求的分裂间距与最佳电气性能要求的分裂间距是相互矛盾的，前者重要性要大于后者。我国 500kV 及以上输电线路，导线分裂间距一般取 400mm。对所有导线结构分裂间距综合考虑后仍取为 400mm，各导线 S/d 值在 10.4～14.9 范围中，采用阻尼间隔棒等技术措施后，可满足避免出现次档距振荡的要求。

3　电磁环境的影响因素

综合分析导线的分裂数、子导线直径、分裂间距、各相线之间的距离、导线对地高度等对电磁环境影响，有以下结论：

随着导线分裂数逐步增加，导线的总截面增大，导线表面最大电场强度减小，无线电干扰和可听噪声迅速减小，但是线下最大场强却有所增加。可见，增加导线分裂数可以有效地降低导线表面场强、无线电干扰和可听噪声，但是导线分裂数的增加会使线下的场强有一定的增加。

分裂数相同，随着子导线直径的增大，导线总截面增加，导线表面最大电场强度减小，可听噪声和无线电干扰也减小。可见，在保持分裂数不变的情况，增大导线直径，可以较明显地减小可听噪声和无线电干扰。

可听噪声和无线电干扰与分裂间距的关系呈U形曲线，按照分裂间距与子导线直径之比至少大于10的要求，分裂间距只能选择在U形曲线的上升段，故可听噪声和无线电干扰均随分裂间距的增大而增大。可见适当减小分裂间距，对改善电磁环境是有利的。但导线分裂间距减小会使出现次档距振荡的可能性增加；同时根据相关研究，减小分裂间距，线路的自然功率会下降。

随着两回线路相间水平距离的增加，导线表面最大电场强度略有减小，无线电干扰和可听噪声有所减小，而线下最大电场场强却有所增加。因此增加相间水平距离从电磁环境上看有利有弊，但加大相间水平距离会增加塔重，因此相间水平距离主要仍由导线间隙圆等因素决定。

随着导线相间垂直距离的增加，导线表面最大电场强度略有减小，无线电干扰和可听噪声有所减小，而线下最大电场场强却有所增加。因此增加相间垂直距离从电磁环境上看有利有弊，但加大相间垂直距离杆塔高度和重量增加，同时也会给线路防雷带来一些负面影响，应综合考虑后确定合理的相间垂直距离。

随着导线对地高度的增加，导线表面最大电场强度和无线电干扰场强几乎不变，线下最大电场强度迅速减小，可听噪声略有减小。

导线逆相序排列线下电场强度、走廊宽度优于正相序排列，而可听噪声和无线电略大于正相序排列，但选用适当截面的导线也可以满足控制指标的要求。所以同塔双回线路采用逆相序排列可以有效减小杆塔高度和输电走廊宽度，降低工程造价，是一种合适的排列方式。

经计算分析，在现有设计方案的基础上，可采用的最小导线结构为8×630mm^2。

4 导线布置方式

采用8×630mm^{2}导线，逆相序排列，计算电压1100kV，下相最低高度21m时，线下电场强度一般可以控制在10kV/m以内。通过适当调整导线相间垂直距离、相间水平距离，获取满足电磁环境要求的最优导线布置，合理降低工程造价。

由于地线位置主要由线路防雷确定，同时地线对线路电磁环境参数的计算影响较小。将鼓形塔、伞形塔两种塔型布置的最大相间距离（对于鼓形塔布置为中相间距，伞形塔布置为下相间距）设为相间水平距离 L，相间垂直距离都设为 H，如图1、图2所示，通过调整相间水平距离和相间垂直距离获得满足电磁环境要求的最优导线布置。

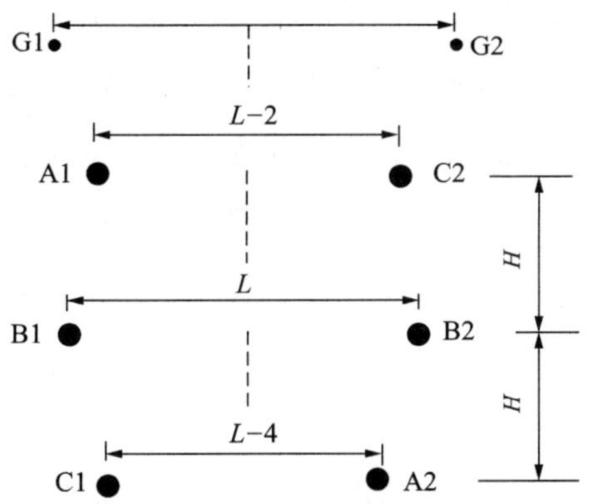

图 1　鼓形塔布置示意图

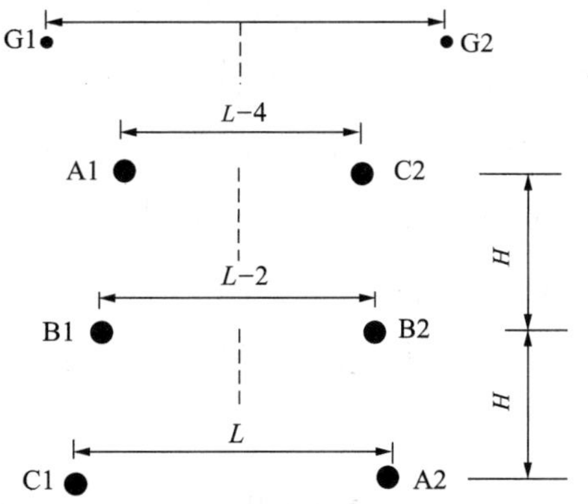

图 2　伞形塔布置示意图

表 2、表 3 分别给出了电压 1100kV，下相最低高度 21m，采用 8×LGJ−630/45 导线，子导线分裂间距为 400mm，逆相序排列时，鼓形塔布置和伞形塔布置电磁环境各参数随相间水平距离和相间垂直距离的变化规律。

表 2　　鼓形塔布置不同相间水平距离和相间垂直距离下的电磁环境各参数

相间垂直距离 H（m）	相间水平距离 L（m）	电场强度		可听噪声［dB（A）］	无线电干扰［dB（μV/m）］
		最大值（kV/m）	场强大于 4kV/m 区域宽（m）		
20	28	8.91	61.30	55.99	55.40
	30	9.11	63.70	55.70	54.94
	36	9.61	70.40	55.06	53.86
	38	9.74	72.60	54.90	53.77
21	28	8.99	61.80	55.49	55.15
	30	9.19	64.20	55.18	54.69
	32	9.38	66.50	54.92	54.26
	34	9.54	68.70	54.70	53.88

表 3　　伞形塔布置不同相间水平距离和相间垂直距离下的电磁环境各参数

相间垂直距离 H（m）	相间水平距离 L（m）	电场强度		可听噪声［dB（A）］	无线电干扰［dB（μV/m）］
		最大值（kV/m）	场强大于 4kV/m 区域宽（m）		
20	26	9.17	65.10	55.96	55.91
	34	9.77	73.80	55.07	54.15
	36	9.89	75.90	54.92	53.85
	38	9.99	78.00	54.79	53.62
21	26	9.24	65.50	55.46	55.68
	28	9.42	67.80	55.16	55.17
	30	9.58	70.00	54.91	54.71
	32	9.72	72.20	54.70	54.28

由表 2、表 3 可知，相间水平距离越大，场强大于 4kV/m 区域越宽，相间垂直距离越大，为满足电磁环境指标要求所需的相间水平距离越小，可见，适当增大相间垂直距离不仅可以改善电磁环境，还可以减小所需相间水平距离从而减小输电走廊的宽度。但因相间水平距离和相间垂直距离的较大增加，对杆塔的造价增加较多，由表 2、表 3 可知，为使线路电压达到 1100kV 时，电磁环境各项指标仍满足限值要求，较优的相间垂直距离为 20～23m，较优的相间水平距离为 28～34m。

下相最低高度 21m 时，线下最大场强一般小于 10kV/m，即使场强略大于 10kV/m，提高导线对地高度少许后（一般不大于 1m），场强很容易降到 10kV/m 以下，同时导线对地高度提高不超过 1m 对可听噪声和无线电干扰的影响很小，因此，导线布置所需的相间水平距离和相间垂直距离主要由可听噪声和无线电干扰决定，以下相导线最低高度 21m 确定导线布置所需的相间水平距离和相间垂直距离也是非常合理的。

5 最优布置方式选择

由以上分析可知，特高压同塔双回线路的导线垂直间距取 20～23m、水平间距取 26～34m 时，合理调整导线的分布，可以满足电磁环境要求。为进一步优化设计，计算了鼓形塔和伞形塔杆塔满足电磁环境要求的导线相间水平距离与相间垂直距离要求，得出相间垂直距离与满足环境指标的最小相间水平距离的对应关系曲线如图 3 所示，相间水平距离与满足环境指标的最小相间垂直距离的对应关系曲线如图 4 所示。

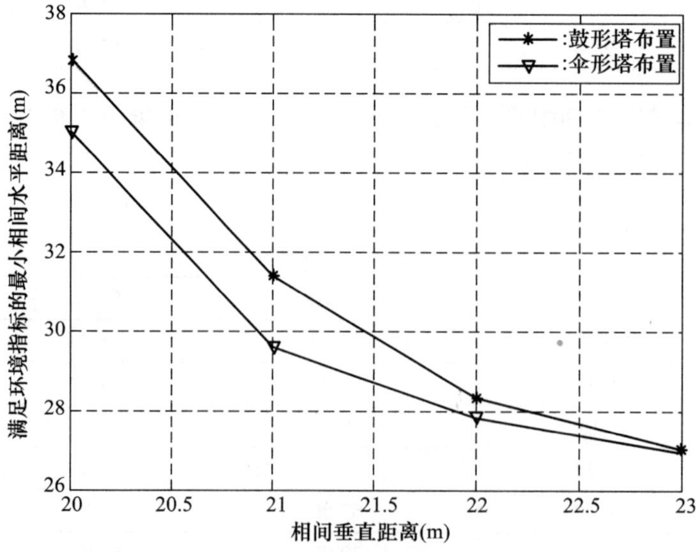

图 3　导线相间垂直距离与满足环境指标的最小相间水平距离的关系曲线

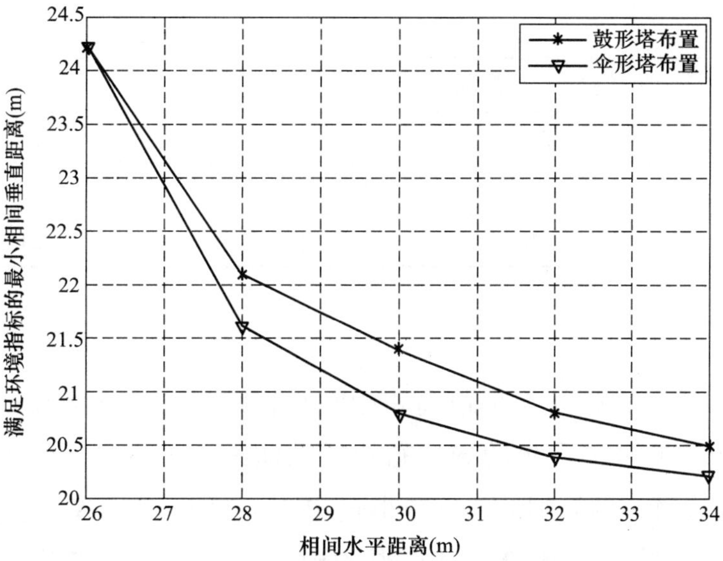

图 4　导线相间水平距离与满足环境指标的最小相间垂直距离的关系曲线

实际线路设计时，可以参照图 3、图 4 选取合适的相间垂直距离和相间水平距离。再根据图 1、图 2 确定导线布置的位置。采用上述方法确定导线最小布置方式后，增大任何一相间的相间水平距离（上相间、中相间、下相间）和相间垂直距离（中上相、中下相）都可以减小可听噪声和无线电干扰，使得电磁环境各项指标更容易满足限值要求，反之，减小间距可能出现无法满足限值要求的情况。

6　最优导线排列选取

由表 2、表 3 中数据和图 3、图 4 中数据可知，相间垂直距离相同时，为满足电磁环境控制要求所需的相间水平距离伞形塔布置较鼓形塔布置减小，随相间垂直距离的增加两者的差值逐渐减小，最大时相差约 2m，但线下场强增加和输电走廊宽度增加，相间垂直距离和相间水平距离都相同时，且满足电磁环境控制指标时，伞形塔布置较鼓形塔布置场强大于 4kV/m 区域宽增加约 5.6m，即使伞形塔布置减小 2m 相间水平距离后，伞形塔布置较鼓形塔布置场强大于 4kV/m 区域宽仍增加约 3.5m，同时伞形塔布置减小相间水平距离后会较鼓形塔布置无线电干扰增大。

由于相间水平距离为 26m 时，相间垂直距离即使增加到 23m，无线电干扰超过限值要求，建议相间水平距离不小于 28m。根据图 3、图 4，得到能满足电磁环境控制指标的几种最小导线布置如表 4 所示。

表 4　　**满足电磁环境要求的最小导线布置**　　m

塔　型	相间垂直距离	相间水平距离
鼓形塔	20.5	34
	21	31.4
	22	28.2

续表

塔 型	相间垂直距离	相间水平距离
伞形塔	20.4	32.4
	21	29.6
	22	28

7 结论

（1）通过对导线布置相间水平距离和相间垂直距离与电磁环境因素的关系的优化研究，得出了满足电磁环境要求的导线布置关系曲线，可供设计时直接采用。

（2）在线路走廊较拥挤地区，为减小输电走廊宽度，建议特高压同塔双回线路采用鼓形塔布置；在输电走廊较容易获得的地区，为降低杆塔建设成本，采用伞形塔布置。

3 特高压交流同塔双回输电线路雷电性能计算研究 1

1 引言

本课题针对 1000kV 淮南—上海（皖电东送）输变电工程一般线路及其淮河大跨越段、长江大跨越段的雷电性能进行了研究。对特高压交流同塔双回一般线路的绕击屏蔽性能和反击耐雷性能进行了计算。介绍了特高压交流同塔双回大跨越段雷电性能评估的计算方法，计算了大跨越段的年绕击和反击跳闸次数；并对雷击避雷线在档距中央发生反击跳闸次数进行了计算。

2 线路雷电性能计算方法的研究

2.1 线路雷电绕击计算方法

目前，国内外用于输电线路绕击雷电性能的计算方法，主要采用电气几何模型法和先导发展模型法。

电气几何模型法是将雷电的放电特性和线路结构尺寸联系起来分析，塔高、地形、雷电流大小等因素的影响均予以考虑，和实际运行经验比较符合，且比较简单。在输电线路防雷设计和雷击屏蔽性能计算上得到了成功地应用。该方法在 500kV 及以下等级的输电线路上应用得到比较令人满意的效果，但对于特高压输电线路的高塔型和特殊的地理条件的输电线路，该方法的适用性需做进一步研究和完善。

先导发展模型法的基本思想是在雷电先导向下发展过程中，当地面物体表面场强超过一定值时会在相导线或避雷线上产生迎面先导；随着上、下行先导的发展，当两者之间的场强超过空气间隙的临界击穿场强时，即发生雷击。由于雷电现象的复杂性，不同学者对雷击物理过程的描述还存在诸多分歧，有不少方面有待开展深入的基础研究。

在皖电东送工程中，输电线路雷电绕击性能的计算研究采用电气几何模型法（EGM）。

2.1.1　电气几何模型法（EGM）的原理

EGM 的基本原理为：由雷云向地面发展的先导头部到达距被击物体临界击穿距离（简称击距）的位置以前，击中点是不确定的，先到达哪个物体的击距之内，即向该物体放电；击距同雷电流幅值有关。

本研究中采用了 IEEE 1243—1997 标准所推荐的击距公式，见式（1）、式（2）

$$r_s = 10I^{0.65} \tag{1}$$

$$r_g = \begin{cases} [3.6 + 1.7\ln(43 - y_c)]I^{0.65} & (y_c < 40\text{m}) \\ 5.5I^{0.65} & (y_c \geqslant 40\text{m}) \end{cases} \tag{2}$$

式中　I——雷电流，kA；

r_s——雷电对避雷线的击距，m；

r_g——雷电对大地的击距，m；

y_c——导线平均高度，m。

对于导线的击距还需考虑其上的工作电压，雷电对导线的击距可由式（3）确定

$$r_c = 1.63(5.015I^{0.578} - U)^{1.125} \tag{3}$$

式中　r_c——雷电对其上有工作电压的导线的击距，m；

U——导线上工作相电压瞬时值，MV。

2.1.2　地形因素

采用电气几何模型进行绕击计算，对于地形的考虑主要有两种不同的观点和方法：一种方法是在电气几何模型中以地面倾斜角考虑地形的影响；另一种方法是根据地形选取不同的导线平均高度。

第一种方法，假设线路是沿着有一定斜坡的地形连续架设，斜坡外侧线路的绕击电气几何模型的地面为一条斜线，使绕击更易发生。由于这种假设在实际线路出现概率很小，除非线路是沿山梁或者大堤架设。

第二种方法，将地形分成三类：平原、丘陵和山岳。对于这三类地形，在确定导线高度的参数时采用不同的原则，如平原的导线高度取导线平均对地高度，即考虑了

导线弧垂；丘陵的导线高度取导线悬挂高度；山区的导线高度取2倍的导线悬挂高度。此方法适用于平原、地形相似的延绵起伏的丘陵地区和群山，简单易行。

本课题采用第二种方法。

2.1.3 杆塔高度因素

以往在进行常规输电线路雷电绕击计算中，雷电先导是按垂直大地考虑的。从日本特高压输电线路运行中拍摄到的雷击照片得知，由于日本的特高压输电线路为同塔双回，杆塔高度较高，在88～148m之间，因此，有雷电先导由侧面击中导线的情况发生。

结合日本特高压线路的运行应验，对于同塔双回特高压的高杆塔，在绕击计算中考虑了雷电先导和垂直大地平面成一定入射角ψ的情况，入射角概率密度$g(\psi)$采用日本研究成果，如式（4）所示

$$g(\psi)=0.75\cos^3\psi \tag{4}$$

2.2 线路雷电反击计算方法

皖电东送工程输电线路雷电反击计算采用行波法计算。

运行经验证明，雷击避雷线的档距中间且与导线发生闪络引起跳闸的情况是极罕见的，可不予考虑。故在反击计算中仅考虑了雷击杆塔的情况。

雷击塔顶时，导线上的电压u_c有如下3个电压分量

$$u_c=u_R(1-k_o)+U_1 k_{co}+U_{ph}\sin\omega t \tag{5}$$

式中 u_R——雷击塔顶在导线上形成的感应过电压分量；

U_1——雷击点（塔顶、避雷线）的电压；

U_{ph}——导线上工作相电压峰值；

k_o——避雷线与导线间的几何耦合系数；

k_{co}——避雷线与导线间考虑避雷线上冲击电晕影响后的耦合系数。

雷击杆塔时，导线上的感应过电压的磁分量比电分量要小得多，故仅考虑后者。若忽略导线至地面间场强的变化，且视为与地面处相同，则雷电流斜角波作用下杆塔处导线上的感应过电压分量为

$$u_R=\frac{60\alpha H_{av}}{\beta c}\ln\frac{H_T+d_R+\beta ct}{(1+\beta)(H_T+d_R)} \tag{6}$$

式中 β——反放电速度与光速c的比值，$\beta=\sqrt{I/(500+I)}$，I为雷电流，kA；

H_T——杆塔高度，m；

H_{av}——导线的平均高度，m；

d_R——雷击杆塔时，迎面先导的长度，$d_R=5I^{0.65}$，m；

α ——雷电流陡度，kA/μs。

各相导线上的工作电压按不同相角分别加以考虑。

对于输电线路的杆塔，杆塔主体可依据横担位置分为几段，均等值成圆柱体，杆塔主体各段的等效半径按测量结果的经验公式计算

$$r_{en}=\sqrt[3]{r_{Tn}r_{Bn}{}^{2}} \tag{7}$$

式中　r_{en}——杆塔主体各段的等效半径，m；

r_{Tn}——杆塔主体各段顶部的半径，m；

r_{Bn}——杆塔主体各段底部的半径，m；

n——杆塔主体各段的标号。

塔杆塔主体各段波阻抗 Z_{gtn} 可用式（8）计算

$$Z_{gtn}=60\ln\frac{h_{gtn}}{r_{en}}+90\frac{r_{en}}{h_{gtn}}-60 \tag{8}$$

式中　h_{gtn}——杆塔主体各段的最高高度，m。

杆塔的各横担的波阻抗可按水平传输线的波阻抗公式计算。

2.3　线路雷击跳闸率的计算方法

（1）大地每平方千米每年的落雷次数 N_g 和年雷电日 T_d 的关系可由式（9）确定

$$N_g=0.023T_d^{1.3} \tag{9}$$

（2）线路每百千米每年落雷次数 N_s 可由式（10）确定

$$N_s=N_g(28h^{0.6}+b)/10 \tag{10}$$

式中　h——杆塔的高度，m；

b——避雷线间距，m。

（3）绝缘子雷击闪络后是否跳闸，取决于能否建弧。建弧概率η可由 DL/T 620—1997《交流电气装置的过电压保护和绝缘配合》中公式算得。

（4）击杆率 g，对于双避雷线线路，平原击杆率为 1/6，山丘击杆率为 1/4。

（5）线路每百千米每年因雷电绕击引起的跳闸次数 N_{sf} 则可按式（11）计算

$$N_{sf}=N_s\eta P_r \tag{11}$$

式中　P_r——线路的绕击闪络概率。

（6）线路每百千米每年因反击造成的跳闸次数 N_{bf} 则可按式（12）计算

$$N_{bf}=N_s\eta gP_1 \tag{12}$$

式中　P_1——线路的反击耐雷水平概率。

3 皖电东送工程同塔双回线路的雷电性能

3.1 线路参数

皖电东送工程输电线路全长约 647km，图 1 是典型的同塔双回直线塔的尺寸示意图。

导线采用 8×LGJ–630/45 钢芯铝绞线，分裂间距 40cm；一根避雷线采用 LBGJ–240–20AC 铝包钢绞线，另一根避雷线采用 OPGW–240。线路平均档距按 522m 考虑。绝缘子串长 12m，绝缘子绝缘距离为 9.7m；LBGJ–240–20AC 避雷线分段接地，OPGW 逐级接地；导线弧垂约 20m，避雷线弧垂约 18m。双回线路逆相序排列。沿线地形分布见表 1。雷电日为 40（设计单位从当地气象部门收资得到）。

3.2 绕击跳闸率

表 2 是线路绕击耐雷性能的计算结果。通过计算可知，若雷电先导垂直大地落下时，线路绕击跳闸率为 0；但由于同塔双回线路较高，在绕击计算中考虑了雷电先导和垂直大地平面成一定入射角的情况。计算中雷电绕击线路的雷电流幅值概率密度曲线采用日本在其特高压线路上测量的概率密度曲线。

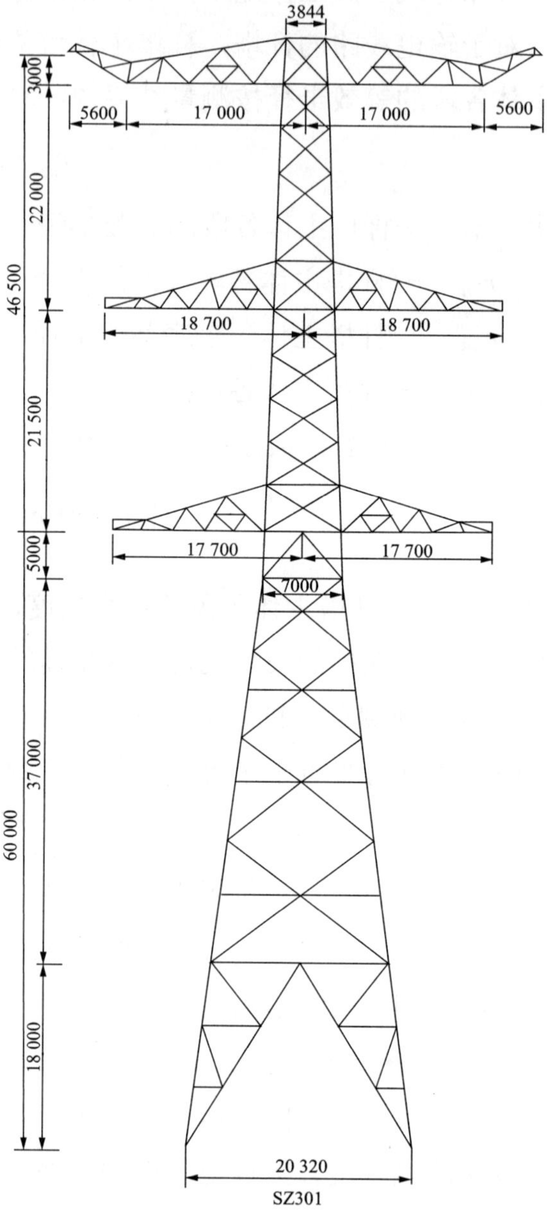

图 1 皖电东送同塔双回线路典型杆塔

表 1 皖电东送工程线路沿线地形 %

地　形	泥沼及河网	平　地	丘　陵	山　地
淮南—皖南	48.5	34.8	10.8	5.9
皖南—浙北	5	5	78	12
浙北—沪西	40.5	44.4	—	15.1
全线	27.32	34.43	29	9.25

表 2　　皖电东送工程同塔双回线路的绕击跳闸率

塔型	呼高（m）	雷电间隙（m）	保护角度（°）	地　形	单回平均绕击跳闸率［次/（100km·年）］
SZ301P	54	6.7	−3.6	泥沼、河网和平地	0.071
				丘陵	0.122
SZ302	72	6.7	−4.8	丘陵	0.126
				山地	0.328
SZ302	54	6.7	−4.8	丘陵	0.089
				山地	0.187
SZ305	84	7.0	−4.9	丘陵	0.176

注　表中的保护角指在杆塔悬挂处，不考虑风偏，通过避雷线的竖直面和通过避雷线和导线平面之间的夹角。对于分裂导线，采用分裂导线中心定义避雷线保护角，但由于特高压线路分裂半径较大，防雷计算中需按照避雷线对最外侧子导线的夹角进行计算。同塔双回线路，保护角指避雷线对上、中、下各相分裂导线中心夹角的最大值。本文中除特殊注明外，保护角均按此定义。

防雷计算中上相和中相采用雷电间隙，下相采用绝缘子串长作为闪络判据。

杆塔呼高大时，平均单回绕击跳闸率偏大，对于呼高小的直线塔型绕击跳闸可降到可接受范围，例如 SZ302–54 在丘陵地区的单回平均绕击跳闸率仅为 0.089 次/（100km·年）。

3.3　反击跳闸率

本文对雷击两种同塔双回杆塔的雷击塔顶反击耐雷水平和线路的反击跳闸率也进行了计算，计算结果见表 3，计算时考虑了双回线路同时反击闪络的情况。雷击杆塔的雷电流幅值概率分布曲线仍采用 DL/T 620—1997 中公式 $\lg P=-I/88$。

表 3　　皖电东送工程杆塔的反击耐雷性能（杆塔呼高 54m）

雷电间隙（m）	地　形	杆塔工频接地电阻（Ω）	反击耐雷水平（kA）		反击跳闸率［次/（100km·年）］	
			单回反击闪络	双回同时反击闪络	单回反击跳闸率	双回同时反击跳闸率
6.7	泥沼、河网和平地	10	242	>400	0.019	0
	丘陵	15	229	397	0.039	0.001
	山地	20	207	348	0.068	0.003
		30	173	275	0.168	0.021
7	泥沼、河网和平地	10	253	>400	0.014	0
	丘陵	15	243	>400	0.027	0.001
	山地	20	227	379	0.041	0.001
		30	198	304	0.088	0.005

杆塔工频接地电阻在 10～30Ω时，单回线路的反击耐雷水平为 253～173kA，与我

国特高压单回线路的反击耐雷水平计算值相当。双回线路同时发生反击闪络的概率极小。

3.4 雷击档距中央避雷线

前节中反击跳闸率计算考虑的是雷直击塔顶或雷击杆塔附近避雷线，造成绝缘子串或杆塔间隙发生反击闪络的情况。还可能存在雷击档距中部，造成导线与避雷线间的间隙闪络的情况。基于对 500kV 线路相关运行经验的分析，推荐用以下方法对此进行研究。

雷直击档距中的避雷线时，会产生雷电过电压。此雷电过电压波自雷击点沿避雷线向邻近两侧运动，由于杆塔的接地作用，在杆塔处将有一负反射波返回雷击点。当反射波到达雷击点时，若雷电流尚未达到幅值，则雷击点的电位自负反射波到达之时开始下降。当雷击点位于档距中央时，雷击点的雷电过电压最大。不考虑杆塔的负反射，雷击档距中央，导线和避雷线的距离 S_2 可按式（13）计算

$$S_2 = \frac{I(1-k_{co})}{E}\frac{Z_0 Z_{co}}{2Z_0 + Z_{co}} \tag{13}$$

式中 I——雷击档距中央的反击耐雷水平，kA；

k_{co}——避雷线与导线间考虑避雷线上冲击电晕影响后的耦合系数；

E——间隙 S_2 的放电电压梯度，kV/m，对于负极性雷击，E 约为 700kV/m；

Z_0——雷电通道波阻抗，Ω；

Z_{co}——避雷线在电压为 ES_2 时电晕作用下的波阻抗，Ω。

考虑相邻杆塔负反射时，雷击档距中央的最高电位出现时刻 t_p（单位为μs）可按式（14）计算

$$t_p = 2\times\frac{H_T + l/2}{v'} \tag{14}$$

式中 H_T——相邻杆塔平均高度，m；

l——档距长度，m；

v'——雷电波视在波速，可取 0.75 倍光速，即 225m/μs。

从式（14）可知，对于典型的波头长度为 2.6μs 的雷电流击于同塔双回特高压线路的档距中央时，如杆塔高度为 100m，且档距大于 385m，其档距中央最大雷电过电压出现于雷电流幅值时，所需的 S_2 可按式（13）计算；当档距小于 385m 时，最大雷电过电压出现于雷电流尚未达到幅值时，最大雷电过电压比式（13）的计算结果小，此时 S_2 可按式（15）计算

$$S_2 = \frac{\frac{It_p}{2.6}\times(1-k_{co})}{E}\frac{Z_0 Z_{co}}{2Z_0 + Z_{co}} \tag{15}$$

对于同塔双回特高压线路，平均档距为 522m，各种杆塔方案下导线避雷线间距约为 16～18m。通过式（13）计算可得导线避雷线间距 16m 时，雷击档距中央反击耐雷水平为 226kA，不低于杆塔处的反击耐雷水平。

对于杆塔高度为 40m 的 500kV 线路，导线避雷线间距约为 9m，当档距大于 505m 时，可按式（13）计算得雷击档距中央反击耐雷水平为 134kA。对于 400m 平均档距，带入式（14）可知，档距中央最大雷电过电压出现时刻为 2.1μs，按式（15）计算可得雷击档距中央反击耐雷水平为 163kA，高于 500kV 线路杆塔处的反击耐雷水平为 125kA。这与我国 500kV 线路运行中极少发现雷击档距中央反击闪络的运行经验相符。

3.5　雷击跳闸率

特高压同塔双回输电线路比单回输电线路高，防雷保护设计困难，特高压同塔双回输电线路的雷击跳闸率期望值可较单回线路略高。

线路绕击跳闸率和反击跳闸率之和为线路雷击跳闸率。考虑皖电东送工程线路的地形因素就可以得到各段线路的加权平均雷击跳闸率以及年跳闸次数，如表 4 所示。

表 4　皖电东送工程各段线路的雷击跳闸率和年跳闸次数

单回线路的雷击跳闸率［次/（100km·年）］			两回线路的年雷击跳闸次数			
淮南—皖南	皖南—浙北	浙北—沪西	淮南—皖南 326.5km	皖南—浙北 149.5km	浙北—沪西 165.6km	合计 641.6km
0.12	0.15	0.12	0.78	0.45	0.39	1.62

由于地形的因素，皖南—浙北输电线路雷击跳闸率最大，再考虑线路长度的不同，淮南—皖南线路雷击跳闸次数仍是 3 段线路最多的。淮南—沪西线路综合的加权平均雷击跳闸率为 1.62×100/(641.6×2)＝0.126［次/（100km·年）］。

3.6　同塔双回组合耐张塔的防雷保护

3.6.1　杆塔参数

特高压同塔双回组合耐张塔如图 2 所示。避雷线对导线保护角，上相为−27°，中相为−7°，下相为−9°；避雷线对跳线边沿屏蔽角（硬跳线铝管边沿），上相和中相小于 0°，下相 0°。

线路耐张档距按 400m 考虑。耐张串绝缘距离为 12m，跳线串绝缘距离为 9.7m，塔头雷电间隙为 7m；导线弧垂约 12m，避雷线弧垂约 8m。

3.6.2 档中绕击跳闸率

表 5 是线路绕击耐雷性能的计算结果，由于同塔双回线路较高，在绕击计算中考虑了雷电先导和垂直大地平面成一定入射角的情况。计算中雷电绕击线路的雷电流幅值概率密度曲线采用日本在其特高压线路上测量的概率密度曲线。

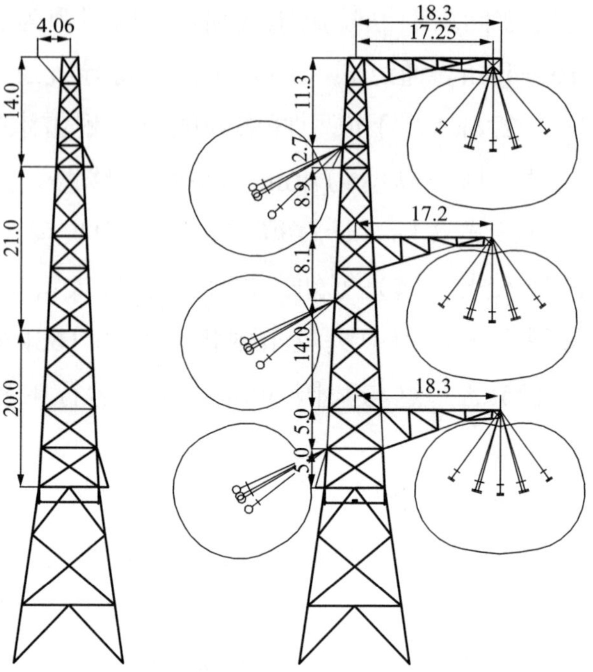

图 2　同塔双回关联两柱组合耐张塔
（转角 0°～20°，单位为 m）

从表 5 中计算结果可见：当杆塔呼称高为 42m 时，两柱组合耐张塔平原地形下的绕击跳闸率达到 0.032 次/（100km・年）。在平原地区线路中相的绕击跳闸概率最大，上相次之，下相的绕击跳闸概率最小；在丘陵山地地区线路中相的绕击跳闸概率最大，下相次之，上相的绕击跳闸概率最小。

和前述同塔双回直线塔的绕击跳闸率计算结果相比可知：组合耐张塔的绕击耐雷性能优于直线塔，这主要是由于组合耐张塔杆塔高度低于直线塔。

表 5　　同塔双回组合耐张塔的绕击跳闸率

杆塔呼称高（m）	地　形	单回平均绕击跳闸率［次/（100km・年）］	
		转角 0°～20° 转角 20°～40°	转角 40°～60° 转角 60°～90°
30	泥沼河网和平地	0.001	0.002
	丘陵	0.022	0.028
	山地	0.137	0.163
42	泥沼河网和平地	0.025	0.032
	丘陵	0.055	0.064
	山地	0.137	0.222

特高压杆塔的反击耐雷水平较高，雷电流出现概率较低，则反击跳闸率极低，造成雷击跳闸的主要原因为绕击。按照呼称高 42m 转角 60°～90° 塔型的绕击跳闸率，并考虑皖电东送工程同塔双回线路的地形因素就可以得到全线组合耐张塔的加权平均雷击跳闸率为 0.060 次/（100km・年）。

3.6.3　跳线的防绕击屏蔽

苏联特高压线路也有类似组合耐张塔的分体型耐张转角塔。其由 3 基主塔和 1 基附属塔组成，跳线绝缘子串悬挂在临近的铁塔上，其中 1 相边相导线的跳线绝缘子悬挂在高度较低的附属塔上，跳线在拉力作用下从耐张塔的一侧绕过。该塔型杆塔占特高压线路杆塔数量的 5%。苏联的特高压实际运行经验表明，正是这些数量不多的分体型转角塔是整条线路雷电性能最弱的地方；通过逐塔安装雷电流测量装置，NIIPT（全俄直流研究院）发现对于这种塔型，与附属塔相连的那相线路容易遭受雷击。其原因是：避雷线对与附属塔相连跳线的保护角约为 40°，如此大的保护角造成了该跳线经常遭受雷电直击。

设计单位针对组合耐张塔导线外侧的跳线，加装了避雷线跳线，避雷线跳线对导线跳线边沿屏蔽角（硬跳线铝管边沿）：上相和中相小于 0°，下相 0°。

对特高压组合耐张塔中跳线上的最大绕击电流进行了计算。计算结果见表 6。表 6 中绕击耐雷水平、最大绕击电流和绕击跳闸率，均是在负极性雷击条件下计算的。运行电压为 1000kV，雷电间隙为 7m。

表 6　　同塔双回组合耐张塔跳线的绕击耐雷性能

跳　线　位　置	线路绕击耐雷水平（kA）	跳线处最大绕击电流（kA）	跳线处绕击跳闸率［次/（100km・年）］
两主塔间跳线	34	<5	—
主塔外侧跳线（杆塔呼称高 30m）	34	52（考虑了侧面雷击）	0.051
主塔外侧跳线（杆塔呼称高 42m）	34	67（考虑了侧面雷击）	0.104

计算没有考虑杆塔对雷直击导线跳线的屏蔽作用，仅考虑避雷线对导线跳线的屏蔽。由于杆塔对导线跳线具有防雷直击的屏蔽作用，实际上组合耐张塔跳线的绕击耐雷性能会优于表 6 的计算结果。

从表 6 的计算结果可知，对于特高压双回两柱组合耐张塔，用电气几何方法计算，雷电从两避雷线间绕击至主塔间跳线的最大电流值小于 5kA，低于绕击耐雷水平，线路不会发生绕击闪络。

由于同塔双回线路杆塔相对较高，考虑侧面雷击的情况，在杆塔呼称高 30m 时，主塔外侧的跳线处最大绕击电流为 52kA，主塔外侧跳线处绕击跳闸率为 0.051 次/（100km・年）（为 100km 跳线的绕击跳闸率，未考虑跳线长度占输电线路长度的比例）；杆塔呼称高 42m 时，主塔外侧的跳线处最大绕击电流为 67kA，主塔外侧跳线处绕击跳闸率为 0.104 次/（100km・年）。

若忽略杆塔对跳线绕击的屏蔽作用，并认为雷直击跳线的概率（跳线收集雷电的概率）占雷直击整个耐张档距的 1/6～1/4。实际上跳线的长度占整个耐张档距长度的比例较小，但考虑到弧垂等因素，以及我国 500kV 线路距杆塔附近 20～30m 处易遭受绕击的运行经验，若忽略杆塔对跳线绕击的屏蔽作用，可将杆塔反击耐雷性能计算中杆塔的击杆率作为雷直击跳线的概率，即平原为 1/6，山区为 1/4。考虑组合塔跳线（包括外侧和两塔间）处的绕击耐雷性能，并考虑地形因素，可得呼称高 42m 转角 60°～90°塔型组合耐张塔考虑跳线绕击后，加权平均雷击跳闸率为 0.058 次/100（km·年）{[(0.104+0)/2+0.06×5]×0.167×61.75%+[(0.104+0)/2+0.06×3]×0.25×38.25%，式中的 0 表示两组合耐张塔间的跳线的绕击跳闸率约为 0}。

由于耐张塔占全线杆塔的比例不大，且计算时未考虑杆塔对跳线绕击的屏蔽作用，故可以认为当组合耐张塔避雷线对导线跳线边沿屏蔽角（硬跳线铝管边沿）为：上相和中相小于 0°，下相为 0°时，可不考虑组合耐张塔外侧跳线的耐雷性能对全线雷击跳闸率的影响。

4 皖电东送同塔双回线路大跨越段的雷电性能

4.1 大跨越段的雷击无故障时间

对于输电线路的大跨越段，由于杆塔高度高、档距长、落雷概率大，且雷击事故后检修工作困难，其耐雷性能一直是输电线路防雷保护的关键性问题之一。大跨越杆塔绝缘闪络造成架空线路雷击跳闸原因主要是：雷电击中高的跨越杆塔造成线路反击和雷电绕击大跨越导线。由于跨越杆塔高度大，从防雷保护角度看大跨越架空线路特点有：

（1）比普通架空线路更易落雷。

（2）由于跨越塔波阻抗相对较大，且杆塔较高，增加了雷击杆塔时的绝缘闪络概率。

（3）由于大跨越线路高度高、档距长，雷电绕击导线的可能性增加。

俄罗斯标准 РД153–34.3–35.125–1999《6～1150kV 电网雷电和内过电压保护手册》对架空线路大跨越段防雷保护的可靠性做出了如下要求：

（a）架空线路主路径和跨越段的耐雷单位指标不应相差太大（1km 大跨越段雷击跳闸次数不超过 10km 普通线路）。

（b）考虑开展预防性试验和检修工作的困难，大跨越杆塔绝缘闪络造成雷击跳闸绝对次数应能保证大跨越档距绝缘子串检修间隔不少于 25 年。

方式（a）主要针对 330kV 电压等级以下的架空线路跨越。方式（b）则针对 750kV 以上电压等级架空线路。

根据我国输电线路大跨越段的运行情况，同时参考俄罗斯标准 РД153–34.3–

35.125–1999，在本研究中以特高压输电线路大跨越段在雷电过电压下的雷击无故障时间来确定防雷保护方案。推荐我国特高压大跨越杆塔绝缘闪络造成雷击跳闸绝对次数应能保证大跨越档距绝缘子串检修间隔不少于 50 年（雷击无故障时间）。

4.2　特高压同塔双回大跨越段的雷击次数

特高压输电线路大跨越段，由于线路弧垂长，其平均高度远低于杆塔高度。俄罗斯在大跨越线路防雷方面做了很细致的工作，其对于每百千米大跨越线路的雷击次数 N_{sk} 是根据平均高度计算的，见式（16）

$$N_{sk}=0.15N_g\left(h_{av}+\frac{b}{2}+90\right) \tag{16}$$

式中　h_{av} ——避雷线的平均高度，m；

b ——两避雷线间距，m。

对于击杆率的考虑，俄罗斯标准 PД153–34.3–35.125–1999 认为 1/4 跨越档的雷击和 1/2 中间档距（跨越塔和锚塔之间的档距）的雷击需纳入对杆塔的雷击。特高压输电线路每一基杆塔的雷击次数 N_{Tower} 为

$$N_{Tower}=\frac{gN_sS_{lc}}{100} \tag{17}$$

式中　g——击杆率；

S_{lc} ——跨越档距长度，km。

表 7 给出了特高压输电线路大跨越塔的雷击次数。

表 7　特高压输电线路大跨越塔的雷击次数

UHV 大跨越	杆塔高度（m）	T_d（日）	跨越档距长度（m）	中间档距长度（m）	跨越塔号	年平均雷击次数
淮河大跨越（三角排列）	186.7	40	1436	1360	N2	0.75
					N3	0.81
淮河大跨越（垂直排列）	210.4	40	1436	1360	N2	0.79
					N3	0.84
长江大跨越（三角排列）	243.7	40	1793	1324	N2	0.97
					N3	0.97
长江大跨越（垂直排列）	278.5	40	1793	1324	N2	1.34
					N3	1.34

4.3　淮河大跨越段的雷电性能

设计单位提供的其他相关计算条件如下：

（1）跨越塔导线绝缘子串的绝缘距离为 12.5m，导线绝缘子串长约 17m，避雷线金具长 0.5m，避雷线采用 LBGJ–240–20AC 和 OPGW–240。

（2）淮河大跨越段杆塔接地电阻为 5Ω。

（3）淮河大跨越段年雷暴日数为 40。

导线分裂间距的不同对特高压线路大跨越段绕击雷电性能影响较小。表 8 是以单避雷线的锚塔为例，对不同导线方案下的线路绕击跳闸率的计算结果。

表 8　　不同导线和分裂间距下淮河大跨越锚塔的绕击耐雷性能

导　线	分裂间距（mm）	单回绕击跳闸率［次/（100km·年）］	导　线	分裂间距（mm）	单回绕击跳闸率［次/（100km·年）］
$6\times640mm^2$	500	0.183	$6\times640mm^2$ 地线布置方案二	500	0.460×10^{-4}
	550	0.169		550	0.214×10^{-4}
	600	0.158		600	0.080×10^{-4}
$6\times720mm^2$	500	0.181	$8\times400mm^2$	450	0.151
	550	0.168		500	0.138
	600	0.156		550	0.126
$8\times410mm^2$	450	0.150	$8\times450mm^2$	450	0.148
	500	0.137		500	0.135
	550	0.125		550	0.124
$6\times640mm^2$ 锚塔下横担增加 2m	500	0.241	$6\times640mm^2$ 锚塔下横担增加 2m 地线布置方案二	500	0.0030
	550	0.223		550	0.0026
	600	0.208		600	0.0022

注　表中除注明外均是地线布置方案一。

从表 8 计算结果可知，相同地线布置方案下：相同分裂数、相同分裂间距、不同导线截面时特高压线路的绕击跳闸率相差很小，导线截面越小，绕击跳闸率略有增加；相同分裂数、不同分裂间距下特高压线路的绕击跳闸率相差 10%以内；6 分裂导线下特高压线路的绕击跳闸率略大于 8 分裂导线下的绕击跳闸率。总体上说，导线型号、分裂数和分裂间距对特高压大跨越段绕击雷电性能影响不显著。

4.4　长江大跨越段的雷电性能

设计单位提供的其他相关计算条件如下：

（1）跨越塔导线绝缘子串的绝缘距离 13.2m，导线绝缘子串长约 17m，雷电过电压间隙取 8.2m，避雷线金具长 1.5m，导线采用 6×AACSR/EST–640/290 特强钢芯铝合金导线，避雷线均采用 OPGW–340；

（2）长江大跨越段杆塔接地电阻为 2Ω；

（3）长江大跨越段年雷暴日数为 40。

表 9 是针对长江大跨越塔型，各档线路的雷击边相的绕击跳闸率、全大跨越段年绕击跳闸次数和平均绕击无故障时间的计算结果。在计算中考虑了按导线平均高度计算绕击跳闸率和按杆塔处计算绕击跳闸率两种情况。距跨越塔 1/4 跨越档距和 1/2 中间档距范围的绕击情况按杆塔高度计算，其余按导线平均高度计算。绕击计算中未考虑导线风偏。计算中，中间档距仍采用 2 根避雷线，即每一基锚塔上仅有 1 根避雷线。从表 9 计算结果可知长江大跨越段的单回平均绕击无故障时间大于 100 年。

表 9　　长江大跨越段的绕击耐雷性能

运行电压	UHV 大跨越	档距	绕击跳闸率 [次/(100km·年)]	年平均单回绕击跳闸次数		单回平均绕击无故障时间（年）	大跨越段绕击无故障时间（年）
				各档	大跨越段		
1000kV	长江大跨越（三角排列）	N1～N2	0.0501	3.010×10^{-4}	1.226×10^{-3}	816	408
		N2～N3	0.0339	6.273×10^{-4}			
		N3～N4	0.0501	2.975×10^{-4}			
	长江大跨越（垂直排列）	N1～N2	0.1651	1.073×10^{-3}	5.322×10^{-3}	188	94
		N2～N3	0.1771	3.176×10^{-3}			
		N3～N4	0.1651	1.073×10^{-3}			

4.5　档距中央导线与避雷线的间距

线路档距中央导线与避雷线间的距离，按雷击档距中央避雷线时不致反击到导线来确定。对于不很长的档距，在雷电流未达到最大值之前，从杆塔接地装置反射回来的负波已达到雷击点，因而限制了雷击点的电位升高。可采用式（13）计算。

对于特高压输电线路大跨越段要满足档距中央的反击耐雷水平不低于特高压普通线路。由于特高压线路反击耐雷水平已很高，出现的概率很小，且随着间隙的加大，工频电弧的建弧率也随之减小，即雷击档距中央造成反击后不易形成稳定的电弧而跳闸。表 10 计算了 S_2=25m 时大跨越档距中央的反击耐雷水平以及此时的年跳闸次数和无故障时间。

表 10 中，年平均跳闸次数 $n_{\text{bf.s}}$ 按式（18）计算，有 1/2 的雷击落在跨越档距中央的避雷线上

$$n_{\text{bf.s}} = \frac{1}{2} \times \frac{N_{\text{sk}} S_{\text{kd}}}{100} \cdot \eta P_1 \tag{18}$$

式中　N_{sk}——线路大跨越段每百千米每年落雷次数，由式（16）求得；

S_{kd}——档距长度，km；

η ——建弧率，对于25m的特高压线路间隙，η=0.37，降压500kV运行时η = 0.16；

P_1 ——档距中央反击耐雷水平概率。

表10　大跨越档距中央间隙反击闪络情况（1000kV运行，导线与避雷线间距为25m）

UHV大跨越运行电压1000kV	档距	若S_2=25m时，雷击大跨越档距中央		
		反击耐雷水平（kA）	年平均跳闸次数	无故障时间（年）
淮河大跨越（三角排列）（导线6×640分裂间距550mm）	N2～N3	221	7.507×10^{-4}	1332
淮河大跨越（垂直排列）（导线6×640分裂间距550mm）	N2～N3	209	1.271×10^{-3}	787
长江大跨越（三角排列）	N2～N3	208	1.854×10^{-3}	539
长江大跨越（垂直排列）	N2～N3	202	2.173×10^{-3}	460

从计算结果可知随着档距中央导线和避雷线间距S_2的减小，导线档距中央耐雷水平随之也下降，在S_2=25m时，档距中央的反击耐雷水平为202～221kA。基本满足大跨越档反击耐雷水平不低于同一线路其他杆塔的要求。

4.6　大跨越段的雷击无故障时间

将输电线路大跨越段的年绕击跳闸次数和年反击跳闸次数相加（包括雷击杆塔造成的反击，以及雷击档距中央避雷线造成的导线避雷线间隙击穿）就是其年雷击跳闸次数，通过跳闸次数可得大跨越线路的等值雷击跳闸率。

在导线避雷线间距为25m时大跨越段的雷击无故障时间见表11和表12。

表11　淮河大跨越段的雷击无故障时间和雷击跳闸率（档距中央导线避雷线间距S_2=25m，导线6×640mm²，分裂间距550mm）

淮河大跨越方案	单回年平均跳闸次数				雷击无故障时间（年）		大跨越等值跳闸率［次/（100km·年）］
	绕击	杆塔处反击	档距中央反击	雷击跳闸次数	单回平均	大跨越	
方案一（三角排列）中间档距2根避雷线	1.809×10^{-3}	1.501×10^{-3}	7.507×10^{-4}	0.0041	246	123	0.28
方案一（三角排列）中间档距4根避雷线	1.234×10^{-3}	9.008×10^{-4}	7.507×10^{-4}	0.0029	347	173	0.20
方案二（垂直排列）中间档距2根避雷线	9.107×10^{-4}	2.877×10^{-3}	1.271×10^{-3}	0.0051	198	99	0.35
方案二（垂直排列）中间档距4根避雷线	3.353×10^{-4}	1.922×10^{-3}	1.271×10^{-3}	0.0035	283	142	0.25

注　大跨越等值跳闸率是指每100km同塔双回大跨越每年的跳闸次数。

通过计算结果可知：各方案，整个淮河大跨越段的雷击无故障年除导线方案二中间档距 2 根避雷线情况外（雷击无故障年为 1999 年），均在 100 年以上，大于 50 年的推荐值。中间档距采用 4 根避雷线的方案安全运行年大于中间档距采用 2 根避雷线的方案。

表 12　　长江大跨越段的雷击无故障时间和雷击跳闸率

运行电压	长江大跨越方案	单回年平均跳闸次数				雷击无故障时间（年）		大跨越等值跳闸率［次/（100km·年）］
		绕击	杆塔处反击	档距中央反击	雷击跳闸次数	单回平均	大跨越	
1000kV	三角排列	1.226×10^{-3}	1.285×10^{-3}	1.854×10^{-3}	0.0044	229	115	0.28
	垂直排列	5.322×10^{-3}	1.486×10^{-3}	2.173×10^{-3}	0.0090	111	56	0.58

通过计算结果可知：长江大跨越段的单回平均雷击无故障年在 100 年以上，大于 50 年的推荐值。

5　结论

（1）对于同塔双回线路高杆塔，在绕击跳闸率的计算中应考虑雷电从侧面绕击导线的可能性。

（2）杆塔工频接地电阻在 10～30Ω时，单回线路的反击耐雷水平为 253～173kA，和我国特高压单回线路的反击耐雷水平计算值相当。双回线路同时发生反击闪络的概率极小。推荐平原地区杆塔雷电间隙为 6.7m，山区杆塔雷电间隙为 7m。

（3）杆塔高度为 100m，平均档距为 522m，导线避雷线间距为 16m 时，雷击档距中央反击耐雷水平为 226kA，不低于杆塔处的反击耐雷水平。

（4）考虑皖电东送工程线路的地形因素，可以得到各段线路的加权平均雷击跳闸率以及年跳闸次数，如表 4 所示。估算全线加权平均雷击跳闸率为 0.126 次/（100km·年）。

（5）考虑同塔双回线路的地形因素，组合耐张塔的加权平均雷击跳闸率为 0.060 次/（100km·年）（呼称高 40m，转角 60°～90°塔型）。雷电从两避雷线间绕击至主塔间跳线的最大电流值小于 5kA，低于绕击耐雷水平。考虑跳线绕击后组合耐张塔的加权平均雷击跳闸率为 0.058 次/（100km·年）。当组合耐张塔避雷线对杆塔外侧导线跳线边沿屏蔽角（硬跳线铝管边沿）为：上相和中相小于 0°，下相为 0°时，可忽略跳线耐雷性能对全线雷击跳闸率的影响。

（6）根据我国输电线路大跨越段的运行情况，同时参考俄罗斯标准，本研究以大跨越段的雷击无故障时间（耐雷指标）来确定防雷保护方案。推荐我国输电线路大跨越段的耐雷指标不小于 50 年。计算结果表明，皖电东送工程淮河和长江大跨越各方案，整个大跨越段的耐雷指标大于 50 年的推荐值。

4 特高压交流同塔双回输电线路雷电性能计算研究 2

1 引言

我国拟建的 1000kV 淮南—上海（皖电东送）输变电工程是国内首个特高压同塔双回输电线路工程。为保证线路的安全运行，本课题对该线路的防雷性能进行了研究，提出了与之相关的技术要求和建议。

具体内容包括四个部分：① 皖电东送工程同塔双回线路防雷研究；② 皖电东送工程同塔双回大跨越线段防雷研究；③ 特高压同塔双回线路档距中央的地线和导线间隙距离选择；④ 皖电东送工程同塔双回线路雷击双回同时跳闸概率研究。

2 皖电东送工程同塔双回线路防雷研究

特高压线路的雷电性能有两个特点：① 特高压线路的绝缘水平很高，雷击避雷线或塔顶而发生反击闪络的可能性较低；② 特高压线路杆塔较高，尤其是同塔双回线路杆塔更高，较易发生绕击。

苏联和日本特高压线路的运行经验表明，雷击跳闸是特高压线路跳闸的主要原因。

苏联在 1985～1994 年十年期间，特高压线路雷击跳闸高达 16 次，占其总跳闸次数的 84%。而雷击跳闸的主要原因是雷绕击于导线。地线保护角过大是造成雷电绕击率过高的主要原因之一。

日本 1000kV 线路是同塔双回线路，降压 500kV 运行。自 1993 年投运至 2007 年 9 月，一共发生 68 次跳闸故障，其中 67 次是雷击跳闸，占其总跳闸次数的 98%。日本特高压线路采用负的地线保护角，这有利于降低雷电绕击率。但是，根据日本雷电定位系统记录的数据分析，雷击跳闸的主要原因仍然是绕击。日本采用负的地线保护角防绕击的效果不是很理想，可能和日本 UHV 线路杆塔相对较高，线路绝缘子串并联招弧角而使线路绝缘水平较低，沿线经过山区，线路转角耐张塔的保护不合理等因素有关。

因此，在建设我国特高压同塔双回线路时，要特别注意吸取苏联和日本的经验教训，对线路防雷予以高度重视。尤其是要重视预防雷电绕击导线。

2.1　预期雷击跳闸率

从特高压线路的重要性和可能性两方面来考虑，1000kV 单回线路的预期雷击跳闸率应低于 500kV 线路的雷击跳闸率［约 0.14 次/（100km・年）］，后者可按前者的 70%左右考虑，即大约 0.1 次/（100km・年）。

然而，1000kV 同塔双回普通线路杆塔较高，防雷击的难度增加；1000kV 同塔双回普通线路防雷又缺乏经验，可以把其预期雷击跳闸率稍提高至 0.1～0.14 次/（100km・年），其上限和 500kV 线路的雷击跳闸率相同，比特高压交流试验示范工程线路的雷击跳闸率高。

由于我国电网安全裕度相对较小，我国对于线路雷击跳闸率的要求比日本、美国等国的要求要高一些。

2.2　雷击跳闸率的计算方法

目前世界各国对绕击，较多采用电气几何模型（EGM）；对反击，多采用行波法和 EMTP 程序模型。我们采用的计算方法基本上和国际接轨，但是不完全相同，有我们自己的特点。

2.2.1　绕击跳闸率计算方法

主要有两种：电气几何模型（EGM）和先导传播模型（LPM）。

EGM 方法主要考虑雷电下行先导的发展过程和作用。相对于 LPM 而言，EGM 是比较简化的，考虑的影响因素相对少一些。但是 EGM 的计算结果和运行经验比较相符，因而广泛地被各国用于线路防雷设计，也被 IEC、IEEE 等组织所推荐。

EGM 方法也在不断地完善和改进。本研究在使用 EGM 计算绕击跳闸率时，相应考虑了下列因素：① 雷电先导入射角的分布概率；② 地面倾斜角的影响；③ 雷电先导对地线、导线和大地击距的差异，随导线离地高度的变化，雷电先导对大地的击距修正系数采用不同值；④ 一个档距中导线和地线离地高度的变化；⑤ 导线上工作电压不同相位瞬态值的影响。

LPM 更详细地考虑了雷电发展的物理过程和多种复杂因素的影响。不仅考虑下行先导的发展，而且还考虑上行迎面先导的发展。但是，目前 LPM 尚不完善，采用不同的参数和判据所得的计算结果相差很大。这些参数和判据主要包括：

（1）下行先导的通道模型、电荷分布。

（2）上行先导的起始判据。

（3）上行和下行先导间相对运动速度。

（4）最后跃变的判据。

其中上行先导的起始判据的影响最大。

就迎面先导起始条件而言，目前至少有4类判据。

（1）间隙电压。在下行先导的作用下，目标物体周围一定长度的间隙的电位差超过临界电压，会产生迎面先导。间隙长度为10m，临界电压为1700kV（对地线）和1850kV（对八分裂导线）。对八分裂导线，还有取临界电压为2300kV 或2350kV的。

（2）导线上的感应电压（Rizk 判据）。Rizk 提出，对水平布置的导线，导线上的感应电压需达到下列 U_c 计算值，导线上会产生迎面先导

$$U_c=\frac{2247}{1+\dfrac{5.15-5.49\ln a}{h\ln(2h/a)}} \tag{1}$$

式中 h——导线高度，m；

a——导线半径，m。

（3）导线表面场强。水平布置的导线表面场强大于临界起晕场强，导线上会产生迎面先导。临界起晕场强 E_c 采用 Peek 公式计算

$$E_c=3000\delta m\left(1+\frac{0.03}{\sqrt{\delta a}}\right)\ \text{(kV/m)} \tag{2}$$

式中 m——粗糙系数；

δ——相对空气密度；

a——分裂导线的子导线临界电晕半径，m，a=0.1m 或0.02m。

取 a=0.02m 的理由是根据长空气间隙放电试验的结果，多分裂导线的电晕临界半径小于单导线的临界电晕半径（10cm），特高压八分裂导线的子导线临界电晕半径约为2.0cm。

还有把多分裂导线简化为具有等效半径的单根导线的，取 a 为分裂导线的等效半径。

对于临界起晕场强计算，也有采用 R. T. Water 提出的电晕起始临界场强计算公式的

$$E_c=23.8\left(1+\frac{0.67}{r_c^{0.4}}\right) \tag{3}$$

式中 r_c——子导线临界电晕半径，cm。

（4）混合型。对地线上行先导的起始判据可以采用 Rizk 判据。但是对于导线，由于特高压线路分裂导线的等效半径已经大大超过了临界电晕半径的数值，不能采用 Rizk 判据。因而对导线采用间隙电压判据。

这些参数和判据的确定均缺乏足够的依据。目前，世界各国基本上还没有把 LPM 直接应用于工程设计。可能尚需进行大量的研究工作后才能较好地应用于工程。

在我国特高压线路防雷计算和设计中，采取以 EGM 计算结果为主要依据，以 LPM 计算结果为参考的原则。

在使用 LPM 进行计算时，国网电力科学研究院分别采用了二维和三维的方法。从国网电力科学研究院等几个单位的计算结果来看，采用 LPM 计算的绕击跳闸率一般小于采用 EGM 计算的绕击跳闸率。

2.2.2　反击跳闸率计算方法

采用行波法和 EMTP 程序，计算线路的反击耐雷水平和跳闸率。

需要指出，对于特高压同塔双回线路，反击计算时必须考虑在一个杆塔上存在长度不同的多个间隙，有多个可能放电的闪络路径，例如图 1 中的 $A-T_3$、$A-T_1$、$A-T_2$。图 1 所示为同塔双回线路多个放电间隙的示意图。

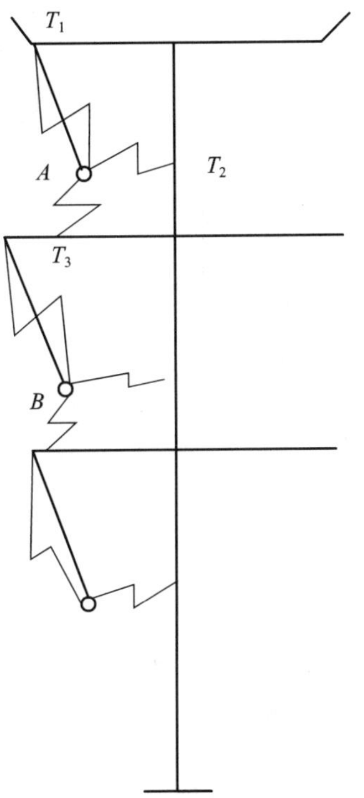

图 1　同塔双回线路多个放电间隙示意图

2.3　皖电东送工程同塔双回线路雷击跳闸率

2.3.1　塔型

在线路防雷计算中，对皖电东送工程同塔双回线路杆塔考虑了多种典型塔型，如图 2 所示。

2.3.2　反击跳闸率

（1）无论是哪种典型塔型，当杆塔工频接地电阻为 10Ω，最小雷电冲击间隙距离取 6.7m 时，单相跳闸最小耐雷水平高于 250kA，折合至单回线的雷电反击跳闸率在 0.0074 次/（100km・年）以下，远低于预期的雷电跳闸率，占总的雷击跳闸率的比例也很小。

（2）特高压同塔双回线路因雷击而双回同时跳闸的最小耐雷水平高于 281kA。浙江省在 1962～1988 年用磁钢棒记录的 716 个雷电流幅值数据中最大的仅为 222kA。我国出现雷电流幅值大于 281kA 的可能性非常小。此计算结果仅仅从理论上说因雷电反击有可能引起双回同时闪络和跳闸。

2.3.3　绕击跳闸率

表 1 是四种初期设计塔型线路的绕击跳闸率的比较。前三种塔的地线间距均为 41.4m，第四种塔的地线间距为 39.7m。

通过反击跳闸率计算结果与表 1 的绕击跳闸率计算结果的比较表明，同塔双回线路雷击跳闸的主要原因是绕击。

从表 1 中可以看出，同塔双回线路伞形塔的绕击跳闸率低于鼓形塔的，三相伞形 V 型串塔的绕击跳闸率最低，中相 V 型串塔的绕击跳闸率次低。

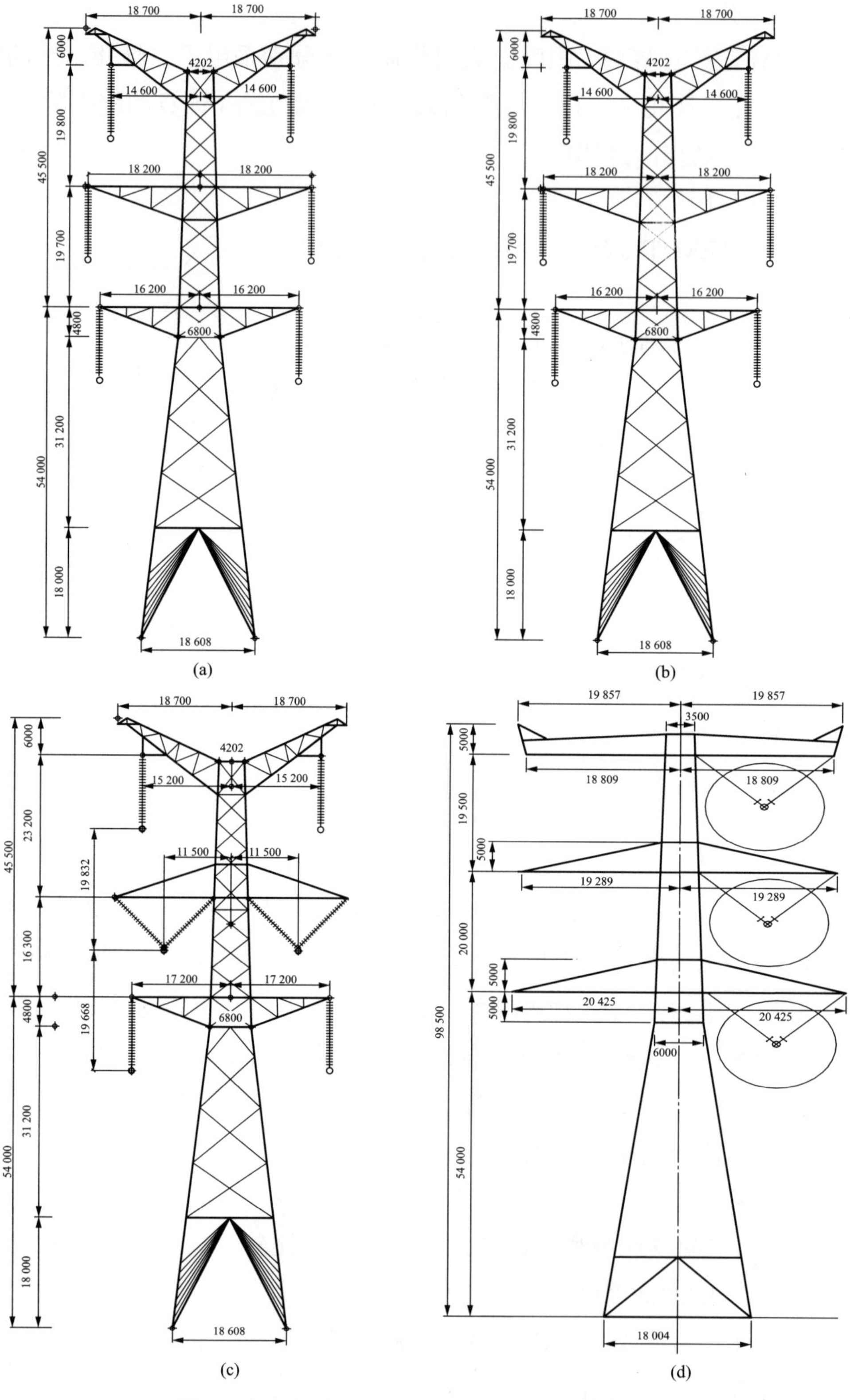

图 2　皖电东送工程同塔双回线路杆塔典型塔型

（a）鼓形；（b）伞形；（c）中相 V 型串（收腰形）；（d）伞形三相 V 型串

表 1　　同塔双回不同塔型线路绕击跳闸率

塔　型	保护角 α（°）	绕击跳闸率［次/（100km・年）］			
		地面倾斜角（0°）	地面倾斜角（10°）	地面倾斜角（20°）	加权平均
鼓型	−2.4	0.0094	0.1412	0.7543	0.0862
伞型	−2.6	0.0028	0.0848	0.6601	0.0603
中相 V 型串	−2.6	0.0	0.0233	0.3157	0.0228
伞型 V 型串	−7.7	0.0	0.0011	0.0494	0.0028

注　沿线地面倾斜角暂按下列比例考虑：0°，65%；10°，30%；20°，5%。

伞形塔的绕击跳闸率低于鼓形塔的主要原因有两个：① 伞形布置的最外侧的导线离地高度较低，大地的屏蔽作用更大；② 相对于鼓形塔，伞形布置的地线保护角较小。

中相 V 型塔的绕击跳闸率低于伞形的主要原因是中相导线的地线保护角小，受雷电绕击的概率大大减小。

V 型串伞形塔双回三相导线均为 V 型串，由于杆塔结构上的原因，实现负的地线保护角比较容易。其地线保护角最小，相应的雷电绕击概率也最小。

减小地线保护角可显著地降低绕击跳闸率。表 2 和表 3 列出皖电东送工程同塔双回线路平原和山区典型杆塔（鼓形塔）改变地线保护角时的雷电绕击跳闸率变化。很明显，随着地线保护角减小，线路绕击跳闸率随之降低。SZ322P 塔的呼称高 63m，杆塔高 109m，雷电间隙距离 6.7m。SZ302 塔的呼称高 72m，杆塔高 118m，雷电间隙距离 7.0m。

表 2　　平原地区同塔双回 SZ322P 塔型线路绕击跳闸率　　次/（100km・年）

地线保护角（°）	0	−1	−2	−3	−4	−5	−6	−7	−8
合　计	0.287	0.23	0.184	0.146	0.115	0.095	0.076	0.061	0.049

表 3　　山区同塔双回 SZ302 塔型线路绕击跳闸率

地线保护角（°）	绕击跳闸率［次/（100km・年）］		
	地面倾斜角（0°）	地面倾斜角（10°）	地面倾斜角（20°）
0	0.423	0.671	1.62
−2	0.289	0.499	1.277
−4	0.196	0.371	1.006
−6	0.132	0.271	0.787
−8	0.093	0.207	0.635
−10	0.064	0.156	0.509

由表3可以看出，地面倾斜角对绕击跳闸率有很大的影响。地面倾斜角增加，绕击跳闸率快速增加。

随沿线地面倾斜角的变化可以提出不同的地线保护角的最低要求。皖电东送工程同塔双回线路，在平原地区，其地线保护角α宜在−1°以下；丘陵和山区，地线保护角α宜在−5°以下。

无论平原还是山区，减小地线保护角均对防雷有利。在线路造价相差不大的情况下，也可以要求全线杆塔的地线保护角α均小于−5°。

特高压同塔双回线路杆塔高度对绕击跳闸率也有很大的影响。表4所示为平原地区同塔双回SZ322P杆塔，地线保护角（−4.2°）大小不变，即地线和导线的相对位置不变，仅改变杆塔高度情况下的线路绕击跳闸率。随着杆塔高度提高，导线离地高度增加，大地对导线的屏蔽作用减弱，绕击跳闸率随之增加。

表4　平原地区同塔双回SZ322P塔型，杆塔高度变化情况下的线路绕击跳闸率

雷电间隙（m）	杆塔高度（m）	绕击跳闸率［次/（100km·年）］
6.7	89	0.003
	99	0.032
	109	0.115
	119	0.257
	129	0.477

皖电东送工程同塔双回线路全长约647km，全线共使用铁塔1408基。大约40种塔型。对不同类型杆塔的线段分别进行计算，得出全线平均雷电绕击跳闸率为0.103次/（100km·年）。其中淮南—皖南线路331km，平均雷电绕击跳闸率为0.079次/（100km·年）；皖南—浙北线路152km，平均雷电绕击跳闸率为0.173次/（100km·年）；浙北—沪西线路164km，平均雷电绕击跳闸率为0.086次/（100km·年）。皖南—浙北线路平均雷电绕击跳闸率偏高的原因为沿线为山区，且较多地采用塔高超过100km的高塔。

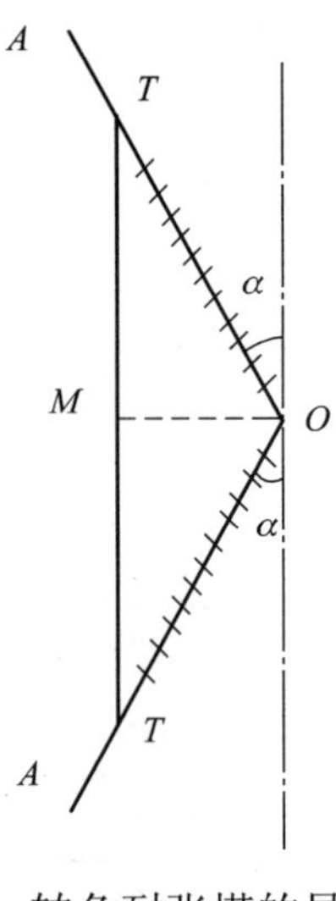

图3　转角耐张塔的导线、地线走向示意图

转角耐张塔的转角内角侧，地线（见图3中A–O–A）对跳线（见图3中T–T）的保护角较大，跳线受地线保护是较差的，因而比较容易受雷电绕击，可能成为防雷的弱点。

苏联的特高压线路大约80%雷击闪络发生于耐张塔（分体转角塔）。其原因是此处的地线保护角过大，达45°。日本的特高压线路大约 94%雷击闪络故障发生于耐张塔。他们的运行经验提醒我们，对 1000kV 线路的耐张塔的防雷不容忽视。绕击跳闸率随着转角度数的增加而增加。对于转角塔内角侧，当转角（2α）大于 30°～40°时，宜采取适当措施以减小地线对跳线的保护角。可以考虑采用：① 地线的内角侧相应地增加一地线跳线；② 增加内角侧横担长度。

转角耐张塔的转角外角侧，硬跳线也可能得不到地线的有效保护，保护角较大。尤其是进线段的转角耐张塔，减小最大绕击电流对保护变电站设备有重要意义，需要采取措施以减小地线对跳线的保护角。可以考虑采用：① 增加地线横担长度，使硬跳线最远端在地线内侧，减小保护角至−5°；② 硬跳线采用 V 型串或 L 型串固定，使跳线向靠近塔身的方向移动，使跳线最远端在地线内侧，减小保护角至−5°；③ 地线横担端部加水平避雷针。

2.4　特高压同塔双回线路的雷电冲击绝缘水平

对于特高压同塔双回线路，降低雷击跳闸率主要有两个措施：① 减小地线保护角；② 提高线路绝缘水平。对防雷而言，特高压线路绝缘水平主要是指导线对杆塔的间隙距离。绝缘子串长度很长，在雷电过电压下一般不会闪络。因此，对于同塔双回线路防雷而言，加强线路雷电冲击绝缘水平，最重要的不是增加绝缘子串的片数，而是导线对横担和塔体的距离，尤其是导线对其下方横担的距离。

在确定绝缘水平时，同类型的线路的运行经验有重要的参考价值。

日本 1000kV 同塔双回线路的平均雷击跳闸率高达 0.94 次/（100km·年）[折至单回雷击跳闸率为 0.47 次/（100km·年）]。日本全国仅约有 400km 的 UHV 线路，不及华东淮南—上海特高压线路长。其 2000 年的雷击跳闸 7 次，2001 年和 2004 年的雷击跳闸均为 5 次。如此之高的雷击跳闸率是我国特高压电网难以接受的。

分析日本特高压线路雷击跳闸率高的原因，主要有两点：① 杆塔高，易受雷击；② 线路采用招弧角，空气间隙距离较短，绝缘水平低。直线塔招弧角间隙距离是 6.3m，耐张塔招弧角间隙距离是 5.9m。如果我国 1000kV 同塔双回线路的间隙距离十分接近日本的招弧角间隙距离，可能也会有雷击跳闸率过高的威胁。

表 5 所示为特高压同塔双回线路典型杆塔，改变导线对其下方横担的雷电冲击间隙距离情况下的绕击跳闸率。可以看出，雷电间隙距离大小（即线路雷电冲击绝缘水平）对雷击跳闸率有明显影响。

为了减小雷电线路跳闸率，适当增加线路杆塔的雷电冲击最小空气间隙距离是合适的，尤其是山区线路。平原地区雷电冲击间隙距离取 6.7m；山区雷电冲击间隙距离取 7.2m（海拔 500m）。高度特别高的杆塔，其绕击跳闸率会较高，也可以考虑增加雷电冲击间隙距离来提高其防雷性能。

表 5　　不同雷电间隙（导线对其下方横担）距离情况下的线路绕击跳闸率

塔型	杆塔高度（m）	地线保护角（°）	雷电间隙距离（m）	绕击跳闸率［次/（100km・年）］
SZ322P	109	–4.2	6.7	0.115
			7	0.087
			7.2	0.076
			7.5	0.056
SZ305	118	–6.1	6.7	0.166
			7	0.132
			7.2	0.120
			7.5	0.094

对于特高压单回线路，雷电冲击下的空气间隙距离不予规定。因为其边相导线对杆塔的空气间隙距离是由大风时的工作电压间隙要求值控制的，其中相导线对杆塔的空气间隙距离是由操作过电压间隙要求值控制的，雷电冲击下的空气间隙距离要求值对杆塔的中相和边相空气间隙距离均不起控制作用。

但是对于特高压同塔双回线路，雷电冲击下的空气间隙距离要求值大于由操作过电压确定的间隙距离，雷电冲击下的空气间隙距离将对杆塔尺寸起重要作用。

特高压同塔双回线宜采用平衡绝缘方式。其绝缘水平宜高于单回线的绝缘水平。但重要的不是绝缘子串的片数，而是导线对横担和塔体的距离。不宜采用不平衡绝缘配置方式。

3　皖电东送工程同塔双回大跨越线路雷电性能研究

3.1　预期雷击跳闸率

大跨越的长度较短，其预期雷击跳闸率可以高于普通线路。特高压大跨越线路的预期雷击跳闸次数选为 50 年一次。可相应计算出：长江大跨越预期雷击跳闸率为 1.12 次/（100km・年），淮河大跨越预期雷击跳闸率为 1.54 次/（100km・年）。

3.2　大跨越雷击跳闸率计算的特殊性

（1）由于大跨越的导、地线的弧垂较大，导、地线的对地高度有很大的变化，因此采用单一的平均高度或者悬挂点高度都是不合适的。本研究考虑了导线和地线高度的实际变化。

（2）随着杆塔高度的增加，线路落雷次数会增加。但是需注意落雷次数中上行雷的比例的变化。一般高度的杆塔的上行雷出现的概率极小。超过 100m 的高杆塔，上行雷发生的概率越来越大。帝国大厦（381m）观测结果表明，上行雷约占 94.7%。奥斯坦金电视塔（540m）的上行雷出现概率为 96.3%。发生上行雷就不会引起绕击。应该把上行雷和下行雷分开，在计算高杆塔附近线路绕击跳闸率时应该只考虑下行雷的落雷次数，而把上行雷部分除外。

3.3 皖电东送工程同塔双回大跨越线路雷击跳闸率

（1）特高压同塔双回大跨越线路的雷击闪络率以绕击闪络为主，反击闪络所占比例较少。大跨越线路应着重防范雷电从侧面绕击导线引起绝缘闪络和线路跳闸。

（2）大跨越塔地线保护角$\alpha \leqslant -1°$，杆塔工频电压最小间隙和操作冲击最小间隙距离可分别取为 2.7m 和 6.7m，与普通线路相同。长江大跨越杆塔的雷电冲击最小间隙可选为 8m。淮河大跨越杆塔的雷电冲击最小间隙选为 7.2m。

（3）长江大跨越档距中央导线和地线的距离推荐为 25m，淮河大跨越档距中央地线和导线的距离推荐为 23m。

4　特高压同塔双回线路档距中央的地线和导线间隙距离选择

雷击档距中央的地线上，有可能造成地线对导线的反击闪络。

俄罗斯运行经验研究表明，其国内 110、220kV 和 500kV 线路已出现多次雷击档距中央地线，在档距中央处反击导线的事故。因而，俄罗斯学者提出，按俄罗斯规程规定的计算式（4）设计特高压线路的地线反击导线的雷击跳闸率将会过高

$$S \geqslant 0.015l+1 \quad (4)$$

式中　S——导、地线之间的距离，m；

l——档距，m。

SDJ 7—1979《电力设备过电压保护设计技术规程》规定，在档距中央，导、地线之间的距离 S 可按式（5）选择

$$S \geqslant 0.012l+1 \quad (5)$$

式（5）计算结果比式（4）的还要小。它们有一大特点：要求的地线和导线间的垂直距离完全和电压等级无关，这是不合理的。原因是：① 没有反映不同电压等级线路所要求的耐雷水平的差异；② 没有反映不同电压等级线路工作电压对间隙放电电压的影响。在特高压线路上，这一矛盾表现得更突出。

虽然中国 500kV 输电线路的运行经验表明，雷击档距中间地线，导致地线—导线间的空气间隙击穿的故障很少发生，现有线路的地线导线间距离是足够可靠的。但是，需要指出，认为现有线路的地线和导线间的距离是足够的，并不等于说上述规程所确定的导、地线之间的距离 S 是足够的。因为我国 500kV 线路档距中间地线和导线的实际垂直距离一般均在 9.5m 以上，远大于规程规定值（档距 400m，S=5.8m）。所以，现有 500kV 线路的运行经验并不是上述规程所确定的导、地线之间的距离的运行经验。

日本在计算档距中央地线和导线的距离时，考虑了线路额定电压等级的影响，也考虑了工作电压峰值对间隙放电电压的影响。

我们认为：① 不同电压等级线路的绝缘水平不同，重要性不同，要求的线路耐雷水平也不同，包括对地线和导线之间间隙距离要求值也应不相同；② 导线上的工作电压，会影响地线和导线之间间隙的放电电压，尤其是工作电压很高的特高压线路。因此，地线和导线之间的最小距离应该随着线路工作电压的高低而有所变化。

防雷计算结果表明，上述的分析是合理的。特高压同塔双回线路档距中央地线和导线之间的距离推荐采用式（6）进行计算

$$S = 0.015l + \sqrt{2}U_{\mathrm{m}} / \sqrt{3} / 500 + 2 \tag{6}$$

式中 U_{m}——线路最高运行电压。

5 皖电东送工程同塔双回线路双回同时跳闸概率研究

从防雷计算来看，我国华东特高压同塔双回线路的雷击双回同时跳闸率很低，但理论上有可能，而仅仅是理论的可能性。实际运行经验不是如此。

我国 500kV 同塔双回线路已经有累计运行里程达 28 138km·年和近 20 年的运行经验。我们对全国 500kV 同塔双回线路雷击跳闸故障情况进行了调查和统计。结果表明，我国 500kV 同塔双回线路从未发生过双回同时跳闸。

日本 1000kV 同塔双回线路，即使有招弧角，绝缘水平较低，其（降压 500kV）的运行经验也表明，基本上没有发生双回因雷击而同时跳闸。

线路电压等级越高，绝缘水平越高，同塔双回线路发生过双回同时跳闸的概率越小。可以认为我国特高压同塔双回线路更不容易发生雷电反击双回同时跳闸，其概率非常之低，几乎为零。

因此建议在我国特高压同塔双回线路限制过电压与潜供电流的措施和绝缘配合设计中，可以不考虑因雷击引起的双回同时故障。

6 结论

（1）同塔双回线路的导线对横担和塔体的距离对线路的雷电性能有重要的影响。

（2）1000kV 线路的预期雷击跳闸率为 0.1～0.14 次/（100km·年）。

（3）杆塔工频接地电阻为 10Ω，折合至单回线的雷电反击跳闸率为 0.0074 次/（100km·年），远低于预期的雷电跳闸率。其反击跳闸率很低，占总的雷击跳闸率的比例也很小。

（4）杆塔工频接地电阻为10Ω，同塔双回线路的单相跳闸最小耐雷水平为265kA。双回同时跳闸最小耐雷水平为295kA。从理论计算的数值来看，特高压同塔双回线路的反击同时跳闸率很低。从我国500kV同塔双回线路的运行经验和日本1000kV同塔双回线路的运行经验来看，可以认为其概率为零。

（5）同塔双回线路伞形塔的绕击跳闸率低于鼓形塔的，V串伞形塔的绕击跳闸率最低，中相V型串塔的绕击跳闸率次低。

（6）沿线地面倾斜角、杆塔高度和地线保护角对线路绕击跳闸率有很大的影响。地面倾斜角θ增加，绕击跳闸率快速增加。杆塔高度增加，绕击跳闸率随之增加。减小地线保护角可显著地降低绕击跳闸率。

（7）随沿线地面倾斜角的变化可以提出不同的地线保护角的最低要求。平原地区，地线保护角α宜在$-1°$以下；丘陵和山区，地线保护角α宜在$-5°$以下。

（8）转角耐张塔的转角内角和外角，硬跳线受地线保护是较差的，地线保护角较大，因而比较容易受雷电绕击，可能成为防雷的弱点。绕击跳闸率随着转角度数的增加而增加。当转角（2α）大于30°～40°时，宜采取适当措施以减小地线对跳线的保护角。可以考虑采用增加地线横担长度或地线的内角侧相应地增加一地线跳线的措施。

（9）为了减小雷电线路跳闸率，适当增加线路杆塔雷电冲击下的最小空气间隙距离是合适的，尤其是山区线路。导线对下横担的距离可大于操作冲击要求的最小间隙距离，可考虑选为7.2m。或者平原地区雷电冲击间隙距离取6.7m；山区雷电冲击间隙距离取7.2m。

（10）大跨越塔地线保护角$\alpha \leqslant -1°$，杆塔工频电压最小间隙和操作冲击最小间隙距离可分别取为2.7m和6.7m，与普通线路相同。长江大跨越杆塔的雷电冲击最小间隙可选为8m。淮河大跨越杆塔的雷电冲击最小间隙选为7.2m。

（11）长江大跨越档距中央导线和地线的距离推荐为25m，淮河大跨越档距中央地线和导线的距离推荐为23m。

（12）在我国特高压线路防雷计算和设计中，采用以EGM计算结果为主要依据，以LPM计算结果为参考的原则。用先导传播模型（LPM）计算的线路绕击跳闸率一般低于用EGM计算的线路绕击跳闸率。

（13）皖电东送工程同塔双回线路平均雷电绕击跳闸率为0.103次/（100km·年）。其中淮南—皖南线路平均雷电绕击跳闸率为0.079次/（100km·年）；皖南—浙北线路平均雷电绕击跳闸率为0.173次/（100km·年）；浙北—沪西线路平均雷电绕击跳闸率为0.086次/（100km·年）。

5 特高压交流同塔双回输电线路真型塔外绝缘特性试验研究

1 引言

1000kV 淮南—上海（皖电东送）输变电工程是我国拟建的首个 1000kV 级同塔双回交流输电工程。本文根据我国 1000kV 同塔双回线路杆塔的特点及沿线海拔高度，对同塔双回 I 型串真型塔和 V 型串真型塔进行了工频电压、不同波前时间操作冲击以及雷电冲击的放电特性试验；开展了不同污秽等级长串绝缘子的污耐压特性研究。研究成果满足了同塔双回杆塔绝缘间隙和绝缘子防污设计的需要，为我国特高压输电的外绝缘技术研究积累了宝贵经验。

2 试验条件及试验方法

2.1 试验条件

国网电力科学研究院特高压户外试验场 5400kV/527kJ 冲击电压发生器具有较宽的调波范围，可以产生 1.2/50μs 的标准雷电冲击，以及波前时间从 120～2500μs 的操作冲击。工频试验装置为 YDJC-2250kV/9000kVA 型工频串级试验变压器，其测量系统测量试验电压峰值的总不确定度在 1%范围内，可以满足工频放电试验、长串绝缘子污耐压试验和波前时间 3000～6000μs 的长波前操作冲击试验需要。试验场内建有三座 70m×60m 的门型构架用来悬挂试品和引出电压。绝缘子串污耐压试验在特高压人工污秽实验室（24m×24m×26m）进行。

2.2 试验方法

根据 GB/T 16927.1—1997《高电压试验技术　第 1 部分：一般试验要求》的试验方法，采用升降法求取 50%放电电压，操作冲击加压 40 次，雷电冲击加压 20 次；求取工频放电电压，加压 10 次，取平均值作为试验间隙的工频放电电压。试验结果均依据标准进行气象修正。在操作冲击试验中，波前时间为 120、250、500、1000μs 和 2500μs 的操作冲击均由 5400kV 冲击发生器产生，而 5000μs 长波前操作冲击由 2250kV 工频串级变压器配合电容器组产生。

人工污秽工频耐受电压试验采用 GB/T 4585—2004《交流系统用高压绝缘子的人工污秽试验》规定的升降法求取绝缘子串 50%人工污秽工频耐受电压 $U_{50\%}$。

3 试验塔型及试品

3.1 试验塔型

依据设计院给出的塔图，加工真型塔开展试验工作。如图 1 所示，该试验真型塔按照特高压交流试验基地特高压同塔双回直线塔结构尺寸设计，两侧可分别进行 I 型串空气间隙试验和 V 型串空气间隙试验。I 型串试验杆塔侧横担为上平下斜结构，中相横担长 17.5m，下相横担长 14.7m。

根据设计院提供的间隙圆图，试验操作冲击最大风偏角取 20°，工频最大风偏角取 50°。在试验中针对杆塔间隙的不同结构特点，进行中相、下相操作冲击、雷电冲击和工频放电试验，获得相应的放电电压及曲线。

图 1　外绝缘特性试验特高压双回真型塔

3.2　试验试品

试验采用由镀锌钢管制成的八分裂硬导线模拟 $8\times630mm^2$ 导线，该硬导线长 20m，子导线间隔 400mm，导线悬垂角约 10°。两端加装直径为 ϕ1.5m 的屏蔽环，以避免出现端部放电现象。试验 I 型串绝缘子采用 300kN 复合绝缘子，结构长度为 9750mm。高压侧均压环外径为 1.1m，接地侧均压环外径为 0.6m，高压侧均压环对接地侧均压环间距为 9.0m。绝缘子、金具、模拟导线总长为 12.5m。

4　真型塔空气间隙放电特性试验

4.1　I 型串空气间隙放电特性试验结果

4.1.1　I 型串空气间隙工频电压试验

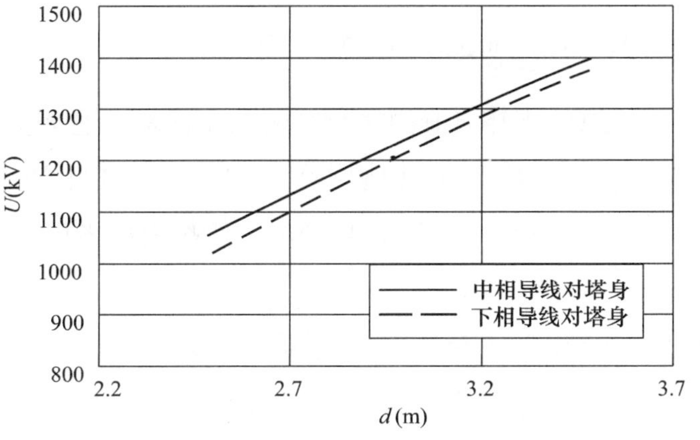

图 2　I 型串对塔身间隙工频放电特性曲线

特高压同塔双回杆塔 I 型串对塔身最小安全间隙是由工频过电压控制，所以本文对真型杆塔中相及下相 I 型串导线对塔身的空气间隙进行了工频放电特性的试验研究。调整 I 型串绝缘子风偏角为 50°，中相导线对塔身间隙距离 d 为 2.7～3.5m，下相 I 型串导线对塔身间隙距离 d 为 2.5～3.5m。中相与下相试验时，I 型串导线最近处塔身宽度分别为 5.8、7.5m。通过放电特性试验，求取放电电压平均值及放电特性曲线，试验结果如图 2 所示。

图 2 结果表明，在该试验间隙范围内，中相与下相间隙工频放电电压随间隙距离的增大基本呈线性增长。中相试验在 2.5～3.5m 范围内，平均放电电压为 417kV/m，下相试验在 2.5～3.5m 范围内，平均放电电压为 405kV/m，前者较后者略高 3.0%。

4.1.2 I 型串空气间隙长波前操作冲击试验

本文以导线对杆塔中相及下相不同部分作为主间隙进行了 1000μs 长波前操作冲击试验。采用绝缘绳拉模拟导线，使绝缘子 I 型串形成风偏角为 20°，调整导线对杆塔不同部分作为主间隙开展试验。图 3（a）给出了以中相绝缘子高压侧均压环对中相横担间隙和中相导线对下相横担间隙作为主间隙的综合间隙放电特性曲线。

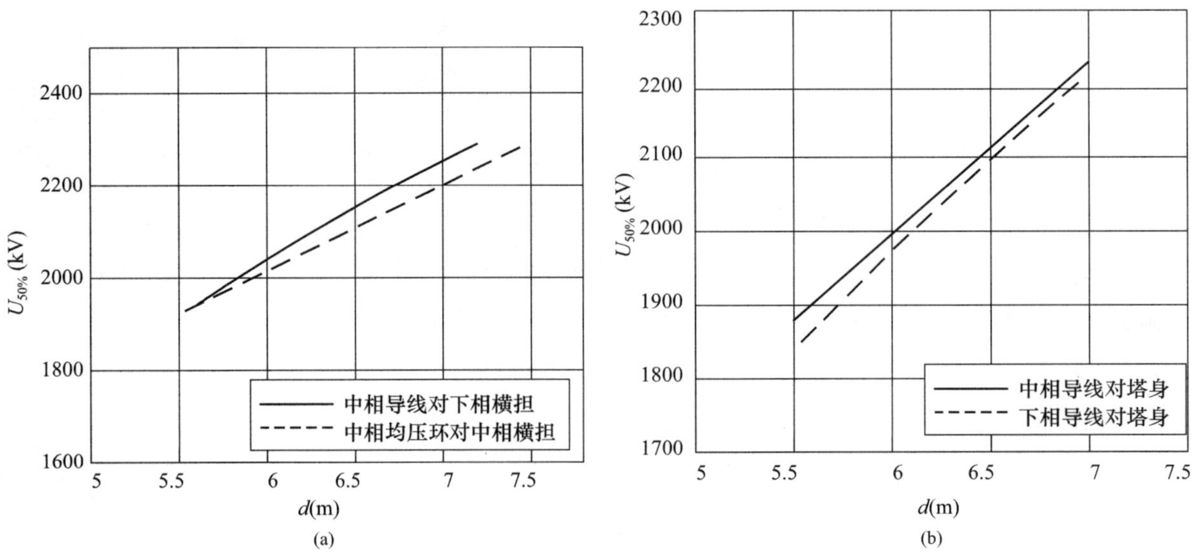

图 3 I 型串对杆塔间隙操作冲击放电特性曲线

（a）中相 I 型串对中相及下相横担；（b）中相及下相 I 型串对塔身

由图 3（a）试验结果可见，中相综合间隙放电电压随主间隙距离的增大，逐渐提高。中相导线对下相横担上平面空气间隙放电电压略高于其均压环对中横担放电电压，在试验间隙范围内平均放电电压分别为 334.1kV/m 和 326.8kV/m，前者较后者略高 2.2%。

图 3（b）所示分别以中相导线对塔身间隙和下相导线对塔身间隙作为主间隙的综合间隙放电特性曲线。分析图 3（b）放电特性曲线可知，由于下相塔身部分宽度较大，且离地高度较小，使相同间隙距离下相导线对塔身 1000μs 波前放电电压低于中相导线对塔身间隙的放电电压。

图 4 所示为中相导线对下相横担典型放电试验照片。

4.1.3　I 型串空气间隙不同波前时间操作冲击试验

空气间隙对于不同波形的冲击电压会呈现出较大差异，而不同电压等级的交流架空线路操作过电压波形也有明显区别，所以利用试验室冲击电压发生装置产生模拟实际线路的冲击电压波形，开展绝缘间隙的放电特性试验研究，对优化杆塔绝缘间隙设计，降低杆塔成本、减小输电走廊土地占用具有重要意义。本文利用国家电网电力科学研究院 5400kV 冲击电压发生器及 2250kV 工频试验变压器产生不同波前操作冲击开展试验研究，试验结果如图 5 所示。

图 4　中相 I 型串导线对下相横担典型放电照片

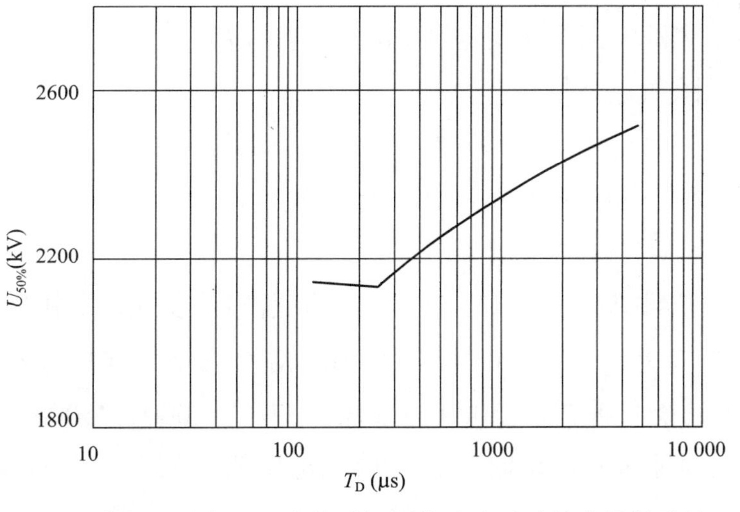

图 5　中相 I 型串不同波前时间操作冲击试验放电特性曲线

图 5 试验结果表明，当波前时间大于标准操作冲击 250μs 时，随着波前时间的增大，放电电压有较明显的提高，500μs 波前放电电压较标准波放电电压提高 5.4%，1000μs 波前放电电压提高 10.2%，2500μs 波前放电电压提高 15.3%，5000μs 波前放电电压提高 18.2%。可见采用符合线路过电压波形的长波前操作冲击试验结果进行绝缘间隙设计可使杆塔尺度得到明显优化。依据 1000μs 长波前试验结果设计绝缘间隙时，波形修正系数可取 1.1。

4.1.4　I 型串空气间隙雷电冲击试验

该部分进行了 I 型串绝缘子杆塔间隙雷电冲击放电特性试验研究。图 6 所示为中相导线对下相横担上平面和下相导线对塔身空气间隙雷电冲击放电特性曲线。

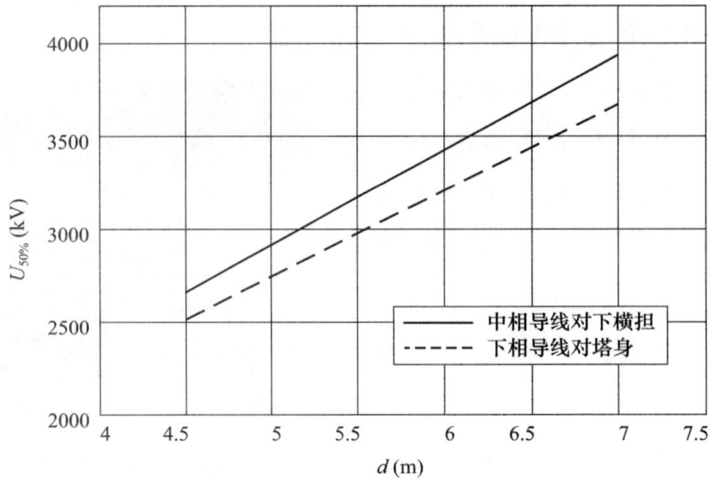

图6　I型串空气间隙雷电冲击放电特性曲线

图6试验结果表明，在两组试验中，随着导线对杆塔间隙距离的增大雷电冲击50%放电电压呈线性提高。中相导线对下相横担上平面在5.5～7.0m范围内，平均每米间隙放电电压为562.8～580.9kV，下相导线对塔身在4.5～6.5m范围，平均每米放电电压为545～580kV，相同间距下前者放电电压高于后者。

4.2　V型串空气间隙放电特性试验结果

由于V型串结构可以限制绝缘子串的风偏摆动减小导线的水平偏移，本文对特高压真型塔V型串的操作冲击和雷电冲击放电特性也进行了试验研究。

4.2.1　V型串空气间隙操作冲击试验

（1）中相V型串间隙操作冲击验证试验。根据相关要求，中相试验V型串夹角为90°，均压环对横担7.9m，均压环对塔身6.0m，导线对下相横担6.7m。在上述条件下进行了120μs短波前操作冲击，250μs标准操作冲击，1000、2500μs和5000μs长波前操作冲击放电特性验证试验，求取了50%放电电压值及放电特性曲线。图7所示为试验放电特性曲线。

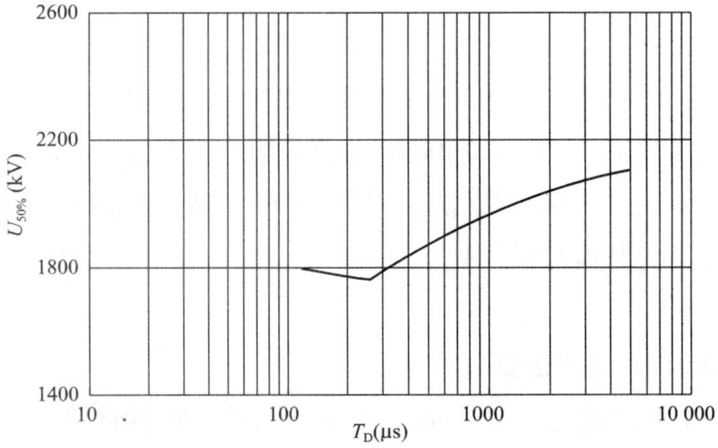

图7　中相V型串操作冲击验证试验放电特性曲线

（2）中相 V 型串对下相横担间隙 1000μs 长波前操作冲击试验。均压环对中相横担 9.5m，均压环对塔身 7.5m，调整导线对下相横担分别为 4.5～6.5m，进行 1000μs 长波前操作冲击的放电试验，求取 50%放电电压值及放电特性曲线。距模拟导线最近处下相横担上斜面部分宽 5.5m。试验结果如图 8 实线所示。

（3）中相 V 型串对塔身间隙 1000μs 长波前操作冲击试验。均压环对中相横担 9.0m，导线对下相横担 7.5m，调整均压环对塔身为 5.0～6.5m，进行 1000μs 长波前操作冲击的放电试验，求取 50%放电电压值及放电特性曲线。距均压环最近处塔身宽度为 6m。试验结果如图 8 虚线所示。

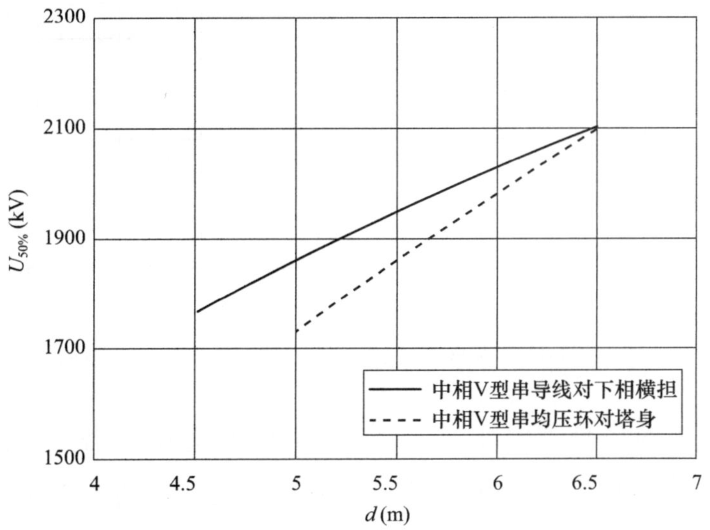

图 8　中相 V 型串操作冲击放电特性曲线

（4）下相 V 型串对塔身间隙 1000μs 长波前操作冲击放电试验。均压环对横担 9.0m，调整 V 型串均压环对塔身的不同间隙距离 5.0、5.5、6.0、6.5m，进行 1000μs 长波前操作冲击的放电试验，求取 50%放电电压值及放电特性曲线。距均压环最近处塔身宽度为 8.5m。试验结果如图 9 所示。

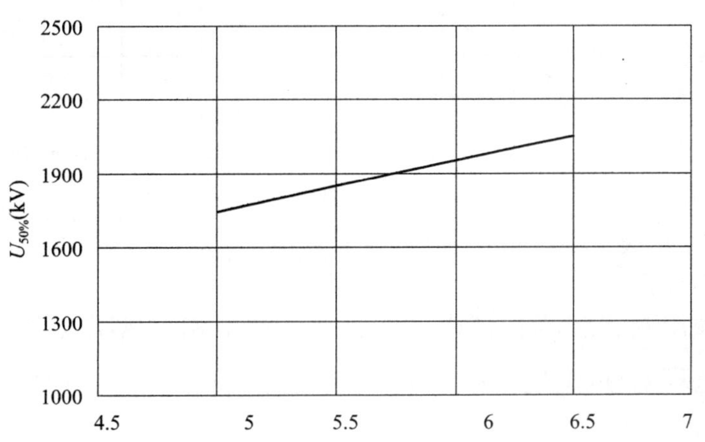

图 9　下相 V 型串对塔身操作冲击放电特性曲线

4.2.2 V型串间隙雷电冲击试验

（1）中相V型串对下相横担间隙雷电冲击试验。确定均压环对中相横担和中相塔身的间距，在4.7～7.0m范围内调整导线对下相横担的距离，进行正极性雷电冲击的放电试验。距中相V型串导线最近处下相横担上斜面处宽度为5.5m。试验结果如图10所示。

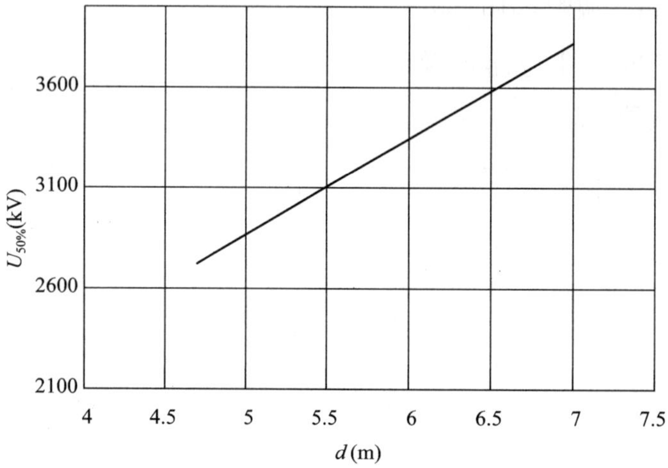

图10　中相V型串对下相横担雷电冲击放电特性曲线

（2）下相V型串对塔身雷电冲击试验。在下相V型串对塔身的雷电冲击放电试验中，调节均压环对塔身的距离为4.2～7.0m进行雷电冲击的放电特性试验研究。距均压环最近处塔身宽度为8.5m。试验获得的放电特性曲线如图11所示。

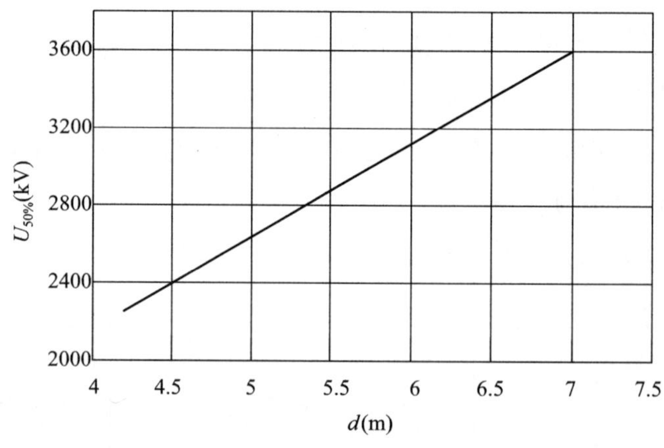

图11　下相V型串对塔身雷电冲击放电特性曲线

（3）下相V型串对下相横担雷电冲击试验。在下相V型串对横担的雷电冲击放电试验中，调节均压环对横担的距离为4.5～6.7m进行雷电冲击放电特性试验研究。试验结果如图12所示。

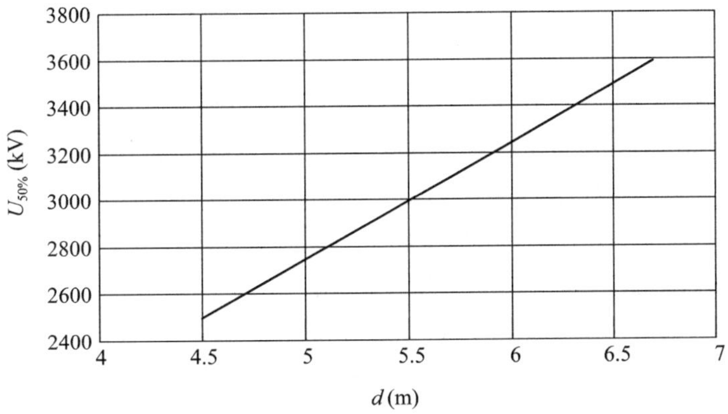

图 12　下相 V 型串对下相横担雷电冲击放电特性曲线

5　耐张串跳线对下相金具放电特性试验

当特高压同塔双回线路相邻杆塔高差较大，易使耐张塔上下相间距缩小，为此，本文针对该问题进行了模拟放电特性研究。图 13 所示为试验布置图。

图 13　跳线对下相金具放电特性试验布置

5.1　电压分配系数对相间操作冲击放电特性的影响

相间绝缘试验的冲击电压不仅取决于正负电压之和，而且取决于正负电压所占的比例。一般用电压分配系数$\alpha = U^-/(U^+ + U^-)$来表示正负电压分量的分配比例。根据有关文献资料的试验结果，相间绝缘的 $U_{50\%}$随α增加而线性增加，考核相间最小绝缘间隙时α是最重要的因素。本试验调整中相模拟跳线对下相绝缘子串金具间隙距离 d（7～10m），α分别取 0.3、0.4、0.5，跳线取正极性，绝缘子串金具取负极性，进行标准操作冲击放电试验研究，获得了其放电特性曲线如图 14 所示。

试验结果表明，电压分配系数α对相间绝缘的 $U_{50\%}$有影响，相间绝缘的 $U_{50\%}$随着α增大而增加，α=0.5 的相间 50%放电电压比α=0.4 和α=0.3 的相间 50%放电电压分别高约 4.1%和 8.7%。

5.2　加压方式对相间操作冲击放电特性的影响

调整中相跳线对下相绝缘子串金具间隙距离 d（7～10m），α取 0.4，采用不同加压方式（跳线+、绝缘子串金具−；跳线−、绝缘子串金具+），进行相间标准操作冲击放电试验研究，获得放电特性曲线如图 15 所示。

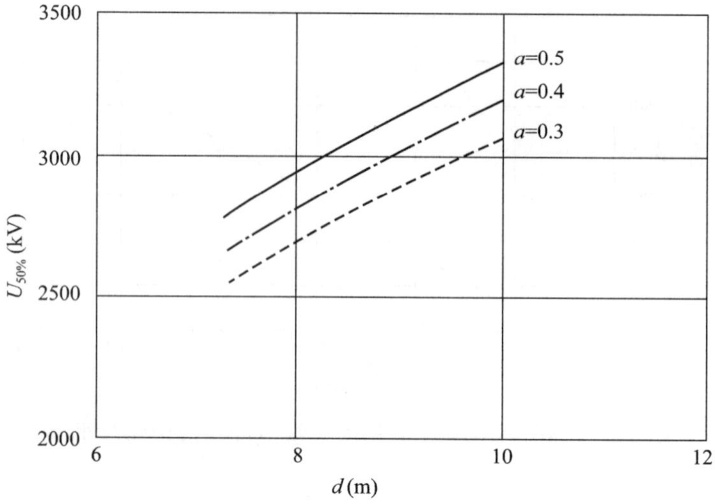

图 14　不同电压分配系数标准操作冲击放电特性曲线

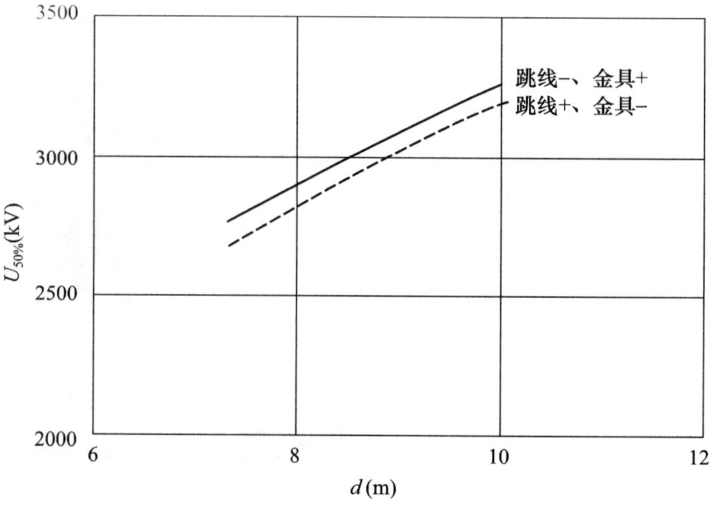

图 15　不同加压方式相间操作冲击放电特性曲线（α=0.4）

由图 15 试验结果可知，跳线为正极性、下相金具为负极性时的操作冲击 50%放电电压，略低于跳线为负极性、下相金具为正极性的操作冲击 50%放电电压，约低 2.4%左右。

6　长串绝缘子污秽特性试验

6.1　长串盘型绝缘子污耐压试验

对 4 种盘型瓷绝缘子长串进行了人工污耐压特性试验。灰密度（*NSDD*）取 0.5mg/cm^2，附盐密度（*SDD*）取 0.06、0.1mg/cm^2 和 0.25mg/cm^2，每串绝缘子片数为 48 片。试验时布置了模拟横担、模拟导线等构件。图 16 给出了各种型式盘形绝缘子的污耐压特性曲线。

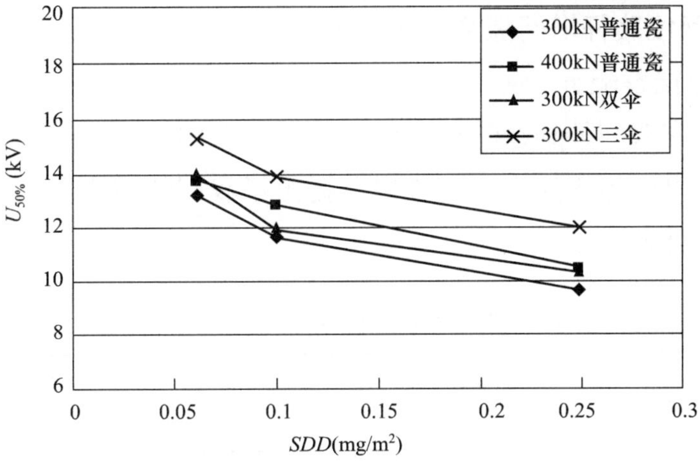

图 16 不同型式盘形绝缘子的污耐压特性曲线

从图 16 可以看出，在 4 种被试绝缘子中，300kN 三伞型瓷绝缘子污耐压特性最为优良，与相同爬电距离的 400kN 普通型瓷绝缘子相比，污耐压提高约 9%～14%，与 300kN 双伞型绝缘子相比，污耐压提高约 9%～16%。300kN 双伞型瓷绝缘子污耐压水平较 300kN 普通型瓷绝缘子提高约 3%～8%。可以看出，外伞形结构的绝缘子相对于普通型式的绝缘子而言，污耐压特性要优良。

6.2 长串复合绝缘子污耐压试验

根据标准规定，试验前先对 1000kV 特高压复合绝缘子试品进行了丧失憎水性的预处理，然后开展人工污耐压试验。*NSDD* 取 1.0mg/cm²，*SDD* 取 0.25mg/cm²。试验电压选取 1000kV 输电线路污秽设计目标电压 U_t，U_t=1.1×1100/3$^{0.5}$=698.6（kV）。试验结果如表 1 所示。

表 1　复合绝缘子人工污耐压试验结果

序号	*SDD/NSDD*（mg/cm²）	施加电压（kV）	试验时间（min）	结　果
1	0.25/1.0	698.3	40	耐受
2		698.5	40	耐受
3		699.0	40	耐受

试品在憎水性完全丧失的情况下，连续三次耐受试验电压而未发生闪络，且在整个试验过程中，出现电弧次数较少，电弧强度较弱。试验完毕后对复合绝缘子进行憎水性检查，大部分伞裙憎水性仍为 5～6 级，说明整个试验过程中复合绝缘子表现为亲水性，真实再现了复合绝缘子运行一段时间后憎水性下降甚至丧失的实际情况。试验表明该绝缘子可耐受试验人工污秽条件下的 1.1 倍特高压最高运行相电压。

7 特高压同塔双回线路杆塔间隙及绝缘子配置

7.1 线路杆塔间隙推荐配置

依据特高压同塔双回外绝缘特性试验结果，并参照国网电力科学研究院关于特高压同塔双回工程过电压绝缘配合研究成果，提出了我国特高压同塔双回线路杆塔电气间隙的建议取值（见表2）。

表2　　海拔500m下杆塔空气间隙配置推荐值

电压类型	上　相	中　相	下　相
工频	对塔身2.7m	对塔身2.7m	对塔身2.7m
操作	对塔身6.0m 对中横担6.0m	对塔身6.0m 对下横担6.0m	对塔身6.0m
雷电	对中横担6.7m	对下横担6.7m	—

7.2 线路绝缘子片数及串长推荐配置

依据悬式绝缘子人工污秽试验结果，采用污耐压法，计算了不同污区单I型串所需绝缘子片数和串长。根据该工程沿线污秽条件，在表3中给出了不同污级典型绝缘子的推荐配置。I～Ⅳ污秽等级分别对应*SDD*为0.06、0.1、0.25、0.35mg/cm^2，*NSDD*为0.5mg/cm^2。

表3　　不同污秽等级下绝缘子配置推荐值

污秽等级	绝缘子片数（片）				复合绝缘子串长（m）
	300kN普通瓷	400kN普通瓷	300kN双伞瓷	300kN三伞瓷	
I	52	49	47	43	8.18
II	58	54	51	47	9.00
III	69	63	61	54	10.80
Ⅳ	74	68	65	57	11.58

注　1. 瓷绝缘子串长值$CaSO_4$按20%修正后的取值。

2. 复合绝缘子串长按瓷绝缘子串长的4/5计算。

从表3中I型串绝缘子配置计算结果来看，对于瓷绝缘子，普通型绝缘子片数明显多于三伞型和双伞型。综合考虑绝缘子的经济性和耐污特性，建议优先选择双伞和三伞型瓷绝缘子。对于复合绝缘子，II级及以下污区，可采用9m串长；III级污区，可采用10m串长；IV级污区，虽然按瓷绝缘子串长的4/5计算得出复合绝缘子串长需达到10.85～11.58m，但由于试验表明串长为9.75m的复合绝缘子在憎水性丧失的情况下仍能耐受系统最高电压而不发生闪络。为了统一塔头设计，对于III、IV级污秽地区，复合绝缘子可考虑统一按照结构高度为10m设计。

8 结语

本文针对我国首个 1000kV 交流特高压同塔双回工程的特点，采用真型杆塔进行了工频电压、不同波前时间操作冲击和雷电冲击的放电特性试验，并开展了长串绝缘子的污耐压特性试验研究，获得了杆塔放电特性曲线及长串绝缘子污耐压曲线。依据真型杆塔空气间隙试验及过电压研究结果，提出了 1000kV 交流特高压同塔双回线路杆塔空气间隙建议值。依据长串绝缘子污耐压试验结果，推荐了线路绝缘子配置方案。

6 特高压交流同塔双回输电线路带电作业技术研究

1 引言

结合 1000kV 晋东南—南阳—荆门特高压交流试验示范工程，我国已开展了 1000kV 特高压交流单回输电线路带电作业的研究。1000kV 特高压交流同塔双回输电线路的塔型结构尺寸、导线排列布置等与单回线路不同，国内外尚未对其带电作业技术进行过研究。本课题结合 1000kV 淮南—上海（皖电东送）输变电工程，采用 1:1 模拟塔进行带电作业试验研究，并在国家电网公司特高压交流试验基地试验线段成功进行了带电作业现场应用试验。研究结果表明在特高压交流同塔双回线路开展带电作业是安全可行的。

2 最大操作过电压研究

2.1 线路参数

皖电东送工程由淮南至皖南、皖南至浙北和浙北至沪西三段组成，三段线路均为同塔双回，导线为 8×LGJ–630/45（逆相序排列）。地线一根为 LBGJ–240–20AC，另一根为 OPGW–240。

2.2 带电作业操作过电压水平

输电线路的过电压水平是影响带电作业安全性的一个重要因素，DL 409—1991《电业安全工作规程（电力线路部分）》中规定带电作业时应停用自动重合闸；另外，带电作业时不需考虑合空载线路过电压。综合分析得出，单相接地三相分闸过电压和故障清除分闸过电压是特高压交流同塔双回线路带电作业过电压的主要决定因素。

2.2.1 单相接地三相分闸过电压

带电作业时，重合闸退出，单相接地会引起三相分闸。单相接地三相分闸过电压与线路长度、电源特性、故障点位置等有关，较长线路的分闸过电压可能大于合空线过电压。计算结果表明：在不同运行方式下，特高压交流同塔双回输电线路发生单相接地故障、三相分闸时在故障线路健全相上产生的最大操作过电压为 1.61p.u.，该过电压是在淮南－皖南线靠近皖南侧接地故障后皖南侧跳闸产生的。

2.2.2 故障清除分闸过电压

根据研究分析，对于带电作业仅需考虑单相接地故障分闸过电压。计算结果表明：皖电东送工程输电线路单相接地故障分闸过电压最大为 1.58p.u.，该过电压是在皖南—浙北线皖南侧发生单相接地故障，皖南侧线路断路器开断故障电流，在相邻的淮南—皖南线产生的。

综合考虑，确定皖电东送工程输电线路带电作业最大操作过电压为 1.61p.u.。

3 最小安全距离与最小组合间隙研究

3.1 试验条件与计算方法

3.1.1 试验条件

试验在国网电力科学研究院特高压户外试验场进行，主要试验设备有 5400kV 冲击电压发生器、5400kV 低阻尼串联阻容分压器、64M 型峰值电压表和 TekTDS340 示波器，经校正，整个测量系统的总不确定度小于 3%。

试验中采用 1:1 模拟塔头，试验用模拟人由铝合金制成，与实际人体的形态一致，四肢能够自由弯曲，可以调整各种姿态。模拟人站姿高 1.8m，身宽 0.5m。试验波形采用波前时间为 720μs 的操作波。

3.1.2 带电作业间隙操作冲击放电特性

空气间隙缓波前过电压绝缘特性经验式如下

$$U_{50\%} = KU_{50\%\mathrm{RP}} \tag{1}$$

$$U_{50\%\mathrm{RP}} = 500d^{0.6} \tag{2}$$

式中 $U_{50\%}$——空气间隙的操作冲击 50%放电电压；

d——空气间隙距离；

K——间隙系数；

$U_{50\%\mathrm{RP}}$——相应电压波形及间隙距离下棒－板间隙操作冲击 50%放电电压。

研究中，可根据各带电作业间隙结构的操作冲击放电试验数据，计算求取其间隙系数 K，得出该带电作业间隙结构的操作冲击放电电压公式及拟合曲线。

3.1.3 带电作业危险率计算

带电作业危险率（R_0）可由式（3）计算求得

$$R_0 = \frac{1}{2}\int_0^{\infty} P_0(U)P_d(U)\mathrm{d}U \tag{3}$$

式中　$P_0(U)$——带电作业操作过电压幅值的概率密度函数；

$P_d(U)$——空气间隙在幅值为 U 的操作过电压下击穿的概率分布函数，可由式（4）计算得到

$$P_d(U) = \int_0^U \frac{1}{\sigma_d\sqrt{2\pi}} \cdot \mathrm{e}^{-\frac{1}{2}\left(\frac{U-U_{50\%}}{\sigma_d}\right)^2}\mathrm{d}U \tag{4}$$

式中　σ_d——空气间隙操作冲击放电电压标准偏差。

根据上述数学模型编制计算程序，即可计算得到相应的带电作业危险率。

3.1.4　气象及海拔修正

试验数据按 GB 16927.1—1997《高电压试验技术　第 1 部分：一般试验要求》修正为标准气象条件下的数据。在确定带电作业最小安全距离和最小组合间隙时，需考虑海拔的影响，海拔校正系数 K_a 采用 IEC 60071-2：1996《绝缘配合　第 2 部分：应用导例》推荐公式

$$K_a = \mathrm{e}^{m\left(\frac{H}{8150}\right)} \tag{5}$$

式中　H——海拔，m；

m——与最小放电路径及电压波形相关的系数。

3.2　试验与分析

3.2.1　典型直线塔最小安全距离和最小组合间隙

针对皖电东送工程输电线路两种典型直线塔型 SZT1、SZT2 分别进行最小安全距离和最小组合间隙试验。通过操作冲击放电试验，计算 $U_{50\%}$，拟合放电特性曲线，计算危险率，得出海拔 0、500m 处的带电作业最小安全距离及最小组合间隙，结果见表 1，典型现场试验照片见图 1。

表 1　　**最小安全距离和最小组合间隙（不含人体活动占位）**　　m

试验项目		海拔	间隙距离	
			SZT1	SZT2
最小安全距离	等电位作业人员对塔身	0	5.2	5.2
		500	5.5	5.5
	中相及上相等电位作业人员对下方横担	0	5.5	5.4
		500	5.7	5.7

续表

试 验 项 目		海拔	间隙距离	
			SZT1	SZT2
最小安全距离	等电位作业人员对其顶部构架	0	6.4	6.5
		500	6.7	6.8
	横担上地电位作业人员对头顶导线	0	5.0	5.0
		500	5.3	5.3
最小组合间隙	作业人员进出等电位对塔身	0	5.8	5.8
		500	6.1	6.1
	作业人员进出等电位对下横担构架	0	6.0	6.1
		500	6.3	6.4
	作业人员进出等电位对顶部构架	0	7.2	7.2
		500	7.5	7.5

图 1　安全距离及组合间隙试验现场照片

3.2.2　耐张串最小安全距离和最小组合间隙

通过进行作业人员处于耐张串等电位作业位置时对杆塔间隙放电试验，以及作业人员采用沿耐张串进入等电位时操作冲击放电试验，得出耐张串最小安全距离和最小组合间隙，结果见表 2，典型现场试验照片见图 2。

表 2　　耐张串最小安全距离和最小组合间隙（不含人体活动占位）　　m

试 验 项 目	海拔高度	间隙距离
耐张串最小安全距离	0	5.1
	500	5.3
耐张串最小组合间隙	0	5.2
	500	5.5

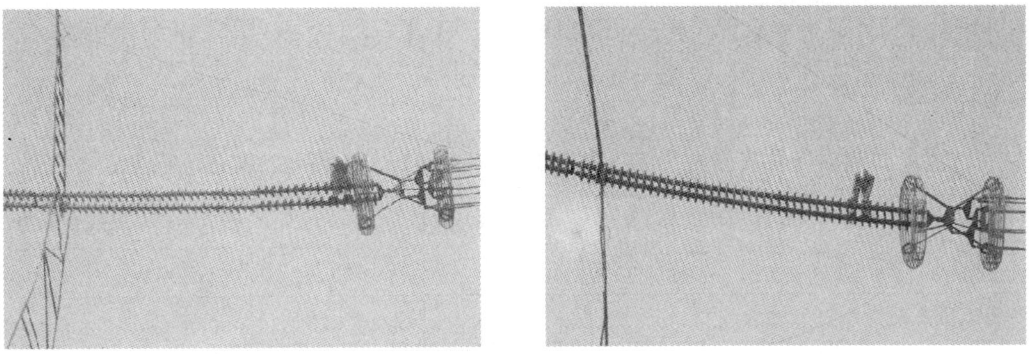

图 2 耐张串最小安全距离及最小组合间隙试验现场照片

3.3 波前时间对操作冲击放电电压的影响

3.3.1 波前时间对带电作业间隙操作冲击 50%放电电压影响

试验中，将模拟人固定在导线等电位位置不变，改变操作冲击波前时间，进行带电作业操作冲击放电试验，结果见表 3，操作冲击 50%放电电压与波前时间关系见图 3。

表 3 不同波前时间下作业间隙操作冲击放电试验结果（间隙距离 5.4m）

波前时间 t（μs）	$U_{50\%}$（kV）	变异系数 Z（%）
120	1682	3.8
250	1618	3.6
435	1730	4.8
720	1820	5.5
1800	1924	5.9
3000	1963	5.8

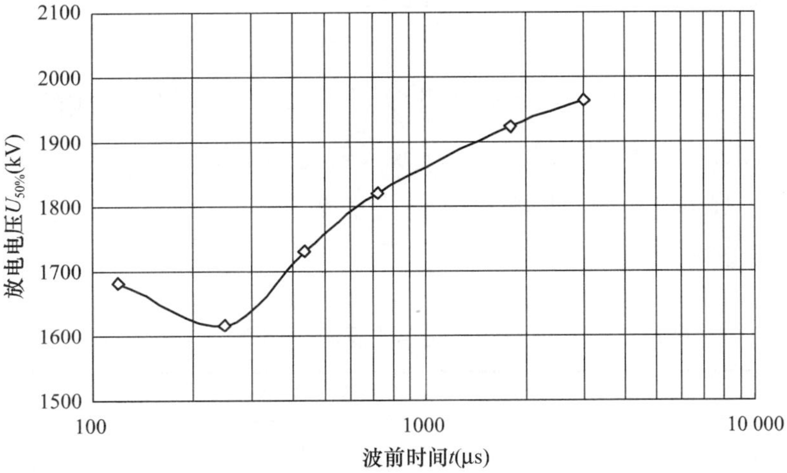

图 3 操作冲击 50%放电电压与波前时间关系（间隙距离 5.4m）

3.3.2 波前时间对带电作业安全性影响

根据图 3 中波前时间对作业间隙操作冲击 50%放电电压影响试验结果，可计算得到在不同操作过电压波前时间下，特高压交流同塔双回输电线路带电作业各作业间隙的危险率，结果见表4。

表4　波前时间对作业安全性影响（SZT2塔型，1.61p.u.，海拔500m，不含人体占位）

试验项目		间隙距离（m）	不同波前时间下的危险率		
			720μs	2000μs	2800μs
安全距离	等电位人员对塔身	5.5	6.47×10^{-6}	5.01×10^{-7}	2.58×10^{-7}
	等电位人员对其下横担	5.7	7.08×10^{-6}	5.51×10^{-7}	2.83×10^{-7}
	等电位人员对其顶部构架	6.8	7.74×10^{-6}	6.05×10^{-7}	3.19×10^{-7}
	横担上地电位人员对导线	5.3	6.33×10^{-6}	4.89×10^{-7}	2.52×10^{-7}
	耐张串	5.3	7.08×10^{-6}	5.51×10^{-7}	2.83×10^{-7}
组合间隙	进出等电位，至塔身	6.1	6.92×10^{-6}	5.38×10^{-7}	2.77×10^{-7}
	进出中（或上）相导线等电位，至其下横担构架	6.4	8.28×10^{-6}	6.49×10^{-7}	3.43×10^{-7}
	进出等电位，至顶部构架	7.5	9.25×10^{-6}	7.48×10^{-7}	3.86×10^{-7}
	沿耐张串进入等电位	5.5	8.46×10^{-6}	6.81×10^{-7}	3.51×10^{-7}

由表4可见，考虑波前时间对带电作业间隙操作冲击放电特性影响后，各带电作业间隙的作业危险率均有一定程度降低，本课题试验中采用波前时间720μs操作冲击波试验所得到的带电作业最小安全距离和最小组合间隙有一定安全裕度，设计塔型可满足带电作业安全性要求。

4　特高压交流同塔双回输电线路带电作业安全防护研究

4.1　场强计算

采用有限元方法，对特高压交流同塔双回I型串鼓形排列杆塔等电位作业人员的人体体表场强进行计算。作业人员位于导线（等电位）分两种工况：① 人体双脚站立在八分裂两根下子导线上；② 人体双脚骑跨于八分裂两根上子导线。两种工况下人体表面不同部位的电场强度值见表5。

表5　等电位作业时人体不同部位表面电场强度计算结果

人体部位	电场强度（kV/m）			
	正相序		逆相序	
	工况（1）	工况（2）	工况（1）	工况（2）
头顶	1745	2244	1782	2291
面部	1100	1044	1124	1066
胸部	361	495	443	506

续表

人体部位	电　场　强　度（kV/m）			
	正　相　序		逆　相　序	
	工况（1）	工况（2）	工况（1）	工况（2）
膝部	116	515	131	523
手部	2298	2789	2356	2857
脚部	385	1038	397	1062

4.2　场强测量

根据特高压交流同塔双回 I 型串鼓形杆塔结构、导线位置以及空间电场分布的基本规律选取测量点。地电位测量时，测量点分布标示见图 4。在图 4 中，测量点（1）为塔身上与下相导线垂直距离 10m 处，测量点（2）、（4）、（7）为塔身上与导线等高处，测量点（3）、（6）、（8）为横担上绝缘子悬挂点处，测量点（5）为中相横担上上相导线正下方，测量结果见表 6。等电位测量选取作业中常用的站立于导线内和骑跨于导线上两种姿势进行测量，测量结果见表 7。测量时，作业人员穿戴全套 1000kV 带电作业专用屏蔽服，测量屏蔽服内外人体各部位体表场强。

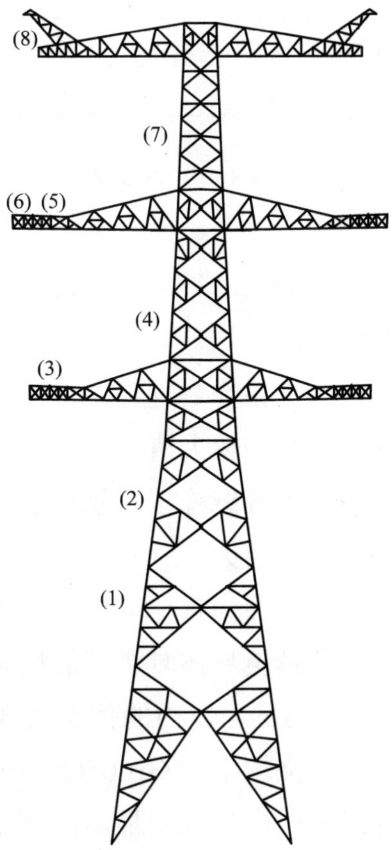

图 4　同塔双回地电位测量点示意图

表 6　　地电位各测点人体体表场强的测量结果

人体部位	测　量　值（kV/m）							
	测量点 1	测量点 2	测量点 3	测量点 4	测量点 5	测量点 6	测量点 7	测量点 8
头顶	98.3	265	310	190	338	322	199	259
躯体	35.2～78.9	190～220	198～220	130～162	213～257	202～242	154～178	169～184
屏蔽服内	0.4～0.6	0.8～1.1	0.8～1.3	0.6～0.9	0.9～1.3	0.9～1.2	0.7～1.0	0.8～1.2
面罩内	8.6	24.3	27.1	17.6	31.3	29.3	18.2	22.4

表 7　　等电位体表场强测量结果

人体部位	测　量　值（kV/m）	
	工　况（1）	工　况（2）
头顶	1795～1915	2132～2287
面部	1052～1145	1038～1113
胸	395～436	424～503
膝	103～122	445～522
脚尖	360～420	1825～1910
手（平伸）	2172～2298	2308～2396
屏蔽服内	2～10	3～10
面罩内	112～127	110～134

等电位作业人员体表场强测量结果与计算值比较基本一致。

4.3　电场特点

通过计算和测量结果可知，特高压交流同塔双回线路带电作业时，电场强度具有以下特点和规律：

（1）作业人员在登塔过程中，其体表场强随攀登高度的增加而逐渐增高，在与相导线等高的位置达到较大值。

（2）在横担上各绝缘子串悬挂点和中相横担的上相导线正下方站立时，作业人员头顶的体表场强值较大。

（3）作业人员面向带电导线时体表场强较高，背向带电导线时体表场强较低，当作业人员上方有带电导体时头部的场强值最高，脚部的场强值最低。

（4）作业人员屏蔽服内的体表场强值大大低于屏蔽服外的体表场强，在各测量点，屏蔽服内体表场强均小于 GB 6568—2008《带电作业用屏蔽服装》规定的允许值。

（5）导线处的电场强度最高，等电位作业时正相序条件下人体各部位的电场强度略低于逆相序条件下人体各部位的电场强度，等电位作业人员头顶和脚尖场强较高，胸部、膝盖处场强较低，等电位作业采用骑跨姿势时人体头、膝、手、脚等部位场强水平高于站立时的场强水平。

4.4　防护措施

在特高压交流同塔双回线路带电作业时，作业人员（包括地电位作业人员）应穿戴全套 1000kV 专用屏蔽服装，专用屏蔽服装采用屏蔽效率不小于 60dB，其他参数符合 GB 6568—2008 规定的屏蔽服布料制作，屏蔽服装应做成上衣、裤子与帽子连成一体且帽檐加大的式样，等电位作业人员还应加戴屏蔽效率不小于 20dB 的网状面部屏蔽罩。

5　一回带电一回停电时停电回路检修方式研究

5.1　一回带电一回停电时停电回路感应电压计算分析

以电磁分析计算软件 ATP 为基础，建立线路的数学模型，分别针对淮南—皖南段、皖南—浙北段、浙北—沪西段线路一回正常运行，另一回停电检修时，在不同接地方式下，检修回路沿线感应电压进行计算分析。检修回路沿线感应电压有效值的最大值见表 8，当检修回路两端均接地，在感应电压最大处加挂临时接地线后，流过临时接地线的瞬态电流幅值以及稳定后的有效值见表 9。

表 8　一回带电一回停电时停电回路不同接地方式沿线感应电压有效值的最大值　kV

<table>
<tr><th>检修线路</th><th colspan="2">接地方式</th><th>A 相</th><th>B 相</th><th>C 相</th><th>分段地线</th></tr>
<tr><td rowspan="4">淮南—皖南段</td><td colspan="2">两端均不接地</td><td>65.24</td><td>76.30</td><td>74.75</td><td>0.668</td></tr>
<tr><td rowspan="2">一端接地</td><td>淮南端接地</td><td>5.78</td><td>7.03</td><td>6.38</td><td>0.665</td></tr>
<tr><td>皖南端接地</td><td>5.79</td><td>6.91</td><td>6.39</td><td>0.666</td></tr>
<tr><td colspan="2">两端接地</td><td>2.39</td><td>1.74</td><td>2.23</td><td>0.659</td></tr>
<tr><td rowspan="4">皖南—浙北段</td><td colspan="2">两端均不接地</td><td>55.09</td><td>59.25</td><td>58.61</td><td>0.777</td></tr>
<tr><td rowspan="2">一端接地</td><td>皖南端接地</td><td>3.76</td><td>4.05</td><td>4.01</td><td>0.776</td></tr>
<tr><td>浙北端接地</td><td>3.67</td><td>3.979</td><td>3.92</td><td>0.776</td></tr>
<tr><td colspan="2">两端接地</td><td>1.42</td><td>0.96</td><td>1.38</td><td>0.771</td></tr>
<tr><td rowspan="4">浙北—沪西段</td><td colspan="2">两端均不接地</td><td>71.56</td><td>70.76</td><td>68.08</td><td>0.778</td></tr>
<tr><td rowspan="2">一端接地</td><td>浙北端接地</td><td>4.08</td><td>3.92</td><td>3.79</td><td>0.777</td></tr>
<tr><td>沪西端接地</td><td>3.96</td><td>3.81</td><td>3.67</td><td>0.777</td></tr>
<tr><td colspan="2">两端接地</td><td>0.90</td><td>1.31</td><td>1.40</td><td>0.772</td></tr>
</table>

表 9　检修回路两端接地并加挂临时接地线后流过临时接地线电流　A

检　修　线　路	瞬态电流幅值	稳态电流有效值
淮南—皖南段	123.66	69.85
皖南—浙北段	184.56	91.39
浙北—沪西段	158.43	83.94

根据以上计算结果可知：① 停电回路两端均不接地时，停电回路各相导线上的感应电压很高，有效值最大达到 76.30kV；② 停电回路仅一端接地时，停电回路各相导线上的感应电压较停电回路两端均不接地时有明显下降，但仍然较高，有效值最大为 7.03kV；③ 停电回路两端均接地时，停电回路各相导线上的稳态感应电压较停电回路仅一端接地时进一步下降，有效值最大为 2.39kV；④ 避雷线分段接地，存在一定的

感应电压，有效值最大为 778V。

5.2 检修方式

当特高压交流同塔双回线路一回带电一回停电，对停电回路各相导线检修时，为保证作业安全，可采用以下两种方式进行。

（1）采用停电检修方式。当停电回路首末端均接地，且在工作点的适当位置加挂便携式接地线后，可采用停电检修方式进行作业，即作业人员进出检修线路时不需采用进出等电位工具，也不必考虑与接地构件之间的安全距离，塔上电工与导线上电工配合作业不需限定用绝缘工器具，但仍需穿戴全套屏蔽服。但选择临时接地线的通流容量应满足要求，在停电回路两相邻杆塔接地前，作业人员不允许接触线路，并应保持足够的距离，通过绝缘工具将临时接地线挂上，检查良好接地后，才能触及检修电路。

（2）采用带电作业方式。当出现停电回路两端均不接地或仅一端接地时，停电回路上稳态感应电压很高，应将停电检修线路仍视作带电回路进行检修作业，作业人员需穿戴全套屏蔽服。

6 特高压交流同塔双回输电线路带电作业规程

为指导特高压交流同塔双回输电线路带电作业安全开展，使带电作业标准化、制度化、规范化，根据研究成果，结合带电作业应用经验，编制了《1000kV 交流同塔双回输电线路带电作业规程》、《1000kV 交流同塔双回输电线路带电作业技术导则》和 8 项 1000kV 交流同塔双回输电线路带电作业指导书。

《1000kV 交流同塔双回输电线路带电作业技术导则》是根据皖电东送工程线路典型塔型和海拔等特点，规定了带电作业的安全距离、组合间隙、良好绝缘子最少片数、绝缘工具最小有效绝缘长度、作业人员安全防护、一回带电一回停电时在停电回路作业方式等技术要求，以及作业注意事项、作业工具的试验、运输和保管等。

1000kV 交流同塔双回输电线路带电作业指导书，是根据超高压输电线路的常规作业项目，结合 1000kV 交流同塔双回输电线路的特点编制的。主要包括进入等电位，更换悬垂、耐张绝缘子串单片及整串绝缘子，检修间隔棒、导地线等作业项目，对作业前准备、作业分工、作业步骤及标准等作业内容进行了规范。

7 特高压交流同塔双回输电线路带电作业现场应用试验

为验证特高压交流同塔双回输电线路带电作业技术研究成果，国网电力科学研究院于 2008 年 4 月 22 日在国家电网公司特高压交流试验基地 1000kV 双回路带电线段上开展了带电作业技术现场应用试验，这也是国际上首次进行 1000kV 交流同塔双回输电线路带电作业。

试验在特高压交流基地双回路试验线段 23 号塔上进行，作业人员穿戴全套 1000kV 屏蔽服，采用塔上吊篮法顺利进入双回试验线段 II 回中相等电位。作业人员在地电位、中间电位以及等电位时，均无任何不良感觉，等电位作业人员进行了检查金具、导线、间隔棒等工作后，安全返回地电位。典型现场试验照片见图 5 和图 6。

图 5　进入等电位现场试验照片

图 6　带电巡线现场试验照片

8　结论

通过对皖电东送工程输电线路带电作业开展的一系列计算及试验研究，得出以下几点结论：

（1）皖电东送工程同塔双回输电线路带电作业考虑的最大操作过电压水平为 1.61p.u.。

（2）皖电东送工程输电线路典型直线塔（SZT1、SZT2）各间隙及耐张串长度均满足带电作业最小安全距离及最小组合间隙要求，可保证线路带电作业时的安全。

（3）1000kV 同塔双回输电线路带电作业人员（包括地电位作业人员）应穿戴全套屏蔽效率不小于 60dB 的 1000kV 专用屏蔽服装，等电位作业人员还应加戴屏蔽效率不小于 20dB 的网状面部屏蔽罩。

（4）1000kV 同塔双回线路一回带电一回停电，当停电回路首末端均接地且在工作点的适当位置加挂便携式接地线后，可采用停电检修方式进行作业；当出现停电回路两端均不接地或仅一端接地时，应将停电检修线路仍视作带电回路进行检修作业。

（5）按编制的 1000kV 交流同塔双回线路带电作业技术导则和作业指导书，在国家电网公司特高压交流试验基地进行的带电作业现场应用试验结果表明，特高压交流同塔双回输电线路带电作业是安全的、可行的。

7 特高压交流同塔双回输电线路对无线电台站影响及防护研究

1 引言

2008 年，通过专题研究提出了供工程应用的 1000kV 级交流特高压单回输电线路与无线电台站的防护距离值。随着特高压电网的发展，需要进一步研究 1000kV 特高压交流同塔双回线路对无线电台站的干扰影响。

特高压交流同塔双回线路与无线电台站的有源干扰防护距离计算是依据双 80%条件下 58dB（μV/m）限值进行计算的，从这个角度来说同塔双回和单回线路对无线电台站的有源干扰是一致的。因此，1000kV 特高压交流同塔双回线路与无线电台间防护距离的研究重点为同塔双回线路与无线电台站的无源干扰。

2 同塔双回线路对无线电台站的无源干扰计算

2.1 同塔双回线路对无线电台站的无源干扰仿真模型

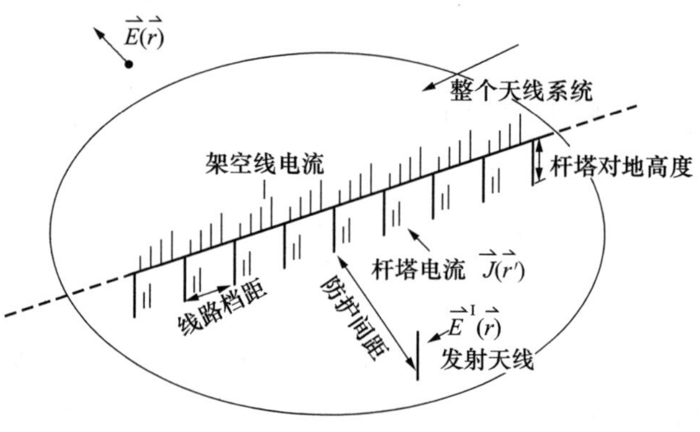

图 1　天线系统示意图

为分析高压输电线路作为大型金属体障碍物对源信号的影响，将无线电台站的工作天线和金属体障碍物看成一个整体天线，这样就有效的减轻了分析天线和金属体障碍物间相互作用机理的计算量，整个天线系统如图 1 所示。要求空间任意点的二次辐射场强 $\vec{E}(\vec{r})$，必须先求得输电线路上的电流分布。

根据波克灵顿（Pocklington）积分方程，自由空间导线天线上的电流分布满足式（1）的关系

$$\vec{E}(\vec{r})=\frac{-\mathrm{j}\eta}{4\pi k}\int_V \vec{J}(\vec{r'})\cdot\overline{\overline{G}}(\vec{r},\vec{r'})\mathrm{d}V' \tag{1}$$

$$\overline{\overline{G}}(\vec{r},\vec{r'})=(k^2\overline{\overline{I}}+\nabla\nabla)g(\vec{r},\vec{r'})$$

$$k=\omega\sqrt{\mu_0\varepsilon_0}$$

$$\eta=\sqrt{\frac{\mu_0}{\varepsilon_0}}$$

式中　$\vec{E}(\vec{r})$——$\vec{r}$ 处的二次辐射电场强度；

$\vec{J}(\vec{r'})$——V' 上 $\vec{r'}$ 处的体电流密度；

$g(\vec{r},\vec{r}')$ ——自由空间格林函数，$g(\vec{r},\vec{r}')=\dfrac{\mathrm{e}^{-\mathrm{j}k|\vec{r}-\vec{r}'|}}{|\vec{r}-\vec{r}'|}$；

$\bar{\bar{I}}$ ——并矢量 $(\hat{x}\hat{x}+\hat{y}\hat{y}+\hat{z}\hat{z})$。

在计算输电线路二次辐射时，整个天线系统满足的边界条件如下

$$\hat{n}(\vec{r})\times\left[\vec{E}^{\mathrm{s}}(\vec{r})+\vec{E}^{\mathrm{I}}(\vec{r})\right]=0 \tag{2}$$

式中　$\hat{n}(\vec{r})$ ——表面 $\vec{r}$ 的单位向量；

$\vec{E}^{\mathrm{I}}(\vec{r})$ ——入射场在 $\vec{r}$ 处的电场强度；

$\vec{E}^{\mathrm{s}}(\vec{r})$ ——感应电流 $\vec{J}_{\mathrm{S}}$ 在 $\vec{r}$ 处产生的二次辐射场强。

空间中任意点发射源的入射场强满足方程

$$-\hat{n}(\vec{r})\times\vec{E}^{\mathrm{I}}(\vec{r})=\frac{-\mathrm{j}\eta}{4\pi k}\hat{n}(\vec{r})\times\int_L I(s')\left(k^2\hat{s}'-\nabla\frac{\partial}{\partial s'}\right)g(\vec{r},\vec{r}')\,\mathrm{d}s' \tag{3}$$

作一定假设后，导线半径上的表面电流可用线电流 I 代替

$$I(s)\hat{s}=2\pi a\vec{J}_{\mathrm{S}}(\vec{r}) \tag{4}$$

式中　s ——沿着轴线方向到 $\vec{r}$ 的距离；

$\hat{s}$ —— $\vec{r}$ 的导线轴向的切线方向。

把轴向的边界条件代入式（3）和式（4），就可以化简得到整个导线长度为积分区域的标量方程：

$$-\hat{s}\bullet\vec{E}^{\mathrm{I}}(\vec{r})=\frac{-\mathrm{j}\eta}{4\pi k}\int_L I(s')\left(k^2\hat{s}'-\nabla\frac{\partial^2}{\partial s\partial s'}\right)g(\vec{r},\vec{r}')\,\mathrm{d}s' \tag{5}$$

已知入射场强 $\vec{E}^{\mathrm{I}}(\vec{r})$，对式（5）采用矩量法求解，就可以得到天线上的电流分布，进而求解出输电线路受感应所产生的二次辐射场强。

建立了基于矩量法（MOM）和多层快速多极子（MLFMA）的特高压线路对无线电台站无源干扰三维仿真模型，图 2 所示为杆塔及完整线路的三维仿真计算。解决了以往对高压线路等大尺寸金属障碍物的无源干扰影响缺乏有效计算模型的难题，可为 30MHz 以下的中短波频段无线电台站无源干扰防护研究提供有力的精确计算工具。

2.2　同塔双回线路对无线电台站的无源干扰防护距离

使用建立的特高压线路对无线电台站无源干扰三维仿真模型，根据各类型无线电台站的具体工作方式、工作频段、防护率等条件，计算了 1000kV 特高压交流同塔双回线路对各无线电台站无源干扰防护距离，如表 1 所示。

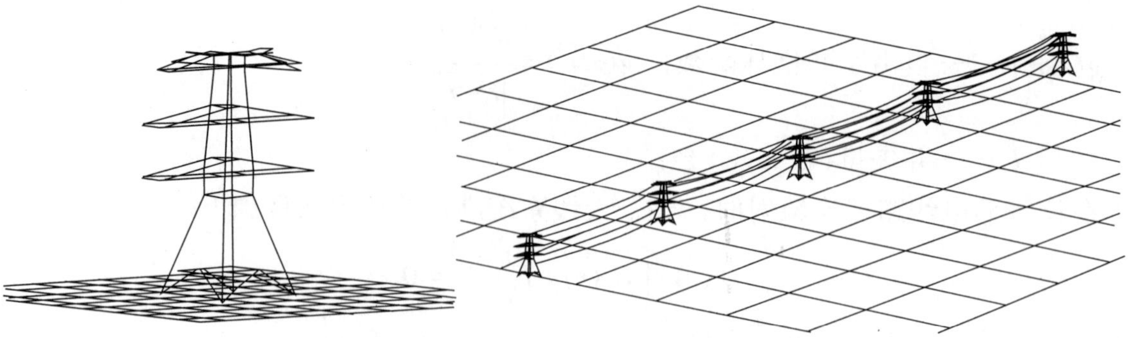

图 2 杆塔及整个线路的三维仿真计算模型

表 1　　同塔双回线路与无线电台站防护间距计算值

无线电台站		无源干扰防护间距（m）
短波测向台		2600
短波收信台	特种收信台	2600
	一级收信台	1700
	二级收信台	550
	三级收信台	500
调幅广播收音台	一级收音台	1700
	二级收音台	550
	三级收音台	—
	具有测向功能的监测台①	2500
	一级监测台	1700
	二级监测台	550
	三级监测台	—
电视差转台、转播台	VHF I 频段	292
	VHF III 频段	
中波导航台	不带监测任务	700
	带监测任务	700
对海中远程无线电导航台	远程	—
对空情报雷达站		4000

① 部分调幅广播收音台带监测功能。

以调幅广播收音台为例，分析 1000kV 交流特高压同塔双回输电线路与无线电台站的无源干扰。

（1）无源干扰随防护间距的变化规律。固定入射平面波的频率（0.75MHz）不变，改变入射波的入射角度，计算不同入射角度下，特高压输电线路存在和不存在情况下，收音天线接收信号变化差值（以分贝数 dB 表示）的变化规律。

选取 0.75MHz 来进行计算的理由：特高压输电线路对台站的无源干扰主要是由垂直杆塔引起的，线路只是做为整个系统的容性加载，略微降低垂直杆塔的谐振频率。由天线理论可知，发射或接收天线的长度为 1/4 波长时，其发射或接收的效果是最好的。0.75MHz 对应的波长为 400m，其 1/4 波长为 100m，刚好在鼓形塔的谐振频率范围左右。

图 3 所示为鼓形塔在入射波频率为 0.75MHz 时，与调幅广播台接收天线在不同防护间距的全方位无源干扰，图中圆周坐标为入射角度，径坐标为以 dB 表示的无源干扰影响。表 2 给出了相应的统计值。由图 3 可以看出，在整个平面上，无源干扰关于横轴对称，并且随着距离的增大而减小。由表 2 可以看出，当防护间距从 500m 增大到 1000m 时，无源干扰有很明显的衰减，当防护间距从 1000m 增大到 2000m 时，无源干扰的衰减并不明显。不同防护间距无源干扰最大值出现的角度各不相同，这主要是由输电线路上各点到天线的行程差决定的。

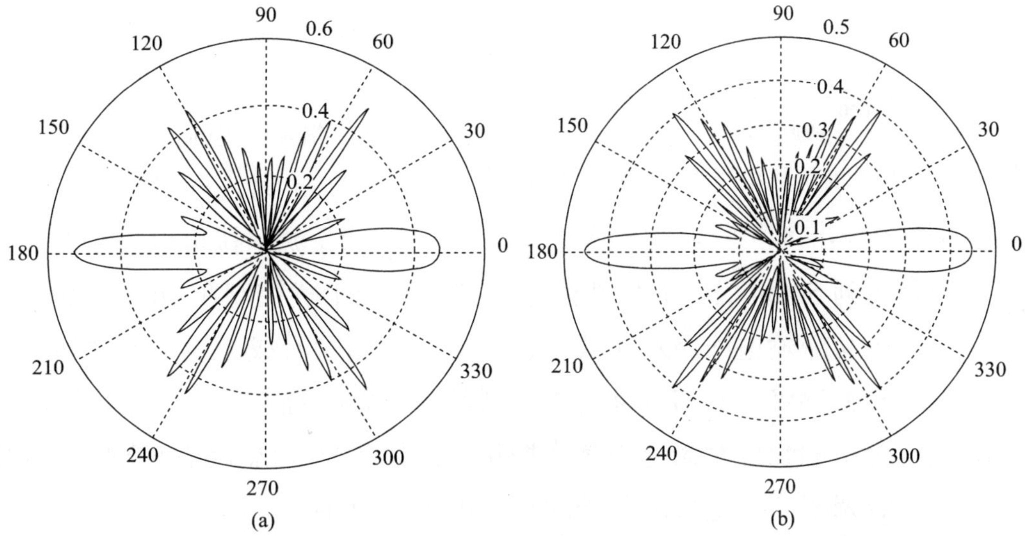

图 3 频率为 0.75MHz 时不同防护间距的全方位无源干扰（鼓形塔）

（a）距离 1500m；（b）距离 2000m

表 2 不同防护间距下同塔双回线路无源干扰最大值及入射角度

防护间距（m）	无源干扰最大值［dB（μV/m）］	相应的角度（°）
500	0.92	160.2
1000	0.54	180
1500	0.53	180
2000	0.43	180

（2）无源干扰随频率的变化规律。固定高压塔与接收天线间距和入射角度，改变入射平面波的频率（0.5～25MHz），得到不同频率下的无源干扰随防护间距的无源干

扰大小。取不同的防护间距，在整个频率范围内取最大值，就可以得到文末彩图 17 所示的不同防护间距下全频段无源干扰曲线图。

文末彩图 17 给出了不同防护间距（500～2500m）下全频段（0.5～25MHz）无源干扰最大值的变化规律。其全频段的最大无源干扰出现在入射角为 180°时，亦即来波方向垂直于线路走向，穿过线路到达调幅广播台。

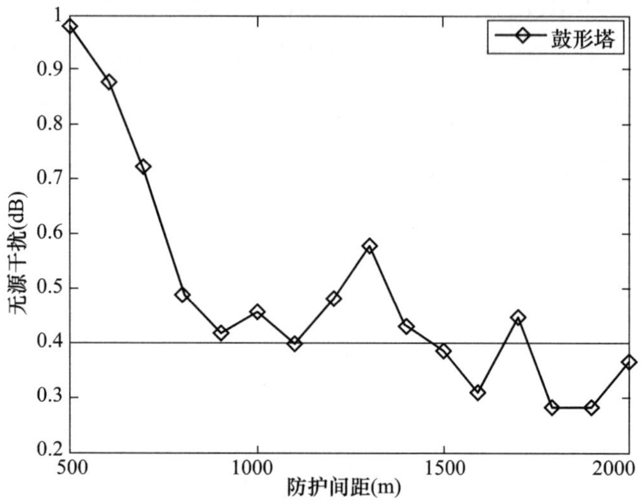

图 4 特高压同塔双回交流输电线路对调幅广播台站的无源影响最大值随距离变化的曲线

（3）无源干扰计算所得的防护间距。现将前面计算获得的短波频段内不同频率下最大无源影响随无线电台站到特高压交流输电线路距离的变化关系绘制到一张图表上，并画出 0.4dB 和 1dB 的分界线，图 4 所示为特高压同塔双回交流输电线路对调幅广播台站的无源影响最大值随距离变化的曲线。

由图 4 可以得到，当防护间距达到 1700m 时，同塔双回塔型（鼓形塔）的无源干扰可以控制在 0.4dB 以下；当防护间距达到 500m 时，同塔双回路塔型的无源干扰控制在 1dB 以下。

如果将特高压交流输电线路对无线电台站的无源影响看成无线电台站的背景电磁噪声增量，按照 GB 7495—1987《架空电力线路与调幅广播收音台的防护间距》中给出的不同无线电台站的允许背景电磁噪声增量，可以根据无源干扰提出特高压交流输电线路对不同等级调幅广播电台的防护间距，如表 3 所示。

表 3　特高压交流输电线路对不同等级调幅广播台站无源影响防护间距

无线电台站	允许背景电磁噪声增量（dB）	无源影响防护间距（m）
一级收音台	0.4	1700
二级收音台	1.0	550
三级收音台	1.5	<500

3 同塔双回线路对无线电台站的试验

为了验证无源干扰计算方法准确性，进行了多次缩比模型试验和真型飞行试验。

3.1 同塔双回线路对无线电台站的缩比模型试验

为了验证调幅广播收音台的无源干扰计算方法的准确性，进行了多次缩比模型试验。

测量值与计算值见表 4，测量值和计算值接近。

表 4　　测量值与计算值对照　　dB

与发射天线距离（m）＼频率（MHz）		350	400	500	600	800	1000
10	测量值	−1.3	−1.3	−0.7	−0.9	−0.4	−0.1
	计算值	−1.17	−1.06	−0.52	−0.45	−0.21	−0.13
30	测量值	−1.2	−0.5	−0.5	−0.3	−1.2	−0.5
	计算值	−1.03	−0.67	−0.47	−0.28	−0.6	−0.2
50	测量值	−0.4	−0.6	−0.3	−0.9	−0.7	−0.6
	计算值	−0.34	−0.57	−0.42	−0.75	−0.6	−0.64
70	测量值	−0.4	−0.6	−0.3	−0.9	−0.7	−0.6
	计算值	−0.32	−0.54	−0.28	−0.76	−0.43	−0.37

3.2　同塔双回线路对中波导航台的无线电干扰飞行试验

为了验证对中波导航台的无源干扰计算方法准确性，并且为交流特高压输电线路与中波导航台之间的防护距离的确定提供准确的实测数据，在特高压基地进行了交流特高压输电线路对航空中波导航台干扰影响现场真型飞行检验。

飞行试验在直升机上安装高精度 GPS 定位系统。直升机自身配备有机载无线电罗盘，飞行时无线电罗盘工作频率调到中波导航台发射频率，飞行试验按照《航空无线电导航台站飞行检验规程》执行，试验布置如图 5 所示。

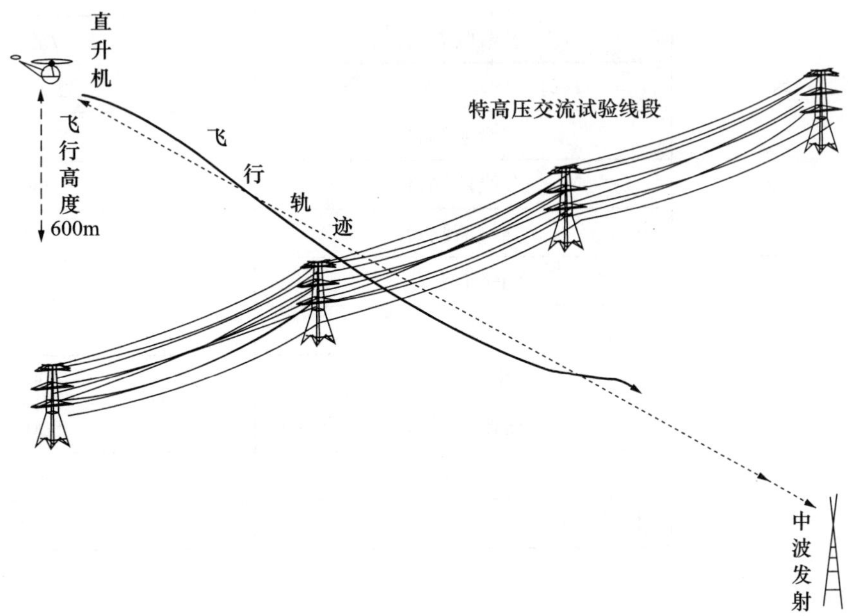

图 5　飞行试验示意图

机载 GPS 直升飞机利用特高压基地附近的中波导航台作为测试无线电台，分别以荷苞湖和北超两个导航台为引导，从距特高压基地 5km 以外，按规定的仪表进程，始终按照导航台方向飞行，并飞越特高压基地，针对每个导航台、飞机将按照大约 200m 和 300m 的不同高度反复飞行 2 次。

当日晴朗的天气为这次试验提供了很好的试验条件。对照计算数据，吻合较好。以天河航线为例，误差不超过 0.5°。

4 最终防护距离的确定

最终防护距离的确定是取有源干扰防护距离和无源干扰防护距离的较大值，结合试验研究结果确定最终的防护距离。1000kV 交流特高压同塔双回输电线路与无线电台站的最终防护间距见表 5。

表 5 同塔双回输电线路与无线电台站的最终防护间距

<table>
<tr><th colspan="2">无线电台站</th><th>最终防护间距（m）</th></tr>
<tr><td colspan="2">短波测向台</td><td>3600</td></tr>
<tr><td rowspan="4">短波收信台</td><td>特种收信台</td><td>3600</td></tr>
<tr><td>一级收信台</td><td>2200</td></tr>
<tr><td>二级收信台</td><td>16 000</td></tr>
<tr><td>三级收信台</td><td>1200</td></tr>
<tr><td rowspan="7">调幅广播收音台</td><td>一级收音台</td><td>1800</td></tr>
<tr><td>二级收音台</td><td>1000</td></tr>
<tr><td>三级收音台</td><td>700</td></tr>
<tr><td>具有测向功能的监测台</td><td>2600</td></tr>
<tr><td>一级监测台</td><td>2400</td></tr>
<tr><td>二级监测台</td><td>1250</td></tr>
<tr><td>三级监测台</td><td>750</td></tr>
<tr><td rowspan="2">电视差转台、转播台</td><td>VHF I 频段</td><td rowspan="2">750</td></tr>
<tr><td>VHF III 频段</td></tr>
<tr><td rowspan="2">中波导航台</td><td>不带监测任务</td><td>800</td></tr>
<tr><td>带监测任务</td><td>800</td></tr>
<tr><td>对海中远程无线电导航台</td><td>远程</td><td>250</td></tr>
<tr><td colspan="2">对空情报雷达站</td><td>4000</td></tr>
</table>

5 结论

从特高压交流同塔双回输电线路对无线电台站所形成的无源干扰产生机理分析出

发，建立了基于矩量法（MOM）和多层快速多极子（MLFMA）的无源干扰三维仿真模型。通过进行缩比模型模拟和真型飞行试验，证明了无源干扰三维仿真模型的准确性。在仿真和试验的基础上提出了防护距离的建议值。

8　特高压交流同塔双回输电线路导线脱冰跳跃研究

覆冰导线在气温升高，或自然风力作用，或人为振动敲击之下会产生不均匀脱冰或不同期脱冰。脱冰不但影响导线以后的再覆冰过程，而且由于瞬时拉力的骤变和导线的剧烈跳跃，还会对线路产生危害很大的机械或电气事故。对特高压交流同塔双回输电线路的设计，尤其是重冰区线路的设计中，确定导线的布置方式、杆塔选型、档距配置等，需要着重考虑导线脱冰跳跃的问题。

我国 DL/T 5092—1999《110～500kV 架空送电线路设计技术规程》参考国内外 20 世纪 70 年代以前的高压送电线路设计运行经验，对覆冰上下层相邻导线间或地线相邻导线间的水平偏移（m）进行了如表 1 规定。

表 1　　相邻导线或导地线间的水平偏移

标　称　电　压（kV）	110	220	330	500
水平偏移（设计冰厚 10mm）（m）	0.5	1.0	1.5	1.75
水平偏移（设计冰厚 15mm）（m）	0.7	1.5	2.0	2.5

上述规定在我国一直沿用至今，对线路覆冰设计和安全运行起到了一定的指导作用。对电压等级更高 1000kV 交流同塔双回输电线路，为保证线路在脱冰跳跃情况下的安全运行，相间导线是否需要水平偏移需要开展研究。本课题通过模拟试验和仿真计算研究了特高压交流输电线路导线脱冰跳跃水平，确定了特高压交流同塔双回输电线路相间导线水平偏移距离。

1　单导线脱冰跳跃模拟试验及仿真计算

为了研究各种相关因素对导线脱冰跳跃的影响，并验证输电线路导线动力学模型计算的准确性，进而可以利用仿真计算模型针对实际线路进行更细致深入的理论计算研究，进行了单导线覆冰脱落模拟跳跃试验。

1.1 单导线脱冰跳跃模拟试验

1.1.1 试验布置

导线脱冰跳跃模拟试验布置如图 1 所示，导线长约 235m，并沿导线均匀分布 10 个集中荷载。

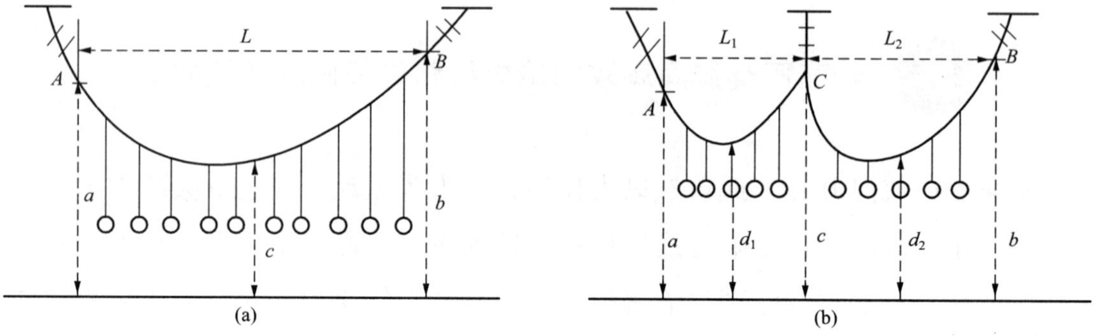

图 1 导线脱冰跳跃模拟试验布置

（a）孤立档试验布置；（b）连续档试验布置

试验用导线型号为 LGJ–630/45，其具体参数见表 2。集中载荷的质量 m 见式（1），覆冰厚度取 15mm。

表 2 导线机械参数

导线型号	外径（mm）	截面积（mm^2）	质量（kg/m）	拉断力（kN）	弹性系数（N/mm^2）	线膨胀系数（10^{-6}）
LGJ–630/45	33.60	666.55	2.06	148.70	63 000	20.9

$$\begin{cases} q=\rho\pi b(D+b) \\ m=qL/N \end{cases} \tag{1}$$

式中 q——单位长度上导线覆冰的质量，kg/m；

ρ——冰的密度，900kg/m^3；

b——覆冰厚度，mm；

D——导线外径，mm；

L——导线长度，m；

N——悬挂重物数，10 个。

1.1.2 试验方法

孤立档和连续档 2 种情况下导线初始张力和弧垂的选择如表 3 所示。

表 3 试验初始状态

试验工况	档距（m）	覆冰厚度（mm）	导线张力（kN）		导线弧垂（m）	
			覆冰前	覆冰后	覆冰前	覆冰后
孤立档	235	10	26.40	39.60	5.77	6.37

续表

试验工况	档距（m）	覆冰厚度（mm）	导线张力（kN）		导线弧垂（m）	
			覆冰前	覆冰后	覆冰前	覆冰后
孤立档	235	15	26.40	48.10	5.77	6.70
孤立档	235	20	26.40	55.60	5.77	7.01
连续档	117.5	15	10.00	20.60	5.60	5.81

试验时采用遥控装置使重物同时释放来模拟导线脱冰，通过模拟各种工况下导线脱冰情况，测量出导线跳跃位移曲线以及导线张力变化曲线等。

由于导线跳跃处于高速运动状态，且位移幅值高达数米，对其检测比较困难，采用常规的仪器和方法是难以实现的。采用“基于图像处理技术的动态位移监测系统”进行检测。该系统用图像采集设备采集动态目标动态图像,用软件进行处理，获取二维动态位移数据，可以实时方式输出导线跳跃动态曲线和坐标数值以及导线振动周期。

导线跳跃幅度动态检测示意图见图 2。

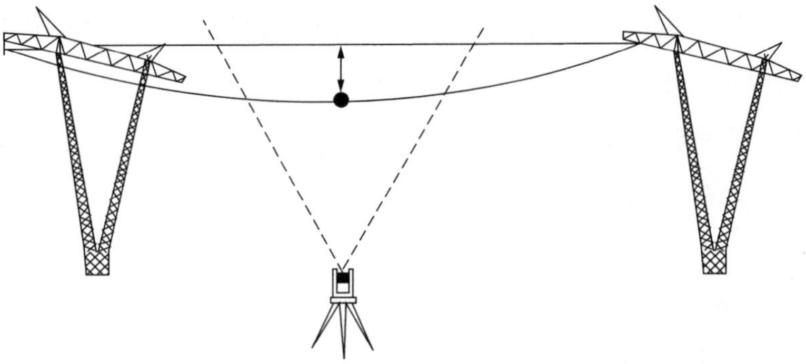

图 2　导线跳跃幅度动态检测示意图

1.1.3　试验结果

当导线覆冰脱落后，由于导线力学平衡被破坏，导线由平衡状态开始向上运动，因覆冰存储于导线系统的弹性势能转化成导线的动能和势能，如此反复，造成导线上下摆动。以孤立档为例，在 100%脱冰情况下的导线跳跃位移（竖向位移）d_q 测量曲线如图 3 所示。可以看出，导线脱冰是在导线自阻尼作用下逐渐衰减的振动过程。

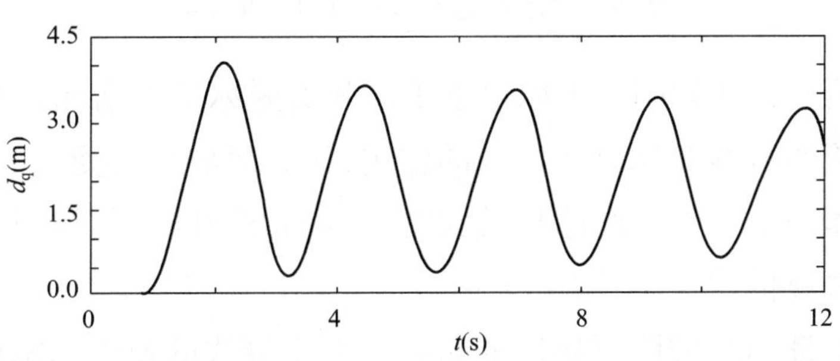

图 3　导线跳跃幅度变化曲线（100%脱冰）

（1）覆冰厚度对导线跳跃幅度的影响。在50%均匀脱冰情况下，孤立档情况下导线最大跳跃幅度随覆冰厚度变化的测量结果如图4所示。

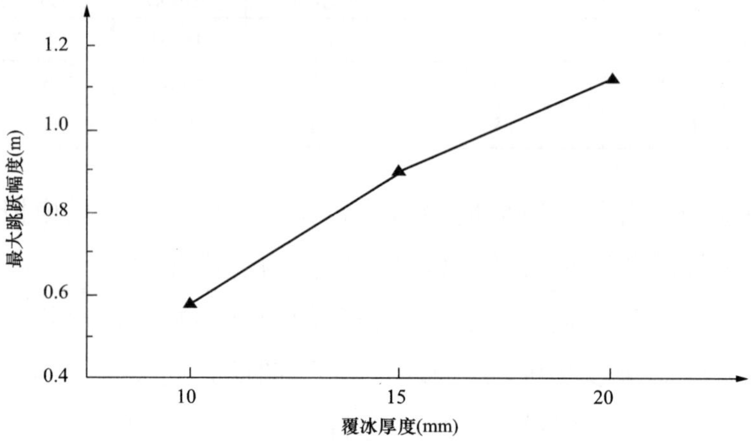

图4　导线跳跃幅度随覆冰厚度变化关系曲线

由图4可以看出，在同样的脱冰量下，随着覆冰厚度的增加，导线跳跃幅度是逐渐增加的。这是因为覆冰量大的导线弧垂大，50%脱冰时，脱冰的重量大，转化为导线动能和势能的弹性势能更大，因而跳跃的幅度也更大。

（2）脱冰量对导线跳跃幅度的影响。在相同的覆冰厚度下（15mm），导线最大跳跃幅度随脱冰量的关系曲线如图5所示。

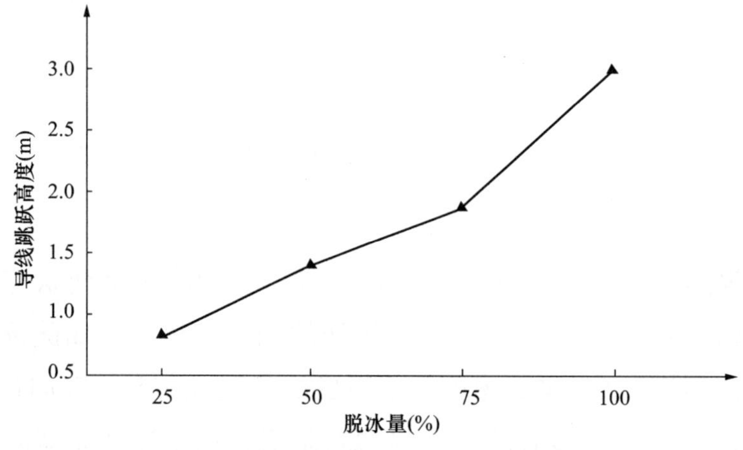

图5　脱冰量对导线跳跃高度的影响

由图5可以看出，在相同的覆冰厚度下，随着脱冰量的增加，导线跳跃幅度是逐渐增加的。这是因为导线脱冰有两方面的作用：① 形成导线受力的不平衡；② 减小了覆冰导线系统本身的质量。脱冰量较大时，这两方面因素的作用都增大，共同促进了导线脱冰跳跃高度的快速增长。

（3）非均匀脱冰对导线跳跃幅度的影响。架空导线的悬索结构中，靠近悬挂点位置的导线刚度较大，而档距中点位置刚度最小。因而当脱冰发生在沿档距方向的不同位置，即使脱冰荷载完全相同，引起的脱冰跳跃的高度也是不同的。在相同的覆冰厚度下（15mm），导线跳跃幅度随不同脱冰位置的关系曲线如图 6 所示。

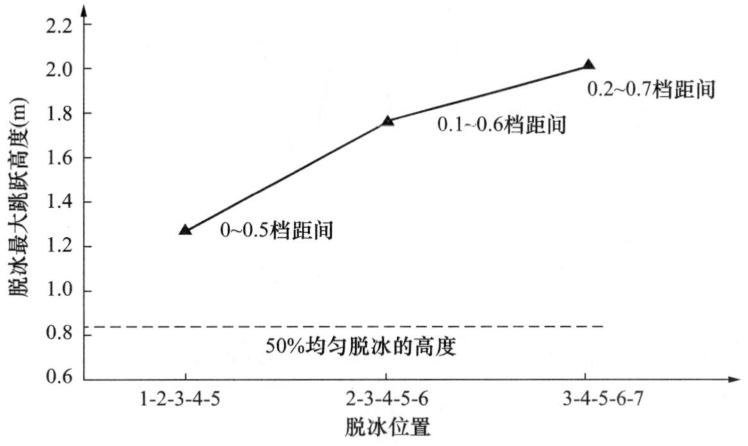

图 6　不同脱冰位置导线跳跃高度的比较

由图 6 可以看出，同样总脱冰载荷下，脱冰位置（不均匀脱冰）越靠近档距中央，其跳跃高度越大，且明显大于均匀脱冰的情况。

（4）连续 2 档试验结果。对于连续档的导线脱冰跳跃，与孤立档不同的是：孤立档导线跳跃仅是档内导线的弹性势能向重力势能的转化，而连续档的导线脱冰，则存在相邻档间的影响，或者说是相邻档间的机械能转化。

连续 2 档 8 种工况下导线最大跳跃幅度的测量结果如图 7 所示。

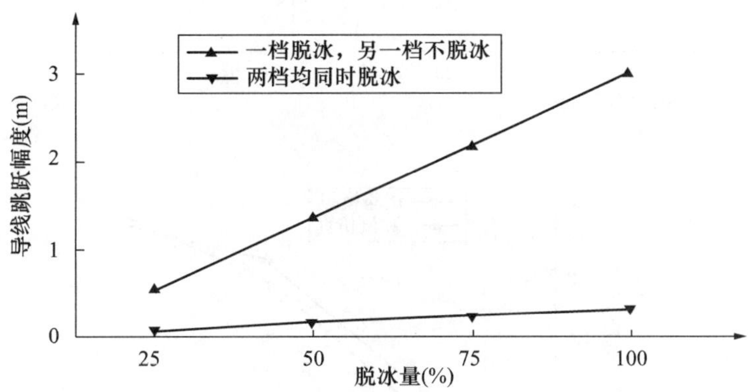

图 7　连续两档不同工况下导线跳跃幅度

由图 7 可以看出，在连续两档情况下，随着脱冰量的增加，导线跳跃幅度仍然是逐渐增加的。此外，在连续两档条件下，两档同步脱冰时的跳跃高度要远远低于一档脱冰而另一档不脱冰时的情况。

1.2　单导线脱冰跳跃水平的仿真计算

完全模拟试验工况，孤立档 100%脱冰情况下（15mm 覆冰）数值仿真与实验模拟下导线跳跃幅度变化曲线如图 8 所示。

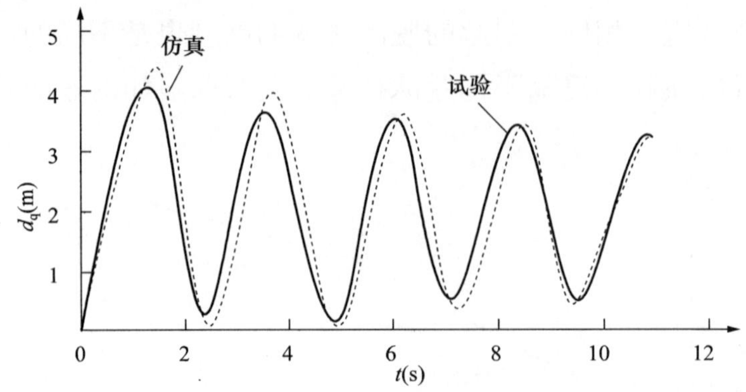

图 8 仿真与试验模拟下导线跳跃位移曲线比较

从图 8 可以看出，孤立档 100%脱冰情况下导线跳跃幅度的仿真曲线与图 3 的试验结果基本吻合。通过仿真计算得到孤立档和连续档各种脱冰工况下导线的最大跳跃幅度，并将仿真计算结果与试验结果进行对比，比较结果如图 9 所示。

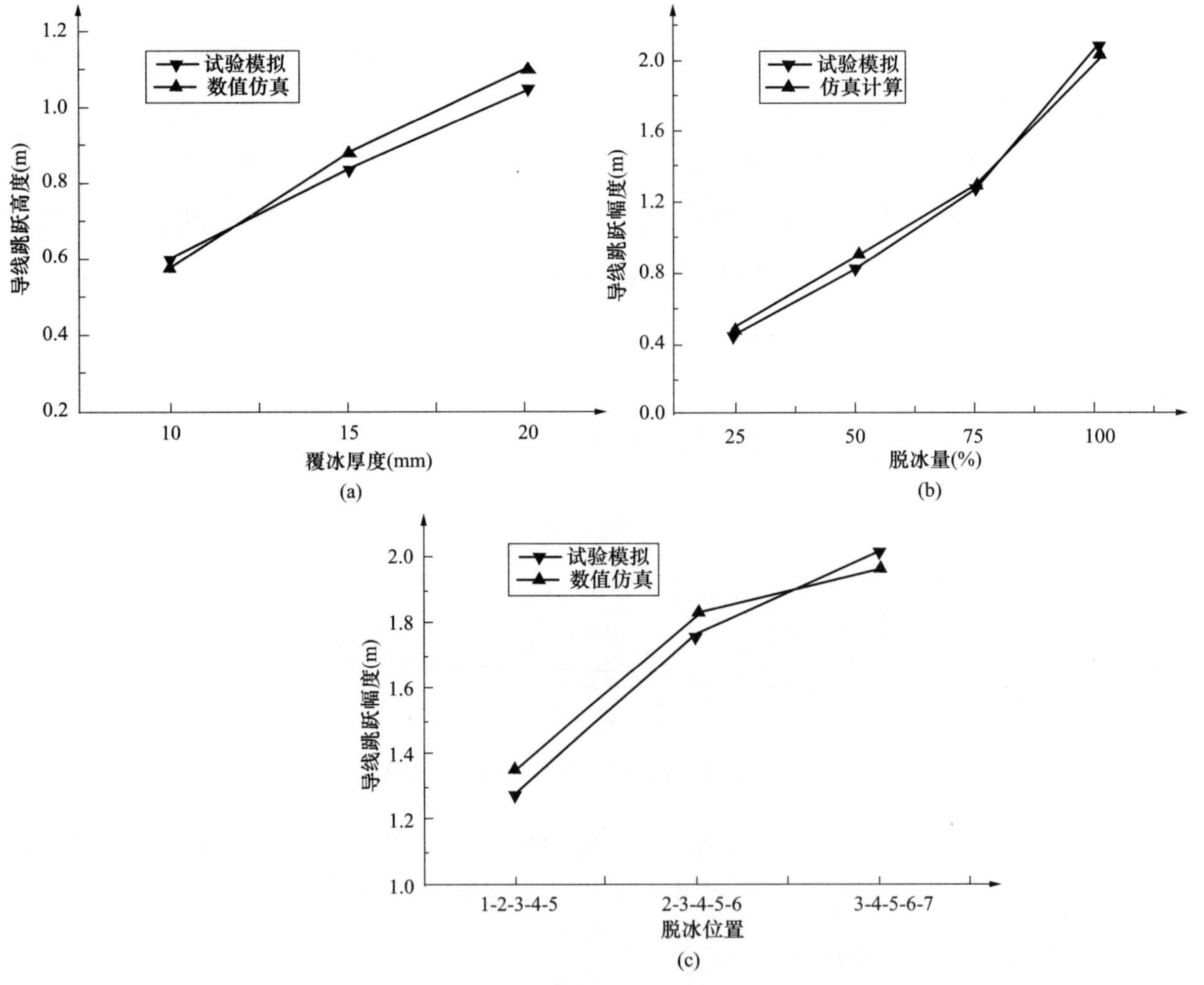

图 9 数字仿真和试验模拟下导线跳跃幅度比较

（a）覆冰厚度的影响；（b）脱冰量的影响；（c）脱冰位置的影响

由图 9 可以看出，采用相同计算条件和模拟工况的条件下，导线最大跳跃幅度的仿真结果与试验结果基本相符，且误差均在 10%以内。因而，试验结果和仿真计算结果具有相近的数值和相同的规律性，试验方法和仿真计算模型的准确性得到了相互验证。

2　特高压试验线段阻尼特性参数

导线动力学问题中阻尼特性参数的取值较为复杂，也是导线动力学分析的重点所在。导线阻尼参数的取值一般应通过试验实测，但目前的试验数据较为缺乏，所以国内外在研究导线动力学问题时，阻尼参数的选取一般根据经验值选取，大多数取值没有试验依据。通过模拟脱冰试验获得特高压试验线段的跳跃曲线，采用对比仿真计算结果和试验结果，逐步修正导线阻尼特性参数的方法，得到适用于特高压试验线段的阻尼特性参数，为后续特高压输电线路导线脱冰跳跃问题计算分析研究奠定基础。

2.1　试验条件

特高压交流试验基地 1000kV 双回试验线段如图 10 所示，试验时选择下相导线进行模拟脱冰跳跃试验。双回路试验线段共有三档，各档档距分布为 226～398～294m。线路铁塔型号分别为 SDT-35（终端）、SZ1-54（直线）、SZ1-51（直线）、SDT-35（终端），杆塔高度分别为 92.5、101、98、92.5m。双回路悬垂绝缘子串选用单联 420kN 绝缘子串。同一回上下两相导线间距约为 21m。导线采用 8×LGJ-630/55。导线覆冰厚度按 10mm 设计。

图 10　特高压双回试验线段

2.2　特高压双回试验线段阻尼特性参数的确定

选取档距为 398m 的档作为试验测量档。试验中在第二档档距中点施加重物，使导线偏离平衡位置。然后突然释放重物，使导线发生自由振动，测量导线跳跃位移随时间变化的曲线。

特高压双回试验线段阻尼特性参数确定方法如下：

（1）构建与试验线段初始条件相同的仿真计算模型。

（2）通过测量获得试验线段在不同载荷突然脱落的跳跃运动曲线。

（3）改变仿真计算模型阻尼参数值，获得在不同阻尼参数情况下的导线跳跃运动曲线。

（4）比较仿真计算曲线和试验测量曲线，确定特高压双回试验线段的阻尼特性参数。

评价计算曲线与试验曲线接近的标准有两项：

（1）导线最大跳跃幅度是否相等或相近；

（2）曲线波峰的衰减速度是否一致。

在卸载相同的重物后，导线跳跃运动测量曲线和不同阻尼特性参数下仿真计算曲线比较结果如文末彩图 18 所示。

导线跳跃运动曲线和不同阻尼参数计算曲线波峰变化过程如图 11 所示。

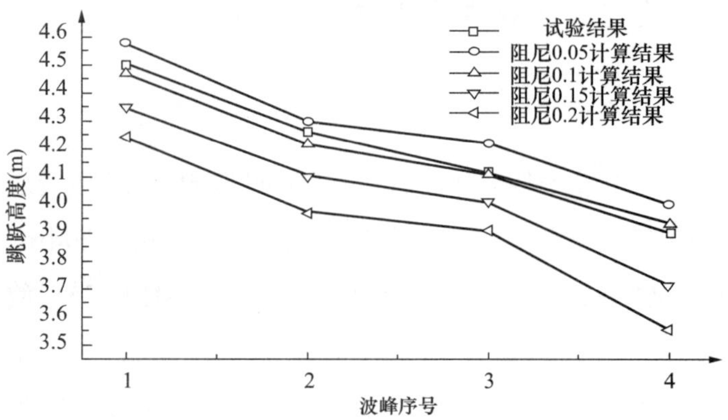

图 11　测量曲线和计算曲线波峰变化过程（卸载 1250kg）

通过以上对试验曲线和计算曲线从曲线的接近程度、导线的跳跃高度、曲线各波峰的大小和波峰的衰减规律的比较可知，当特高压试验线段阻尼参数取 C=0.1N • s/m^2 时，仿真模型计算得到的跳跃运动曲线的跳跃高度、波峰衰减规律最为接近试验曲线。综上所述，特高压双回试验线段阻尼特性参数取 C=0.1N • s/m^2。

3　特高压输电线路导线脱冰跳跃影响因素分析

3.1　连续档数对脱冰跳跃的影响

因为一个耐张段内的各档导线通过直线塔悬垂串相互关联耦合，因而导线脱冰的动力过程不仅由脱冰档的参数决定，同时相邻档导线的相关因素、连续档数也会对其有影响。考虑计算模型为耐张段内所有档距相同，且中间档脱冰（因此总档数均取为奇数档），导线型号选择为 8×LGJ–630/55，考虑 50%均匀脱冰，覆冰厚度为 15mm。不同连续档数下导线跳跃幅度比较结果如图 12 所示。

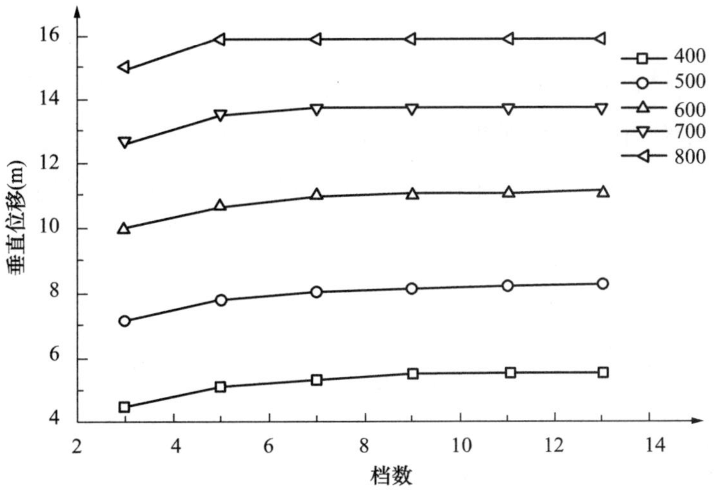

图 12　连续档数对脱冰跳跃的影响

由图 12 可以看出，当档数超过 5 档（大档距）或 7 档（小档距）后，脱冰跳跃高度都基本趋于饱和，因此，取五档模型为典型档距分析特高压输电线路导线脱冰跳跃是比较合适的。

3.2　连续档距组合对脱冰跳跃的影响

此处考虑连续档距组合，包括两方面的因素：脱冰档的档距，连续档数以及脱冰档在连续档中的位置。耐张段两端采用耐张塔，而中间均为直线塔。非脱冰档档距 Y=400m，而脱冰档档距 X=200～800m。导线型号仍选择为 8×LGJ−630/55，考虑 50%均匀脱冰,覆冰厚度为 15mm。各种组合下的计算结果如图 13 所示。

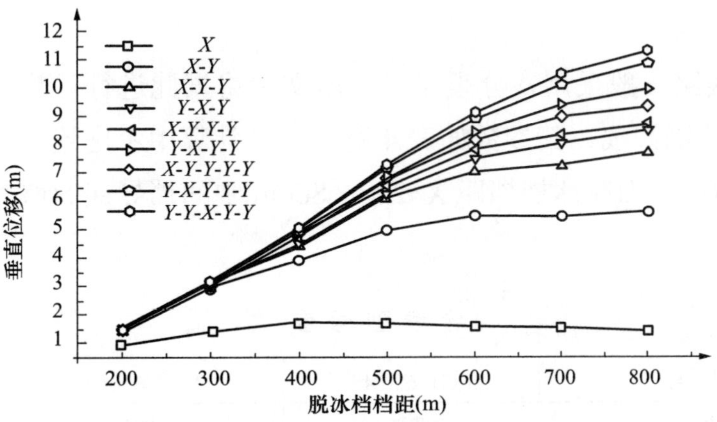

图 13　不同档距组合脱冰跳跃高度的比较

结果表明，档距组合对脱冰跳跃的影响显著，连续档脱冰跳跃高度远大于孤立档情况。脱冰档两侧的连续档数越多档距越长，则悬挂点处的档间耦合越强，因而脱冰跳跃高度越大。但随脱冰档的档距增大，各种组合条件下的脱冰跳跃高度呈现饱和趋势。

3.3 档距大小的影响

以 *Y–Y–X–Y–Y* 档距组合情况，即连续 5 档，中间档脱冰，脱冰档档距 *X* 考虑从 200m 到 1500m 的变化范围，两侧非脱冰档距为 *Y*=400m。计算导线型号为 LGJ–630/55，考虑 50%均匀脱冰，覆冰厚度为 15mm。不同档距情况下导线跳跃幅度计算结果如图 14 所示。

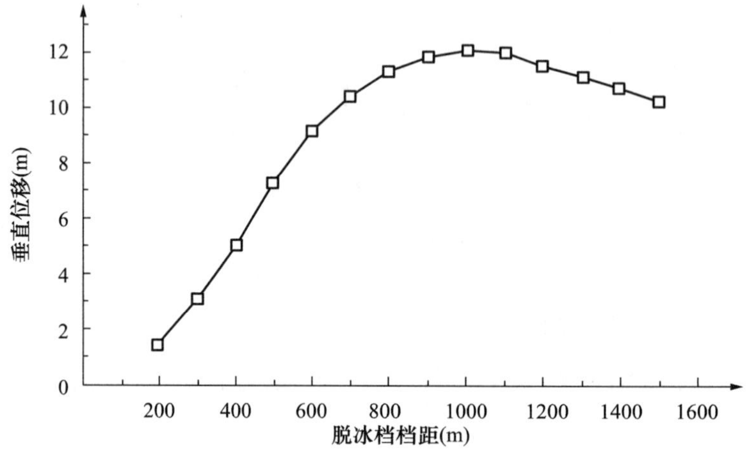

图 14　导线脱冰跳跃高度与档距的关系

结果表明，在档距较小的时候，脱冰跳跃高度随档距近似线性增长；档距较大后，跳跃高度呈现出饱和的趋势，随档距变化不大；档距进一步增大时，跳跃高度随档距增大而减小。总体来说，跳跃高度随档距呈现出峰形的变化规律，存在一个跳跃高度的峰值。

3.4 导线型号的影响

我国特高压线路一般采用八分裂导线，本文中将据此进行计算。子导线型号选择 GB 1179—83 钢芯铝铰线，其参数如表 4 所示。在计算中考虑连续 5 档，非脱冰档各档档距均为 *Y*=500m，而脱冰档档距 *X*=200～800m 中间档导线 50%均匀脱冰，覆冰厚度为 15mm。

表 4　导线型号参数

导线型号	LGJ–630/45	LGJ–630/55	LGJ–800/55
铝/钢根数	45/7	48/7	45/7
总截面积（mm^2）	666.55	696.22	870.60
外径（mm）	33.60	34.32	38.40
线密度（kg/km）	2060	2209	2690
拉断力（kN）	148.7	164.40	191.50
弹性模量（MPa）	63 000	65 000	63 000
线膨胀系数（10^{-6}）	20.9	20.5	20.9

三种型号导线脱冰跳跃高度比较结果如图 15 所示。由比较结果可知，导线刚度越大其跳跃高度越小。

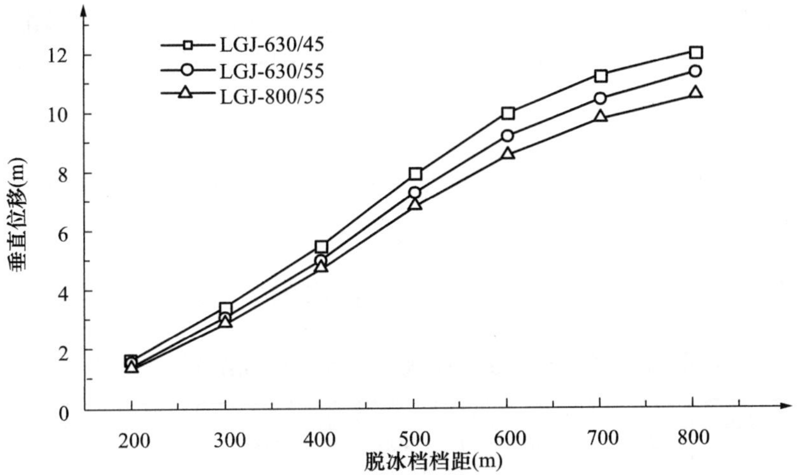

图 15　三种型号导线脱冰跳跃高度的比较

3.5　绝缘子型号的影响

绝缘子串长也会对导线的脱冰跳跃高度产生影响，当发生脱冰跳跃时，在纵向不平衡张力的作用下，绝缘子串的纵向摆动和偏移，会增大导线的跳跃高度。本文在计算时选择了三种型号的复合绝缘子：500kV 复合绝缘子（结构高度约 5000mm）、750kV 复合绝缘子（结构高度约 7000mm）、1000kV 复合绝缘子（结构高度约 10 000mm）。比较结果如图 16 所示。

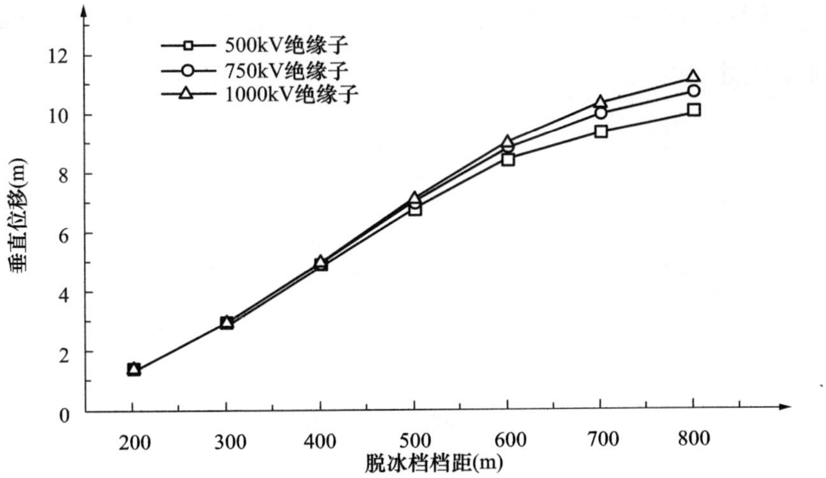

图 16　三种悬垂绝缘子串脱冰跳跃高度的比较

由比较结果可知，当档距较小时，绝缘子串对导线跳跃高度影响不大。但当档距较大时，随着绝缘子串长度的增加，脱冰跳跃高度略有增大。这是由于档距越大，绝缘子串越长，相邻档间的耦合越大，导线跳跃高度也越大。

3.6 对塔型和导线排列方式的影响

本节利用特高压同塔双回线路导线脱冰跳跃高度来分析确定特高压同塔双回线路导线排列是否需要水平偏移，并结合特高压交流同塔双回线路导线排列方式，验证现有塔型和导线排列方式下在导线脱冰跳跃情况下是否满足线路安全运行的要求。

计算中导线选择为LGJ–630/55，档距组合为*Y–Y–X–Y–Y*，非脱冰档档距均为400m，设计覆冰量考虑15、10mm，脱冰量为50%，脱冰方式为均匀脱冰。表5所示为两种覆冰厚度下的导线脱冰跳跃高度，其比较结果如图17所示。

表5　　不同覆冰厚度下导线脱冰跳跃高度（15mm设计覆冰）　　m

档距 *X*（m） 覆冰厚度（mm）	200	300	400	500	600	700	800
15	1.47	3.09	5.06	7.26	9.15	10.46	11.29
10	0.89	1.89	3.09	4.29	5.56	6.43	7.11

特高压交流同塔双回线路（皖电东送工程）30m/s风区2型塔头如图18所示。

特高压交流同塔双回输电线路相地要求的最小间隙为2.7m，最小相间间隙约为4.7m。

由图18可以看出，以上塔型导地线的水平偏移较大（约为3.8m），因而发生脱冰跳跃时不会发生导地线间的闪络。

特高压交流同塔双回输电线路导线相间间隙距离约为21m，以50%均匀脱冰来研究导线脱冰跳跃的水平。

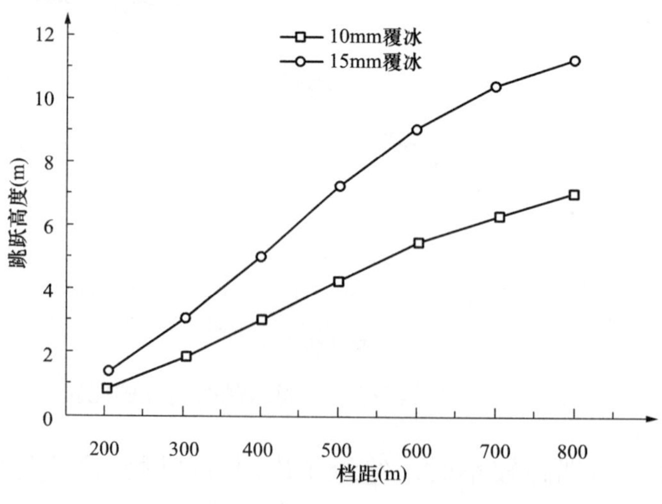

图17　两种覆冰厚度下导线脱冰跳跃高度比较（15mm设计覆冰）

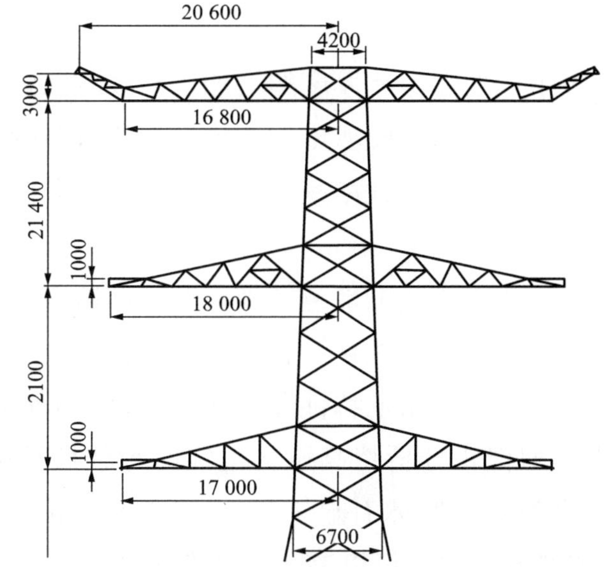

图 18　特高压交流同塔双回线路 30m/s 风区 2 型塔头

由表 5 可知，不管是 10mm 覆冰还是 15mm 覆冰，在 50%脱冰情况下导线相间距离都远大于最小绝缘距离，因而可以认为特高压交流同塔双回输电线路导线垂直排列时不需要水平偏移，在导线发生脱冰跳跃时线路也能安全运行。

表 6 所示为《1000kV 交流同塔双回线路导线排列方式研究》项目研究结论推荐的导线排列方式。

表 6　　1000kV 交流同塔双回线路推荐导线排列方式

导 线 布 置	导 线 布 置
鼓形布置1：29.4m；31.4m；27.4m；21m；21m	**伞形布置1**：25.6m；27.6m；29.6m；21m；21m
鼓形布置2：32m；34m；30m；20.5m；20.5m	**伞形布置2**：28.4m；30.4m；32.4m；20.4m；20.4m
鼓形布置3：26.2m；28.2m；24.2m；22m；22m	**伞形布置3**：24m；26m；28m；22m；22m

通过校核计算，在 15mm 覆冰及以下时，在表 6 中推荐的杆塔和导线排列方式下，在导线发生脱冰跳跃时线路是安全的。272,294,299

4 结论

（1）在相同的脱冰量下，随着覆冰厚度的增加，导线跳跃幅度增加。

（2）在相同的覆冰厚度下，随着脱冰量的增加，导线跳跃幅度增加。

（3）同样总脱冰载荷下，不均匀脱冰越靠近档距中央，其跳跃高度越大，且明显大于均匀脱冰的情况。

（4）连续档的脱冰存在相邻档间的能量转换，其脱冰跳跃高度要远远大于孤立档的情况，在工程上考虑孤立档的脱冰跳跃没有实际意义。

（5）特高压双回试验线段导线阻尼特性参数取 $C=0.1\text{N}\cdot\text{s/m}^2$。

（6）取五档模型为典型档距分析特高压输电线路导线脱冰跳跃是比较合适的。连续档情况下，档距组合对导线脱冰有显著影响。减小档距，减少连续档数可减小导线脱冰跳跃高度。大档距情况下，可以减小其相邻档的档距以及在大档的一端（有高差情况下，高低任意一段均可）设置耐张塔等措施可以削弱相邻档对脱冰档的影响，从而减小导线脱冰跳跃高度。

（7）导线刚度越大，其脱冰跳跃高度越小；档距越大，绝缘子串越长，相邻档间的耦合越大，导线跳跃高度也越大。

（8）对 1000kV 淮南—上海（皖电东送）输变电工程线路塔头进行校核，在覆冰厚度 15mm 及以下时，相间导线不考虑水平偏移也可满足脱冰跳跃时电气间隙要求。

9 特高压交流同塔双回输电线路杆塔研究

1 引言

杆塔结构作为输电线路的直接支撑结构，其安全可靠性直接关系到整个线路的安全稳定运行。特高压交流双回路输送容量大，对安全稳定运行的要求更高，应根据同塔双回路的特点，对杆塔可靠度进行分析，确定合适的荷载，选择合理塔型；同时，应开展杆塔结构重点及典型部位的承载力试验研究和真型杆塔的强度验证试验，确保特高压杆塔结构设计的安全可靠。

2 特高压交流同塔双回线路杆塔可靠度研究

我国现行输电线路杆塔结构设计主要遵循的标准是 DL/T 5092—1999《110～500kV 架空送电线路设计技术规程》及 DL/T 5154—2002《架空送电线路杆塔结构设计技术规定》，以上规范均采用以概率为基础的极限状态设计法，采用分项系数的设计表达式。对于 500kV 线路杆塔的线条风荷载考虑了调整系数 β_C，按国际通用的可靠度计算方法——一次二阶矩法（JC 法）进行了可靠度校准计算，当活荷载与永久荷载效应比值ρ取 4～8，并考虑线条风荷载效应分别占总的风荷载效应的 50%、75%时，可靠度指标β计算结果为 3.0～3.2。

以上计算没有考虑实际风速与设计风压差异，实际工程设计中，由于 500kV 线路有最大设计风速最小限值的要求，使得大部分线路的可靠度等级都有所提高。因此，我国现行 500kV 输电线路杆塔结构构件的可靠度满足 GB 50068—2001《建筑结构可靠度设计统一标准》中对二级延性构件的要求。

相对于 500kV 线路而言，1000kV 线路输送容量和线路投资提高数倍，多用于跨区域联网的骨干网架，其可靠度应比 500kV 线路提高一个等级。根据 GB 50068—2001 有关规定，特高压输电线路杆塔安全等级归于一级较合理，其延性破坏构件的可靠度指标不应小于 3.7。

从经济优化角度分析，特高压双回路杆塔结构构件目标可靠度与杆塔结构体系失效后引起的直接、间接损失与线路本体投资之比直接相关，比值越大其目标可靠度应取得越高。用平均电价折算倍数法和产电比法估算我国特高压双回路杆塔失效引起的停电损失，用经济优化法得到对应的构件可靠度指标β 约为 3.43～3.71。结合 GB 50068—2001 对一级建筑结构的规定，确定特高压双回路杆塔结构目标可靠度指标应不低于 3.7。

根据结构目标可靠度指标要求，确定我国特高压双回路杆塔结构风荷载按 100 年一遇取值，结构重要性系数取 1.1，与特高压交流试验示范工程取值相同。

3 特高压交流同塔双回输电线路杆塔型式及材质选择

3.1 特高压交流双回路杆塔塔型

（1）塔型选择。对于双回路杆塔，根据导线排列方式可分为垂直排列和三角排列两种，垂直排列杆塔线路走廊宽度较小，但三层横担布置导致塔高较高；三角排列直线塔塔高较低，但横担较长，要求线路走廊较宽。国内 500kV 交流线路工程中最常见的塔型是垂直排列，大部分的塔头变化都是以此塔型为基础演变而来。

日本已建成的特高压线路也采用了垂直排列的塔头型式。另外，垂直排列杆塔回路明确、结构简单、传力清晰、施工和检修较为方便，在国内外都有大量的使用，并且积累了丰富的运行经验。因此，我国特高压交流双回路采用导线垂直排列布置方式的干字型铁塔。

（2）塔身断面型式。塔身断面型式一般有矩形、正方形两种。根据 500kV 及以下电压等级的杆塔设计经验，矩形塔比方塔要轻一些。当正面根开相同时，矩形塔要比方塔轻 1%～3%，主要原因在于扁塔塔身侧面斜材长度变短，规格也就有所减小。但矩形塔抗纵向荷载能力较差，且高低腿使用不灵活；而方塔抗纵向荷载能力强且高低腿使用灵活。通常对于高差很小的平丘地形杆塔多采用矩形塔型式，但对于线路高差较大的山区地形杆塔则普遍采用方塔型式以提供足够的刚度。

对于 1000kV 特高压交流双回路杆塔结构，导线纵向张力大，采用方塔可增强纵向刚度，有利于抵抗特殊气象灾害以及防止串倒等情况的发生。此外，方塔的高低腿与塔身的连接比较简单，施工、加工比较方便。因此，推荐采用正方形塔身断面。

3.2 材质及构件断面型式分析

3.2.1 高强角钢的应用经济性分析

Q420 高强度角钢在 1000kV 晋东南—南阳—荆门特高压交流试验示范工程中已得到全面使用，在特高压交流同塔双回路杆塔中应用 Q420 高强钢在技术上可行。

对特高压交流同塔双回路直线塔进行结构优化设计及经济性分析得出：当主材按 Q420 高强度角钢选材时，塔重较主材选用 Q345 角钢时可减轻 7%左右，考虑扣除高强钢原材料价差后，整体节省造价约 1%～3%；最大主材规格从 4L200×16(Q345)降为 4L180×16。

因此，特高压交流同塔双回路直线塔采用 Q420 高强度钢有一定的经济优势，但是主材规格没有质的变化。此外，对于受力更大的转角塔，采用 Q420 角钢已不能满足承载力要求。

3.2.2 钢管塔的应用经济性分析

与角钢塔相比，钢管塔具有以下优点：① 钢管风荷载体型系数和塔身风荷载较小，截面回转半径比角钢大 20%左右，稳定性较好，铁塔耗钢量较少；② 构件数量少，结构简单，传力路径较明确；③ 由于塔身风荷载较小，基础作用力相应减小，可降低基础工程量。钢管塔特别适用于大型高塔结构，特高压交流同塔双回铁塔高度大都超过 100m，应用钢管塔有一定的优势。

经结构优化及经济性分析得出：选用 Q345 钢管和角钢组合塔的情况（其中，塔身主、斜材采用钢管构件，横担、水平横隔面和辅助材采用角钢构件），其塔重较 Q345 角钢塔可减轻 11.2%。若主材按 Q420 高强度钢管构件选材，其塔重较 Q345 角钢塔可减轻 24%左右。考虑到 Q345 材料延性较好，工程应用经验丰富，而 Q420 钢管在输电线路铁塔中应用仍需开展相关的试验研究工作，推荐我国皖电东送工程采用 Q345 钢管塔方案。

3 特高压双回路钢管塔部件试验

钢管塔法兰接头较多，焊接工作量大，加工效率较低，为保证钢管塔加工满足皖电东送工程对工期的要求，进行了大量的标准化设计研究工作，包括钢管规格系列化及节点系列化等。

同时，为保证特高压交流同塔双回杆塔结构传力的可靠性，开展了大量的部件试验研究工作，包括：钢管构件风洞试验研究，确定了钢管构件起振临界风速为 8m/s，并由此确定了钢管构件的控制长细比；锻造带颈法兰试验研究，确定了法兰的设计方法及标准化参数；插板连接节点试验研究，在此基础上进行了插板的标准化设计（根据钢管承载力的 100%、70%、50%，分三档配置了槽型插板、U 型插板、十字型插板接头)，使得设计及加工工作效率大大提高；节点板局部屈服试验研究，提出了具体局部屈服的验算方法。以上试验研究工作及研究结果在“特高压交流同塔双回钢管塔结构试验研究”中具体说明。

4　真型塔试验

4.1　试验塔介绍

试验塔形 SZT2 是皖电东送工程中用量最多的一种直线塔型。主要设计条件：设计风速 $v = 32$m/s，导线覆冰厚度为 10mm，地线覆冰厚度为 15mm，水平档距为 480m，垂直档距为 380～600m。整塔采用钢管结构，塔总高 93.4m，塔重 137t。

试验塔的设计考虑了前期大量的部件试验及标准化研究成果：

（1）根据钢管构件风洞试验结果，设计时将钢管构件水平杆长细比控制在 140 以内，其他斜材、辅助材控制在 160 以内。

（2）SZT2 真型塔在选材上采用了钢管规格系列化研究成果，节点型式采用插板连接（主要使用了槽型插板、U 型插板及十字型插板），应用了部件试验及节点标准化研究成果。

（3）首次采用锻造带颈法兰连接。SZT2 真型塔在四根主材上全部采用了锻造带颈法兰连接，其中两条塔腿采用带颈对焊法兰，另两条塔腿采用带颈平焊法兰。整塔共用了 56 对锻造带颈法兰。

SZT2 真型试验塔照片见图 1。

4.2　试验方案及试验过程

SZT2 塔真型试验共选取了 9 个控制工况进行真型试验，试验工况顺序见表 1。

SZT2 塔顺利完成了 9 个工况的荷载测试，其中 60° 大风工况超载至 110%设计荷载。试验结束后 SZT2 钢管塔未发生整体倒塌破坏，拆除后发现部分杆件局部变形过大。

4.3　试验结论及建议

SZT2 塔通过了真型强度试验，根据对试验数据及试验情况的分析，对特高压同塔双回钢管塔的设计形成了以下建议：

图 1　SZT2 直线塔试验塔照片

表 1　试验工况顺序

工况序号	工 况 名 称	工况序号	工 况 名 称
1	断右地线、断右上导线	6	全锚
2	断右上导线、右中导线	7	验算冰
3	断右中导线、右下导线	8	90° 大风
4	断左、右两相中导线	9	60° 大风（超载试验）
5	地线已锚、锚右上导线		

（1）试验塔 60° 大风超载工况时，部分构件已经达到屈服强度，但并未发生整塔倒塌的情况，说明钢管构件在出现局部塑性时仍可保持承载力。结合试验情况，建议对主管径厚比作适当限制，对于 Q345 钢材，其径厚比宜小于 50，以进一步增强构件强度储备。

（2）SZT2 试验塔断线工况时出现了残余位移较大的情况，试验完成后发现上部钢管变形过大，应加大塔身顶部主材的规格，并适当放宽上部塔身，以增加铁塔的整体刚度，控制塔身的整体变形，同时顶部钢管应用具有一定厚度的钢板进行封口。

（3）SZT2 试验塔出现了连接节点处主材钢管局部屈服现象，实际工程中应注意加强连接节点的局部构造设计，采用环形加强板进行局部加强，或增加连接板连接长度，改善节点局部受力。

（4）SZT2 试验塔所用的十字插板、U 型插板及槽型插板通过了试验的考验，验证了插板接头系列化研究结果的可靠性，可在工程中应用。

（5）SZT2 试验塔采用了带颈法兰并顺利通过了真型试验，检验了带颈法兰设计计算方法及法兰系列化参数的正确性，可在工程中应用。

5　结论

（1）特高压交流同塔双回杆塔的可靠度应满足一级目标可靠度的要求，即目标可靠度指标不低于 3.7。为此，建议我国特高压双回线路大风荷载按 100 年一遇取值，结构重要性系数取 1.1，风荷载基准高度按国际通用的离地 10m 高度考虑。

（2）根据特高压交流同塔双回杆塔的具体特点和国内外使用经验，推荐采用导线垂直排列的正方形钢管铁塔，铁塔材质为 Q235 和 Q345。

（3）我国第一基特高压交流同塔双回钢管塔——SZT2 真型塔试验的成功，验证了插板连接节点型式及锻造带颈法兰的可靠性，可在皖电东送工程钢管塔中推广应用。

10 特高压交流同塔双回输电线路杆塔风振及控制研究

1 引言

特高压交流同塔双回线路钢管塔结构高，风振效应显著，包括整塔的顺风向振动和局部钢管杆件的横风向振动。对于顺风向整体振动，结构设计中通过风振系数做了一定考虑，但杆塔的振动不可能完全得到抑制。钢管塔局部圆截面杆件在较低风速时容易发生横风向振动（工程上称为微风振动），尽管在结构设计中通过限制杆件的起振临界风速（如一阶起振风速不小于 15m/s）能够发挥抑制作用，但由此引起的缩短长细比会增加塔重，出于经济性的考虑，结构设计中某些杆件的长细比仍选择得较大，微风振动仍容易发生。

因此，对于特高压同塔双回钢管塔，需要研究整塔和局部杆件的风振及振动抑制措施，确定微风振动起振临界风速的合理计算方法，降低振动对杆塔结构和线路安全运行的不利影响，提高杆塔结构的安全性和经济性。

2 钢管塔顺风向振动控制

2.1 振动控制方案

杆塔在风荷载作用下的动力响应分析一般采用有限元方法。采用结构有限元分析通用软件 ANSYS 建立特高压钢管塔的梁—杆混合单元模型研究其风振动力响应。表 1 给出特高压同塔双回钢管塔某塔型的前三阶固有振动频率和模态，表 2 给出前三阶振动对应的主材、斜材及横担部位的模态应变能。文末彩图 19 所示为第一、三阶模态应变能在塔身的分布情况。

表 1 特高压同塔双回线路钢管塔某塔型的前三阶振动频率与模态

阶次	频率（Hz）	模态描述	阶次	频率（Hz）	模态描述
1	0.978 4	横向弯曲	3	1.223 2	对称扭转
2	1.002 6	纵向弯曲			

表 2 前三阶模态应变能在杆件的分布 J

杆件部位	一阶模态	二阶模态	三阶模态
钢管主材	332 600	324 000	3881
斜材与横担	24 300	26 000	151 800
整塔	356 900	350 000	152 100

可以看到，对于弯曲振动，主材的模态应变能远远大于斜材及塔头横担部位，且塔腿底部主材的模态应变能要大于上部主材。而扭转振动的模态应变能主要集中于斜材。因此，控制以弯曲振动为主的风振，应采用剪切型原理的耗能装置，且并联于主材安装。

综合考虑不同控制器件的费用、安装和维护的便易性以及器件对结构承载性能的影响等因素，采用粘弹性阻尼器控制杆塔的弯曲振动，将其并联于钢管主材外侧，不同于以往研究的安装于钢管内部。采用调谐质量阻尼器（TMD）安装于扭转位移最大的塔头或横担位置控制杆塔的扭转振动，不同于以往研究的用于控制杆塔的弯曲振动。

图 1 所示为特高压钢管塔弯曲和扭转风振控制的方案示意图。粘弹性阻尼器控制部分包括平行并联于钢管主材的 16 个粘弹性阻尼器。阻尼器两端连接通过铰接形式与

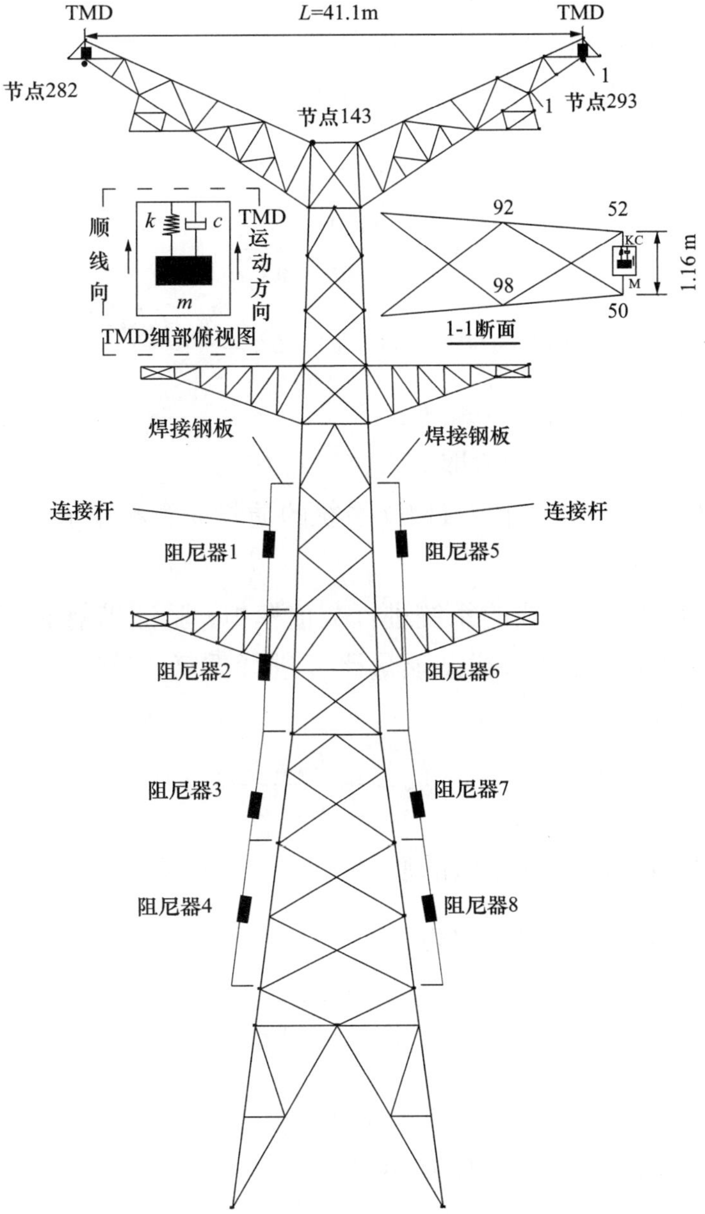

图 1　特高压钢管塔弯曲和扭转风振控制的方案示意图

刚性杆件连接，刚性连接件两端固接于主材。两个独立的平动 TMD 系统设置在横担处，质量块沿顺导线方向运动。

2.2 减振装置参数设计方法

TMD 系统对杆塔第一、二阶弯曲模态的应变能最大部位的影响很小，组合减振方案的设计遵循先设计粘弹性阻尼器再设计 TMD 系统的思路。

粘弹性阻尼器的设计，主要确定等效刚度 $\bar{k}$ 和等效阻尼 $\bar{c}$ 这两个参数，通过测定粘弹性阻尼器的滞回曲线可以得到。计算方法如下

$$\bar{k}(\omega)=\frac{AG'(\omega)}{h},\qquad \bar{c}(\omega)=\frac{AG''(\omega)}{h\omega} \tag{1}$$

式中 A 和 h——粘弹性层的面积与厚度；

G' 和 G''——粘弹性材料的存储模量和损失模量。

根据试验得到的位移—力滞回曲线，得到

$$\bar{k}=\frac{F}{x} \tag{2}$$

$$\bar{c}(\omega)=\frac{G''A}{h\omega}=\frac{\Delta E}{\pi x_0^2\omega} \tag{3}$$

式中 ΔE——阻尼器一个振动周期内的耗能，$\Delta E=\dfrac{\pi x_0^2G''A}{h}$。

TMD 的参数可以按照如下步骤确定：

（1）确定模态质量比 μ，一般取为 2.0%～5.0%。

（2）根据式（4）～（8）计算 TMD 系统的质量 m、频率 f、模态阻尼比 ξ 及所需要的弹性刚度 k 和阻尼系数 c。

（3）对由 TMD 和结构组成的系统进行数值模拟，验证当前的 TMD 参数是否满足结构响应要求，如果不满足调整模态质量比 μ 进行重复计算。

单个 TMD 的质量

$$m_{\text{TMD}}=\frac{I_{\text{TMD}}}{2\times(L/2)^2} \tag{4}$$

式中 I_{TMD}——TMD 系统需要提供的质量矩，$I_{\text{TMD}}=\dfrac{\mu I_{\text{s}}}{\phi^2}$。

TMD 的频率和模态阻尼比分别为

$$f_{\text{TMD}}=f_{\text{s}}\times\frac{1}{1+\mu} \tag{5}$$

$$\xi_{\text{opt}}=\sqrt{\frac{3\mu}{8(1+\mu)}} \tag{6}$$

每个 TMD 系统的轴向刚度和阻尼系数分别为

$$k_{\text{TMD}}=\omega_{\text{TMD}}^2 m_{\text{TMD}} \tag{7}$$

$$c = 2m_{TMD}\omega_{TMD}\xi_{opt} \tag{8}$$

在最优参数配置时，质量比（TMD/主结构的模态质量）越大，结构的阻尼比就越大，控制效果也就越好。但过大的质量比会给 TMD 制作与安装带来困难，并可能影响输电塔本身结构的安全。研究中质量比 μ 取为 2.0%。

2.3　振动控制数值仿真

粘弹性阻尼器的等效刚度和等效阻尼参数取为 10.0kN/mm 和 2.5kN • s/mm。阻尼器连杆为直径 12.0cm 的钢管。每套刚性连杆—阻尼器—刚性连杆的长度约为 9.0～12.0m。

两个 TMD 的安装位置为上横担距塔中轴线 20.55m 处。单套 TMD 控制元件的设计参数为：质量 55.4kg，刚度系数 3143.6N/m，阻尼系数 71.6N • s/m。

安装组合减振系统后钢管塔的前三阶振动模态的频率和阻尼比见表 3。可以看出，增加减振措施后，杆塔的弯曲、扭转振型的模态阻尼比明显提高。表中的各阶模态阻尼比未计入原结构的阻尼，考虑结构阻尼后一阶弯曲和扭转振型的模态阻尼比将超过 2.0%，风振响应控制会有显著效果。

表 3　　安装组合减振系统后钢管塔前三阶振动模态的频率和阻尼比

阶次	频率（Hz）	模态阻尼比	模态描述	阶次	频率（Hz）	模态阻尼比	模态描述
1	0.988 2	1.454%	横向弯曲	3	1.146 6	4.398%	对称扭转＋TMD 对称扭转
2	1.003 5	1.708%	纵向弯曲				

图 2～图 4 分别给出 143 和 282 两个不同位置在粘弹性阻尼器控制弯曲振动、TMD 控制扭转振动以及两者联合作用下控制弯扭振动几种情况下的位移响应。表 4 和表 5 分别给出组合控制方案下杆塔主要节点的位移、加速度振动控制效果。可以看到，粘弹性阻尼器与 TMD 能够分别有效控制杆塔的弯曲和扭转振动。而采用组合减振方案后，杆塔弯、扭振动能够同时得到控制，位移响应的均方根可降低 17%～32%，加速度响应的均方根可降低 25%～45%，减振效果更为显著。塔顶的控制效果相对与塔底要更为明显，主要是由于塔底部的风振包含较多的高阶振动模态。

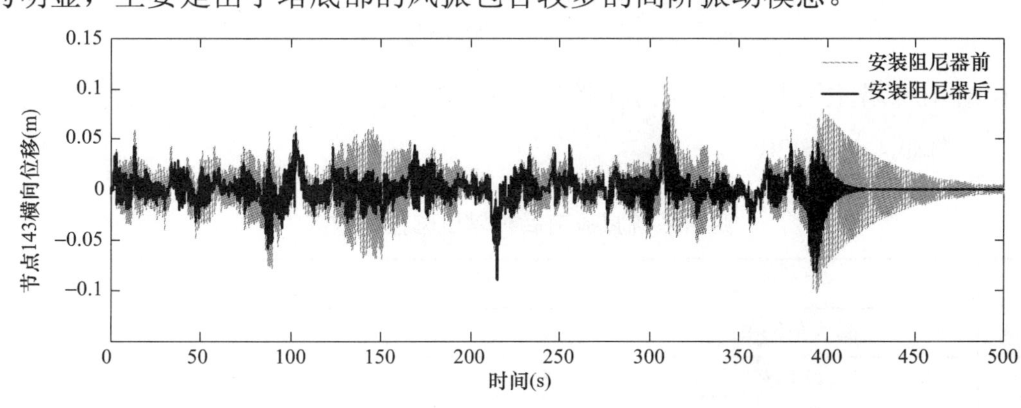

图 2　粘弹阻尼器控制前后节点 143 的位移时程

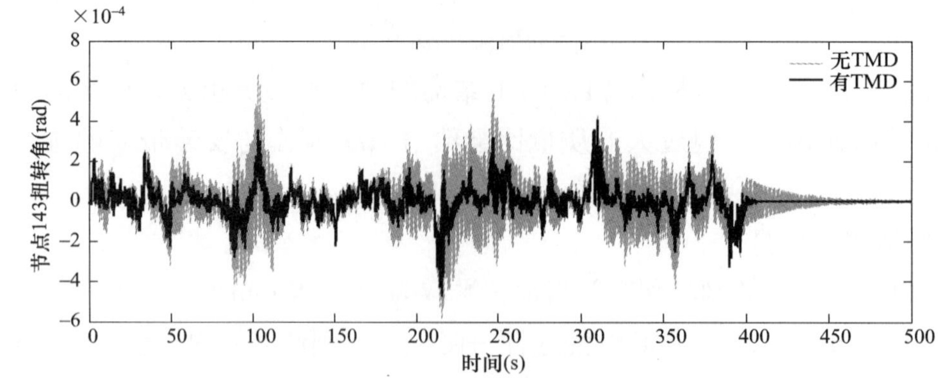

图 3　TMD 控制前后节点 143 的位移时程

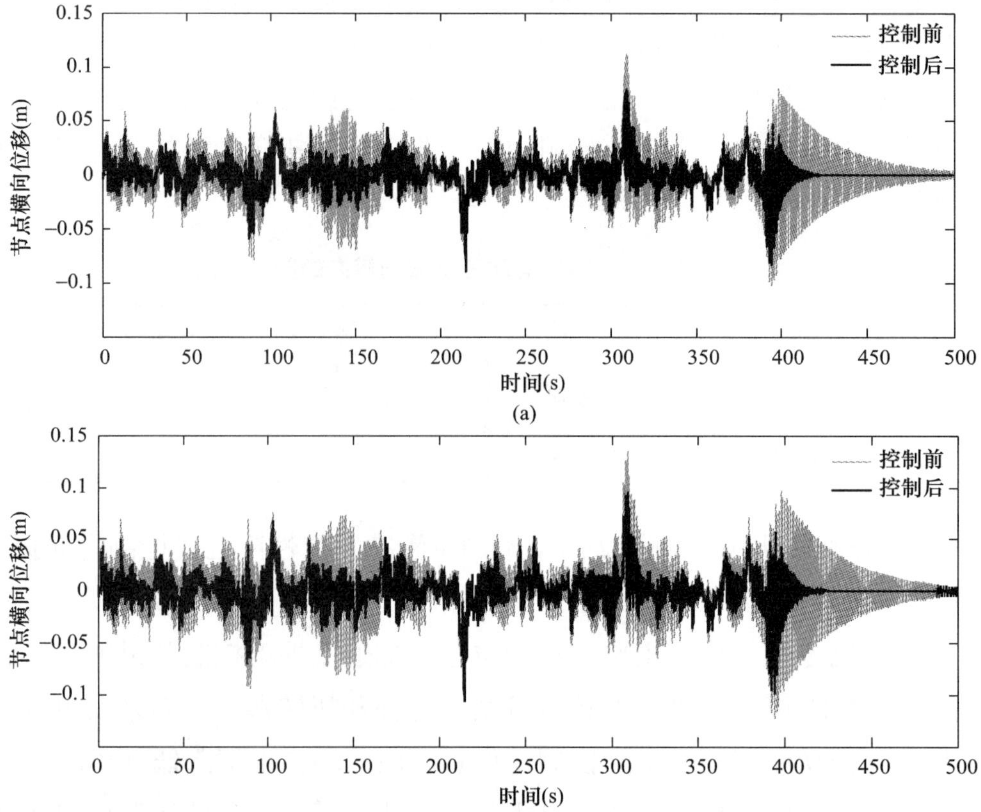

(b)

图 4　组合控制前后节点 143 和 282 的位移时程

（a）143；（b）282

表 6 给出杆塔主要杆件的轴力在控制前后的变化。采用组合控制后，杆件轴力显著减少，可降低 20%～30%。

表 4　　组合系统减振前后杆塔位移控制效果

节点	控制前/后（m）		减振效果（%）	
	最大值	均方根	最大值	均方根
282	0.135/0.107	1.85/1.25	20.7	32.4
143	0.112/0.090	1.54/1.05	19.6	31.8

续表

节点	控制前/后（m）		减振效果（%）	
	最大值	均方根	最大值	均方根
127	0.084/0.069	1.17/0.81	17.9	30.8
107	0.060/0.050	0.85/0.60	16.7	29.4
91	0.039/0.033	0.57/0.41	15.4	28.1
73	0.024/0.019	0.33/0.25	20.8	24.2
53	0.012/0.010	0.17/0.14	16.7	17.6
19	0.004/0.003	0.06/0.05	25.0	16.7

表 5　　组合系统减振前后杆塔加速度控制效果

节点	控制前/后（m/s^2）		减振效果（%）	
	最大值	均方根	最大值	RMS
282	4.204/2.826	0.646/0.368	32.8	43.0
143	3.291/2.30	0.517/0.285	30.1	44.9
127	2.439/1.965	0.392/0.217	19.4	44.6
107	2.124/1.509	0.300/0.173	29.0	42.3
91	1.655/1.034	0.225/0.139	37.5	38.2
73	1.192/0.807	0.168/0.114	32.3	32.1
53	0.862/0.723	0.136/0.101	16.1	25.7
19	0.735/0.561	0.102/0.075	23.7	26.5

表 6　　组合系统减振前后杆塔各主要杆件轴力

杆件编号	控制前/后（kN）		减振效果（%）	
	最大值	均方根	最大值	均方根
1	368.30/311.53	52.58/40.10	15.4	23.7
5	387.08/321.54	55.75/40.64	16.9	27.1
12	360.08/274.33	47.01/32.11	23.8	31.7
14	306.62/224.21	39.19/26.09	26.9	33.4
16	200.12/146.44	25.58/17.37	26.8	32.1

3　钢管杆件微风振动控制

3.1　控制方案的选择

钢管塔的微风振动是由卡门涡激引起的。错开结构固有频率与旋涡脱落主导频率，是减弱涡激微风振动最有效的技术方案。结构设计中可采用增大杆件刚度的方法。设计规程中要求控制钢管杆件的一阶起振临界风速 v_{cr} 不小于 15m/s，实际上就是出于这一目的。特高压钢管塔对经济性的要求更高，通过缩小长细比、避开共振风速来达到间接控制杆件微风振动的方法，会使得杆件短、粗，造成塔重和造价增加。

某些杆件的固有频率、特征尺寸等不易改变，此时可以通过增大结构的斯特罗哈数来达到抑制微风振动的目的。在不改变圆截面基本形状的前提下，就需要在结构上增加旋涡干扰装置，如螺旋形索圈、顺轴向分布的间断短肋等，这些方法都能有效控制圆截面杆件的涡激振动。相比较而言，螺旋形索圈更易于输电线路钢管塔微风振动的后治理。

钢管塔发生微风共振的杆件主要是那些长细比较大、趋于水平布置的斜材或辅助材，而且即使发生振动也不会立即对结构造成破坏，这为允许钢管塔部分杆件发生振动而采取后治理的方法提供了依据。

对于特高压同塔双回钢管塔的微风振动控制，推荐结构设计中选取较小的起振临界风速限值，以更好地满足经济性的要求。而对于由此限值降低而导致的某些杆件可能发生的微风振动，通过在其表面加装螺旋形扰流线的措施来解决。

3.2 微风振动控制风洞试验

根据特高压同塔双回路钢管塔的初步设计情况，选取 120、160 两种长细比的杆件进行微风振动控制的风洞试验。试验中直接使用规格为 $\phi 60\times 4$ 的圆截面钢管，对其在不同螺旋线直径、螺距情况下的风振响应进行测试。钢管杆件的端部连接方式多样，试验选取 I 型插板连接，这种连接的约束较弱，起振临界风速较低，较易发生微风振动，而且会出现二阶共振。

图 5 所示为长细比为 120 的杆件的微风振动扰流线控制风洞试验现场情况。图 6 给出直径 *D*/10（*D* 表示钢管杆件的外径）螺旋线在不同螺距情况下的两种长细比杆件的加速度响应曲线，表 7 所示为不同试验工况下的一阶微风振动控制测试结果。限于篇幅，其他工况下的试验结果这里不再给出。

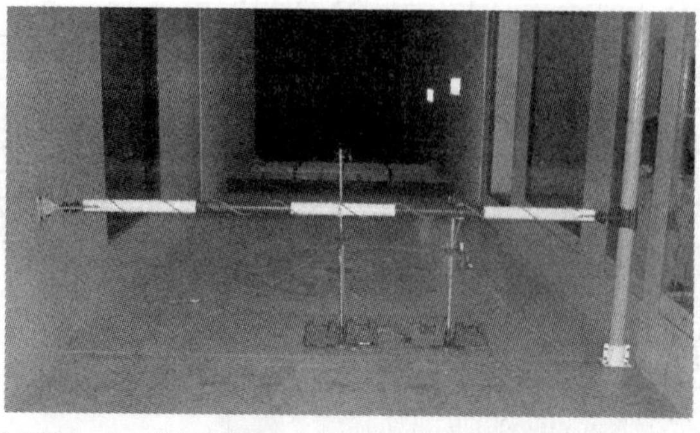

图 5 长细比 120 杆件微风振动扰流线控制风洞试验现场情况

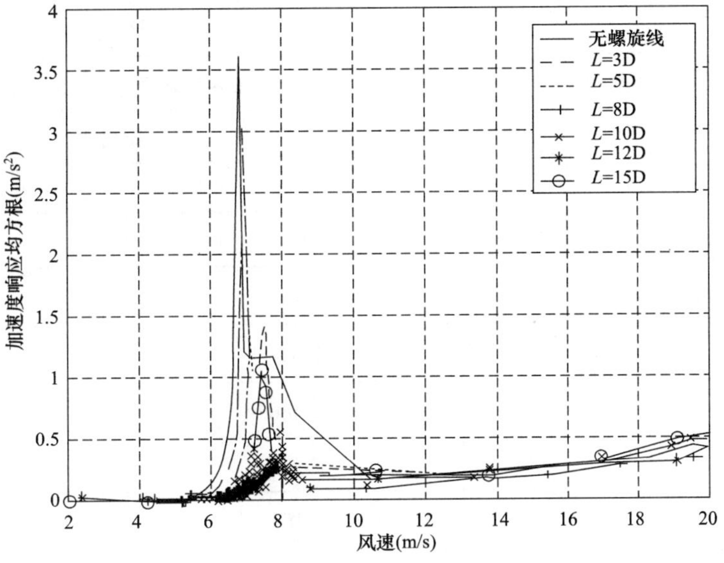

(a)

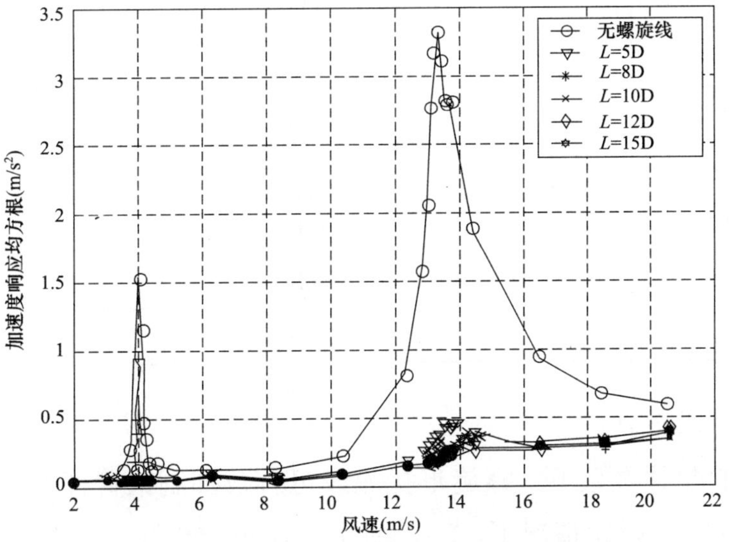

(b)

图 6　直径 $D/10$ 螺旋线不同螺距时的加速度响应曲线

（a）直径 $D/10$ 螺旋线在不同螺距时中点的速度响应（长细比 120 杆件）；

（b）无螺旋线与 $D/10$ 直径螺旋线不同间距缠绕 1/4 点加速度响应（长细比 160 杆件）

表 7　　**风洞试验工况及一阶振动减振效果**

工况	螺旋线参数		涡激共振区加速度均方根极大值（m/s^2）	
	螺距	直径	长细比	
			120	160
1	无螺旋线		3.606	1.961 8
2	$3D$	$D/15$	2.474	—
3	$5D$		2.292	1.970
4	$8D$		1.038	0.275

续表

工况	螺旋线参数		涡激共振区加速度均方根极大值（m/s^2）	
	螺距	直径	长细比	
			120	160
5	10*D*	*D*/15	10.826	0.142
6	12*D*		—	0.172
7	3*D*	*D*/10	3.034	—
8	5*D*		1.480	1.156
9	8*D*		0.389	0.705
10	10*D*		0.101	0.698
11	12*D*		0.170	0.045
12	15*D*		1.062	0.101
13	3*D*	*D*/7.5	3.086	—
14	5*D*		0.426	0.217
15	8*D*		0.130	0.041
16	10*D*		0.131	0.034
17	16*D*		0.174	0.043
18	20*D*		0.595	0.067

从试验结果可以看到：

（1）在一定的配置参数下，螺旋形扰流线可有效抑制钢管杆件的涡激共振。

（2）同一线径不同螺距情况下，对长细比120和160杆件，线径*D*/15对应的工况4和5、*D*/10对应的工况10和11，以及*D*/7.5对应的工况15和16，具有最好的抑制效果，尤其是后两类工况，涡激共振基本消失。

（3）对于大长细比杆件，在两个风速区间发生涡激共振，二阶共振的风速区间更宽、幅值更大，需要考虑其抑制。

（4）当一阶和二阶共振都达到接近最优的抑制效果时，螺旋线螺距 *L* 与直径 *d* 的比值区间为100～130。

3.3 扰流线参数设计方法

根据120和160两种长细比钢管杆件微风振动的风洞试验结果，并考虑同时抑制一阶和二阶共振，推荐如下螺旋线布置方案及参数设计方法：螺旋线直径为*D*/10，螺距为12*D*。

4　钢管杆件风振试验

4.1　插板连接钢管杆件自振频率测定试验

4.1.1　试验内容

选取 3 种长细比、5 种插板型式，按照 1:1 的钢管杆件原型开展试验：

（1）长细比 134。C 型插板、U 型插板、＋型插板；

（2）长细比 145。C 型插板、＋型插板、U 型插板、T 型插板、I 型插板；

（3）长细比 180。C 型插板、I 型插板、T 型插板、U 型插板。

动力特性试验和微风振动风洞试验分别测试强轴和弱轴两种状态。试验采用ϕ60×4 钢管，对应于三种长细比的长度分别为 2.6、2.83、3.56m。

4.1.2　结果分析及结论

根据频率实测结果可以看出：

（1）对于同一长细比、不同端部插板形式的钢管杆件，＋型插板的约束效应最强，其连接的杆件的振动频率最高。

（2）对于＋型以外的其他插板形式，杆件的强轴和弱轴状态的振动频率变化趋势略有不同，强轴状态下频率由高到低的顺序：U 型、C 型、I 型、T 型，弱轴状态频率由高到低的顺序：C 型、U 型、T 型、I 型。

（3）C 型与 U 型插板连接杆件的自振频率相差不大，T 型与 I 型插板连接杆件的自振频率非常接近。

比较实测频率与理论计算频率，可知：

（1）＋型以外的插板连接杆件的弱轴方向自振频率，以计算长度 L_2（钢管与一端插板长度之和）、一端固接一端铰接约束条件计算的理论频率与实测频率最为接近。

（2）＋型以外的插板连接杆件的强轴方向自振频率，以计算长度 L_2、两端固接约束条件计算的理论频率与实测频率最为接近，且实测强轴频率比计算频率略大。

（3）＋型插板连接杆件的实测频率，与以计算长度为 L_1（钢管长度）、两端固接约束条件计算的理论频率非常接近。

4.2　起振临界风速风洞试验

4.2.1　测试结果

表 8 给出一阶起振临界风速的风洞试验实测值、根据自振频率实测值的推算值、根据理论简化算式的计算值。

表 8　　不同方法得到的一阶起振临界风速　　m/s

长细比	端部约束	风洞试验实测值	根据自振频率实测值的推算值	根据理论简化算式的计算值
134	U 型强轴	20.7	18.8	14.3

续表

长细比	端部约束	风洞试验实测值	根据自振频率实测值的推算值	根据理论简化算式的计算值
134	U 型弱轴	11.1	9.4	9.9
	＋型强/弱轴	21.5	19.9	14.3（17.5）
	C 型强轴	18.2	16.8	14.3
	C 型弱轴	12.8	11.1	9.9
145	I 型强轴	15.7	14.1	12.2
	I 型弱轴	9.2	7.9	8.5
	U 型强轴	15.2	14.9	12.2
	U 型弱轴	10.1	8.8	8.5
	＋型强/弱轴	16.2	15.8	12.2（14.7）
	T 型强轴	15	13.9	12.2
	T 型弱轴	9.9	8.5	8.5
	C 型强轴	15.7	14.6	12.2
	C 型弱轴	11.4	9.96	8.5
180	I 型强轴	8.98	8.6	7.9
	I 型弱轴	4.4	4.4	5.5
	T 型强轴	8.99	8.57	7.9
	T 型弱轴	4.8	4.4	5.5
	U 型强轴	9.2	8.8	7.9
	U 型弱轴	4.6	4.5	5.5
	C 型强轴	8.9	8.7	7.9
	C 型弱轴	5.3	4.8	5.5

注 括号内风速对应于计算长度 L_1。

从表 8 可以看出：

（1）对于同一端部约束条件，微风振动起振临界风速随杆件长细比的增加而降低。

（2）对于同一长细比的杆件，不同插板形式及其弱轴和强轴状态下的起振临界风速略有不同，弱轴状态下临界风速从大到小的顺序为：＋型、C 型、U 型、T 型、I 型，强轴状态下为：＋型、U 型、C 型、I 型、T 型，这一变化趋势与杆件自振频率的变化趋势一致。

4.2.2 起振风速试验结果与理论计算结果的比较

根据自振频率实测值推算一阶起振临界风速 v 时，采用式（9）

$$v = 5fd \tag{9}$$

式中 f ——实测的自振频率；

d ——钢管直径，为 60mm。

采用理论简化算式计算时，根据自振频率测试得到的结论，十型以外的插板连接杆件取计算长度 L_2，弱轴方向采用一端固接一端铰接约束条件，强轴方向采用两端固接约束条件；十型插板连接杆件的实测频率，取两端固接约束条件，分别以计算长度为 L_1、L_2 进行计算。

比较风洞试验结果与理论计算结果，可以看到：

（1）风洞试验实测起振风速，稍大于根据杆件实测自振频率推算的起振风速值，这说明根据杆件自振频率、采用式（9）的钢管杆件起振临界风速估算方法，在结构设计中是可行的，由于式（9）中的系数值为 5，小于试验中得到无量纲风速 5～5.5，导致理论计算值低于试验实测值。

（2）根据理论简化算式计算的起振临界风速，除 180 大长细比弱轴状态下的个别情况外，总体上，计算值要小于风洞试验实测结果，说明采用计算长度 L_2、一端固接一端铰接（弱轴）或两端固接（强轴）的约束条件是合理的。

（3）为了更为接近实际状况，十型插板连接杆件的起振临界风速计算，可采用 L_1 计算长度、两端固接约束条件来进行，采用 L_2 计算长度会更偏于安全。

（4）为了更为有效地控制大长细比杆件（长细比 160 以上）弱轴状态下的一阶微风振动，可将一端固接一端铰接的约束条件适当放宽，采用两端铰接的约束条件来进行，对于较小长细比杆件采用这种方法进行设计会更偏于安全。

表 9 给出长细比 180 杆件二阶起振临界风速的风洞试验实测值、根据自振频率实测值的推算值、根据理论简化算式的计算值。可以看到：采用 L_2 计算长度、一端固接一端铰接约束条件下的理论计算值，要大于实测值，而两端铰接约束下的理论值要小于试验实测值，因此，采用 L_2 计算长度、两端铰接约束条件进行大长细比杆件的二阶起振风速计算，更为安全合理。

表 9　　长细比 180 杆件弱轴状态下的二阶起振临界风速　　m/s

端部约束	风洞试验实测值	根据自振频率实测值的推算值	根据理论简化算式的计算值	
			一端固接、一端铰接	两端铰接
I 型	15.0	15.6	17.8	14.0
T 型	14.8	15.6		
U 型	15.8	15.7		
C 型	14.6	16.0		

5　结论和建议

对特高压同塔双回钢管塔的整体风振，推荐以下控制方案：在钢管主材外侧并联粘弹性阻尼器控制杆塔的弯曲振动，在横担端部位置安装调谐质量阻尼器控制杆塔的扭转振动。研究给出控制装置主要技术参数的设计计算方法。

对于特高压同塔双回钢管塔局部钢管杆件的微风振动控制，推荐采用加装螺旋线绕流线的方案，给出能同时有效抑制大长细比杆件一阶和二阶微风振动的扰流线参数设计方法：线径 $D/10$，螺距 $12D$。

钢管杆件的微风振动起振临界风速，采用以下方法进行计算。

（1）插板连接时，钢管杆件的微风振动起振临界风速计算见表 10。

（2）法兰连接：$1.78\times10^5\lambda^{-2}$（一端固接、一端铰接）。

（3）相贯焊接：$2.56\times10^5\lambda^{-2}$（两端固接）。

表 10　　钢管杆件的微风振动起振临界风速计算

<table>
<tr><td colspan="7">强轴状态</td></tr>
<tr><td colspan="2">强到弱的顺序</td><td>＋型</td><td>U 型</td><td>C 型</td><td>I 型</td><td>T 型</td></tr>
<tr><td colspan="2">杆端约束条件</td><td colspan="5">两端固接</td></tr>
<tr><td colspan="2">杆件计算长度</td><td>L_1（或 L_2）</td><td colspan="4">L_2</td></tr>
<tr><td colspan="7">起振临界风速计算方法</td></tr>
<tr><td colspan="2">算式</td><td colspan="5">$2.56\times10^5\lambda^{-2}$（一阶）</td></tr>
<tr><td colspan="7">弱轴状态</td></tr>
<tr><td colspan="2">强到弱的顺序</td><td>＋型</td><td>C 型</td><td>U 型</td><td>T 型</td><td>I 型</td></tr>
<tr><td colspan="2">杆端约束条件</td><td>两端固接</td><td colspan="4">一端固接一端铰接</td></tr>
<tr><td colspan="2">杆件计算长度</td><td>L_1（或 L_2）</td><td colspan="4">L_2</td></tr>
<tr><td colspan="7">起振临界风速计算方法</td></tr>
<tr><td rowspan="2">长细比 $\lambda<160$</td><td>约束条件</td><td>两端固接</td><td colspan="4">一端固接一端铰接</td></tr>
<tr><td>算式</td><td>$2.56\times10^5\lambda^{-2}$（一阶）</td><td colspan="4">$1.78\times10^5\lambda^{-2}$（一阶）</td></tr>
<tr><td rowspan="2">长细比 $\lambda>160$</td><td>约束条件</td><td>—</td><td colspan="4">两端铰接</td></tr>
<tr><td>算式</td><td>—</td><td colspan="4">$1.14\times10^5\lambda^{-2}$（一阶）
$4.55\times10^5\lambda^{-2}$（二阶）</td></tr>
</table>

注　L_1—钢管的长度；L_2—钢管长度与一端连接板长度之和。

11　特高压交流同塔双回钢管塔结构试验研究

1　引言

1000kV 淮南—上海（皖电东送）输变电工程是我国第一条交流同塔双回特高压线路。线路全线采用钢管塔结构，主材连接在国内首次采用了带颈锻造法兰，有别于目前我国输电线路钢管塔主要采用的有劲法兰和无劲法兰。有劲法兰刚性大、螺栓受力简单，但焊接工作量大，且不易保证焊接质量；无劲法兰的焊接工作量小、安装方便，法兰盘的平整度也较易得到保证，但法兰的强度和刚度相对较小。带颈法兰有对焊和平焊两种形式，在日本的输电铁塔中已广泛应用；而我国现有的带颈法兰则主要用于压力容器中，在输电线路中尚未采用。另外，皖电东送工程的钢管塔大量应用了插板连接节点，摒弃了以往的相贯焊连接。由于杆塔荷载大，工况和结构复杂，这些新技术的应用增加了杆塔设计难度。为了保证和提高杆塔的安全可靠性，需要对特高压交流同塔双回钢管塔开展结构试验方面的研究，主要研究带颈锻造法兰、典型插板连接节点的承载性能。通过研究，为钢管塔的结构设计提供必要的设计计算方法。

2　带颈法兰承载性能试验研究

2.1　对焊和平焊法兰试验

试验法兰规格参照 GB/T 9115.1—2000《平面、突面对焊钢制管法兰》和 GB/T 9116.1—2000《平面、突面带颈平焊钢制管法兰》选取，两种法兰型式如图 1、图 2 所示。基于ϕ219×6 规格配置法兰，试件共分 5 组，每组分对焊和平焊法兰，总计 10 组，其中同管径试验 6 组，大小管径对接试验 4 组。每组 3 件试件，总计 30 件。

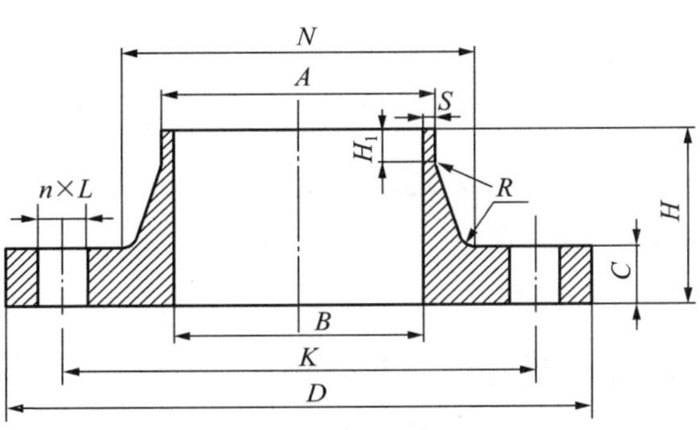

图 1　带颈对焊法兰

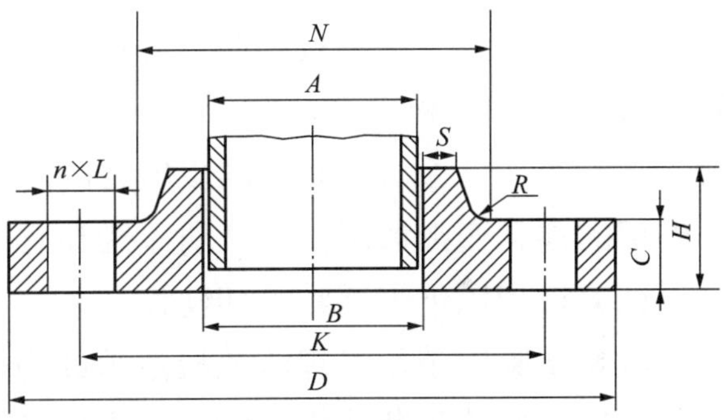

图 2　带颈平焊法兰

根据ϕ219 管径带颈对焊及平焊法兰的节点试验研究结果及其破坏特征（见图 3、图 4），得到如下主要结论和建议：

（1）GB/T 9115.1—2000 和 GB/T 9116.1—2000 中锻造法兰均满足轴向承载力要求，可以在输电线路钢管塔中应用，但需对局部进行优化；

（2）对焊法兰的颈部是整个法兰的强度弱点，颈部厚度偏薄，如果采用对焊法兰，需要在国标规格基础上适当加大法兰颈厚度；平焊法兰的法兰颈厚度较大，产生由内向外弯矩，使法兰颈部受力不合理，对钢管承载不利，需要在国标基础上适当减小平焊法兰颈厚度。

（3）试验中对接焊缝可靠，没有发生破坏，说明只要采取一定的施焊技术和质量保证措施，对接焊缝能够满足强度和延性的要求。

（4）带颈对焊法兰仅有一条环向焊缝，焊缝等级要求高，质量可检测，只要焊接工艺措施控制得当，焊接质量容易得到保证；带颈平焊法兰有两条角焊缝，焊接工作量相对较大，其焊缝等级要求低但质量检测困难，且两条角焊缝受力不均匀。经过综合比较，建议优先选用带颈对焊法兰。

图3　对焊法兰在近钢管侧拉断

图4　平焊法兰在钢管处拉断并径缩

2.2　不同颈部型式对焊法兰试验

开展ϕ426×10规格、法兰颈外侧单侧变坡及内外双侧变坡（见图5）的对焊法兰轴拉试验，检验大直径带颈对焊法兰的可靠性，并推荐可用于钢管塔结构的带颈对焊法兰颈部型式。

内外变坡及单侧变坡的两组对焊法兰试件，每组分别为4个，其中3个法兰板厚34mm，1个法兰板厚38mm。内外双侧变坡的高颈法兰，内侧坡度为10°，外侧坡度为15°。采用两个5000kN同步出力的千斤顶和自制反力梁进行加载。图6所示为法兰外部的撬起变形情况，图7所示为试件主管的径缩现象。

试验得到以下主要结论和建议：

（1）试验中带颈对焊法兰极限承载力超过设计承载力约45%～68%，达到极限荷载时，发生螺栓拉断或螺栓滑丝，主管和带颈法兰没有发生破坏，对接焊缝也无破坏迹象，说明试验研究的带颈法兰连接是可靠的。

（2）内侧、外侧双坡的带颈法兰与外侧单坡带颈法兰的撬起变形没有明显的差别，极限承载力基本相同，对于1000kV淮南—上海（皖电东送）输变电工程钢管塔推荐采用外侧单坡型式的带颈对焊法兰。

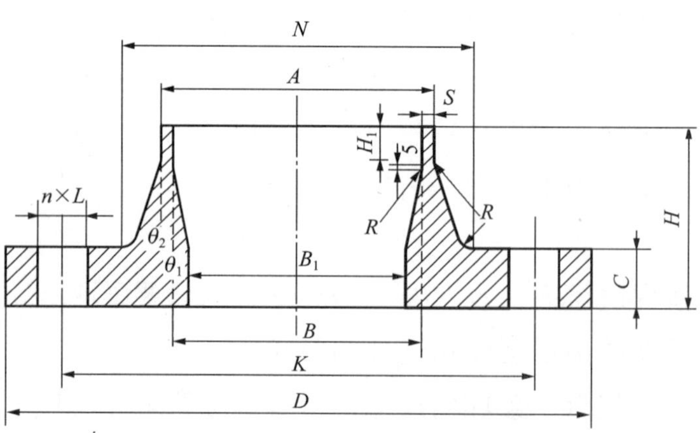

图5　法兰颈内外双侧变坡

图 6　法兰外部撬起变形

图 7　试件主管径缩现象

2.3　大小管径对接对焊法兰试验

进行以$\phi 426\times 10$为基准的大小管径对接的对焊法兰轴拉试验，检验大直径带颈对焊法兰在大小管径对接时的可靠性。试件共计 5 对，其中$\phi 426\times 10$接$\phi 356\times 8$为 2 对，$\phi 426\times 10$接$\phi 377\times 10$为 3 对；采用 8.8 级镀锌螺栓，材质选用 42CrMo。

试验研究得到以下主要结论：

（1）大小管径对接法兰试验中没有发生带颈法兰和对接焊缝的破坏，说明带颈法兰和对接焊缝是可靠的；达到极限承载力时，主管加载端有劲法兰的加劲肋附近出现撕裂型横向裂缝，从而停止加载；法兰的极限承载力相对设计承载力均超载 47.6%以上。

（2）钢管（主要是小管径钢管）在荷载超过设计承载力后，逐渐发生拉长、径缩现象，达到极限承载力并卸载后不可恢复。

2.4　带颈法兰真型塔试验

2008 年 12 月 10 日～14 日，国内首次采用带颈法兰连接主材的 SZT2 钢管塔在中国电力科学研究院良乡杆塔试验站顺利通过真型试验。真型塔如图 8 所示，对角的塔腿主材分别采用带颈对焊和平焊法兰（见图 9、图 10），各 8 种规格，共计 56 对。该塔通过了所有 9 个工况的试验考核，带颈法兰没有发生破坏。

真型塔试验检验了带颈法兰在钢管塔中应用的可靠性，检验了带颈法兰的设计参数，表明其可在工程中应用。

2.5　带颈法兰初步计算方法及系列化规格

在试验研究结果的基础上，并参照现行杆塔设计技术规定中无劲法兰的设计思路，提出带颈法兰的设计计算方法，真型试验证明这一方法可行。

2.5.1　对焊及平焊法兰轴心受拉时的螺栓计算

连接螺栓的拉力计算采用式（1）

$$N_{\mathrm{tmax}} = mT_{\mathrm{b}}(a+b)/a \tag{1}$$

式中 N_{tmax} ——受力最大的螺栓拉力，kN；

T_{b} ——轴心受拉时一个螺栓所对应的管壁段中的拉力，kN；

m ——螺栓受力修正系数，取 0.62；

a ——螺栓孔中心到法兰边缘的距离，mm；

b ——螺栓孔中心到法兰颈根部的距离，mm。

当$0.62(a+b)/a$小于 1.1 时，取$0.62(a+b)/a=1.1$。

图 8　真型试验钢管塔

图 9　真型塔用对焊法兰

图 10　真型塔用平焊法兰

2.5.2 法兰颈厚度（S）计算

根据钢管及法兰的加工工艺及检测来确定法兰颈厚度的取值

$S=t+2\mathrm{mm}$（管径在 711mm 以下）；$S=t+3\mathrm{mm}$（管径在 711mm 及以上）（2）

式中 S——法兰颈厚度，mm；

t——连接钢管的壁厚，mm。

2.5.3 法兰盘厚度（C）计算

按照撬力原理计算法兰盘强度，认为弯矩最大值在$e_o=a/2$处，计算式为

$$R_{\mathrm{f}}=T_{\mathrm{b}}\frac{b}{a}\text{（顶力）} \tag{3}$$

$$\tau=1.5\times\frac{R_{\mathrm{f}}}{CE}\leqslant f_{\mathrm{V}}\text{（剪应力）} \tag{4}$$

$$\sigma=\frac{5R_{\mathrm{f}}e_{\mathrm{o}}}{EC^2}\leqslant f\text{（正应力）} \tag{5}$$

式中 R_{f} ——法兰板之间顶力，kN；

C ——法兰盘厚度，mm；

E ——螺栓间距，mm。

2.5.4　法兰高度（H）计算

（1）对焊法兰

$$H=E_dC+H_1 \tag{6}$$

式中　H——法兰高度，mm；

C——法兰盘厚度，mm；

E_d——对焊法兰高度系数，取 2.2；

H_1——法兰颈顶部高度，mm，当管径小于或等于 406mm，取 20mm；当管径小于或等于 711mm，取 25mm；当管径小于或等于 965mm，取 30mm。

（2）平焊法兰

$$H=E_pC \tag{7}$$

式中　E_p——平焊法兰高度系数，当 C≤40mm，取 1.85；当 C≤50mm，取 1.7，且 H≥74mm；当 C>50mm，取 1.6，且 H≥85mm。

2.5.5　法兰颈根部直径（N）计算

（1）对焊法兰

$$N=[(H-C-H_1)\times\tan(3.14\theta/180)+(S-t)/2]\times2+\varphi \tag{8}$$

式中　φ——钢管管径，mm。

（2）平焊法兰

$$N=[(H-C)\times\tan(3.14\theta/180)+S]\times2+B \tag{9}$$

式中　B——平焊法兰内径，mm。

2.5.6　系列化规格

为便于输变电工程的设计、加工以及施工，在带颈法兰的试验研究和理论分析的基础上，总结出工程用带颈法兰标准化系列库。共配对带颈法兰 180 对（对焊和平焊法兰各 90 对）。大小管径的法兰连接按管径大小 4 级配置，不考虑壁厚差异，法兰的强度设计按同管径中最大壁厚考虑。表 1 所示为对焊带颈法兰规格及参数示例。

表 1　　对焊带颈法兰规格及参数表

序号	标示	钢管管径 φ（mm）	焊端外径 A（mm）	法兰内径 B（mm）	连接尺寸					法兰厚度 C（mm）	法兰高度 H（mm）	法兰颈			
						螺栓									
					法兰外径 D（mm）	孔定位圆直径 K（mm）	孔径 L（mm）	数量 n	规格 M			跟部直径 N（mm）	顶部高 H_1（mm）	顶部厚 S（mm）	倒圆角 R（mm）
1	FD1515	159	161	147	268	222	22	10	20	18	60	181	20	7	6

续表

序号	标示	钢管管径 φ（mm）	焊端外径 A（mm）	法兰内径 B（mm）	连接尺寸					法兰厚度 C（mm）	法兰高度 H（mm）	法兰颈			
					法兰外径 D（mm）	螺栓									
						孔定位圆直径 K（mm）	孔径 L（mm）	数量 n	规格 M			跟部直径 N（mm）	顶部高 H_1（mm）	顶部厚 S（mm）	倒圆角 R（mm）
2	FD1615	159	161	147	276	230	22	10	20	18	60	190	20	7	6
3	FD1915	159	161	147	310	260	22	14	20	20	64	190	20	7	6
4	FD2115	159	161	147	335	288	22	16	20	24	73	200	20	7	6
5	FD1616	168	170	156	276	230	22	10	20	18	60	190	20	7	6

3 典型插板连接 K 节点承载性能研究

3.1 节点承载力试验

3.1.1 试验情况

K 节点试验的主管规格为ϕ219×6，支管规格为ϕ133×4。试验按节点标准化设计系列中 100%支管承载力设计。

（1）C 型插板试件破坏特征。C 型（槽型）插板节点主要是受压支管先发生破坏，如图 11 所示。试验中采取主管和支管是同时加载，在主管受力较大时产生一定的压缩量，带动支管一起下降，最后受压支管发生整体屈服失稳。受压支管的有明显鼓出现象，部分受压后发生弯曲，受拉侧钢管被拉裂，受压侧鼓出。

3 排螺栓与 4 排螺栓（螺栓布置见图 11）破坏情况类似。

（2）U 型插板试件破坏特征。U 型插板与 C 型插板节点的破坏情况类似，均是受压支管先发生破坏，如图 12 所示。受压支管的屈服有明显鼓出现象，一部分试件受压后发生弯曲，受拉侧钢管 U 型插板弯折处焊缝被拉裂。

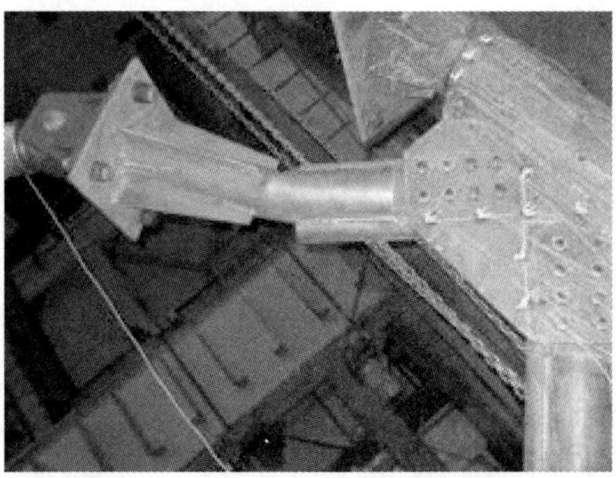

图 11　C 型插板连接破坏形态

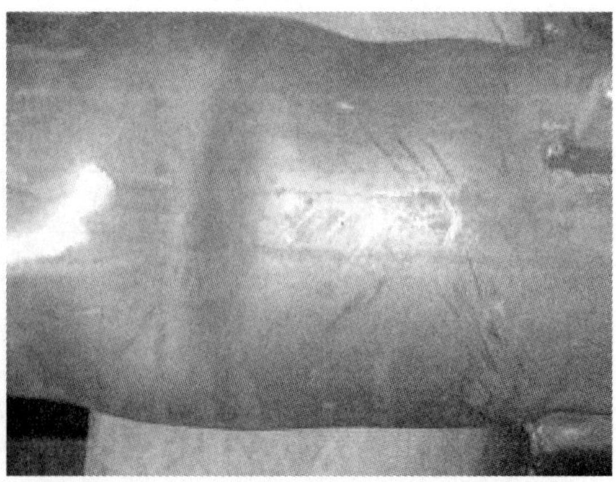

图 12　U 型插板连接破坏形态

（3）十型插板试件破坏特征。在支管发生破坏的同时，十字型插板均是节点板法线方向的连接板发生弯曲，而最终导致结构破坏，无法继续承受荷载，如图 13 所示。这是由于十字型插板与节点板对接处刚度较弱，使其在受力作用下变得不太稳定。

图 13 十型插板连接破坏形态

3.1.2 试验结果

节点承载力试验均以受压支管破坏而停止加载，故节点承载力以受压支管破坏时的荷载为准，试验结果见表 2。

表 2 不同插板连接承载力

试件编号	插板连接方式	极限承载力（kN）	平均值（kN）
C1Z-1	槽钢（4 排螺栓）	478	480.7
C1Z-2		482	
C1Z-3		482	
C2Z-1	槽钢（3 排螺栓）	460	460.7
C2Z-2		450	
C2Z-3		472	
S1Z-1	十型插板	490	492
S1Z-2		500	
S1Z-3		486	
U586ZC-1	U 型插板	550	544
U586ZC-2		540	
U586ZC-3		542	

从试验结果可以看出：

（1）C1Z 为 4 排螺栓连接，C2Z 为 3 排螺栓连接，4 排螺栓相对 3 排螺栓的滑移较小，连接更可靠 C1Z 比 C2Z 的承载力稍高。

（2）U 型插板连接的螺栓为双剪，相对槽钢连接无偏心，U 型插板的连接为两排列螺栓，而槽型插板为四排列螺栓连接，前者滑移大于后者，但最终 U 型插板节点的承载力要比槽型插板的高。

（3）十字型插板不存在偏心，但安装较麻烦，且在连接板对接处存在刚度减弱的情况，可通过增加连接板刚度的方法，改善节点整体刚度。

3.2 节点板稳定试验研究

3.2.1 试验情况

试验研究了管—板连接节点体系中节点板的稳定性能及失稳破坏模式。为达到节点板失稳的目的，将节点板厚度设计得稍薄。

（1）C 型插板试件破坏特征。C 型插板节点板失稳时，自由边区域首先进入塑性，当外力逐渐增大时，塑性变形不断发展并向邻近区域扩展，最后插板延长区域及环形加强区塑性变形增大而产生平面外的挠度，当节点板发生较大的变形时，在很短的时间内失去承载力能力，继而破坏。节点板失稳时支管上的轴心受压变成了偏心受压，从而支管发生破坏，如图 14 所示。

（2）C 型插板试件（中部加肋）破坏特征。节点板上有加劲肋时，减小了节点板的自由边长度，改变了节点板的应力分布状态，节点板是先在插板延伸区进入塑性，随着荷载的增加，节点板的应力重新分布，塑性区向节点板两侧自由边区域发展，同时加劲肋致使节点板平面外刚度较大，在外力作用下平面外侧移很小，最大侧移仅为 4.5mm 左右，此时节点板部分已进入塑性屈服状态，但未发生失稳破坏，如图 15 所示。

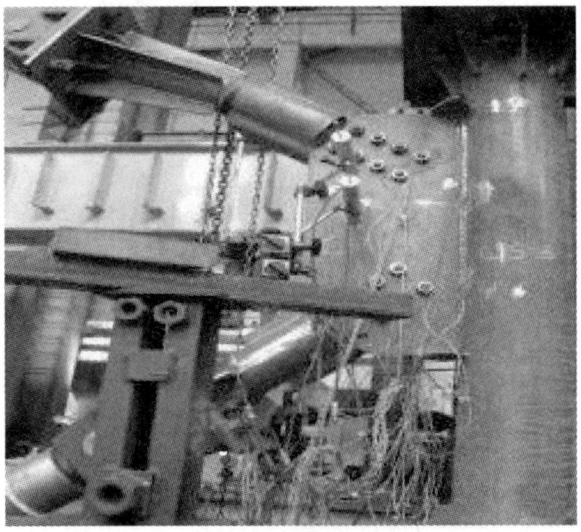

图 14　C 型插板试件试验照片

图 15　C 型插板试件（节点板中部加肋）试验照片

（3）C 型插板试件（自由端卷边）破坏特征。节点板上有卷边，致使节点板自由端平面外刚度较大。在外力作用下，节点板是先在插板延长区进入塑性，后带动两边区域。中部加劲肋和自由端卷边有所不同，前者是通过减小自由端长度来抵抗失稳，而后者是通过增加自由端平面外刚度使节点板不容易发生失稳破坏。如图 16 所示。

（4）U 型插板试件破坏特征。其破坏模式为插板延长区破坏带动两边区域塑性变形增大而产生平面外的挠曲。

与 C 型失稳的区别是：C 型插板连接产生的板平面外偏心压力，使节点板发生平面外弯曲，属于板面外的失稳破坏；U 型插板连接节点板是轴心受压，此时节点板的极限承载力主要是由材料强度控制，节点板破坏趋近于强度破坏。如图 17 所示。

图 16　C 型插板试件（节点板自由端卷边）试验照片

图 17　U 型插板试件试验照片

3.2.2　试验结果

表 3 所示为节点板极限承载力试验值及计算值的比较。

表 3　节点板极限承载力比较

插板型式	P_d（kN）	P_{test}（kN）	P_{test}/P_d	插板型式	P_d（kN）	P_{test}（kN）	P_{test}/P_d
C 型插板（4 排螺栓）	361.57	420.00	1.16	C 型插板（3 排螺栓）	361.57	392.80	1.09
C 型插板（节点板中部加肋）	361.57	460.00	1.27	U 型插板	313.26	376.00	1.20
C 型插板（节点板自由端卷边）	361.57	430.00	1.19				

注　P_d 为节点板计算承载力；P_{test} 为试验节点板极限承载力。

根据试验结果可得到如下结论：

（1）试验承载力均比计算承载力高，说明采用现行钢结构设计规范的计算方法是可以的，且有一定的安全裕度。

（2）C 型插板连接在插板宽度一定的情况下，4 排螺栓连接比三排螺栓要好，说明适当增加连接螺栓数量有利于节点稳定。

（3）C 型插板连接中节点板中部加劲和自由边卷边提高了节点板的平面外刚度，且延缓了 A 区的塑性发展，减缓了 A 区带动其他区域失稳的趋势，从而提高了节点的承载力；中部加劲肋和卷边还减小了附加弯矩对节点板的影响。

（4）U 型插板由于两排螺栓存在较大滑移、螺栓孔有较大变形，减小了节点承载力，U 型插板最终破坏模式为强度破坏，在设计中应提高插板厚度和连接有效长度。

3.3 负偏心连接节点试验

3.3.1 试验情况

通过试验及理论计算负偏心对钢管塔节点承载力的影响。节点负偏心试验偏心距取 $D/4$、$3D/8$，主管长度取 4.25m。

试验时，主管轴力和支管轴力同时加载，支管轴力采用节点承载力试验时的结果。当主管轴力达到一定值时，主管开始出现弯曲现象，不过弯曲挠度并不明显，此时主管还能承受一定的荷载，继续增大主管荷载直至主管出现明显的挠曲，此时主管轴力无法维持继续增大的趋势，主管失稳。共进行 C 型插板 $D/4$ 负偏心、C 型插板 $3D/8$ 负偏心、U 型插板 $D/4$ 负偏心、十字型插板 $D/4$ 负偏心四组试件试验。图 18 是 C 型插板 $D/4$ 负偏心试验加载情况。

图 18　主管 $D/4$ 负偏心加载试验

表 4　节点负偏心承载力

构件编号	F_1（kN）	F_2（kN）	F_3（kN）	主管总作用力 F（kN）	备　注
C1PC-1	1180	300	300	1373	C 型 $D/4$ 负偏心
C1PC-2	1000	350	350	1225	
C1PC-3	780	450	450	1069	
C2PC-1	680	450	450	969	C 型 $3D/8$ 负偏心
C2PC-2	700	450	450	989	C 型 $3D/8$ 负偏心
C2PC-3	710	450	450	999	
U3PC-1	730	500	500	1051	U 型 $D/4$ 负偏心
U3PC-2	745	500	500	1066	
U3PC-3	1380	0	0	1380	
SZX4-1	690	550	550	1044	十字型 $D/4$ 负偏心
SZX4-2	700	550	550	1054	
SZX4-3	690	550	550	1044	

注　F_1 为主管极限承载力；F_2、F_3 为支管作用力；F 为轴力+支管力垂直分量。

根据试验结果，构件发生整体失稳破坏。负偏心大的构件承载力低于负偏心较小的构件。主要原因是试验主管长细比较大，属于压弯构件，整体容易失稳。

有限元分析结果与试验结果相符。但当钢管构件长细比较小时，负偏心对构件局部承载能力有利，有限元分析结果见表 5。

表 5　　较小长细比负偏心构件有限元分析结果

编号	主管规格	偏心距	构件长度（mm）	F_1（kN）	F_2（kN）	F_3（kN）	主管总作用力 F（kN）
C1	219×6	无	2200	986.5	150	150	1189
C2	219×6	3*D*/8	2200	1028.6	150	150	1231.1
U1	219×6	无	2200	804.8	200	200	1074.8
U2	219× 6	*D*/4	2200	869.4	200	200	1139.4
U3	219×6	无	1500	815.7	200	200	1085.7
U4	219×6	*D*/4	1500	920.7	200	200	1190.7

从表 5 中可以看出：长细比较小时，节点连接负偏心对构件有利，主管的极限承载力有所提高。

3.3.2　试验结果

（1）构件未出现局部屈曲现象时，负偏心对构件整体失稳不利，因此，当构件长细比较大时，应避免负偏心的出现，以免造成构件的整体失稳破坏。

（2）试验研究表明，负偏心距越大则主管承载力越低，负偏心距 3*D*/8 相对 *D*/4 增大了 50%，而主管承载力降低了约 20%，故负偏心的存在对主管整体失稳承载力不利。

（3）当主管构件长细比较小时，通过有限元分析可知，局部屈曲先于整体失稳，负偏心的存在减少了支管合力对主管管壁的偏心矩，对主管的局部屈曲承载力有利。

4　结论

通过不同型式、不同管径带颈法兰的承载力试验，推荐皖电东送工程钢管塔主材采用带颈锻造法兰对焊连接。研究给出了带颈法兰的设计计算方法及构造措施，并据此配置了工程用带颈法兰的系列化规格库。带颈法兰部件试验、真型塔试验验证了法兰配置安全、可靠。研究结果为工程设计提供了依据。

钢管塔典型插板连接节点的承载性能试验表明，C 型、U 型、十字型插板节点均能有效传力，可在工程中使用。连接板的试验承载力均高于计算承载力，说明采用现行钢结构设计规范的计算方法对连接板进行稳定计算是安全的，有一定的裕度。采用节点板中部加劲和自由边卷边可提高节点板的平面外刚度，建议在实际工程中采用。对于钢管塔柱与腹杆插板负偏心连接节点，当构件长细比较大时，结构整体失稳先于局部破坏，节点负偏心对结构不利；当构件长细比较小时，结构局部破坏先于整体失稳，节点负偏心对结构其有利作用，应用时需进行具体分析。

12 特高压交流同塔双回钢管塔标准化设计研究

1 引言

钢管塔具有构件风压小、刚度大、结构简洁、传力清晰等优点，能充分发挥材料的承载性能。在大跨越塔等大荷载高塔中应用钢管塔技术经济优势明显。据不完全统计，截至 2008 年底，全国范围内已经投运的 110～500kV 钢管塔大跨越工程已近 40 项，500kV 钢管塔输电线路工程 10 项，±800kV 和 1000kV 特高压大跨越工程 6 项。

在电力行业外，高度为 200～300m 的广播电视塔钢管结构应用普遍，钢管塔是电视塔的主要结构形式。从国外的设计经验来看，日本在 20 世纪 80 年代就开始大量推广使用输电线路钢管塔，并对钢管塔的连接方式、节点构造等形成了标准化的制作基准（见图 1）。

图 1　日本 1000kV 钢管塔、锻造法兰及标准节点

1000kV 淮南—上海（皖电东送）输变电工程是我国首条百万伏电压等级的双回路线路，杆塔荷载大，最大主材内力将达到 15 300kN，全线采用钢管塔具有显著的社会和经济效益。

钢管塔拼装、焊接工作量大，加工自动化程度较低，加工效率显著低于角钢塔。皖电东送工程钢管塔用量大，约 30 万 t，对加工制造带来了重大挑战。开展钢管塔标准化设计工作，可有效提高加工工效、方便施工安装，提高设计效率，是保障皖电东送工程钢管塔成功应用的重要措施。

2 钢管塔标准化设计

皖电东送工程钢管塔标准化设计关键技术的研究工作主要有以下三个方面的内容：

（1）对钢管材料进行统一，避免出现一家设计单位一套规格系列的情况，避免加工生产阶段由于采购原因出现繁复的变更、代料情况。

（2）统一节点形式和钢管管头的连接形式，进行标准化设计，形成标准化图纸，为加工标准化创造条件，提高加工工效。

（3）经试验验证和理论分析，针对减少焊接工作量的锻造法兰形成标准化配置表，进一步提高加工工效。

2.1　钢管系列规格库

钢管构件的规格品种、数量多少将直接影响钢管塔的加工进度和生产效率。根据国标的规格系列，并结合本工程的具体内力情况和经济技术比较，就钢管塔的常用钢管规格库、制管能力、所用标准以及主要加工设备现状和产能情况向国内 16 家铁塔加工企业和各参与设计院进行了调研。钢管塔所用的钢管构件一般分为两种，直缝焊接钢管和无缝钢管。直缝焊接钢管根据成管工艺特点，当管径为ϕ426mm 及以下时，可采用高频焊管；当管径大于ϕ426mm 时，应采用埋弧焊管。依据调研和钢管截面特性分析结果，工程采用的钢管系列规格库设计规格共计 72 种（见表 1），材质为 Q235B 和 Q345B 两种，管径范围为ϕ89～ϕ965，厚度范围为 t=4～22mm。钢管系列化规格的截面面积级差一般控制在 10%左右，径厚比范围是 34.3～60.0，平均径厚比为 46.6。根据我国 GB 50017—2003《钢结构设计规范》、国外规范或制作基准对构件长宽比或径厚比的要求，当用作主材，或受压强度利用率较高时应优先采用小径厚比钢管，一般可按 $D/t\leqslant 50(235/f_y)$ 控制，即相当于欧州钢结构规范 2 类断面控制要求，可考虑钢管壁厚外边缘的部分塑性能力。

表 1　　**钢管系列规格库**

序号	管径（mm）	壁厚（mm）											
		4	5	6	7	8	10	12	14	16	18	20	22
1	89												
2	114												
3	140												
4	159												
5	168												
6	194												
7	219												
8	273												
9	325												
10	356												
11	377												
12	406												
13	426												
14	457												

续表

序号	管径（mm）	壁厚（mm）											
		4	5	6	7	8	10	12	14	16	18	20	22
15	480												
16	508												
17	529												
18	559												
19	610												
20	630												
21	660												
22	711												
23	762												
24	813												
25	864												
26	914												
27	965												

日本输电线路用 STK55（屈服强度为 392MPa）钢管的径厚比平均值为 42.1；STKT60（屈服强度 440MPa）钢管的径厚比平均值为 40.8；而本次标准化设计采用的钢管规格库 Q345B（屈服强度 345MPa）钢管的径厚比平均值为 46.6。考虑到屈服强度的影响，皖电东送工程所选用的钢管在构件局部稳定性能上要略优于日本基准，和欧洲钢结构设计规范规定的二类断面是相当的，即允许考虑钢管有部分塑性的发展。

2.2 插板节点标准图

钢管塔设计和角钢塔设计相比，除了内力计算外，还有大量的节点设计和计算工作，包括插板或法兰的设计和计算、焊缝长度和高度的计算和校核等。为了提高设计效率、降低重复劳动、减少设计差错、提高生产效能，规范管头的标准化设计显得尤为重要。总结以往工程的设计经验，钢管构件的插板管头型式一般有“U”型、“T”型、“C”型、“I”型和“×”字型插板等五种形式。根据钢管塔构件的位置，受力特性、受力大小和构造要求，灵活合理地采用五种插板形式（见表 2）。

表 2　　五种插板形式特点及使用部位

插板形式	特点	使用部位
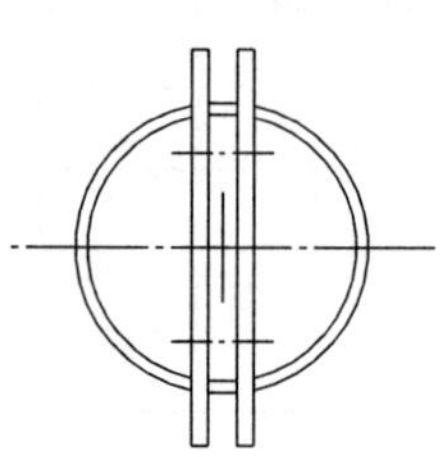	（1）中心受力，螺栓双剪 （2）板长较短，节点紧凑 （3）板厚方向刚度较弱 （4）加工和施工要求较高	（1）横担上平面主材（吊杆） （2）横担上平面所在位置对应的塔身横隔材（受拉） （3）塔身斜材与主材的连接 （4）其他合适的部位

续表

插　板　形　式	特　　点	使　用　部　位
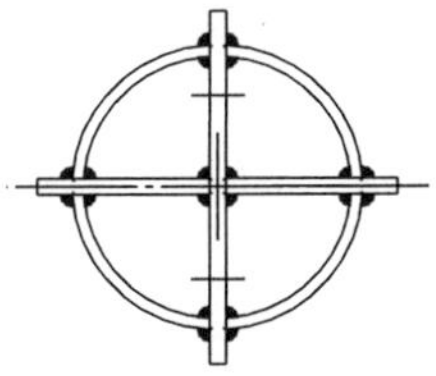	（1）中心受力，螺栓双剪 （2）节点强度较高，稳定较好 （3）断面刚度较好 （4）加工和施工较方便	（1）受（压）力较大的塔身斜材、横材和主材的连接 （2）横担下平面主材和塔身主材的连接 （3）塔身交叉斜材交叉节点
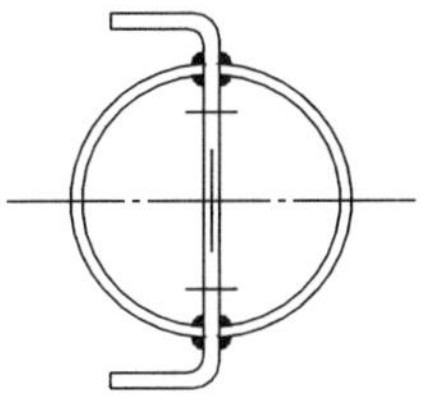	（1）插板有小偏心，螺栓单剪，插板较长，节点较大 （2）板厚方向刚度较好 （3）加工和施工方便	适用性较好，可用于主材和斜材、辅助材的连接
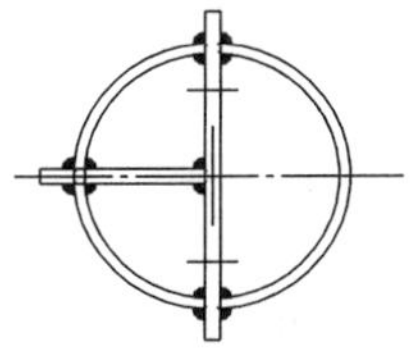	（1）插板有较大偏心，螺栓单剪，插板较长，节点较大 （2）板厚方向刚度好 （3）加工和施工方便	可用于管截面较大而内力较小的构件，例如长细比控制的大管径辅助材、横材等
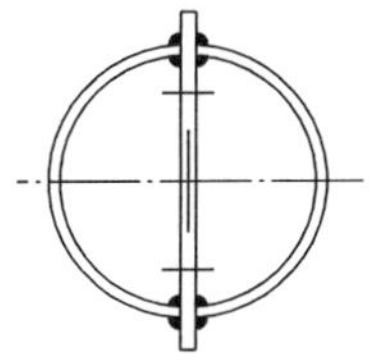	（1）中心受力，螺栓单剪 （2）节点强度较小，稳定较差 （3）板厚方向刚度差 （4）加工和施工非常方便	用于管径较小、受力也较小的辅助材中

根据试验结果和计算分析，确定本工程采用“U”型、“C”型和“X”型 3 种插板型式，共计 177 个插板详图。“C”型和“X”型分别按 Q235B 和 Q345B 两种材质钢管设计配置，“U”型插板仅按 Q345B 钢管设计配置。插板的承载力按照钢管母材强度的 100%、70%和 50%三个级别进行设计。设计时考虑了插板、焊缝和螺栓的强度，同时考虑了结构布置和构造的合理性以及节点刚度的影响（见图 2）。插板型号由 7 位字母或数字组成：第一位为字母，表示插板类型，以字母“C”、“U”和“X”分别表示槽型、U 型和十字型插板；第二、三位为数字，表示插板所连的钢管的管径代号（用管径的百位数和十位数表达）；第四、五位为数字，表示插板所连的钢管的壁厚；第六位为字母，以 S 和 H 分别表示钢管母材材质 Q235B 和 Q345B；最后一位为数字，表示对应的钢管母材强度设计应力比，1 表示 100%、7 表示 70%、5 表示 50%。

2.3　锻造法兰配置表

以往钢管塔结构中，法兰连接节点往往采用有加劲肋的刚性法兰和无加劲肋的柔性法兰，这两种法兰的优缺点也是非常明显的。刚性有劲法兰刚度较好、强度较高，但是大量的手工焊接工作量使得法兰的加工效率低下；柔性无劲法兰尽管省去

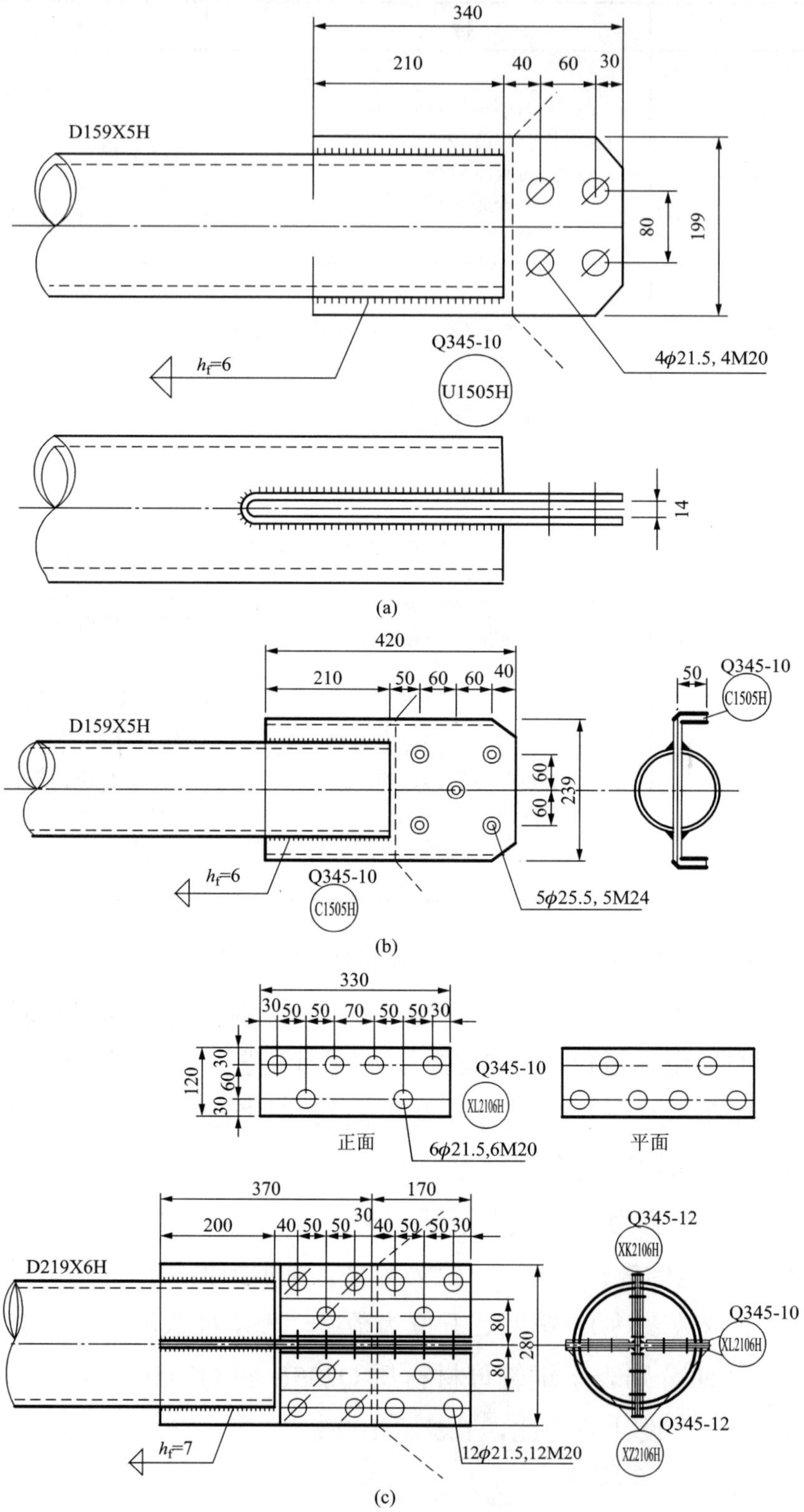

图 2　皖电东送工程用插板节点详图示例

（a）插板 U1505H7；（b）插板 C1505H7；（c）插板 X2106H1

了大量的加劲板的焊接，但是其刚度较差，法兰的螺栓受到法兰端部的翘力作用，影响法兰整体的受力性能，应用不是非常广泛。为了最大程度地提高钢管塔的生产效率，采用锻造带颈法兰，减少法兰加劲板的焊接工作量是行之有效的办法。锻造带颈法兰也是日本钢管塔中常用的法兰型式，且均采用对焊连接，外观美观、焊接可靠。

我国还没有钢管塔锻造带颈法兰的应用经验。中国电力科学研究院对我国压力容器用对焊锻造法兰和平焊锻造法兰进行了试验与研究，表明两种法兰用于钢管塔均是可行的、安全的。

法兰颈厚度、高度、坡度、圆弧弧度等参数同时参考我国标准和日本基准进行确定。一般法兰颈部厚度较钢管壁厚 2～3mm，法兰颈高度取法兰板厚度的 3 倍左右，法兰颈坡度取 15°～25°。

由于带颈锻造法兰没有加劲板的辅助连接，故有必要对环向焊缝提出较高的要求，以控制焊缝的质量。插接平焊法兰依靠两条角焊缝进行连接，焊接工艺简单、对焊工的要求较低，焊接成本较低。但对焊缝质量的要求却很难控制，焊接质量难以检测。且插接平焊法兰两条角焊缝离开较远，实际受力不均匀。随着受力的变大，钢管和法兰因为变形的不一致，使得钢管外壁和法兰内壁之间产生分离，焊缝和附近的管壁将会由于此而产生复杂应力状况和附加次弯矩。而且该空隙的存在使得由于焊接质量问题引起的酸洗进水、镀锌暴胀现象成为可能，影响法兰的可靠度。对接法兰由于仅有一条环向焊缝，焊接工作量相对较低，但焊接质量要求较高。由于该焊缝质量可检测，焊接质量容易得到保证，工程中推荐采用对焊形式的锻造法兰。

由于法兰主要是应用在钢管塔的主材上，不管是采用那种法兰，均有不同管径连接问题，结合日本《输电线路钢管塔制作基准》关于不同管径法兰配置的经验以及中国电力科学研究院锻造法兰的研究，推荐工程中采用的法兰可按管径大小 4 级配置（见表 3），不考虑壁厚差异，按最大壁厚配置法兰，有利于锻造法兰的采购和加工。

表 3　皖电东送工程用不同管径法兰配置表

序号	钢管规格 (mm)																								
	管径	直径																							
		159	168	194	219	273	325	356	377	406	426	457	480	508	529	559	610	630	660	711	762	813	864	914	965
1	159																								
2	168																								
3	194																								
4	219																								
5	273																								
6	325																								

续表

序号	钢管规格 (mm)																								
	管径	直径																							
		159	168	194	219	273	325	356	377	406	426	457	480	508	529	559	610	630	660	711	762	813	864	914	965
7	356																								
8	377																								
9	406																								
10	426																								
11	457																								
12	480																								
13	508																								
14	529																								
15	559																								
16	610																								
17	630																								
18	660																								
19	711																								
20	762																								
21	813																								
22	864																								
23	914																								
24	965																								

3 结论

（1）标准化钢管系列规格库共规划 72 种规格，直径为 89～965mm，厚度为 4～22mm，材质为 Q235B 和 Q345B 两种。径厚比范围为 34.3～60.0，平均径厚比为 46.6，在局部稳定性能上和欧洲钢结构设计规范规定的二类断面相当，略优于日本标准。考虑钢管塔主材局部稳定承载能力的塑性储备，建议主材的径厚比 $D/t \leqslant 50$。斜材可不受限制。

（2）标准化节点插板图分“U”型、“C”型和“X”型三种型式，按照钢管母材强度的 100%、70%和 50%三个级别进行设计。共计完成 177 个插板详图。设计时既考虑了插板、焊缝和螺栓的强度，同时考虑了结构布置和构造的合理性以及节点刚度的影响。每种标准化节点插板对应的钢管规格和材质均是唯一的。

（3）对焊锻造法兰仅有一条环向焊缝，其焊接工作量相对较小，焊缝等级要求高但焊缝质量可检测，容易保证焊接质量。而平焊法兰有两条角焊缝，焊接工作量相对较大，焊缝等级要求低，但不易检测，焊接质量难以控制，且两条角焊缝离开较远，实际受力不均匀。为保证法兰的加工质量和受力性能，工程推荐采用对焊锻造法兰。

（4）钢管塔设计关键技术研究形成的标准化成果可以用于皖电东送工程钢管塔施工图设计。钢管塔的标准化设计为钢管塔加工效率的提高创造了重要的条件，同时提高了杆塔设计工作效率和设计质量。

13 特高压交流同塔双回扩径导线及跳线研究

1 引言

导线直径和分裂数是影响电磁环境的重要因素。在输电线路走廊受限制条件下，增大导线直径是控制电磁环境指标的有效手段。与普通钢芯铝绞线相比，在同等铝截面条件下，扩径导线具有较大的外径；在相同外径条件下，扩径导线具有较轻的重量。采用扩径导线是改善输电线路电磁环境的重要措施之一。

根据对 1000kV 淮南—上海（皖电东送）输变电工程电磁环境的研究，对 I 型串布置的直线塔型推荐采用 8×630mm^2 导线，对 V 型串布置塔型推荐采用 8×720mm^2 导线。8×630mm^2 已满足皖电东送工程输送容量要求，对 720mm^2 或更大截面的导线采用扩径导线有利于降低工程投资。结合皖电东送工程和后续特高压工程建设可能采用的导线方案，开展了特高压线路扩径导线研制及其配套金具、机具、施工技术研究，为工程应用提供技术支撑。

2 扩径导线研制

2.1.1 导线设计

综合考虑皖电东送工程和后续特高压工程建设的需要，确定了三种扩径导线型式：① 630mm^{2}扩 720mm^2（630k720），疏绞型结构，型号 JLK/G2A-630（720）/45；② 630mm^{2}扩 900mm^2（630k900），支撑型结构，型号 LXK/G2A-630（900）/50；③ 720mm^{2}扩 900mm^2（720k900），支撑型结构，型号 JLXK/G2A-720（900）/50。初步分析，900mm^{2}导线（外径为 40mm）的电晕噪声不超过 53dB（A）。

设计的疏绞型 JLK/G2A-630（720）/45 导线由两层镀锌钢丝和三层铝线组成，三层铝线数量分别为 8、9 和 21；支撑型 LXK/G2A-630（900）/50 和 JLXK/G2A-720（900）/50 导线 7 根镀锌钢丝位于导线中心，外层分别由 24、30 根 Z 型铝线，邻外层分别由

18、24 根 S 型铝线绞合而成。两种支撑型扩径导线的钢芯与铝层之间用挤压高密度聚乙烯（开槽）进行支撑，上述三种导线的结构型式如图 1 所示。

(a) (b) (c)

图 1　三种扩径导线结构示意图

（a）JLK/G2A-630（720）/45；（b）JLXK/G2A-630（900）/50；（c）JLXK/G2A-720（900）/50

三种扩径导线具体技术参数如表 1 所示。

表 1　　三种扩径导线技术参数

型号	JLK/G -630(720)/45	JLXK/G-630(900)/50	JLXK/G-720(900)/50
导线结构	21/4.53+9/4.71+8/4.71+7/2.80	30/Z/3.2+24/S/3.2+聚乙烯/27.2+7/3.02	24/Z/3.9+18/S/3.9+聚乙烯/24.4+7/3.02
外径（mm）	36.30	40.0	40.0
单位长度质量（kg/km）	2090	2366	2570
额定抗拉力（kN）	159.9	155	168
弹性模量（$\times10^3$MPa）	63.6	56.5	57.5
热膨胀系数（$\times10^{-6}$/℃）	20.8	20.5	20.8

2.1.2　导线试制

试制支撑型扩径导线要研制专用模器具、预扭装置与分线盘。并制定型线单丝制造工艺、支撑芯的形状和结构控制工艺、绞线生产工艺。

（1）型线单丝制造工艺。线坯经过型模拉制的型线单丝工艺如图 2 所示。

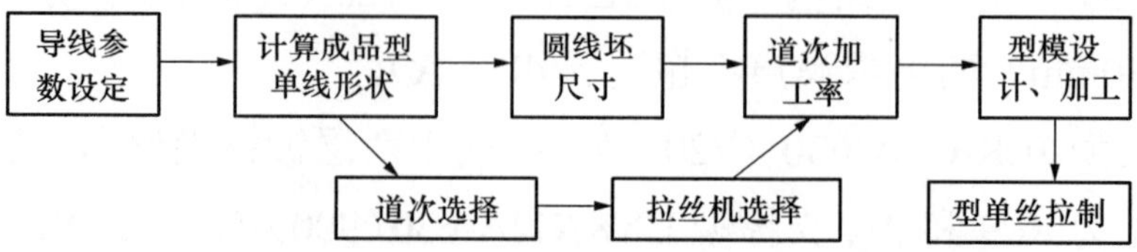

图 2　型线单丝拉制工艺

1）加工道次。型线加工道次和每道型模截面积是关键，由于 Z（S）形线的复杂截面，其拉制工艺必须符合金属流动规律，使得每道模具间的加工量尽量满足金属冷加工的工艺要求，形状过渡符合比例，使得效率最大化，减少拉丝过程中断线等现象的发生。

JLXK/G2A-630(900)/50 扩径导线所用型线单丝的拉丝模具，如表 2 所示。

表 2　　720k900 外层型线模具设计计算表

拉丝机鼓轮速比	铝线道次延伸比	理论计算每道截面积（mm^2）	道次减缩比	实际道次截面积（mm^2）
1.24	1.26	41.510 0	—	42.302 4
1.24	1.26	32.953 0	0.702 4	33.998 3
1.24	1.26	26.153 0	0.626 5	27.041 4
1.24	1.26	20.756 0	0.558 0	21.216 7
1.0～1.3	1.20	13.296 8	0.396 5	17.296 8

2）模具及配模。由于型线单丝的不规则性，拉丝时产生的阻力并不是轴线方向，这就使拉制力大于变形区和定径区变形抗力和摩擦力的总和。所以，同样形变下，异型单线比圆单线需要的张力大；如果断面减缩系数按圆单线的工艺执行，便容易断线。表 3 中列出了在生产过程中的模具配置情况。

表 3　　异型模和圆型模结构参数对比

道次	配模（mm）						备　注
	1	2	3	4	5	6	单线面积（mm^2）
圆形线	8.40	7.33	6.40	5.58	—	4.70	17.3
Z 形线	8.40	7.34	6.57	5.87	5.20	4.70	17.3

注　型线单丝项为等效直径。

（2）支撑芯的形状和结构控制。采用挤塑机在钢芯外挤上高密度聚乙烯，以起到支撑铝线并对钢芯定位的作用。由于导线结构对 HDPE 支撑架的外径、对称性和材料用量都有严格的要求，在生产中应对保证圆整度、挤塑温度控制、开槽（形状、深度）、绞线生产工艺进行把握。

（3）绞线生产工艺 Z（S）形线绞制关键技术是单丝预成型和单丝防翻转装置，设计了三种单丝防翻转定位装置，制定了单丝预成形工艺。

2.1.3　导线试验

扩径导线研究性试验及全性能试验主要分为常规试验、型式试验和工程应用性研究试验。

（1）导线常规试验包括：

1）绞线结构。外观、绞合参数（各层节径比）及铝线的均分、外径。

2）铝单线。外观与表面质量、直径、单重、抗拉强度、电阻率、卷绕、接头抗拉强度。

3）镀锌钢线。外观与表面质量、直径、单位重量、抗拉强度、1%伸长时的应力、扭转、伸长率、自身缠绕、镀层重量、镀层附着性（2D 缠绕）、镀锌层均匀性。

（2）导线型式试验包括：

1）机械性能。单位长度重量、总拉断力、应力—应变曲线及弹性模量。

2）物理性能。耐振疲劳（振动角 30′；张力 25% RTS）、热膨胀系数；蠕变试验（15%、25%及 35% RTS）。

3）电气性能。直流电阻与载流量。

（3）工程应用性研究试验包括：过滑轮试验、电晕试验、导线与金具连接试验等。

（4）对于型线扩径导线，除上述试验外，还包括：高密度聚乙烯材料性能试验、低温结构稳定性、高温结构稳定性、径向耐压。

研制的 JLK/G2A-630（720）/45 疏绞型扩径导线和 JLXK/G2A-630（900）/50、JLXK/G2A-720（900）/50 支撑型线扩径导线性能完全满足工程设计要求。

3 配套金具研制

研制的扩径导线配套金具主要是与扩径导线相接触的各种金具，包括耐张线夹及接续金具、间隔棒、悬垂线夹、防振锤。

（1）耐张线夹及接续金具的研制。由于支撑型扩径导线的铝线层由高密度聚乙烯支撑，而高密度聚乙烯本身的刚度较小，不能直接将高密度聚乙烯材料压接在金具中。因此研制了铝管填充式耐张线夹和接续金具。在压接过程中，切除一定长度的支撑层，然后用等内外径的铝管替代填充以保证压接的安全、可靠。

（2）间隔棒、悬垂线夹、防振锤的研制。阻尼间隔棒利用关节处嵌入的橡胶垫消耗振动能量，对抑制微风振动和次档距振荡效果明显。间隔棒的框架采用双板式，易于大批量采用压铸工艺生产。关节采用胶柱配套十字轴固定的方式，橡胶型式为胶柱型。

设计了满足特高压线路使用条件的防电晕型悬垂线夹。线夹材料选用铸造铝合金，ZL101A，强度较高、性能较好。

通过对三种扩径导线的自阻尼试验，得到了三种扩径导线的自阻尼功率表达式。三种扩径导线在微风振动的频率范围内都需要安装防振器。为此，设计了 FDT-6 型和 FDT-8 型防振锤锤，并进行了防振效果评估试验，确定了防振锤能保护的档距长度。

综上，研制的配套金具无论是机械强度还是电气性能指标均满足现行国家标准、行业标准及规范的要求，满足特高压工程的使用要求。部分指标超越了国外同类产品，具有国际领先水平。

4　跳线

跳线通常有三种结构型式：软跳线、笼式跳线和铝管式跳线。通过对跳线适用的场合、弧垂、横担长度、可靠性、两端子导线、新开发金具、造价费用、施工难度、外观、综合效益和运行经验等因素进行比较分析，确定采用铝管式跳线作为特高压同塔双回线路扩径导线的跳线型式。

设计的跳线由铝管端部金具、间隔棒和铝管悬吊金具三部分组成。其中铝管端部金具包括引流线夹、铝管终端金具和屏蔽环，间隔棒包括软线间隔棒和铝管间隔棒，铝管悬垂串金具主要包括悬吊铝管所用的金具。

（1）铝管端部金具。

1）引流线夹。引流线夹一端连接软线，一端与铝管终端金具相连，为软线和铝管传输电流。设计的引流线夹一端为空心铝管，软线插入铝管通过液压压接的方式进行固定，这种连接方式在强度和导电性方面都表现出优异的性能。引流线夹的另一端为双引流板，相对于单引流板，双引流板具有引流大、可靠性高、结构强度好等优点。

2）铝管终端金具。设计的铝管终端金具由三部分组成：本体、引流板和筋板。本体通过焊接的方式与铝管相连，引流板和筋板都焊接在本体上。

3）屏蔽环。根据 1000kV 特高压同塔双回线路电晕性能的要求，屏蔽环的管径为 150mm，环径为 500mm，全长为 1600mm，通过支腿固定在铝管终端金具的筋板上。

（2）跳线间隔棒。因从线路耐张端引下的子导线分裂间距为 400mm，而在铝管端部的子导线已经不在一个分裂圆上，从线路耐张端到铝管端部，软线中各子导线之间的距离是逐渐变化的。因此，软线间隔棒也能随安装位置处子导线间距的变化而变化。

（3）铝管悬垂串金具。铝管悬垂串金具的作用是将跳线整体悬吊于耐张塔上，悬垂串上端与杆塔相连，下端与两根铝管相连，主要的金具有铝管悬吊金具、均压屏蔽环和连接金具等。

1）铝管悬吊金具。设计的悬吊金具由悬吊金具本体和铝管间隔棒组成，悬吊金具本体用 Q235 钢制成。悬吊金具本体和铝管间隔棒通过长螺栓相连，在螺栓上还可安装重锤片。

2）均压屏蔽环。为防止悬垂串金具产生电晕，并能保护合成绝缘子。设计的均压屏蔽环采用铝管制造。

3）连接金具。连接金具主要包括 UB 挂板、L 型联板、碗头挂板和 U 形环等，强度等级为 160kN。

对跳线进行低压电气试验试验结果表明，铝管终端金具和引流线夹的通流性能良好。试验中，铝管终端金具和引流线夹的温度低于参考导线的温度。温升前后的电阻值小于参考导线的电阻值，跳线的防晕性能和抗无线电干扰性能满足标准要求。

5　卡线器研制

卡线器主要技术参数是额定工作载荷、钳口长度、最大开口尺寸及整体质量。卡线器在工作负荷（即夹持力）情况下，不滑移、不损伤导线，且质量应尽量轻。扩径导线的特殊结构要求，在保证夹持力（摩擦力）的情况下，尽可能加大钳口与导线的接触面积，减小被夹持部分的正压力。综合考虑各方面因素，经研究确定卡线器主要技术参数值，见表4。

表4　　卡线器主要技术参数

适用导线	额定抗拉力（kN）	钳口长度（mm）	最大开口尺寸（mm）	整体质量（kg）
630K900Z	60	370	43	≤15
720K900Z	65	370	43	≤15
630K720	55	350	39	≤14

6　现场展放试验

为了验证扩径导线的制造技术、放线施工工艺、配置的施工机具和现行压接设备能否满足特高压输电线路建设要求，2009年3月24日—4月12日在750kV永登—白银输电线路工程对疏绞型JLK/G2A-630（720）/45、支撑型JLXK/G2A-630（900）/50、JLXK/G2A-720（900）/50三种扩径导线进行了3次“一牵2”现场展放试验。

现场展放试验采用了150kN牵引机和1500mm轮径的张力机以及新研制的放线滑车、直线接续管、接续管护套、卡线器、网套连接器、导线牵引管、牵引走板、压接机等机具，导线对上述机具适应良好，新制机具工作状况良好，展放后导线外观符合规范要求，为编制扩径导线张力放线施工工艺导则提供了基础数据。

7　结论

研制出的JLK/G2A-630（720）/45、JLXK/G2A-630（900）/50、JLXK/G2A-720（900）/50三种扩径导线，扩径比分别达到1.14、1.25和1.43。型式试验及现场展放试验验证了研制的扩径导线具备工程应用条件。

开发的扩径导线配套金具（耐张线夹、接续管、间隔棒、防振锤、悬垂线夹），机械和电气性能指标均满足国家有关标准。开发的铝管式刚性跳线通流性能良好，起晕电压满足要求。研制的专用卡线器的钳口结构合理，性能优良，能满足架线施工的要求。三种扩径导线顺利通过了现场展放试验，制定的施工工艺满足张力放线要求。

根据研究成果编制了国家电网公司企业标准《架空送电线路扩径导线架线施工工艺导则》、《支撑型扩径导线压接工艺导则》和《高密度聚乙烯支撑型扩径架空导线》（报批稿），可指导扩径导线的工程应用。

14　特高压交流同塔双回输电线路配套金具研究

1　引言

金具是输变电工程的重要组成部分，它连接系统中各类装置，传递机械载荷和电气负荷。金具的特性与输变电工程技术参数密切相关，电压等级越高，对金具的要求也越高。特高压交流同塔双回输变电工程在我国尚属首次，因而有必要开展线路配套金具研究，保证线路建设顺利进行。

特高压交流同塔双回线路配套金具的研究内容主要包括八分裂阻尼间隔棒研制、绝缘子串型设计及串内金具研制、均压环和屏蔽环研制、一般线路跳线研制和防振锤研制等。

2　八分裂阻尼间隔棒研制

2.1　间隔棒研制

间隔棒分为刚性间隔棒、柔性间隔棒和阻尼间隔棒三类。阻尼间隔棒利用关节处嵌入的橡胶垫消耗振动能量，抑制微风振动和次档距振荡，是本次研制选用的间隔棒型式。

间隔棒一般由本体框架和线夹两部分组成，本体框架又可以分为单板式和双板式两种型式。为提高间隔棒运行可靠性，选用双板型式的本体框架。

特高压同塔双回线路运行电压较高，因而间隔棒的防电晕成为需重点考虑的问题。间隔棒在运行期间，其本体框架被包含在导线的分裂圆内，分裂导线对其产生屏蔽作用，而间隔棒线夹暴露在分裂圆外，因而它是最容易产生电晕的部位。为防止电晕的产生，对线夹尺寸进行了优化设计，并对线夹表面进行光滑处理，提高光洁度，杜绝加工中产生的棱角和金属毛刺。

在间隔棒众多性能指标中，耐受短路电流向心力是一个关键性指标，它由式（1）确定

$$P = 1.566\frac{2}{n}\sqrt{n-1}I_{\mathrm{k}}\sqrt{H\lg\frac{S}{D}} \tag{1}$$

式中 P——短路电流向心力，N；

I_k——短路电流，kA；

n——子导线根数；

H——子导线张力，N，通常为25% RTS；

S——子导线分裂圆直径，mm；

D——子导线直径，mm。

对试制的间隔棒进行了型式试验，试验内容包括机械强度试验、疲劳性能试验、对数衰减率试验、电晕和无线电干扰试验等，试验结果满足国家有关标准和工程的技术要求，其中电晕熄灭电压为986.2kV，短路电流向心力为15.37kN。

2.2 次档距优化布置研究

次档距是指输电线路分裂导线上相邻两个间隔棒之间的距离，因而次档距与间隔棒的结构型式和性能密切相关。通过对次档距进行优化配置，可防止子导线之间的鞭击，抑制导线微风振动和次档距振荡。

特高压同塔双回线路所用的八分裂型式如图1所示。

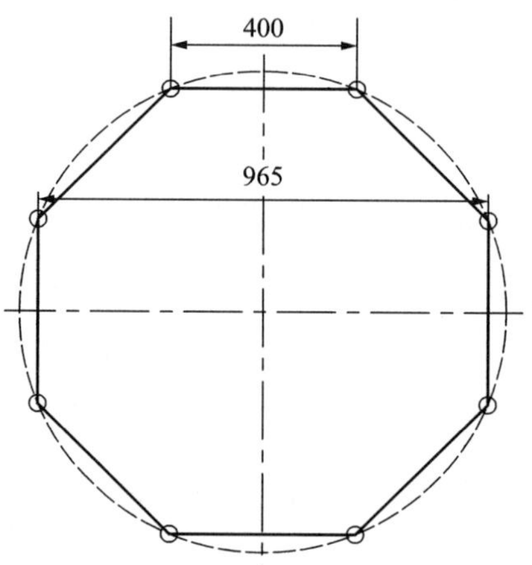

图1 特高压同塔双回线路分裂方式

特高压交流同塔双回线路上下各两根子导线的分裂间距与子导线直径之比（S/D）远小于20，而中间4根子导线的S/D大于20，因此可推断上下各两根子导线之间易发生次档距振荡，中间4根子导线不易发生次档距振荡。

分析了特高压同塔双回线路次档距布置的特点，建立了分裂导线—间隔棒系统次档距布置的有限元模型，利用导线的参数及由试验得到的间隔棒动力学参数计算了系统的对数衰减率，以系统的对数衰减率为目标函数，考虑了国内外分裂导线次档距布置的经验，运用非线性数学规划的方法对次档距的布置方案进行优选，得到了满足特高压同塔双回线路次档距布置的优化方案，编制的程序可用于工程实际。

根据特高压交流同塔双回线路技术参数，综合考虑确定线路间隔棒最大次档距为55m，最大次档距一般约为平均次档距的1.1～1.2倍，故平均次档距约为42～50m，端次档距为25～30m。

3 绝缘子串型设计及串内金具研制

3.1 绝缘子串型设计

特高压交流同塔双回输电线路工程采用8×LGJ-630/45导线，根据相关技术参数设计了若干种 I 型和 V 型悬垂绝缘子串以及耐张绝缘子串。各种悬垂绝缘子串和耐张绝缘子串的串型如表 1 所示。

表 1　　特高压同塔双回输电线路工程绝缘子串型

<table>
<tr><th colspan="2" rowspan="2">串　型</th><th colspan="3">绝缘子强度等级</th></tr>
<tr><th>300kN</th><th>400kN</th><th>550kN</th></tr>
<tr><td colspan="2">耐张绝缘子串</td><td>—</td><td>4×400kN</td><td>3×550kN</td></tr>
<tr><td rowspan="4">悬垂绝缘子串</td><td rowspan="2">I 型</td><td>1×300kN</td><td>1×400kN</td><td>—</td></tr>
<tr><td>2×300kN</td><td>2×400kN</td><td>2×550kN</td></tr>
<tr><td rowspan="2">V 型</td><td>2×300kN</td><td>2×400kN</td><td>—</td></tr>
<tr><td>4×300kN</td><td>4×400kN</td><td>—</td></tr>
</table>

3.2　串内金具的研制

3.2.1　材料选择及工艺要求

金具的设计除需考虑制造材料的机械强度外，还需考虑避免使用脆性材料，因为脆性材料耐受冲击性能差，而在施工放线和事故断线时都有冲击发生。输电线路的连接金具基本上都是钢制件，生产工艺包括铸造、锻造、焊接、机加工、热处理、镀锌等。在选材时除需考虑价格、强度和塑性指标外，还应注意工艺的可行性与可靠性。

在联板上可能存在不同吨位的眼孔，如 L-6460、L-8460、L-4296、L-4240、LF-128120 等联板。在金具设计时应考虑连接配合和强度因素，在小吨位处可铣去多余厚度使之满足连接要求，可尝试选用较高强度的材料来减少加工量。

在串内金具中，球头采用 40Cr 锻造，其他连接金具采用 35 号钢锻造，上述材料能够满足工程对串内金具机械强度和可靠性的要求。

3.2.2　连塔金具的选型

连塔金具是将悬垂绝缘子串或耐张绝缘子串连接到铁塔横担上的第一个金具，导线的垂直荷载（导线自重及冰重）、水平荷载（风载荷及导线角度张力）及纵向载荷（即顺线载荷断线张力或导线不平衡张力）通过连塔金具传递给铁塔，因而它是影响输电线路安全运行的重要因素。

悬垂绝缘子串连塔金具采用 EB 型式，耐张绝缘子串连塔金具采用 GD 型式和桥式联塔金具，桥式连塔金具的优点是能在运行过程中避免了附加弯矩的作用。上述连塔金具型式如图 2 所示。

3.2.3　八分裂悬垂联板的选型

八分裂悬垂联板与八根子导线直接相连，承受导线的各种载荷。悬垂联板采用组合式联板，如图 3 所示。

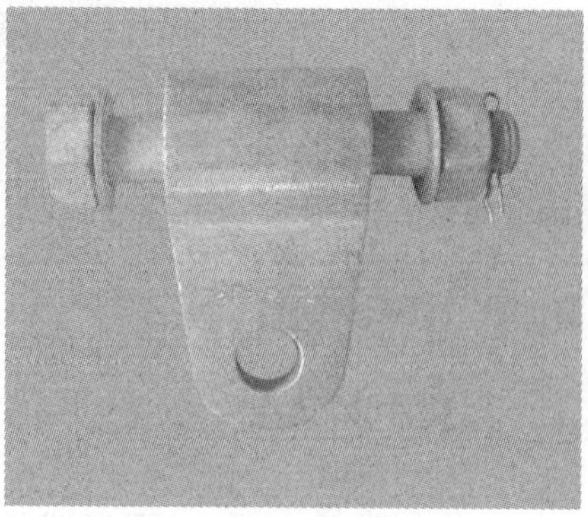

（a）

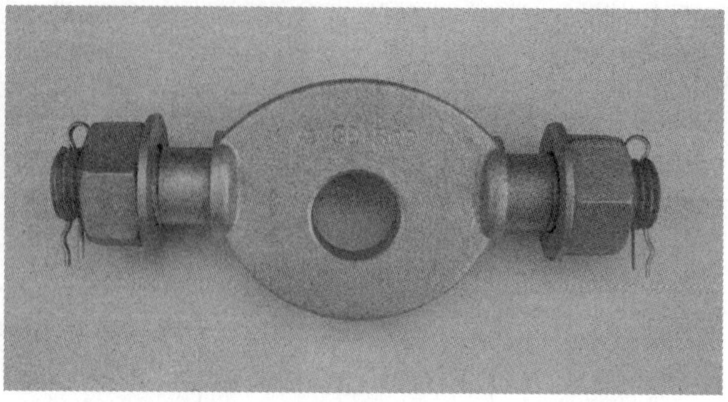

（b）

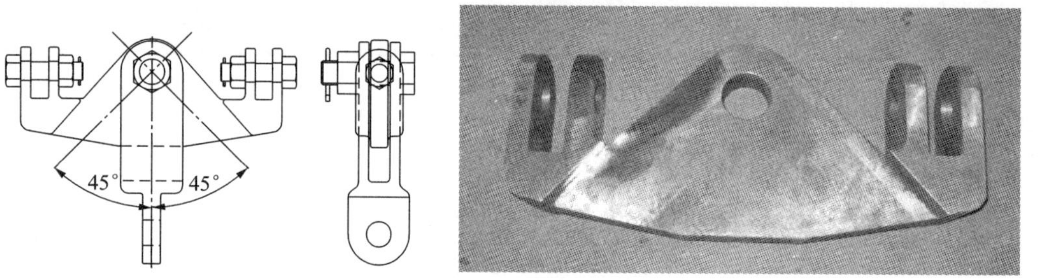

（c）

图 2　连塔金具

（a）EB 型；（b）GD 型；（c）桥式

3.2.4　防晕型悬垂线夹的研制

在特高压同塔双回输电线路工程中，由于电压较高，悬垂线夹必须进行防晕处理。悬垂线夹的防晕处理方式通常有两种：① 线夹本身防晕，即使用防晕型悬垂线夹；② 加装屏蔽环进行防晕。防晕型悬垂线夹在我国交流和直流超高压输电线路中已得到广泛应用，日本、苏联的特高压交流线路中亦使用了防晕型悬垂线夹，因此特高压同塔双回输电线路可使用防晕型悬垂线夹。

设计并试制了破坏载荷分别为 100kN 和 150kN 的防晕型悬垂线夹。根据工程需要，针对破坏载荷为 100kN 的悬垂线夹，考虑是否配用护线条设计了两种尺寸的悬垂线夹，线槽直径分别为 40mm 和 54mm。破坏载荷为 150kN 的悬垂线夹配用护线条，线夹线槽直径为 54mm。

按照 GB/T 2314—1997《电力金具通用技术条件》和 DL/T 756—2001《悬垂线夹》的要求，对试制的 CGF-100-20TU、CGF-100-27TU 和 CGF-150-27TU 三种悬垂线夹进行了型式试验，其破坏载荷和握力均达到了设计要求。根据 GB/T 2317.2—2008《电力金具试验方法　第 2 部分：电晕和无线电干扰试验》的要求，对悬垂线夹进行了电晕及无线电干扰试验。电晕熄灭电压最低值为 828.5kV，满足工程技术要求。

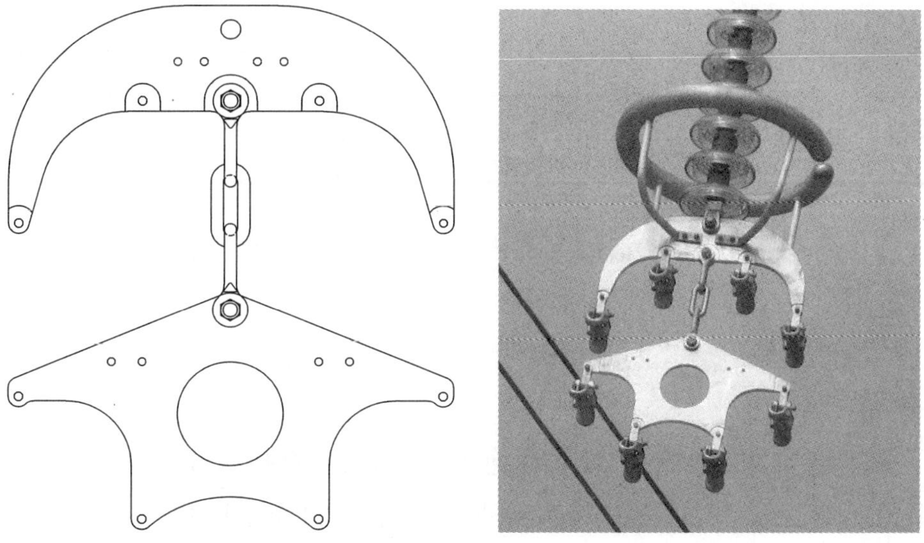

（a）

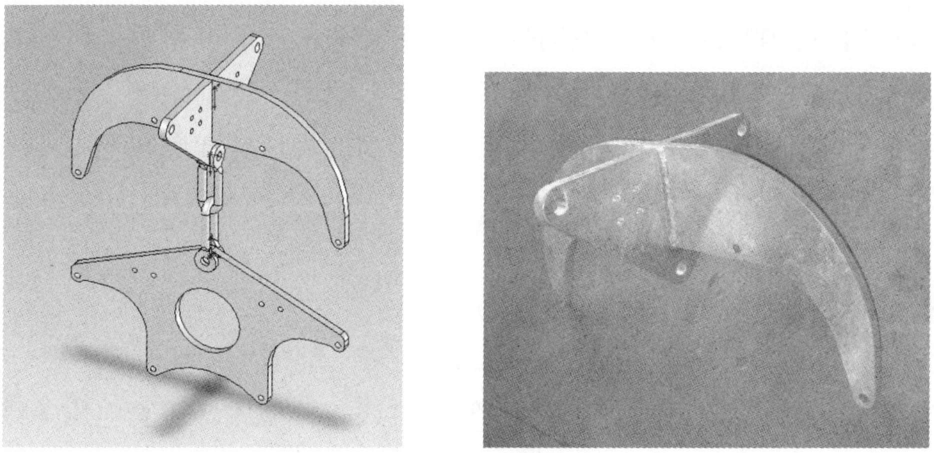

（b）

图 3　八分裂悬垂联板

（a）适用于单I型悬垂绝缘子串；（b）适用于双I型悬垂绝缘子串

4　均压环和屏蔽环研制

4.1　电场仿真计算及优化

运用有限元法对特高压同塔双回输电线路的绝缘子串型进行了电场计算，对均压屏蔽方案进行了优化，对配用于耐张绝缘子串的不同均压环结构型式（单跑道、双跑道和组合型式的均压环）对均压的影响进行了研究。得到了各种串型的均压环和屏蔽环初步设计方案。利用有限元法进行电场仿真计算的绝缘子串型如表 2 所示。

表 2　　有限元计算的绝缘子串型

绝缘子类型	悬垂绝缘子串	耐张绝缘子串	
瓷绝缘子	I 型 1×400kN	3×550kN	4×400kN

续表

绝缘子类型	悬垂绝缘子串	耐张绝缘子串	
合成绝缘子	I 型 2×300kN	—	—
	V 型 2×300kN	—	—

仿真计算中考虑了均压环管径、环径和安装位置对电位分布的影响。计算结果表明，当均压环管径取 120mm、环体距绝缘子串中心取 500mm、安装在高压侧第 3～4 片绝缘子之间时，均压效果较好。当耐张绝缘子串屏蔽环管径取 120mm 时屏蔽效果良好。

4.2 试验研究

试制了配用于 2×300kN I 型悬垂绝缘子串、1×400kN I 型悬垂绝缘子串、4×300kN V 型悬垂绝缘子串和 3×550kN 耐张绝缘子串的均压环和屏蔽环。

根据 GB/T 2317.2—2008《电力金具试验方法　第 2 部分：电晕和无线电干扰试验》和 GB/T 16927.1—1997《高电压试验技术　第 1 部分：一般试验要求》的要求，对各个绝缘子串型的均压环和屏蔽环进行了电气试验，配用于悬垂绝缘子串的均压环电晕熄灭电压不低于 820kV，配用于三联耐张绝缘子串的均压环和屏蔽环电晕熄灭电压不小于 810kV，满足工程技术要求。

5 一般线路跳线研制

5.1 结构设计

跳线一般分为软跳线、铝管式跳线和笼式跳线三种型式。随着电压等级的升高，绝缘子串长增加，跳线长度变长。为保证跳线对铁塔和地面的合理距离，满足跳线风偏后对塔身的电气间隙，减小跳线弧垂，在高电压等级的线路上多采用刚性跳线。刚性跳线有铝管式和笼式刚性跳线两种型式。

与笼式跳线相比，铝管式跳线具有一系列的优点。铝管式跳线中的铝管一般成对出现，不仅通流效果好，而且刚度大，稳定性好，外形美观，无笼式跳线零乱之感。采用铝管式跳线作为特高压同塔双回线路的跳线型式。

5.2 跳线金具设计

管母终端金具上设有引流板与引流线夹相连。在引流板上设计了多个螺栓孔，引流板与引流线夹的相对位置可以调整。该结构如图 4 所示。

图 4　管母终端金具的引流板

导线间隔棒是跳线的重要金具之一，它的作用是保持引下线的合理形状，维持一定的分裂间距。由于电压等级较高，且引下线形状并不很规则，设计了椭圆形和正八边形两种类型的导线间隔棒。

5.3　试验研究

对跳线进行了低压电气试验，试验结果表明，铝管终端金具和引流线夹的通流性能良好。温升前后它们的电阻值小于参考导线的电阻值；当回路中通过 4889A 的电流时，参考导线温度为 150℃，而铝管终端金具和引流线夹的温度分别为 81.1℃和 61.8℃，都小于参考导线的温度；在经过热循环试验之后，铝管终端金具和引流线夹电阻变化量为 0.043 047，电阻变化量和拟合直线离散度之和为 0.064 426，都小于标准要求值 0.15。

对跳线进行了高压电气试验，试验结果表明，跳线内金具的电晕熄灭电压不小于 790kV，满足工程技术要求。

6　防振锤研制

6.1　结构设计

对于特高压交流同塔双回线路，防振锤主要针对导线的中低频微风振动。

防振锤采用对称型型式，由锤头、钢绞线和线夹三部分组成。配用于大截面导线的防振锤锤头多为音叉式，可以保证钢绞线与锤头在振动过程中不发生碰撞，还可以防止积水腐蚀。锤头材料选用铸钢，锤头表面较光滑，棱角和金属毛刺较少，锤头质量分布比较均匀。线夹本体和压盖采用铸造铝合金制造。防振锤如图 5 所示。

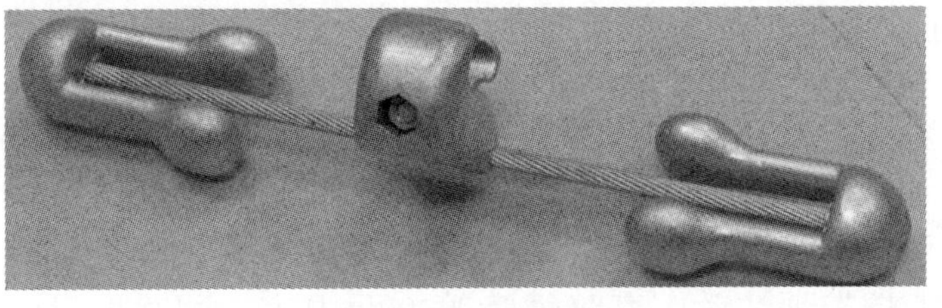

图 5　防振锤

6.2　试验研究

对设计的防振锤按照国家标准 GB/T 2336—2000《防振锤技术条件》进行了型式试验，试验项目包括防振锤功率特性试验、防振效果评估、机械强度、疲劳性能等。防振锤第一谐振频率约为 10.3Hz，第二谐振频率约为 36.8Hz，消耗的功率分别约为 0.91W 和 1.25W；防振锤电晕熄灭电压为 768.3kV。试验结果满足工程技术要求。

对于特高压交流同塔双回线路，当档距小于 500m 时不需要加装防振锤，当档距在 500～1000m 之间时需在档端安装一个防振锤，当档距超过 1000m 时需在档端安装两个防振锤。

7 结论

依托特高压交流同塔双回输电线路工程，开发出八分裂间隔棒、串内金具、均压环、屏蔽环和防振锤等产品，设计了悬垂绝缘子串型、耐张绝缘子串型和一般线路跳线，推荐了间隔棒次档距布置方案。研制的金具机械性能和电气性能满足现行国家标准、行业标准及规范的要求，满足特高压同塔双回输电线路工程的技术要求。

15 特高压交流同塔双回钢管塔加工技术研究

1 引言

钢管塔具有结构传力清晰、用钢量少、占地面积小、塔型美观等优点，特别是对大负荷塔型，钢管塔可有效降低铁塔重量，减小了基础作用力，有利于提高我国输电线路的建设水平。1000kV 淮南—上海（皖电东送）工程将全线采用钢管塔，用量约30万t。

目前，我国钢管塔用法兰主要为有劲法兰，焊接工作量大，加工效率低。管材主要为加工厂自行卷制的直缝焊管。为有效提高钢管塔加工效率，满足工程建设工期要求，进一步提高加工质量，皖电东送工程钢管塔连接法兰采用带颈法兰，管材采用统一定制的直缝焊管。带颈法兰在我国输电线路铁塔领域尚无使用的先例，带颈法兰与直缝焊管作为钢管塔主要组成部件，其加工工艺和加工质量直接关系到钢管塔的安全可靠运行。

与传统法兰相比，带颈法兰与直缝焊管的连接对焊接工艺和无损检测提出了新的技术要求。我国钢管塔加工的主要依据是 DL/T 646—2006《输变电钢管结构制造技术条件》，但该标准不涉及带颈法兰、直缝焊管等方面内容。同时，我国多数钢管塔加工企业焊接装备和检验装备自动化程度较低，钢管塔加工专用设备薄弱，制约了钢管塔的生产效能和产品质量。通过开展钢管塔加工技术研究，制定相关原材料标准和加工技术标准，促进技术装备的升级更新，对于提升钢管塔制造业的整体水平有重要意义。本文主要介绍钢管塔加工技术研究所取得的成果，包含带颈法兰、直缝焊管及配套8.8级高强螺栓的加工、采购、验收技术条件，钢管塔加工专用工装要求，以及钢管塔加工技术规范和有关检测标准，用以指导今后特高压工程钢管塔的加工制造。

2 带颈法兰加工、采购及验收技术条件研究

2.1 国内带劲法兰生产现状

带劲法兰是一种锻造法兰，我国的锻造法兰生产厂家主要集中在山西定襄、河北

沧州、江苏江阴等地，产品主要用于风电、石化、市政建设等领域。各法兰生产厂家可生产直径 100～5000mm 的法兰，年生产能力可达 50～60 万 t，总体生产能力可以满足特高压双回路钢管塔加工的需要。

2.2 带颈法兰加工、采购、验收技术条件

目前锻造法兰生产工艺流程一般为：下料、锻坯、热处理、机加工、防腐处理。大型法兰锻件要经过锻坯、碾环整形、机加工，小规格的法兰一般经由模锻、机加工成型。锻造法兰生产的关键环节在于控制钢坯的成分与性能、锻坯的锻造工艺、热处理工艺等。

通过对我国锻造法兰生产状况的调研、带颈法兰的试验检测以及国内外法兰标准的分析，确定了带颈法兰加工、检验技术要点。

（1）带颈法兰尺寸、外形公差技术要求。在对比、分析各相关标准的基础上，结合特高压输电线路工程钢管塔的设计技术要求，提出了带颈法兰的尺寸、外形公差。

（2）带颈法兰锻造工艺。根据 Q345B 级钢材的成分特点、组织状态、相变温度，确定 Q345B 带颈法兰的始锻温度为 1180～1200℃，终锻温度为 850～900℃，以免锻造温度过高或过低造成裂纹、夹层等锻造缺陷。

为使带颈法兰的组织、性能更加均匀，带颈法兰锻造比不小于 3.0。

（3）带颈法兰热处理工艺。输电铁塔用带颈法兰各部位厚度差别较大，加热过程中造成的结构应力、温差应力比较大。为此，带颈法兰热处理采用正火加回火工艺，通过正火细化组织获得所需要的强度，通过回火消除残余应力，调整法兰的最终力学性能。

为保证加热的温度均匀性、准确性，使用箱式电阻炉等设备进行加热，并根据锻件的厚度分类装箱。

正火升温速度应控制在 150～200℃/h，温度为 900～920℃，按照 30min/ 25mm 厚保温，然后空冷。正火时，出炉的锻件要按材质、炉号、品种、规格均匀摆放于空冷地点，不能放于潮湿地面或金属表面，避免锻件局部冷却过快。正火完毕，重新入炉进行回火，回火工艺为 620～630℃，按 30min/25mm 保温，然后随炉冷却到 250℃再出炉冷却。不同热处理批次的产品应分开存放。

（4）带颈法兰检验要求。为保证带颈法兰的质量，又尽量减少检验成本，提出了带颈法兰的钢坯检验项目包括：化学成分、拉伸试验、冲击试验；法兰产品检验项目包括：拉伸试验、冲击试验、金属晶粒度测定、尺寸公差、非金属夹杂物评定等，并提出了试验方法、取样数量、合格标准等要求。

在此基础上，编制了《特高压输电线路钢管塔用带颈法兰加工、采购、验收技术条件》，详细规定了特高压输电线路钢管塔用带颈法兰在加工、检验、交付等方面的要

求，并成功应用于皖电东送特高压工程试验塔用带颈法兰的采购。

3 直缝焊管加工、采购及验收技术条件研究

3.1 国内直缝焊管生产现状

我国直缝焊管生产企业主要集中于天津大邱庄、河北唐山、衡水、江苏无锡以及浙江杭、甬地区、珠江三角洲地区等，产品用户主要集中在石油、石化、铁路、汽车、电力以及市政建设等行业，直缝焊管年产量达数百万吨。

直缝焊管的生产工艺分为电弧焊和高频电阻焊两种焊接方法。电弧焊管的生产又分为 UOE 和 JCOE 两种，规格范围为ϕ406～ϕ1829mm，壁厚范围为 8～44.5mm。

高频电阻焊通过卷制钢带直接焊接而成，生产效率高，可达每分钟 20m 以上，国内市场产品质量稳定、供应充足的直缝高频电阻焊管规格范围为ϕ89~ϕ508mm，壁厚范围为 3.0～20mm。

调研结果表明，国内各直缝焊管生产厂家的生产能力完全可以满足特高压双回路钢管塔加工用直缝焊管的需要。

3.2 直缝焊管加工、采购、验收技术条件

通过对我国直缝焊管生产状况的调研、试验及对相关标准的分析，确定了直缝焊管加工、检验技术要点。

（1）直缝焊管下料端面偏斜度技术要求。直缝焊管与带颈法兰的连接，可以采用对接焊或插接焊连接形式，采用插接连接，对焊管端面偏斜要求相对较低，但对接连接时，考虑到焊件变形、错边、构件直线度等方面的要求，提出钢管端面偏斜度见表 1。

表 1　钢管下料端面偏斜度允许偏差

序号	钢管外径 D（mm）	允许偏差 P（mm）	示　意　图
1	$D \leqslant 95$	1.0	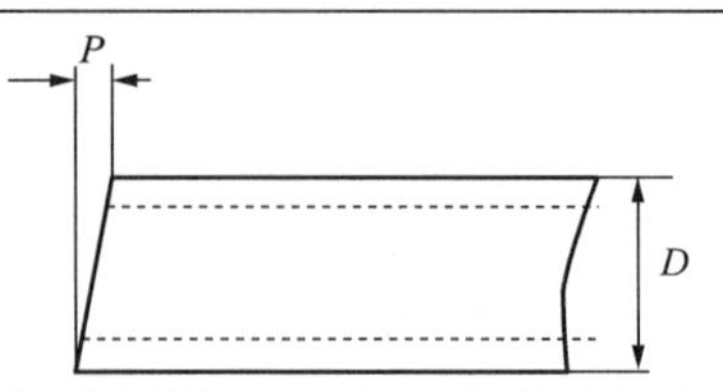
2	$95 < D \leqslant 180$	1.5	
3	$D > 180$	2.0	

（2）直缝焊管尺寸、外形偏差。

1）外径偏差。为减小对接焊的错口，及插接焊时钢管与法兰的装配误差，在对相关标准对比研究的基础上，提出管端 200mm 内外径最大允许偏差不得超过±1.0mm。距管端 150mm 范围内钢管的椭圆度（即最大外径与最小外径之差与公称外径的比值）应不大于 0.6%。

2）厚度偏差。直缝焊管壁厚允许偏差应符合 GB/T 709—2006《热轧钢板和钢带的尺寸、外形》的 B 类偏差（钢板）或普通精度（钢带）要求。

3）长度及允许偏差。考虑到供货方便、尽量减少塔厂加工量和加工效率，提出直缝焊管以 50mm 一挡定尺供货，并要求钢管的定尺长度允许偏差为 0～10mm。

4）外形偏差。为满足钢管塔加工尺寸要求，对壁厚小于或等于 15mm 的直缝焊管，弯曲度要求应不大于 1.5mm/m；壁厚大于 15mm 的直缝焊管，焊管弯曲度不大于 2.0mm/m，总弯曲度不得大于 L/1500，且不大于 5mm。

（3）直缝焊管检验要求。对直缝焊管的质量检验，重点在于确定检验的项目、内容、检验方法、取样位置、合格标准。为保证直缝焊管的质量满足钢管塔的性能要求，确定了直缝焊管的检验项目、试验方法与取样位置和数量。

在此基础上，编制了《特高压输电线路钢管塔用直缝焊管加工、采购、验收技术条件》，规定了特高压输电线路钢管塔用直缝焊管在焊管用钢，焊管的制造工艺、产品质量检验、验收、交付等方面的要求，并已应用于皖电东送特高压工程试验塔用直缝焊管的采购。

4　8.8 级高强螺栓加工、采购及验收技术研究

4.1　国内 8.8 级高强螺栓生产现状

国内生产紧固件的企业很多，主要以生产低强度螺栓为主。由于电力铁塔用螺栓与螺母需进行热浸镀锌防腐处理，其螺栓结构、加工工艺等与普通螺栓有所不同，因而具备批量生产电力铁塔用 8.8 级高强螺栓及配套螺母的企业并不多，主要集中分布在东部沿海地区和江、浙地区。

调研的螺栓生产厂家月生产能力一般在 2000t 以上。执行国标、美标等多个标准，可生产电力线路紧固件、特种紧固件及不锈钢紧固件等产品。目前国内能生产的 8.8 级高强螺栓规格范围为 M16～M120，螺纹长度根据规格不同范围为 30～500mm。

调研结果表明，国内 8.8 级高强螺栓及配套螺母的生产能力可以满足特高压同塔双回路钢管塔加工的需要。

4.2　8.8 级高强螺栓加工、采购、验收技术条件

通过对我国 8.8 级高强螺栓生产状况的调研，以及国内紧固件标准的分析，确定了输电线路铁塔用 8.8 级高强螺栓及配套螺母的加工、检验技术要点。

（1）检验批的确定。为保证工程用 8.8 级高强螺栓及配套螺母的质量稳定性，并兼顾检验的方便性，确定同一材料同一规格同一热处理炉号的 8.8 级高强螺栓或螺母为一个检验批。

（2）8.8 级高强螺栓用材料。特高压输电线路工程钢管塔用 8.8 级螺栓材料应选用

合金钢材料，并经淬火加回火热处理。皖电东送工程螺栓用材料及适应规格、淬火介质见表 2。螺母宜采用 40Cr 材料制造。

表 2　　8.8 级螺栓用材及淬火介质

规　格	材　料	淬 火 介 质	规　格	材　料	淬 火 介 质
M27 及以下	40Cr	油	M30～M56	42CrMo	油

（3）8.8 级高强螺栓制造与无损检测。

1）8.8 级高强螺栓及配套螺母在加工过程中，采用碱性方法去除其表面油脂，采用喷丸（喷砂）工艺去除其表面锈斑。镀锌时不得采用酸洗工艺除锈。

2）在镀锌前进行 20%的抽样检验，检验方法选用磁粉检测或渗透检测，其检验与评定要求应符合 JB/T 4730.4—2005《承压设备无损检测　第 4 部分　磁粉检测》或 JB/T 4730.5—2005《承压设备无损检测　第 5 部分　渗透检测》的规定进行。

（4）8.8 级高强螺栓检验技术。目前，国内标准有对螺栓、螺母检验项目、检验标准的要求，但对于制造厂检验的样本数量、抽样方法没有明确规定，在借鉴国内标准的基础上，提出了 8.8 级高强螺栓及配套螺母的抽样检验样本量字码表，确定了一次抽样检验方案。

在此基础上，编制了《特高压输电线路钢管塔用 8.8 级高强螺栓及配套螺母加工、采购、验收技术条件》、《特高压输电线路工程钢管塔用扣紧螺母技术条件》，已经在皖电东送特高压工程试验塔的采购中得到应用。

5　钢管塔加工专用工装技术研究

5.1　钢管塔生产企业的工装现状

2008 年以前，我国输电线路钢管塔用量少，生产任务多属于少批量的单基生产，通过对国内 17 家能够生产钢管塔的铁塔厂的调研显示，塔厂的专用设备基本上是根据产品的结构形式自己设计，然后外委或自行加工而成，这些专用工装和设备的工艺水平和工效参差不齐，总体自动化水平较低，其工效和质量远远满足不了大批量生产的产能要求。截至 2008 年 4 月，我国钢管塔的成熟产能只有约 16 万 t/年，与皖电东送工程建设要求的产能（超过 30 万 t/年）有较大缺口。各钢管塔生产企业面临的主要问题是技术工人缺乏、工艺和装配水平不高、检验能力不足等问题。其中，直缝焊管与带颈法兰的连接焊缝采用对接焊，焊缝质量要求高，焊接工作量大，是制约皖电东送工程特高压钢管塔加工能力的关键。

目前，主管件与带颈法兰的组拼、焊接、检测等过程是钢管塔加工过程的主要工序。主管件加工流程如图 1 所示，生产效率低，质量不易保证。

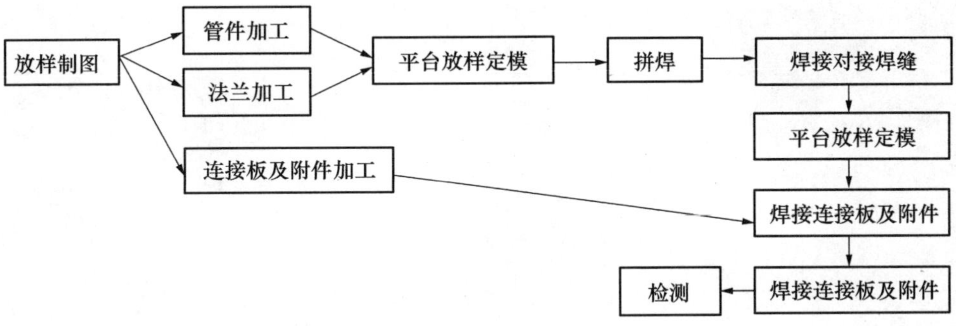

图 1　塔厂主管件改进前加工流程

5.2　钢管塔加工最低工艺装备和能力要求

（1）关键加工工序的改进。经研究分析，对原有的主管件与带颈法兰的拼装焊接、主管件上节点板的定位拼装与焊接加工工艺进行改进，改进后的流程见图 2。

（2）钢管塔加工最低工艺装备和能力要求。根据前期对我国钢管塔厂家的调研情况分析，我国钢管塔加工厂家的产能规模从 0.35～6 万 t/年不等，扩大产能后可达 1～8 万 t/年，以 2000、3000、5000t/月三个产能等级估算了所需的最低工艺装备和技术人员数量，主要包含自动对焊装置、坡口加工设备、焊接设备、焊工、焊接工位、节点装配装置、试组装场地、吊车数量、无损检测人员等方面的要求。

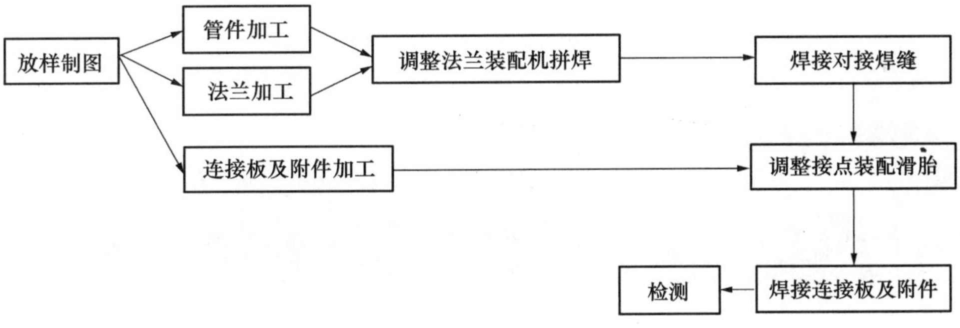

图 2　改进后的管件加工流程

6　钢管塔焊接和检验试验研究

6.1　直缝焊管与带颈法兰焊接试验

（1）焊接工艺评定试验。对不同规格、不同连接形式的直缝焊管与带颈法兰进行焊接试验，采用手工、自动二氧化碳气体保护焊、自动埋弧焊工艺，确定其不同的焊接工艺参数和焊接技术要求，进行了相应焊接方法的焊接工艺评定。试验过程见图 3。结果表明法兰与焊管焊接接头的拉伸性能、冲击性能均满足规范要求，冷弯试验时面弯也满足规范要求。

图3　焊接试验图片

（2）不同连接形式、焊接方法的现场焊接效率比较。由不同塔厂进行了现场对接、插接焊接试验，并对采用手工、自动化二氧化碳气体保护焊的焊接效率、焊材消耗进行了比较。结果表明，手工焊接时，对接与插接的焊接速度差别不大，但插接形式连接时，因为需要焊接两条焊缝，焊接材料消耗较对接形式高约 20%～30%。自动化焊接时的焊接速度大约为手工焊接的 4～5 倍，且焊缝外观质量要明显优于手工焊接的外观质量（见图4）。因此，条件允许时，应优先选用自动化焊接。

根据试验结果和现场焊接经验，编制了《输电线路钢管塔直缝焊管与带颈法兰焊接技术条件》。

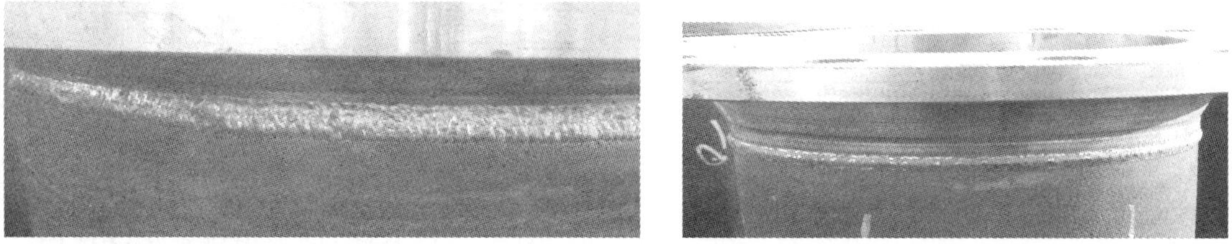

（a）　　（b）

图4　手工、自动焊焊缝外观对比

（a）对接（手工焊）；（b）对接（自动焊）

6.2　钢管塔薄壁管对接环焊缝超声波检验方法研究

特高压输电线路工程钢管塔中有大量的薄壁直缝焊管（厚度小于 8mm）与法兰对接焊的环形焊缝，而目前相关的超声波检验规程均不适合对壁厚小于 8mm 的对接环焊缝的超声波检测。因此，有必要研究其他超声波检测方法替代传统的超声波横波检测，以满足皖电东送工程钢管塔加工需要。

（1）爬波检测方法试验。采用爬波方式来检测从技术上是可行的，具有以下优势：

1）探头在距离焊缝的一定距离上声束能够覆盖整个焊缝截面，检测能够实现立体扫查。

2）入射声束与焊缝中的裂纹、未熔合、未焊透等基本垂直，灵敏度高。

3）检测过程操作方便、易于掌握、工作效率高。

通过试验研究制作了专用的爬波探头，为正确判断缺陷的位置、大小，经试验对比，设计了爬波专用试块，见图 5。

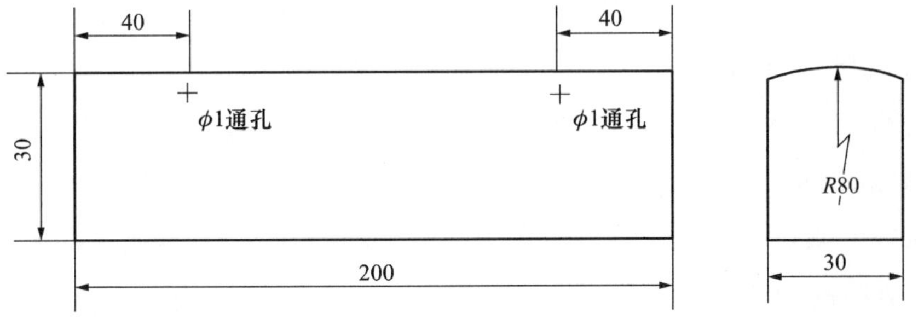

图 5　专用试块

（2）爬波检测方法验证。采用设计的专用探头和专用试块，制作了带有缺陷的焊接试样，规格分别是ϕ133×5mm、ϕ133×8mm、ϕ159×6mm，对焊缝进行爬波检测，以射线检测方法进行对比验证。

结果表明爬波检测是一种新型高效率的检测方法，具有方法简单、实用、效率高、对仪器适应性强的特点，可以用于输电线路钢管塔薄壁管与带颈法兰对接环焊缝的检测需要。

在此基础上，编制了《特高压输电线路钢管塔薄壁管对接环焊缝超声波检验及质量评定》，作为钢管塔薄壁焊管与带颈法兰对接焊缝超声波检验的依据。

7　输电线路钢管塔加工技术条件编制

在上述研究基础上，制定了输电线路钢管塔加工技术条件，主要技术要点如下：

（1）钢管塔构件制作与装配。钢管塔构件制作中，切割是重要的工序之一，切割质量直接关系钢管塔的加工精度和构件质量，经分析研究，借鉴相关标准，确定了构件切割技术要求。在对 DL/T 646—2006《输电线钢管结构制造技术条件》研究的基础上，结合特高压输电线路工程钢管塔制造、检验技术特点，提出了钢管塔构件装配允许偏差要求。

（2）不同焊接部位的焊缝质量等级。

1）环向对接焊缝、连接挂线板焊缝应满足一级焊缝质量要求。

2）横担与主管连接焊缝应满足二级焊缝质量要求。

3）管管相贯焊缝、钢管与带颈平焊法兰连接的搭接角焊缝、钢管与平板法兰连接的环向角焊缝、钢管纵向对接焊缝应满足二级焊缝外观质量要求。

4）其他焊缝应达到三级焊缝的质量要求。

（3）焊缝无损检测。按照焊缝的设计要求及塔厂的实际检测能力，确定对要求全焊透的一、二级焊缝一般采用超声波检测的方法进行内部质量检验，对钢管厚度大于8mm的对接焊缝超声波检验按GB/T 11345—1989《钢焊缝手工超声波探伤方法和探伤结果分级》的规定进行，对钢管厚度小于或等于8mm的对接焊缝按《特高压输电线路钢管塔薄壁管对接环焊缝超声波检验及质量评定》规定进行检验。

当设计文件有要求时，或进行仲裁时，应采用射线检测的方法进行检验。按GB/T 3323—2005《金属熔化焊焊接接头射线照相》的规定进行。

在上述研究的基础上，编制了《特高压输电线路工程钢管塔加工技术规定》，详细规定了特高压输电线路钢管塔在材料与零件、构件制作与装配、焊接、试组装、紧固件、防腐、包装和运输、监造等方面的要求。该标准已应用于皖电东送工程真型试验塔的加工。

8 结论

1000kV淮南—上海（皖电东送）输变电工程全线采用钢管塔，需求量大，并且采用带颈法兰的新型连接型式，对钢管塔加工效率和加工质量要求高。通过开展钢管塔加工技术研究，编制了特高压输电线路钢管塔用原材料技术条件、钢管塔加工技术规定、直缝焊管与带颈法兰焊接技术条件、薄壁管对接环焊缝超声波检验及质量评定等规程，制定了钢管塔加工最低工艺装备和能力要求，对指导钢管塔原材料采购、加工制造、检测检验，促进技术装备的升级更新，提升钢管塔制造业的整体水平具有重要意义。

16 特高压交流同塔双回钢管塔组立施工技术研究

1 引言

根据特高压电网规划，将在特高压同塔双回路输电线路建设中大规模采用钢管塔。特高压钢管塔技术的推广运用将有效增强塔身结构强度，实现双回路、多回路同塔架设，可缩小线路所需走廊宽度，有效节省土地资源，经济、环保和社会效益显著。目前在特高压输电线路的立塔施工方面只有单回路铁塔的施工方案和导则，尚未形成特高压同塔双回路钢管塔组塔方案及工艺导则，也没有针对性的钢管塔材运输方案。钢管塔施工技术研究课题组在钢管塔组立、运输、验收规程制定等三个方面开展工作，落实了钢管塔组立、运输具体方案，编制了组塔施工导则、施工及验收规范、质量检验与评定规程等标准，为钢管塔施工提供了技术依据。

2　组塔方案及施工工艺导则研究

2.1　组塔方案比较

基于现有国内外钢管塔（包括跨越塔）工程施工技术资料，根据 1000kV 淮南—上海（皖电东送）输变电工程钢管塔特点，钢管塔采用分解组立的方法，主要组立方案有：内悬浮（内）外拉线抱杆分解组塔；内悬浮（内）外拉线回转摇臂抱杆分解组塔；落地式（内）外拉线回转摇臂抱杆分解组塔；塔式双平臂抱杆分解组塔；塔式起重机分解组塔。在对以上方案进行分析的基础上，创新性地提出了大倾角内拉线抱杆分解组塔方案。表 1 所示为各种组塔方案的比较。

表 1　　钢管塔组塔方案比较

组塔方式	最大吊重（kN）	抱杆高度（m）	最大吊装半径（m）	工效	经济性	适用条件	动力系统
内悬浮外（内）拉线抱杆分解组塔	80/70	42/34	11.5/9.5	低	较好	所有钢管塔	机动绞磨
内悬浮摇臂抱杆分解组塔	2×50	50	10/15	高	好	所有钢管塔	电力
落地式摇臂抱杆分解组塔	2×50	120	10/15	高	较差	运输方便塔位	电力
塔式双平臂抱杆分解组塔	60	135	16	高	较差	运输方便塔位	电力
塔式起重机分解组塔	50	150	10	较高	差	运输方便塔位	电力
大倾角内拉线抱杆分解组塔	50	40	11	低	较好	部分钢管塔	机动绞磨

2.2　组塔方案设计及技术创新

（1）在研究、总结 Q/GDW 155—2006《1000kV 架空送电线路铁塔组立施工工艺导则》的基础上，针对 1000kV 同塔双回路钢管塔组塔施工特点，编制了国家电网公司企业标准《1000kV 架空输电线路双回路铁塔组立施工工艺导则》（送审稿），导则规定两种主要施工抱杆结构参数（见表 2），并考虑施工需要对设计明确了要求，给出内悬浮抱杆、双摇臂抱杆两种主要类型抱杆的施工计算，可指导 1000kV 同塔双回路钢管塔组塔施工。

表 2　　推荐抱杆的主要参数

抱杆参数	内悬浮抱杆分解组塔			摇臂抱杆分解组塔	
抱杆长度（m）	34	40	42	40	51
最大起重量（kN）	60	70	80	2×50	2×50
摇臂长度（m）	—	—	—	10	15
抱杆断面（mm×mm）	750×750	800×800	900×900	900×900	950×950

注　本表中推荐的抱杆主材材质采用 Q345。

以下为 750mm×750mm 截面悬浮抱杆吊装实例分析：

750mm×750mm 截面悬浮抱杆相关参数如下：抱杆总长 34m，材质为 Q345，抱杆自重 20kN，最大起吊重量 60kN，最大允许倾角 10°，抱杆由以下部分构成：朝天滑车组、顶端、杆身及绳索系统、腰环、底座、钢丝绳保护装置等。该型抱杆各种不同工况受力如表 3 所示。

表 3　抱杆允许最大吊重　kN

δ	β=0	β=5°	β=10°	β=15°
0～5°	60	55	50	42
10°	50	45	37	30

注　β 为吊物偏离竖直方向角度；δ 为悬浮抱杆倾斜角度。

采用外拉线吊装塔身段主材时，使抱杆向起吊侧倾斜，按抱杆倾斜 5°～10°，控制绳与地面夹角 45°，抱杆外拉线合力线与地面夹角 50°，起吊绳按走一走二布置，起吊绳与铅垂线夹角最大 15°（抱杆允许使用角度），控制绳向塔身外侧拉力，受力如图 1 所示。

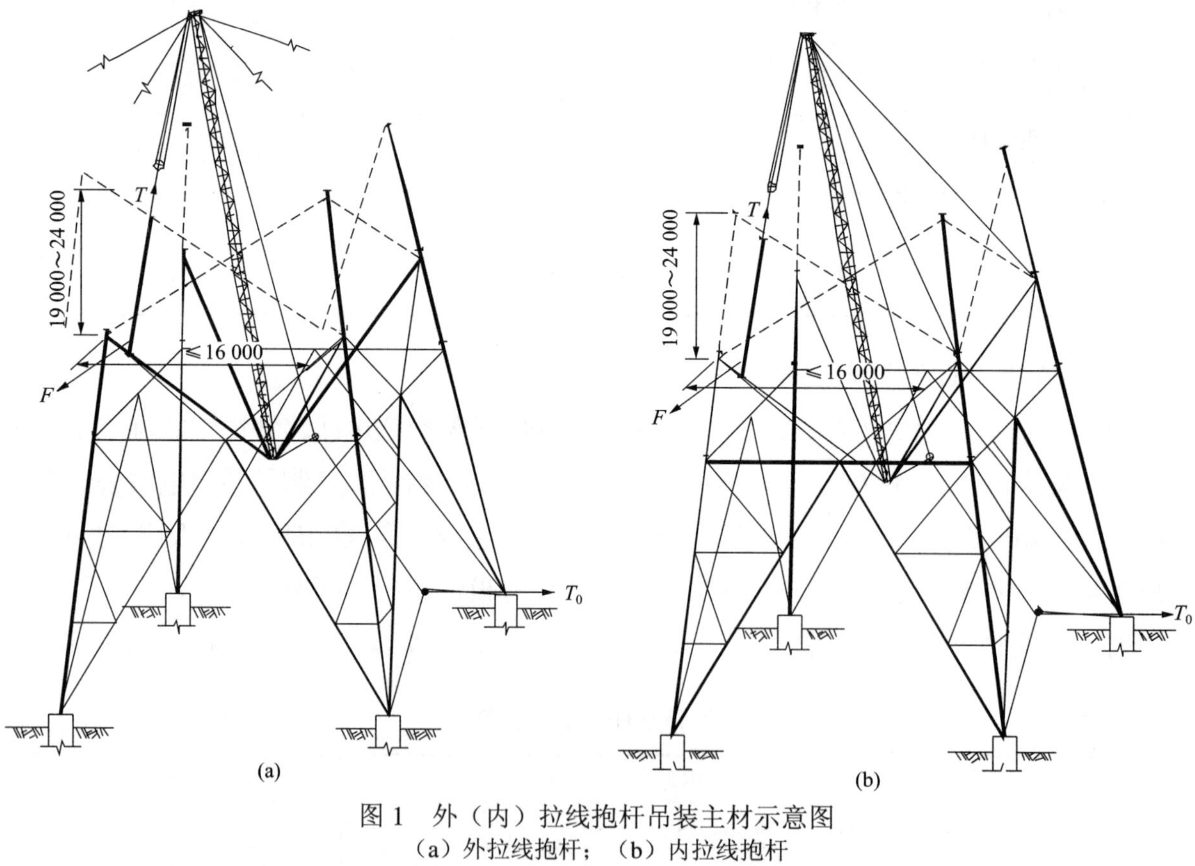

图 1　外（内）拉线抱杆吊装主材示意图
（a）外拉线抱杆；（b）内拉线抱杆

计算表明：750mm×750mm×34m 外、内拉线悬浮抱杆相同吊装工况下，随着根开减小，拉线合力线与抱杆轴线间夹角减小，相应抱杆轴心压力、承托绳的合力增大；其中图 1（a）外拉线抱杆承托绳受力状况要优于图 1（b）内拉线抱杆。

（2）提出了大倾角内拉线抱杆组塔施工工艺。通过对传统内悬浮抱杆（见图 2）关键部位的结构型式进行创新设计（见图 3），使抱杆倾角可达 15°～20°，解决了普通抱杆倾角不宜大于 10°的问题，且在同等吊装工况下，随着抱杆倾角的增加，除起吊侧承托绳受力基本不变外，其他工器具受力都有明显减小，优越性十分明显，可适用于根开较大的钢管塔吊装组立。由于该工艺尚处于研究试验阶段，暂未列入导则推荐组塔方案。

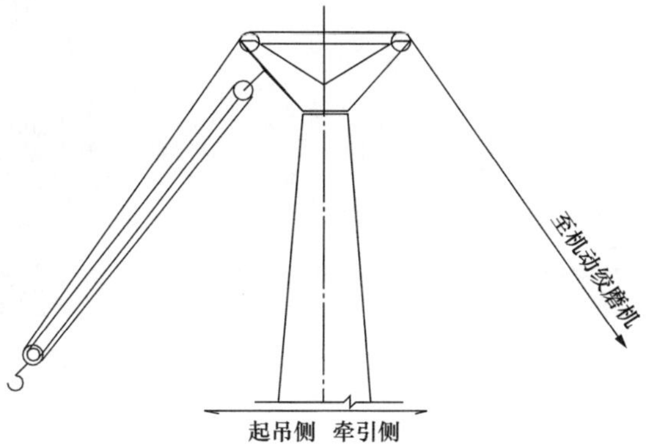

图 2　传统内悬浮抱杆起吊绳布置示意

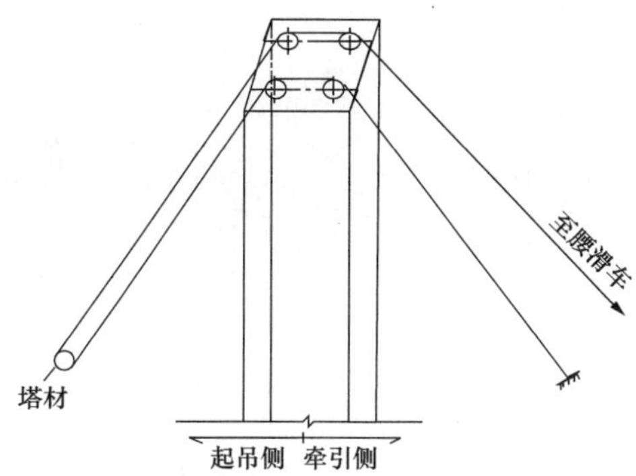

图 3　大倾角内拉线抱杆起吊绳布置示意图

3　钢管塔重型构件运输方案研究

3.1　钢管塔重型构件运输方案比较

钢管塔重型构件运输方案分为重型索道运输、炮车运输、直升机运输、轨道运输、驳船运输和其他方式运输。根据皖电东送工程地形特点，重型索道运输、炮车运输是通用的运输方式，课题组针对这两种方案进行了重点研究，并通过相应工况试验、现场试验，取得现场施工实践经验。此外，对钢管塔转运、二次倒运，或是配合重型索道、炮车运输，轨道（轻轨）运输是一种较好的选择。表 4 为钢管塔运输方案比较。

表 4　　钢管塔重型构件运输方案比较

运输方式	最大载重（kN）	运输距离	工效	经济性	适用条件	优、缺点
索道运输	50	2km	较高	较好	山区、丘陵	缺点是架设、维护、使用需要较多现场人员
炮车运输	50/35	不限	高	好	机耕路	施工维护方便。缺点是复杂地形安全性差
直升机运输	50	10km	高	最差	不限	施工成本高昂
轨道运输	50	300m	较高	较好	山地、农田	轨道铺设工作量较大，投资较高
驳船运输	80	500m	较低	差	河网、泥洼	辅助工器具较多，转运较难
其他运输方式	50	50m	低	差	塔位附近	作为辅助搬运手段

3.2 重型索道运输方案研究

研制多承载索多支点重型索道，并通过了现场工况试验（见图 4），多承载索多支点重型索道主要技术参数见表 5。

图 4 多承载索多支点重型索道现场工况试验

表 5 多承载索多支点重型索道主要技术参数

载货重量	50kN	牵引索	单线循环
运行速度	60m/min	载货小车变载方式	轨道+人工辅助
货物通道	1.4×1.2m	索道最大升角	35°
最大货运距离	2000m	配套牵引设备	80kN
承载索、返回索数量	4+2		

按货运索道运输平均架设距离 1000m，牵引速度 40m/min，单次运载量 5t，每天索道工作 10h，单趟运输时间 30min 计算，索道日运输能力约 100t。

3.3 炮车运输方案研究

研制轮式山地车、管线材自卸式炮车、平板炮车，并通过了现场工况试验。主要技术参数如表 6，现场运输试验见图 5～图 7。

表 6 三种类型钢管运输炮车技术参数

项　　目	轮式山地车	管线材自卸式炮车	平板炮车
载货重量（kN）	30（单轴） 60（双轴）	35（单轴）	35（单轴）
最小轮距（m）	1.2	1.4	1.4
货运距离	不限	不限	不限
允许坡度（°）	20	10	10
制动方式	液压制动	液压制动	依靠外力
装卸方式	门型装卸架	自装卸	吊车/三脚架
转弯半径（m）	4	5	5
配套牵引设备	农用车、拖拉机	农用车、翻斗车	农用车、翻斗车

图 5　轮式山地车现场工况试验图

图 6　管线材自卸式炮车现场运输图

4　钢管塔施工验收及质量评定规范研究

总结分析国内钢管塔(包括跨越塔)施工、验收标准，研究钢管塔和角钢塔施工、验收的不同点，编制了国家电网公司企业标准《1000kV 架空送电线路钢管塔施工及验收规范》及《1000kV 架空送电线路钢管塔施工质量检验及评定规程》(送审稿)，填补了有关钢管塔验收标准、质量检验及评定规程的空白。

图 7　平板炮车实物

5　结论

（1）用于特高压钢管塔的各种组塔方案都各有优势和缺点、局限性以及适用范围。因此应针对特高压钢管塔塔型特点，根据钢管塔塔高、根开、单件最大重量、段高、段重等参数及地形条件制定相应的施工方案，选择合适的立塔工器具进行施工。从线路施工现场运输量、转场灵活性、工器具的简约轻便考虑，内悬浮（内）外拉线抱杆分解组塔应是主要组塔方式。

（2）根据皖电东送工程地形特点，从现场倒运灵活性、施工工作量考虑，炮车运输是主要运输方式。索道运输在地形复杂的山区、丘陵地区优势明显；组塔现场钢管塔二次倒运可选择轻轨、爬犁运输等方式。

（3）编制了国家电网公司企业标准《1000kV 架空送电线路钢管塔施工及验收规范》(送审稿) 及《1000kV 架空送电线路钢管塔施工质量检验及评定规程》(送审稿)。为钢管塔的施工及质量检验和评定提供了依据。

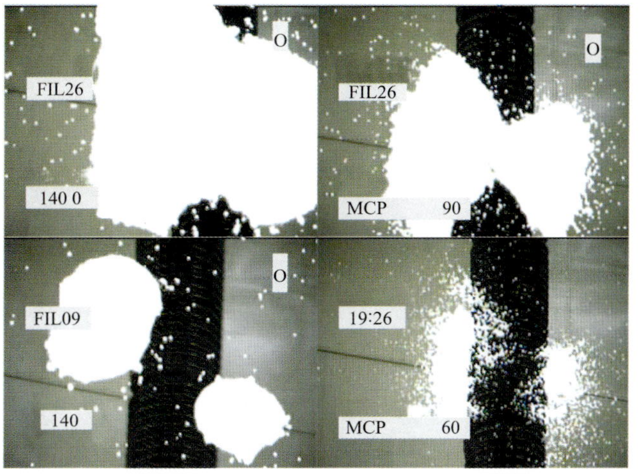

彩图 1　特高压套管在 $1.7U_{m}/\sqrt{3}$ 电压下表面出现的电晕

彩图 2　A 相电抗器测温图

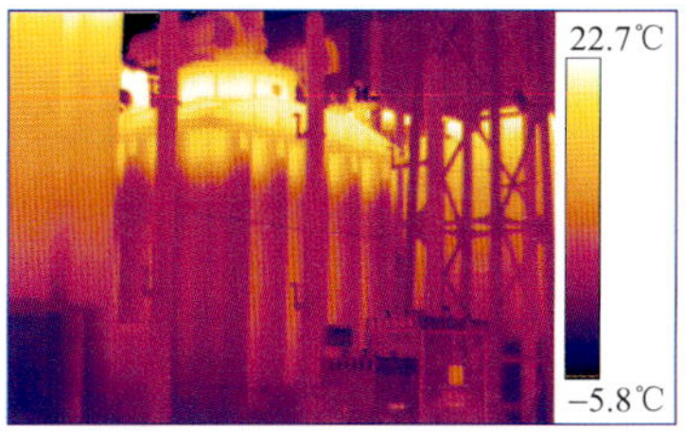

彩图 3　B 相电抗器测温图

彩图 4　C 相电抗器测温图

彩图 5　避雷器红外热像图
（AR01 框内最高温度 8.5℃）

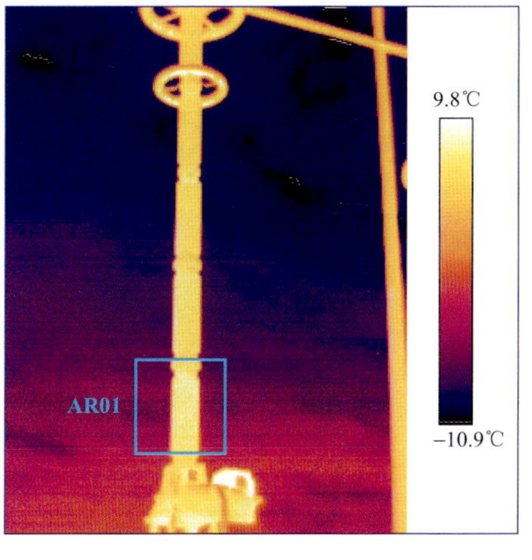

彩图 6　电容式电压互感器红外热像图
（AR01 框内最高温度 9.5℃）

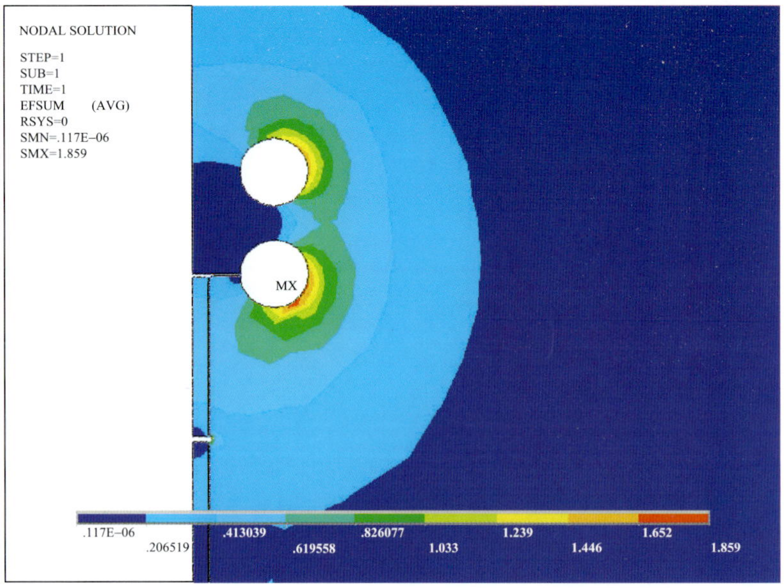

彩图 7　原有电容分压器均压环电场仿真计算结果

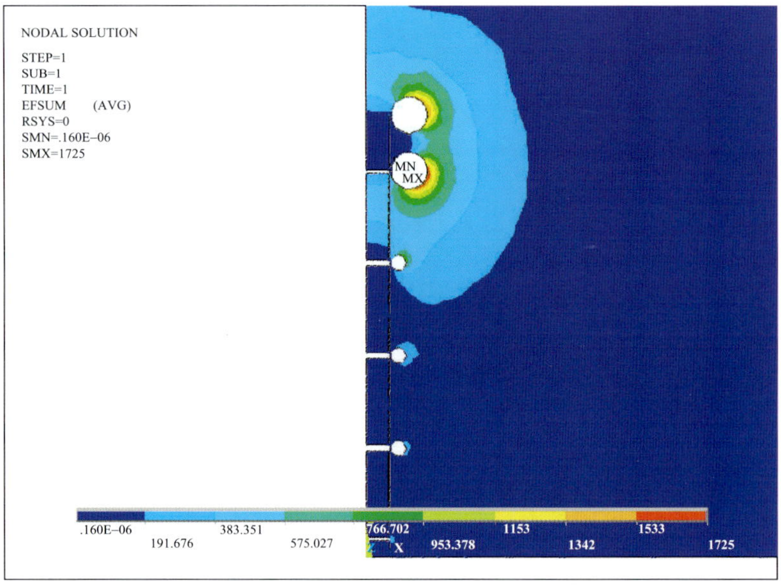

彩图 8　原有谐振电抗器均压环电场仿真计算结果

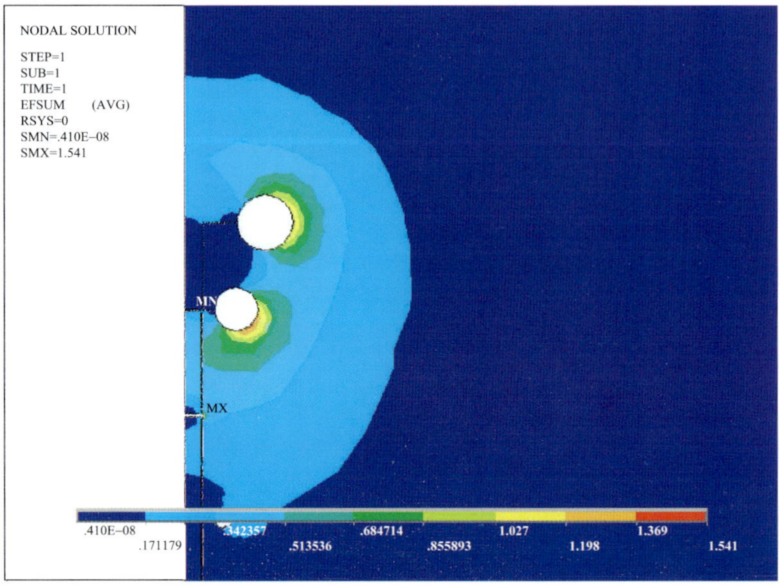

彩图 9　改造后电容分压器均压环电场仿真计算结果

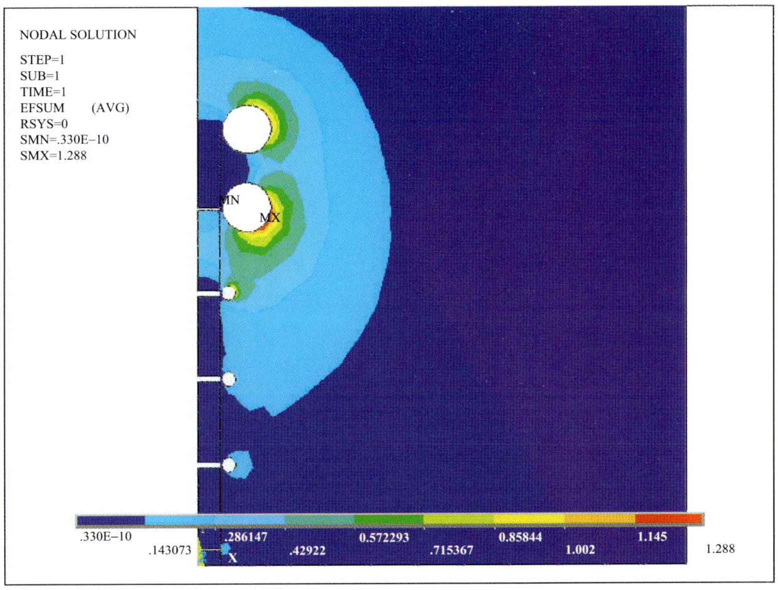

彩图 10　改造后谐振电抗器均压环电场仿真计算结果

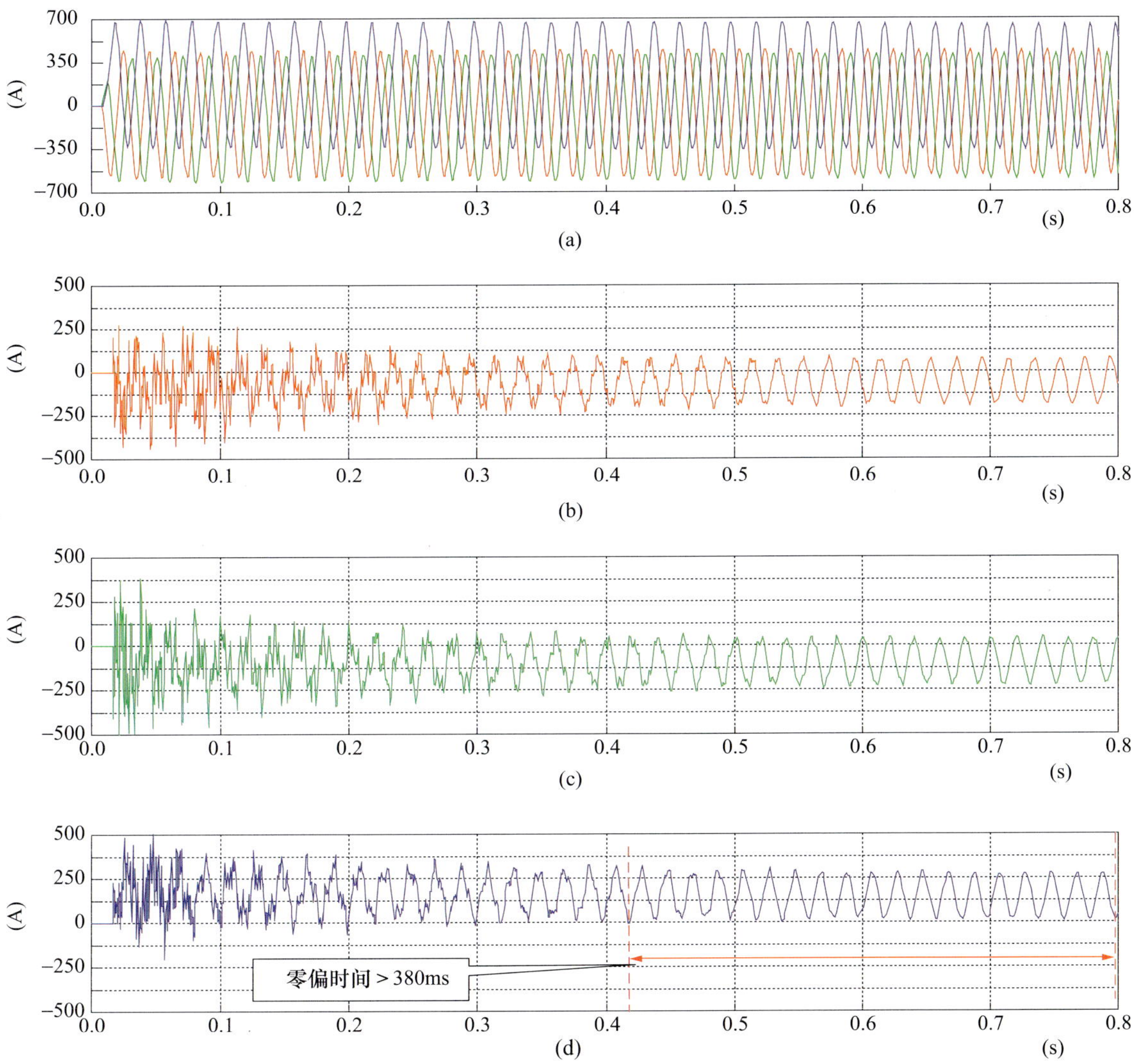

彩图 11　浙北合浙沪线路的电抗器和断路器 A、B、C 相电流波形

(a) 电抗器电流；(b) A 相电流；(c) B 相电流；(d) C 相电流

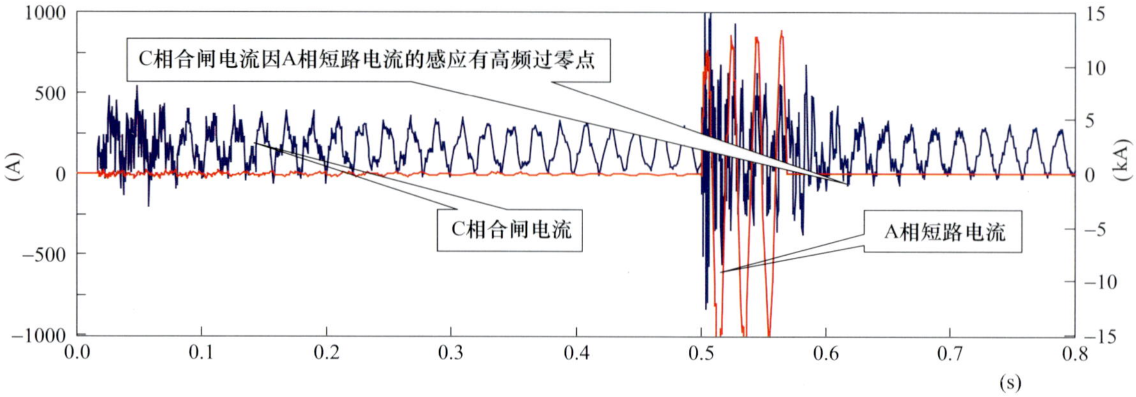

彩图 12　合空线时，线路 A 相发生接地故障，A 相故障电流和 C 相电流波形

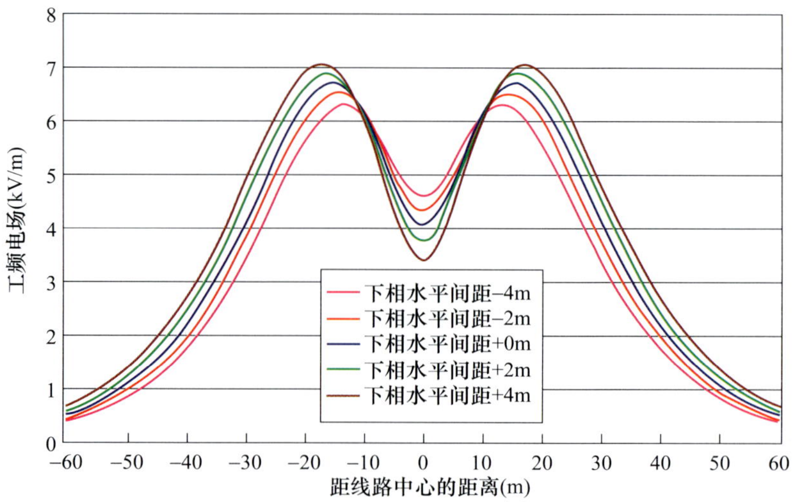

彩图 13　下相导线水平相间距变化取不同值时的工频电场横向分布
（$8\times630mm^2$ 导线，鼓形塔，逆相序）

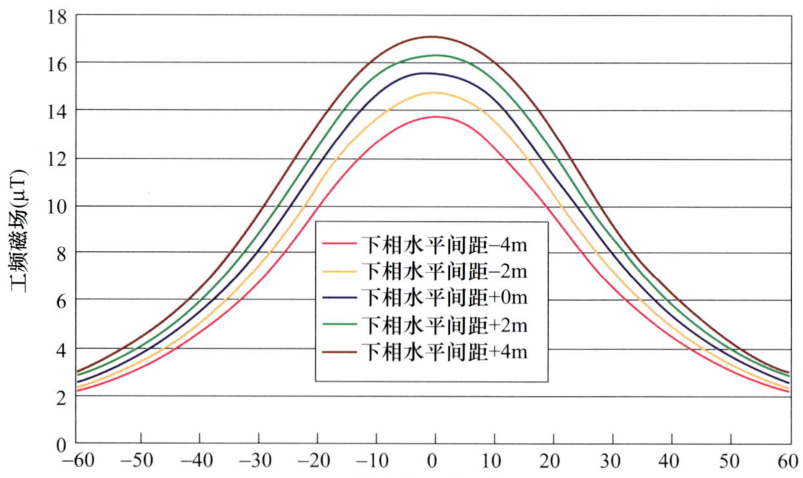

彩图 14　下相导线水平相间距变化取不同值时的工频磁场横向分布
（$8\times630mm^2$ 导线，鼓形塔，逆相序）

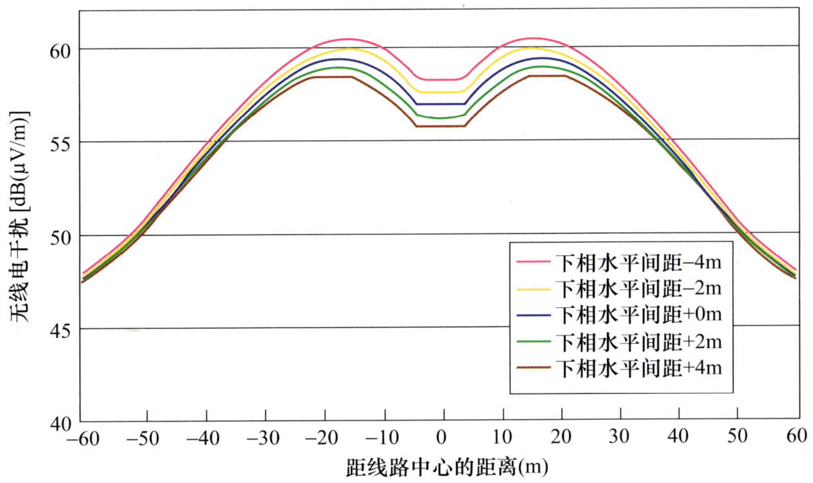

彩图 15　下相导线水平相间距变化取不同值时的无线电干扰横向分布
（8×630mm² 导线，鼓形塔，逆相序）

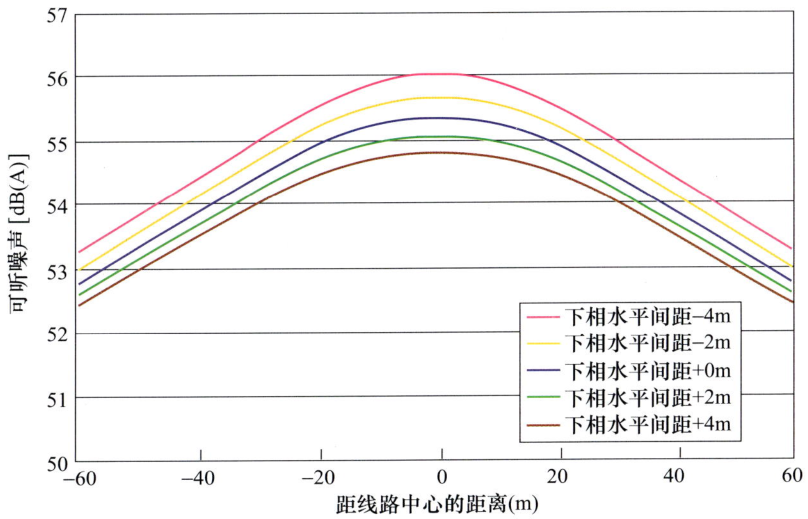

彩图 16　下相导线水平相间距变化取不同值时的可听噪声横向分布
（8×630mm² 导线，鼓形塔，逆相序）

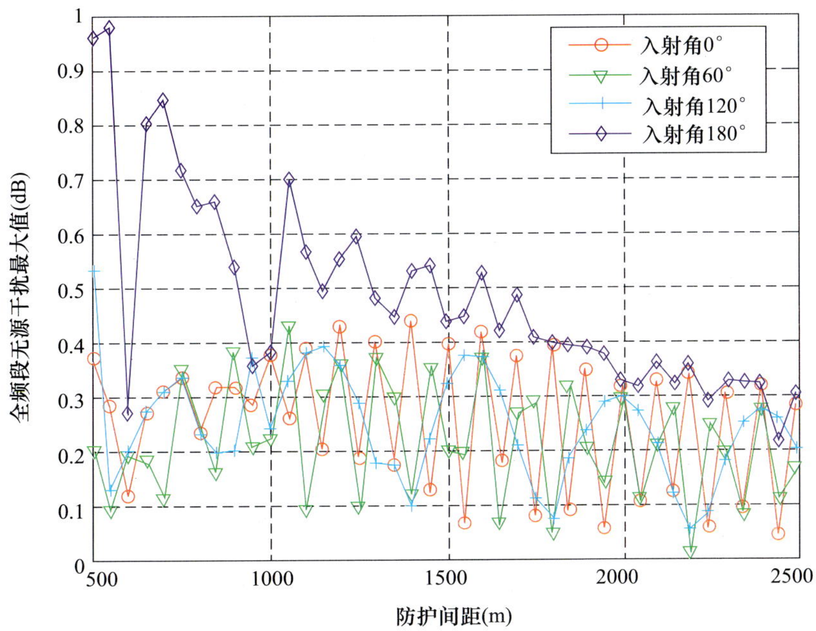

彩图 17　不同防护间距下全频段最大无源干扰曲线图（鼓形塔）

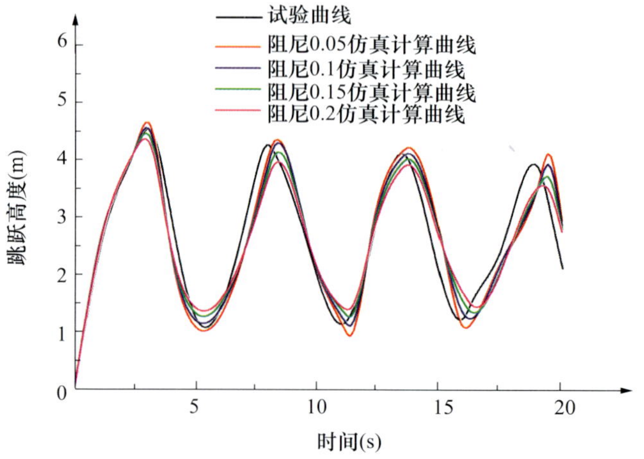

彩图 18　测量曲线和计算曲线比较（卸载 1250kg）

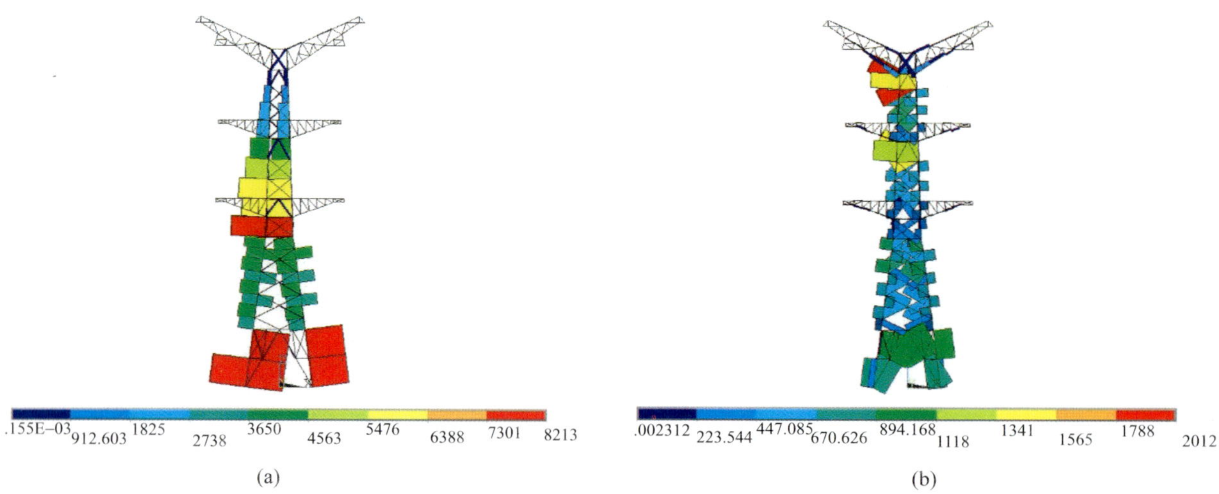

(a)　　(b)

彩图 19　1000kV 同塔双回线路钢管塔第一、三阶模态应变能在塔身的分布情况

（a）弯曲模态应变能；（b）扭转模态应变能